"十四五"高等职业教育土建类专业系列教材

土木工程材料与实训

（第三版）

主　编◎易　斌　郭　萍
副主编◎祖雅甜　沈新福　陈　晨

中国铁道出版社有限公司
CHINA RAILWAY PUBLISHING HOUSE CO., LTD.

内 容 简 介

本书为“十四五”高等职业教育土建类专业系列教材之一，共分两部分。第一部分为理论教学基本知识，包括土木工程材料的基本知识、土木工程材料的基本性质、天然石材、气硬性胶凝材料、水泥、混凝土、建筑砂浆、墙体与屋面材料、钢材、木材、防水材料、绝热与吸声材料、道路与桥梁工程材料共十三个模块；第二部分为配套指导书，包括砂石常规检测、水泥物理性能检测、混凝土基本性能检测、水泥力学性能检测、砂浆性能及强度检测、钢筋力学性能检测、混凝土力学性能检测、沥青常规性能检测共十个指导书，作为教学辅助资料，以方便师生使用（另行成册）。本书配套有丰富的数字化资源库，学生可以登录智慧职教平台查询相关多媒体及规范资料。

本书适合作为高等职业院校建筑工程技术、道路与桥梁工程技术、铁道工程技术、工程造价、工程管理、城市轨道交通工程等土建类专业的教材，也可供从事土建工程有关专业的技术人员与相关人员参考。

图书在版编目（CIP）数据

土木工程材料与实训/易斌，郭萍主编．—3版．—北京：
中国铁道出版社有限公司，2024.8
“十四五”高等职业教育土建类专业系列教材
ISBN 978-7-113-30900-8

Ⅰ.①土… Ⅱ.①易… ②郭… Ⅲ.①土木工程-建筑材料-
高等职业教育-教材 Ⅳ.①TU5

中国国家版本馆CIP数据核字（2023）第250478号

书　　名：土木工程材料与实训
作　　者：易 斌 郭 萍

策　　划：何红艳
责任编辑：何红艳 包 宁　　　　**编辑部电话**：（010）63560043
编辑助理：郭馨宇
封面设计：付 巍
责任校对：苗 丹
责任印制：樊启鹏

出版发行：中国铁道出版社有限公司（100054，北京市西城区右安门西街8号）
网　　址：https://www.tdpress.com/51eds/
印　　刷：河北燕山印务有限公司
版　　次：2015年8月第1版　2024年8月第3版　2024年8月第1次印刷
开　　本：787 mm×1 092 mm 1/16　**印张**：21　**字数**：472千
书　　号：ISBN 978-7-113-30900-8
定　　价：49.80元（含指导书）

第三版前言

本教材根据高等职业院校土木类专业教学要求，采用了最新的相关国家规范及行业技术标准，在第二版的基础上进行了修订，进一步扩大了土木工程其他专业的内容知识范围，丰富了教学资源，力求教材向多元化、专业化和立体化方向发展。

本教材力求体现职业教育高素质技术技能土木工程专业人才的原则，强化工程材料质量检测动手能力的培养，优化理论知识的结构和形式，更新了相关国家规范技术标准版本，优化了配套的实训指导书，补充了教材配套的资源库，使本教材能够更加贴近职业教育发展趋势，满足学生未来专业工作岗位的要求。

本教材在内容编写上强调实用性、适用性，采用模块化分类教学。运用理论与试验相结合的方法，对土木工程材料的应用进行了较为深入的阐述，既保证了土木类各专业最常用材料基础知识，又强化了相关岗位技能操作训练。

本教材由柳州铁道职业技术学院易斌、郭萍任主编，柳州铁道职业技术学院祖雅甜、沈新福、陈晨任副主编，参加编写的还有柳州铁道职业技术学院韦子娥、邓建新、张愿、梁庆庆、李萌、覃妤月。全书由广西世诚工程检测有限责任公司庞智、广西恒诚工程检测有限公司李英主审。具体编写分工如下：绪论、模块一至四由易斌编写，模块五至七及技术规范核对由郭萍、祖雅甜、沈新福完成，模块八至十二由邓建新、韦子娥编写，实训指导书由张愿、覃妤月、易斌编写，李英、庞智等负责校订，各模块习题由梁庆庆、李萌等编写。课程资源库由陈晨负责。

由于编写团队水平有限，书中难免有疏漏和不妥之处，恳请广大读者批评指正。

编　者

2024 年 1 月

第一版前言

根据高职高专教育土建类专业教学指导委员会关于建筑工程技术、工程造价等专业对本课程教学内容、教学方法、教学手段等方面的要求，结合近年来我们在课程建设方面取得的经验编写了本教材。

本教材在编写过程中力求体现职业技术教育培养高素质、高级技能型专门人才的目标，采用最新相关国家规范和行业技术标准，强调对节能环保绿色建材的推广应用，加强对建材质量性能检测试验能力的培养，注重理论与工程实践相结合，还增加了综合实训内容。

本教材第1、第6章由柳州铁道职业技术学院易斌编写；绪论，第2、第7章由柳州铁道职业技术学院易斌、杭丽芬编写；第3、第9章由柳州铁道职业技术学院杭丽芬编写；第4、第10章由柳州铁道职业技术学院张敬铭、杨美玲编写；第5、第8章由柳州铁道职业技术学院刘湛新、何江斌编写；第11、第12章由柳州铁道职业技术学院黄好江编写；第13章和综合实训由柳州铁道职业技术学院徐焕林编写。全书由易斌任主编，杭丽芳任副主编。

由于编者水平有限，书中难免有疏漏和不妥之处，恳请读者批评指正。

编　者

2015年6月

目　录

目
录

目
录

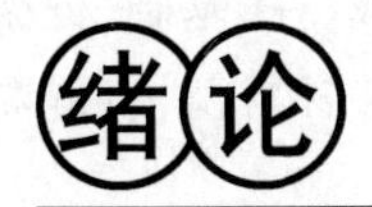

绪论 土木工程材料基本知识

土木工程(civil engineering)是建造各类土地工程设施的科学技术的统称。它既指所应用的材料、设备和所进行的勘测、设计、施工、保养、维修等技术活动,也指工程建设的对象。一般的土木工程项目包括:建筑、道路、水务、渠务、防洪工程及交通等。从狭义定义上来说,土木工程也就是民用工程,即房屋建筑工程、桥梁与隧道工程、岩土工程、公路与城市道路、铁路工程等。

土木工程材料是指构成建筑物或构筑物本身所使用的材料,以下简称为“工程材料”,本教材主要以建筑工程及道路与桥梁工程材料为例进行介绍。

0.1 工程材料及其分类

工程材料有多种分类方法,通常采用按化学成分或按使用功能进行分类。

按照化学成分不同,工程材料可分为无机材料、有机材料和复合材料三大类,见表0.1。

表0.1 工程材料按化学成分分类

分类			举例
无机材料	金属材料	黑色金属	铁、钢、不锈钢
		有色金属	铝、铜及其合金
	非金属材料	天然石材	砂、石及石材制品
		烧土制品	砖、瓦、陶、瓷、琉璃制品
		玻璃及熔融制品	玻璃、玻璃纤维、岩棉、铸石
		胶凝材料	气硬性:石灰、石膏、菱苦土、水玻璃 水硬性:水泥
		混凝土及硅酸盐制品	混凝土、砂浆、硅酸盐制品
有机材料	植物材料		竹材、木材、植物纤维及其制品
	沥青材料		石油沥青、煤沥青、沥青制品
	合成高分子材料		塑料、涂料、胶黏剂、合成橡胶
复合材料	无机非金属材料与有机材料复合		玻璃纤维增强塑料、聚合物水泥混凝土、沥青混凝土
	金属材料与无机非金属材料复合		钢筋混凝土、钢纤维增强混凝土
	金属材料与有机材料复合		轻金属夹心板

按照使用功能不同，工程材料可分为结构材料、围护材料和功能材料三大类。

(1)结构材料。它是指构成建筑物受力构件和结构所用的材料，如梁、板、柱、基础、框架等构件或结构使用的材料。结构材料要具有足够的强度和耐久性。常用的结构材料有混凝土、钢材、石材等。

(2)围护材料。它是指用于建筑物围护结构的材料，如墙体、门窗、屋面等部位使用的材料。围护材料不仅要求具有一定的强度和耐久性，还要求具有保温隔热等性能。常用的围护材料有砖、砌块、各种板材、瓦等。

(3)功能材料。它是指建筑物使用过程中所必需的建筑功能的材料，如防水材料、绝热材料、吸声隔音材料、密封材料和各种装饰材料等。

0.2 工程材料在土木工程中的地位和作用

工程材料是各类土木工程的物质基础，其性能、质量和价格直接关系到工程产品的适用性、安全性、经济性和美观性。每一种新型、高效能材料的出现和使用，都会推动工程结构在设计、施工生产和使用功能方面的进步和发展。因此，材料在土木工程中具有极其重要的地位。

工程材料的质量直接影响建筑物的安全性和耐久性。在工程建设过程中，从材料的选择、储运、检测试验到生产使用等，任何环节的失误都会造成工程质量的缺陷，甚至会造成重大质量事故。因此，要求工程技术人员必须熟练地掌握各种工程材料的性能和使用知识，做到正确地选择和合理地使用工程材料。

在各类土木工程造价中，材料费用所占的比例很大，在60%左右或更高。因此，能够经济合理地使用建筑材料，减少浪费和损失，就可以降低工程造价，提高建设投资的经济效益。

土木工程材料的发展与各专业工程技术的进步有着相互依存、相互制约和相互推动的关系。新型、高效能材料的诞生和应用，必将推动各类工程结构设计方法和施工技术的进步；新的工程结构设计方法和施工技术也对工程材料的品种、质量和功能提出更高和更多样化的要求。例如，水泥、钢材的大量应用及其性能的改善，取代了砖、木、石材，使钢筋混凝土结构在工程结构中处于主导地位；现代高层建筑和大跨度结构要求相应的工程材料更加轻质和高强，因此钢材得到了广泛的应用；在房屋装修过程中，现代陶瓷、玻璃、不锈钢、铝合金、塑料、涂料等装饰材料的大量应用，使建筑物更加亮丽多彩。

总之，工程材料决定了工程结构的形式和施工的方法；而新型工程材料的出现，可以促进各类工程结构形式的变化、设计方法的改进和施工技术的革新。

0.3 工程材料的发展概况和发展方向

工程材料是随着人类社会生产力和科学技术水平的提高而逐步发展起来的。

人类最早是穴居野处的。随着社会生产力的发展，人类进入石器、青铜器、铁器时代，利用制造的简单工具开始挖土、凿石为洞，伐木、搭竹为棚，利用天然材料建造简陋的房屋。直到人类能够用黏土烧制砖、瓦及用岩石烧制石灰、石膏的时候，工程材料才由天然材料进入人工生产阶段,从而为建造较大规模的各类工程结构创造了条件。在漫长的封建社会时期,由于生产力发展缓慢,工程材料的发展受到制约,砖、木、石材作为主要工程材料沿用了很长时间。在此期间,我国劳动人民以非凡的才智和高超的技艺建造了许多不朽的辉煌建筑,如万里长城、河南郑州登封嵩岳寺塔、山西五台山佛光寺木结构大殿、福建泉州洛阳桥、山西应县木塔等。18—19 世纪,资本主义工业化兴起,工商业和交通运输业得到蓬勃发展。在科学技术进步的推动下,工程材料进入了新的发展阶段。钢材、水泥、钢筋混凝土、玻璃、新型陶瓷等材料逐渐被广泛使用,这为现代工业和民用建筑结构的发展打下了良好的基础。

自中华人民共和国成立以来,特别是改革开放以后,我国工程材料工业得到了迅速发展。近些年来,钢材、水泥、平板玻璃、卫生陶瓷等产量一直位居世界第一,其中许多产品的科技水平已名列世界前茅。但从总体上讲,我国与发达国家相比还有较大差距,正在努力从一个建材大国向建材强国迈进。

为了适应经济建设和社会发展的需要,我国的建材工业正向研制、开发高性能工程材料和绿色建筑材料方向发展。

高性能工程材料是指性能、质量更加优异,轻质、高强、多功能和更加耐久、更富装饰效果的材料,是便于机械化施工和更有利于提高施工生产效率的材料。

绿色建筑材料是指采用清洁生产技术,不用或少用天然资源和能源,大量使用工农业或城市固态废弃物生产的无毒害、无污染、无放射性,达到使用周期后可回收利用,有利于环境保护和人体健康的建筑材料。

绿色建材主要有以下几个含义:

(1)以相对最低的资源和能源消耗、环境污染为代价生产的高性能传统建筑材料,如用现代先进工艺和技术生产的高质量水泥等。

(2)能大幅度地降低建筑能耗(包括生产和使用过程中的能耗)的建材制品,如具有轻质、高强、防水、保温、隔热、隔声等功能的新型墙体材料等。

(3)具有更高的使用效率和优异的材料性能,从而能降低材料的消耗,如高性能水泥混凝土、轻质高强混凝土等。

(4)具有改善居室生态环境和保健功能的建筑材料,如抗菌、除臭、调温、调湿、屏蔽有害射线的多功能玻璃、陶瓷、涂料等。

(5)能大量利用工业废弃物的建筑材料,如净化污水、固化有毒有害工业废渣的水泥材料,经资源化和高性能化后的矿渣、粉煤灰、硅灰、沸石等水泥组分材料等。

绿色建材代表了 21 世纪工程材料的发展方向,是符合世界发展趋势和人类要求的工程材料,也是符合科学发展观和以人为本思想的工程材料,必然在未来的土木工程行业中占主导地位,成为今后工程材料发展的必然趋势。

0.4 工程材料的技术标准

工程材料的技术标准是材料生产、使用和流通单位检验、确定产品质量是否合格的技术文件。为了确保工程材料产品的技术质量,进行现代化生产和科学管理,必须对其产品的技术要求制定统一的标准。标准的主要内容有产品规格、分类、技术要求、检验方法、验收规则、包装及标志、运输与储存等。我国工程材料的技术标准分为国家标准、行业标准、地方标准、企业标准等，分别由相应的标准化管理部门批准并颁布。国家市场监督管理总局是国家标准化管理的最高机构。国家标准和行业标准属于全国通用标准，是国家指令性技术文件，各级生产、设计、施工等部门必须严格遵照执行，不得低于此标准；地方标准是地方主管部门发布的地方性技术文件；凡没有制定国家标准、行业标准的产品应制定企业标准，而企业标准所制定的技术要求应高于类似（或相关）产品的国家标准。各级标准均有相应的代号，见表0.2。

表0.2　各级标准代号

<table>
<tr><th>标准种类</th><th>代　号</th><th>表示内容</th><th>表示方法</th></tr>
<tr><td rowspan="2">国家标准</td><td>GB</td><td>国家强制性标准</td><td rowspan="12">由标准名称、部门代号、标准编号、颁布年份等组成。例如，《建设用砂》（GB/T 14684—2022）、《普通混凝土配合比设计规程》（JGJ 55—2011）</td></tr>
<tr><td>GB/T</td><td>国家推荐性标准</td></tr>
<tr><td rowspan="6">行业标准</td><td>TB</td><td>铁道行业标准</td></tr>
<tr><td>JC</td><td>建材行业标准</td></tr>
<tr><td>JGJ</td><td>建筑工业行业标准</td></tr>
<tr><td>YB</td><td>冶金行业标准</td></tr>
<tr><td>JT</td><td>交通行业标准</td></tr>
<tr><td>SD</td><td>水电行业标准</td></tr>
<tr><td rowspan="2">地方标准</td><td>DB</td><td>地方强制性标准</td></tr>
<tr><td>DB/T</td><td>地方推荐性标准</td></tr>
<tr><td>企业标准</td><td>QB</td><td>适用于本企业</td></tr>
</table>

工程中可能涉及的其他技术标准有：国际标准，代号为ISO；美国材料与试验学会标准，代号为ASTM；日本工业标准，代号为JIS；德国工业标准，代号为DIN；英国标准，代号为BS；法国标准，代号为NF等。

0.5　本课程的内容和任务

本课程是一门实践性较强的专业基础课。通过学习，使学生在今后的实际工作中能够正确选择、鉴别、管理工程材料奠定基本的理论知识，并培养其正确使用工程材料的能力，同时也为学习相关的后续专业课程奠定基础。

本课程主要介绍常用建筑材料的品种、规格、技术性能、质量标准、试验检测方法、储运保管和各类土木工程中的应用等方面的基本知识。

本课程包括一部分实训课，也是主要的课程教学内容。其任务是验证基本理论、掌握试验方法，旨在培养学生基本的科研能力和严谨缜密的科学态度。学生实训之前应认真预习，在条件允许的情况下可观看相关实训操作录像片。实训时，一定要严肃认真、一丝不苟地按程序进行操作，并填写实训报告。要了解实训条件对实训结果的影响，并对实训结果作出正确的计算、分析和判断。

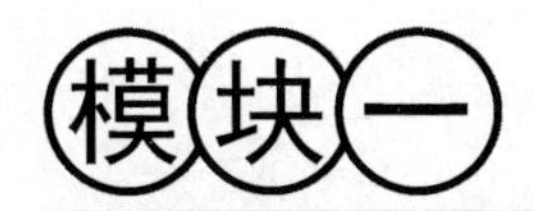

模块一 土木工程材料基本性质

学习目标

1. 掌握材料与质量有关的性质、与水有关的性质、热工性质等物理性质，掌握材料的力学性能（重点）；

2. 了解材料的燃烧性质；

3. 能够解决或解释工程中相关问题；

4. 能够测定或计算表征材料各项性能的指标，并根据指标判定材料的适用性。

构成建筑物和构筑物的材料要承受各种不同的作用，相应地也就要求工程材料具有不同的性质。比如用于房屋建筑结构的材料，在外力作用下必须具备所需要的力学性能，否则就会产生严重后果。

对不同工程部位或有不同使用要求的材料，还应具有防水、绝热、吸声等性能。对某些特殊工业建筑，还要求具有耐热或耐化学腐蚀的性能。建筑物或构筑物长期暴露在大气当中，会经常受到风吹、日晒、雨淋、冰冻的影响，从而引起温度和湿度变化以及交替冻融的作用。所以，对工程材料性能的要求往往是多样的，而且它们之间还是相互影响的。

1.1 材料的物理性质

重点：基本概念的理解、计算公式及运用。

1.1.1 材料与质量有关的性质

1. 密度

密度是指材料在绝对密实状态下单位体积的质量。计算式为

$$\rho = \frac{m}{V}$$

式中 ρ ——密度，g/cm^3；

m ——材料在干燥状态下的质量，g；

V ——材料在绝对密实状态下的体积，cm^3。

绝对密实状态下的体积是指不包括孔隙在内的体积。除了钢材、玻璃等少数材料外，绝大多数材料内部都有一些孔隙。在测定有孔隙材料的密度时，应将材料磨成细粉，干燥后用李氏瓶测定其实际体积。材料磨得越细，测得的数值就越接近真实体积，算出的密度值就越准确。

2. 表观密度

表观密度是指材料在自然状态下单位体积的质量。计算式为

$$\rho_0 = \frac{m}{V_0}$$

式中 ρ_0——表观密度，g/cm^3 或 kg/m^3；

m——材料的质量，g 或 kg；

V_0——材料在自然状态下的体积，又称表观体积，cm^3 或 m^3。

材料的表观体积是指包含孔隙的体积。当材料孔隙内含有水分时，其质量和体积均有所变化。因此，测定材料表观密度时，要注明其含水情况。表观密度一般是指材料长期在空气中干燥，即气干状态下的表观密度。在烘干状态下的表观密度，称为干表观密度。

3. 堆积密度

堆积密度是指粉状、颗粒状或纤维状材料在堆积状态下单位体积的质量。计算式为

$$\rho_0' = \frac{m}{V_0'}$$

式中 ρ_0'——堆积密度，kg/m^3；

m——材料的质量，kg；

V_0'——材料的堆积体积，m^3。

砂子、石子等散粒材料的堆积体积，是指在特定条件下所填充的容量筒的容积。材料的堆积体积包含了颗粒之间或纤维之间的空隙。

在各类土木工程施工现场，凡是以计算材料用量、构件自重或进行配料计算来确定堆放空间及组织运输时，必须掌握材料的密度、表观密度及堆积密度等数据。因此具有重要的工程实际意义。

表观密度与材料的其他性质，如强度、吸水性、导热性等也存在着密切的关系。以建筑材料为例，其有关数据见表 1.1。

表 1.1 常用建筑材料的密度、表观密度、堆积密度和孔隙率

材 料	密度 ρ/(g/cm^3)	表观密度 ρ_0/(kg/m^3)	堆积密度 ρ_0'/(kg/m^3)	孔隙率/%
石灰岩	2.60～2.80	2 000～2 600	—	—
花岗岩	2.60～2.90	2 600～2 800	—	0.5～3.0
碎石（石灰岩）	2.60～2.80	—	1 400～1 700	—
砂	2.60	—	1 450～1 650	—
黏土	2.60	—	1 600～1 800	—
普通黏土砖	2.50	1 600～1 800	—	20～40
黏土空心砖	2.50	1 000～1 400	—	—
水泥	3.10	—	1 200～1 300	—
普通混凝土	—	2 100～2 600	—	5～20
轻骨料混凝土	—	800～1 900	—	—
木材	1.55	400～800	—	55～75
钢材	7.85	7 850	—	0
泡沫塑料	—	20～50	—	—

4. **材料的密实度与孔隙率**

(1)密实度

密实度是指材料体积内被固体物质充实的程度,也就是固体物质的体积占总体积的比例。密实度反映材料的致密程度。计算式为

$$D = \frac{V}{V_0} = \frac{\frac{m}{\rho}}{\frac{m}{\rho_0}} = \frac{\rho_0}{\rho} \times 100\%$$

式中　D——密实度,%。

例如,某种普通黏土砖 $\rho_0 = 1\ 700\ kg/m^3$,$\rho = 2\ 500\ kg/m^3$,其密实度为

$$D = \frac{\rho_0}{\rho} \times 100\% = \frac{1\ 700}{2\ 500} \times 100\% = 68\%$$

含有孔隙的固体材料的密实度均小于1。

(2)孔隙率

孔隙率是指材料体积内孔隙体积所占的比例。计算式为

$$P = \frac{V_0 - V}{V_0} = 1 - \frac{V}{V_0} = \left(1 - \frac{\rho_0}{\rho}\right) \times 100\%$$

式中　P——孔隙率,%。

孔隙率与密实度的关系为

$$P + D = 1$$

如上述普通黏土砖的孔隙率为

$$P = \left(1 - \frac{\rho_0}{\rho}\right) \times 100\% = \left(1 - \frac{1\ 700}{2\ 500}\right) \times 100\% = 32\%$$

材料的密实度和孔隙率从不同方面反映了材料的密实程度,通常用孔隙率表示。

根据材料内部孔隙构造的不同,孔隙分为连通的、半封闭的和封闭的三种(见图1.1)。

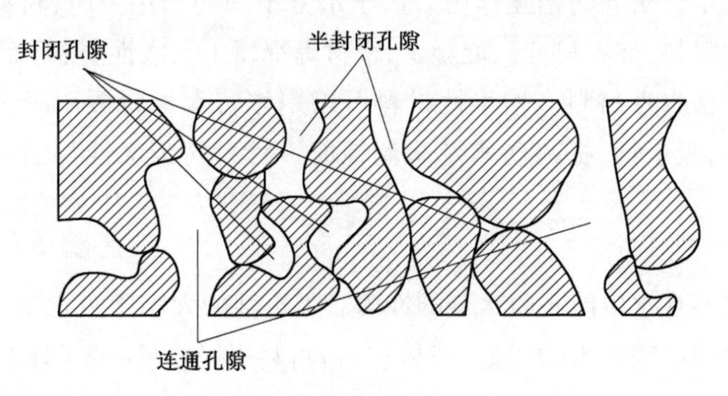

图1.1　孔隙的类型

连通的孔隙,不仅彼此贯通而且与外界相通;而封闭的孔隙,彼此不连通而且与外界隔绝。孔隙按其尺寸大小又可分为粗孔和细孔。孔隙率的大小及孔隙本身构造的特征与材料

的许多性质(如强度、吸水性、抗渗性、抗冻性和导热性等)有直接的关系。一般情况下,如果材料的孔隙率小,而且连通孔隙少时,其强度较高,吸水率小,抗渗性和抗冻性较好。

几种常用材料的孔隙率见表1.1。

5. 材料的填充率与空隙率

(1)填充率

填充率是指散粒材料在某种堆积体积内被其颗粒填充的程度。计算式为

$$D' = \frac{V_0}{V_0'} \times 100\% = \frac{\rho_0'}{\rho_0} \times 100\%$$

式中　D'——填充率,%。

(2)空隙率

空隙率是指散粒材料在某种堆积体积内颗粒之间的空隙体积所占的比例。计算式为

$$P' = \frac{V_0' - V_0}{V_0'} = 1 - \frac{V_0}{V_0'} = \left(1 - \frac{\rho_0'}{\rho_0}\right) \times 100\%$$

式中　P'——空隙率,%。

空隙率与填充率的关系为

$$P' + D' = 1$$

空隙率的大小反映了散粒材料中颗粒与颗粒相互填充的致密程度,可作为控制拌制混凝土所用砂子和石子级配的一个依据。

1.1.2　材料与水有关的性质

1. 亲水性与憎水性

材料在空气中与水接触时,根据表面被水润湿的情况,材料分为亲水性材料和憎水性材料两类。

润湿就是水在材料表面上被吸附的过程。它与材料本身的性质有关。

当材料分子与水分子间的相互作用力大于水分子间的作用力时,材料表面就会被水所润湿。大多数工程材料,如石材、砖、混凝土、木材等都属于亲水性材料,而沥青、石蜡和某些高分子材料则属于憎水性材料。憎水性材料可以用作防水材料或用于亲水性材料表面处理,以降低亲水材料吸水性,提高防水及防潮性能。材料的亲水性与憎水性的各自表现如图1.2所示。

2. 吸水性

吸水性是指材料在水中能吸收水分的性质。吸水性的大小用吸水率表示。吸水率为材料浸水后在规定时间内吸入水的质量(或体积)占材料干燥质量(或干燥时体积)的百分比。

质量吸水率:

$$W_{湿} = \frac{m_{湿} - m_{干}}{m_{干}} \times 100\%$$

体积吸水率:

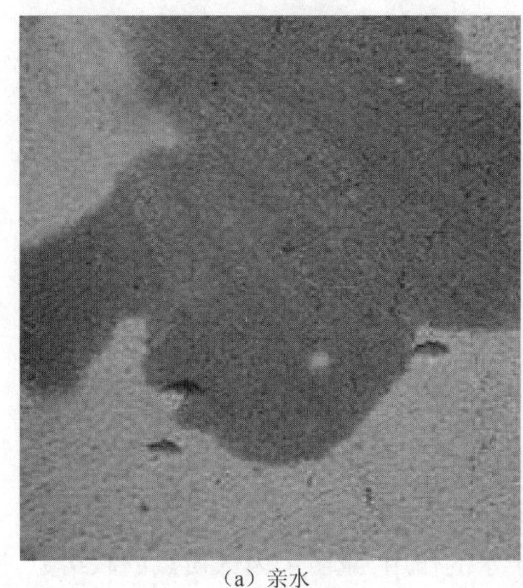
（a）亲水

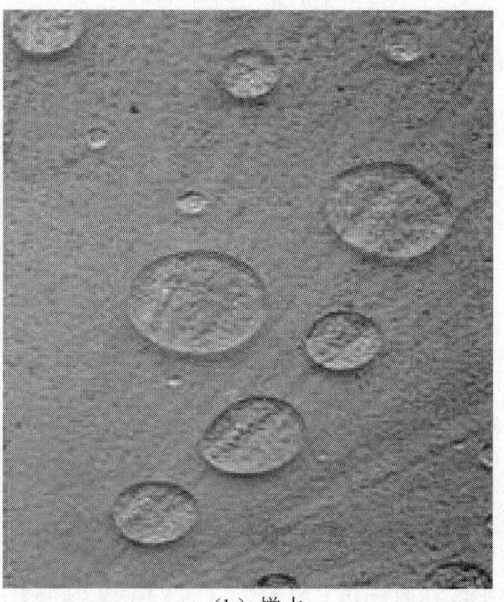
（b）憎水

图 1.2　材料亲水性与憎水性的表现

$$W_{体} = \frac{V_{水}}{V_{0干}} \times 100\% = \frac{m_{湿} - m_{干}}{V_{0干}} \cdot \frac{1}{\rho_{水}} \times 100\%$$

式中　$W_{湿}$——材料的质量吸水率,%;

$W_{体}$——材料的体积吸水率,%;

$m_{湿}$——材料吸水饱和状态下的质量,g;

$m_{干}$——材料干燥状态下的质量,g;

$V_{水}$——材料吸水饱和时所吸收水分的体积,cm^3;

$V_{0干}$——干燥材料在自然状态下的体积,cm^3;

$\rho_{水}$——水的密度,在常温下 $\rho_{H_2O} = 1\ g/cm^3$。

计算材料的吸水率通常使用质量吸水率。

材料吸水率的大小与材料的孔隙率和孔隙构造特征有关。一般来说,当材料孔隙是连通的且尺寸较小时,其孔隙率越大则吸水率也越高。对于封闭的孔隙,水分不易渗入;而粗大的孔隙,水分又不易存留。

例如,软木等质量轻且孔隙率大的材料,其质量吸水率往往超过100%,这种情况最好用体积吸水率表示其吸水性。

3. 吸湿性

材料在潮湿的空气中吸收空气中水分的性质称为吸湿性。吸湿性的大小用含水率表示。含水率为材料所含水的质量占材料干燥质量的百分比。计算式为

$$W_{含} = \frac{m_{含} - m_{干}}{m_{干}} \times 100\%$$

式中　$W_{含}$——材料的含水率,%;

$m_{含}$——材料含水时的质量,g;

$m_干$——材料干燥时的质量，g。

材料含水率的大小，除了与本身性质有关外，还与周围空气的湿度有关，它随着空气湿度的大小而变化。当材料中所含水分与空气湿度相平衡时的含水率称为平衡含水率。

4. 耐水性

材料在长期饱和水作用下不被破坏，其强度也不显著降低的性质称为耐水性。材料的耐水性用软化系数表示。计算式为

$$K_{软} = \frac{f_1}{f_0}$$

式中 $K_{软}$——材料的软化系数；

f_0——材料在干燥状态下的强度，MPa；

f_1——材料在吸水饱和状态下的强度，MPa。

材料的软化系数为0~1。材料吸水后由于水的作用，减弱了内部质点的联结力，使强度有所降低。例如，钢材、玻璃等材料的软化系数基本为1，花岗岩等密实石材的软化系数接近于1，未经处理的自然土软化系数为0。对于长期受水浸泡或处于潮湿环境的重要建筑物或构筑物，则必须选用软化系数不低于0.85的材料建造；受潮较轻的或次要结构的材料，其软化系数不宜小于0.70。

5. 抗渗性

抗渗性是指材料在压力水作用下抵抗水渗透的性质。材料的抗渗性可用渗透系数表示，计算式为

$$K = \frac{Qd}{AtH}$$

式中 K——渗透系数，mL/(cm^2·s)或cm/s；

Q——渗水量，mL；

d——试件厚度，cm；

A——渗水面积，cm^2；

t——渗水时间，s；

H——静水压力水头，cm。

渗透系数反映了材料在单位时间内、单位水头作用下，通过单位面积和厚度的渗水量。渗透系数愈小的材料，其抗渗性愈好。

材料的抗渗性也可以用抗渗等级Pn来表示。其中，$n = 10P - 1$。P为试件开始渗水时水的压强（MPa）。

例如，某防水混凝土的抗渗等级为P6，表示该混凝土试件经标准养护28 d后，按照规定的试验方法在0.6 MPa压力水的作用下无渗透现象。

材料抗渗性与材料的孔隙率和孔隙构造特征有关。孔隙率小而且是封闭孔隙的材料，其抗渗性好。用于建造地下建筑及水工构筑物的材料应具有一定的抗渗性能，其防水材料则要求具有更高的抗渗性。

材料抵抗其他液体渗透的性质，也属于抗渗性。

6. 抗冻性

抗冻性是指材料在吸水饱和状态下，能经受多次冻结和融化作用（冻融循环）而不被破坏，强度也无显著降低的性能。

冰冻对材料的破坏作用是由于材料孔隙内的水结冰时体积膨胀，对孔壁产生较大压强（约 100 MPa）而引起的。材料试件做冻融循环试验时吸水饱和后，先在 -15 ℃温度下冻结（此时细小孔隙中的水分也结冰），然后在 20 ℃水中融化。不论冻结还是融化都是从材料表面向内部逐渐进行的，都会在材料的内外层产生明显的应力差和温度差。经多次冻融交替作用后，材料表面将出现裂纹、剥落，自重会减少，强度也会降低。

材料的抗冻性用抗冻等级 Fn 表示。n 表示材料试件经 n 次冻融循环试验后，质量损失不超过 5%，抗压强度降低不超过 25%。n 的数值越大，说明抗冻性能越好。

材料的抗冻性与材料的密实度、强度、孔隙构造特征、耐水性以及吸水饱和程度有关。

对于水工建筑或处于水位变化部位的结构，尤其是冬季气温达 -15 ℃以下地区使用的工程材料，应有抗冻性的要求。除此之外，抗冻性还常作为无机非金属材料抵抗大气物理作用的一种耐久性指标。抗冻性好的材料，对于抵抗温度变化、干湿交替等风化作用的能力也强。因此，对处于温暖地区的建筑物或构筑物，虽无冰冻作用，为抵抗大气的风化作用，保证建筑物或构筑物的耐久性，对某些材料的抗冻性往往也有一定的要求。

1.1.3 材料的热工性质

1. 导热性

材料传导热量的性能称为导热性。材料的导热性用导热系数表示。

导热系数是指单位厚度的材料，当两个相对侧面温差为 1 K 时，在单位时间内通过单位面积的热量。计算式为

$$\lambda = \frac{Qd}{Az(t_2 - t_1)}$$

式中 λ——导热系数，W/(m·K)；

Q——传导的热量，J；

d——材料的厚度，m；

A——传热面积，m^2；

z——传热时间，s；

$t_2 - t_1$——材料两侧面的温差，K。

材料的导热系数与材料的成分、构造等因素有关。金属材料的导热系数远远高于非金属材料。对于非金属材料，孔隙率大并且具有封闭孔隙的材料导热系数就小，因为不流动的密闭空气的导热系数很小[λ = 0.23 W/(m·K)]。

若材料孔隙是连通的，则由于能形成空气对流，导热系数就会增高。水和冰的导热系数很大[$\lambda_{水}$ = 0.58 W/(m·K)，$\lambda_{冰}$ = 2.20 W/(m·K)]，所以对于建筑结构中的保温绝热材料，在施工中必须采取措施使其处于干燥状态。

材料的导热系数也会随着材料温度的升高而提高。

2. 热容量

材料加热时吸收热量、冷却时放出热量的性质，称为热容量。热容量用比热容表示。热容量反映 1 g 材料温度升高或降低 1 K 时，所吸收或放出的热量，其计算式为

$$c = \frac{Q}{m(t_2 - t_1)}$$

式中 c——材料的比热容，J/(g·K)；

Q——材料吸收或放出的热量，J；

m——材料的质量，g；

$t_2 - t_1$——材料受热或冷却前后的温差，K。

材料的比热容与质量的乘积称为材料的热容量值，即 $Q_{溶} = c \cdot m$ 。材料的热容量值对保持室内温度的稳定有很大作用。热容量值较大的材料，能在热流变动或采暖空调工作不均衡时，缓和室内温度的波动。

1.1.4 材料的燃烧性质

燃烧性质是指材料燃烧或遇火时所发生的一切物理和化学变化，该性质由材料表面的着火性和火焰传播性、发热、发烟、碳化、失重以及毒性生成物的产生等特性来衡量。

1. 耐火性

耐火性是指材料在高热或火的作用下保持其原有性质而不损坏的性能。用耐火度表示。工程上用于高温环境的材料和热工设备等都要使用耐火材料。

根据材料耐火度的不同，可分为三大类。

（1）耐火材料。耐火度不低于 1 580 ℃的材料，如各类耐火砖等。

（2）难熔材料。耐火度为 1 350~1 580 ℃的材料，如难熔黏土砖、耐火混凝土等。

（3）易熔材料。耐火度低于 1 350 ℃的材料，如普通黏土砖、玻璃等。

2. 耐燃性

耐燃性是指材料能经受火焰和高温的作用而不破坏，强度也不显著降低的性能，它是影响建筑物防火、结构耐火等级的重要因素。根据材料耐燃性的不同，可分为四大类。

（1）不燃材料。遇火或高温作用时不起火、不燃烧、不碳化的材料，如混凝土、天然石材、砖、玻璃和金属等。需要注意的是，玻璃、钢铁和铝等材料虽然不燃烧，但在火烧或高温下会发生较大的变形或熔融，因而是不耐火的。

（2）难燃材料。遇火或高温作用时难起火、难燃烧、难碳化，只有在火源持续存在时才能继续燃烧，火源消除时燃烧即停止的材料，如沥青混凝土和经防火处理的木材等。

（3）可燃材料。遇火或高温作用时立即起火或微燃，火源消除后仍能继续燃烧或微燃的材料，如木材、沥青等，用可燃材料制作的构件，一般应做防燃处理。

（4）易燃材料。遇火或高温作用时立即起火并迅速燃烧，火源消除后仍能继续迅速燃烧的材料，如纤维织物、墙纸等。

1.2　材料的力学性质

重点:基本概念的理解。

1.2.1　强度

材料在外力(荷载)作用下抵抗破坏的能力,称为强度。

当材料承受外力作用时,内部就产生应力;随着外力逐渐增加,应力也相应增大,直至材料内部质点间的作用力不能再抵抗这种应力时,材料即破坏,此时的极限应力值就是材料的强度。

根据外力作用方式的不同,材料强度有抗拉、抗压、抗剪和抗弯(抗折)强度等(见图 1.3)。

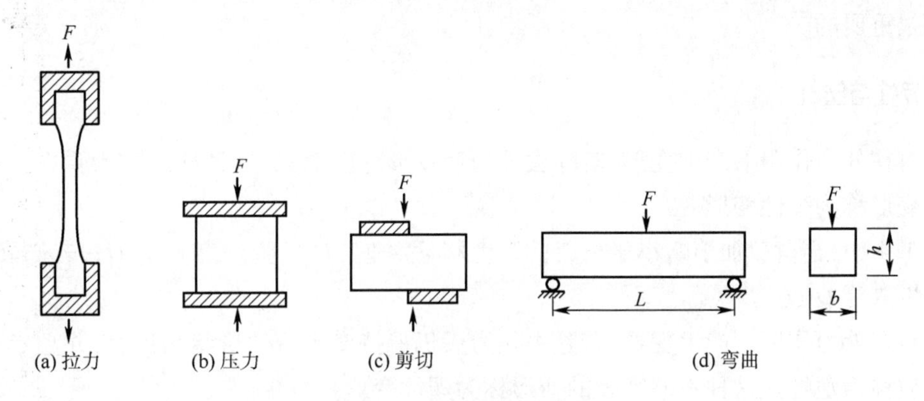

图 1.3　材料受力示意图

在实验室可采用破坏试验法测试材料的强度。按照国家标准规定的试验方法,将制作好的试件安放在材料试验机上,施加外力(荷载)直至破坏,根据试件尺寸和破坏时的荷载值计算材料的强度。

材料的抗拉、抗压和抗剪强度的计算式为

$$f = \frac{F}{A}$$

式中　f——材料强度,MPa;

F——破坏时最大荷载,N;

A——试件的受力面积,mm^2。

材料的抗弯强度与试件受力情况、截面形状及支承条件有关。试验时,通常是将矩形截面的条形试件放在两个支点上,中间作用一个集中荷载。材料抗弯强度的计算式为

$$f_m = \frac{3FL}{2bh^2}$$

式中　f_m——抗弯强度,MPa;

F——弯曲破坏时的最大集中荷载,N;

L——两支点间的距离,mm;

b,h ——试件截面的宽度和高度,mm。

材料的强度主要取决于它的组成和结构。不同种类的材料强度差别很大,即使是同一类材料,强度也有不少差异。一般,材料孔隙率越大,强度越低。另外,不同的受力形式或不同的受力方向,材料的强度也不相同。

在试验室进行材料强度测试时,试验条件对测试结果影响很大。如试件的采样或制作方法、试件的形状和尺寸、试件的表面状况、试验时加载的速度、试验环境的温度和湿度,以及试验数据的取舍等,均在不同程度上影响所得数据的代表性和精确性。所以,进行材料试验时必须严格遵照有关标准规定的方法进行。

强度是材料的主要技术性能之一。大部分工程材料是根据其试验强度的大小来划分为若干不同的等级(或标号)的,这对掌握材料性质、合理选用材料、正确进行设计和控制工程质量是很重要的。

1.2.2 弹性与塑性

材料在外力作用下产生变形,若除去外力后变形随即消失,这种性质称为弹性。这种可恢复的变形称为弹性变形。

图 1.4 中,当荷载加至略小于材料的弹性极限 A 时,产生弹性变形为 Oa,若卸除荷载,变形将恢复至 O 点。

材料在外力作用下产生变形,若除去外力后仍保持变形后的形状和尺寸,并且不产生裂缝的性质称为塑性。这种不能恢复的变形称为塑性变形。

图 1.4 中,当荷载大于弹性极限 A 时,材料产生明显的塑性变形,卸荷后弹性变形 $o'b$ 可以恢复,但塑性变形 Oo'不能恢复。

单纯的弹性材料是没有的。有的材料受力不大时只产生弹性变形;受力超过一定限度后,即产生塑性变形,如建筑钢材。有的材料在受力时弹性变形和塑性变形同时产生,如图 1.5所示,卸掉荷载后弹性变形 ab 可以恢复,而塑性变形 Ob 则不能恢复。混凝土受力变形时就具有这种性质。

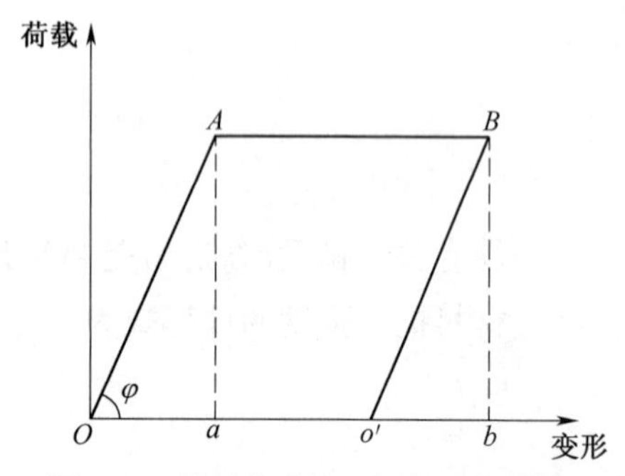

图 1.4　材料的弹性和塑性变形曲线

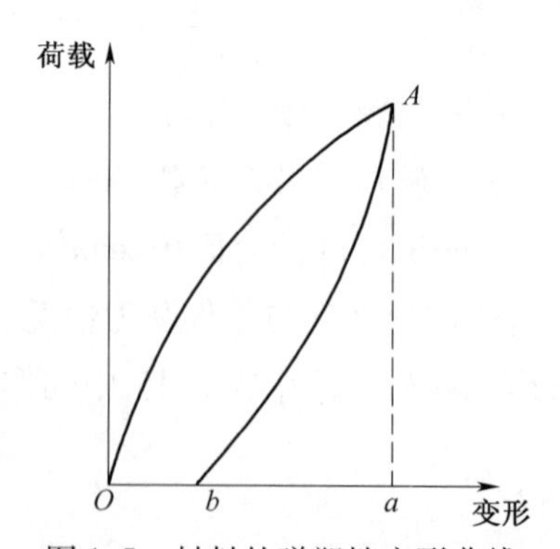

图 1.5　材料的弹塑性变形曲线

1.2.3 脆性与韧性

材料受力破坏时,无显著的变形而突然断裂的性质称为脆性。在常温、静荷载下具有脆性的材料称为脆性材料,如砖、石、陶瓷、玻璃、混凝土、砂浆等大部分无机非金属材料均属于脆性材料,生铁也是脆性材料。这类材料的抗压强度高,而抗拉、抗弯强度低,抗冲击性差。

在冲击、振动荷载作用下,材料能够吸收较大的能量,同时也能产生一定的变形而不致破坏的性质称为韧性或冲击韧性。材料的韧性是用冲击试验来测试的,以试件破坏时单位面积所消耗的功表示。建筑钢材和木材的韧性较高。对于承受冲击荷载和有抗震要求的结构(如用作路面、吊车梁等的材料)都要求具有一定的冲击韧性。

思考题

一、填空题

1. 材料的吸湿性是指材料在________的性质。
2. 材料的抗冻性以材料在吸水饱和状态下所能抵抗的________来表示。
3. 水可以在材料表面展开,即材料表面可以被水浸润,这种性质称为________。
4. 材料的表观密度是指材料在________状态下单位体积的质量。

二、单项选择题

1. 孔隙率增大,材料的________降低。

   A. 密度　B. 表观密度　C. 憎水性　D. 抗冻性

2. 材料在水中吸收水分的性质称为________。

   A. 吸水性　B. 吸湿性　C. 耐水性　D. 渗透性

3. 含水率为 10% 的湿砂 220 g,其中水的质量为________。

   A. 19.8 g　B. 22 g　C. 20 g　D. 20.2 g

4. 材料的孔隙率增大时,其性质保持不变的是________。

   A. 表观密度　B. 堆积密度　C. 密度　D. 强度

5. 材料憎水性是指润湿角________。

   A. $\theta < 90°$　B. $\theta > 90°$　C. $\theta = 90°$　D. $\theta = 0°$

6. 下列性质中与材料的吸水率无关的是________。

   A. 亲水性　B. 水的密度　C. 孔隙率　D. 孔隙形态特征

7. 下述导热系数最小的是________。

   A. 水　B. 冰　C. 空气　D. 发泡塑料

8. 下述材料中比热容最大的是________。

   A. 木材　B. 石材　C. 钢材　D. 水

9. 按材料比强度高低排列正确的是________。

   A. 木材、石材、钢材　B. 石材、钢材、木材

   C. 钢材、木材、石材　D. 木材、钢材、石材

10. 水可以在材料表面展开，即材料表面可以被水浸润，这种性质称为________。

A. 亲水性　　B. 憎水性　　C. 抗渗性　　D. 吸湿性

11. 材料的抗冻性以材料在吸水饱和状态下所能抵抗的________来表示。

A. 抗压强度　　B. 负温温度

C. 材料的含水程度　　D. 冻融循环次数

12. 某岩石在气干、绝干、水饱和状态下测得的抗压强度分别为 172 MPa、178 MPa、168 MPa，该岩石的软化系数为________。

A. 0.87　　B. 0.85　　C. 0.94　　D. 0.96

13. 某一块状材料干燥质量为 50 g，自然状态下的体积为 20 cm^3，绝对密实状态下的体积为 16.5 cm^3。该材料的孔隙率为________。

A. 17%　　B. 83%　　C. 40%　　D. 60%

14. 下列性质中不属于力学性质的是________。

A. 强度　　B. 硬度　　C. 密度　　D. 脆性

15. 某块状材料的干燥质量为 125 g，磨细后测得其体积为 42 cm^3，若该材料的孔隙率为 15.5%，则其表观密度应为________ g/cm^3。

A. 2.98　　B. 3.02　　C. 2.52　　D. 2.67

三、判断题

1. 某些材料虽然在受力初期表现为弹性，达到一定程度后表现出塑性特征，这类材料称为塑性材料。（　）

2. 材料吸水饱和状态时水占的体积可视为开口孔隙体积。（　）

3. 在空气中吸收水分的性质称为材料的吸水性。（　）

4. 材料的软化系数愈大，材料的耐水性愈好。（　）

5. 材料的渗透系数愈大，其抗渗性能愈好。（　）

四、计算题

1. 有一块烧结普通砖，在吸水饱和状态下重 2 900 g，其绝干质量为 2 550 g。砖的尺寸为 240 mm × 115 mm × 53 mm，经干燥并磨成细粉后取 50 g，用排水法测得绝对密实体积为 18.62 cm^3。试计算该砖的吸水率、密度、孔隙率、饱水系数。

2. 收到含水率 5% 的砂子 500 t，实为干砂多少吨？若需干砂 500 t，应进含水率 5% 的砂子多少吨？

3. 现有甲乙两种墙体材料，密度均为 2.7 g/cm^3。甲的干燥表观密度为 1 400 kg/m^3，质量吸水率为 17%。乙浸水饱和后的表观密度为 1 862 kg/m^3，体积吸水率为 46.2%。试求：(1) 甲材料的孔隙率和体积吸水率；(2) 乙材料的干燥表观密度和孔隙率；(3) 哪种材料抗冻性差，并说出理论根据。

模块二

天然石材

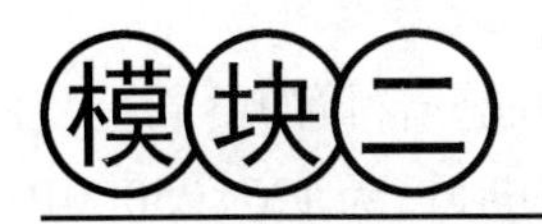

1. 了解常用岩石的形成、结构及构造;
2. 掌握建筑工程中常用石材的主要性质、品种及应用(重点)。

凡采自天然岩石,经过加工或未经加工的石材,统称为天然石材。

天然石材是最古老的工程材料之一。因为天然石材具有很高的抗压强度、良好的耐磨性和耐久性,经加工后表面美观,富有装饰性,资源分布广,蕴藏量丰富,便于就地取材,所以至今仍然得到广泛的应用。天然石材除用于砌筑工程和装饰工程外,还可用作混凝土、砂浆等人造石材的骨料,或用作生产其他工程材料的原料,如生产石灰、石膏、水泥和无机绝热材料等。

天然石材属脆性材料,其特点是抗拉强度低、自重大、硬度高、加工和运输比较困难。

2.1 工程中常用的岩石

重点:岩石的品种、性能、用途。

岩石是由各种不同的地质作用所形成的天然固态矿物的集合体,具有一定的化学成分、矿物成分、结构和构造。

由单一矿物组成的岩石称为单矿岩,如石灰岩主要是由方解石(结晶 $CaCO_3$)组成的单矿岩;由两种或多种矿物组成的岩石称为多矿岩,如花岗岩是由长石(铝硅酸盐)、石英(结晶 SiO_2)、云母(钾、镁、锂、铝等的铝硅酸盐)等矿物组成的多矿岩。

岩石的性质是由矿物的特性、结构、构造等因素决定的。岩石的结构是指矿物的结晶程度、结晶大小、形态及相互排列关系,如玻璃状、细晶状、粗晶状、斑状、纤维状等。岩石的构造是指矿物在岩石中的排列及相互配置关系,如致密状、层状、片状、多孔状、流纹状等。天然岩石按地质成因可分为火成岩、沉积岩、变质岩三大类。

2.1.1 火成岩

火成岩又称岩浆岩,由地壳深处熔融岩浆上升冷却而成,具有结晶结构而没有层理。根据生成条件的不同,火成岩可分为深成岩、喷出岩、火山岩三类。

1. 深成岩

深成岩是岩浆在地表深处受上部覆盖层的压力作用,缓慢冷却而形成的岩石。其特点是结晶完全、晶粒明显可辨、构造致密、表观密度大、抗压强度高、吸水率小、抗冻及耐久性好。

花岗岩是常用的一种深成岩。其组成矿物呈酸性，由于次要矿物成分含量的不同呈灰白色、黄色或浅红色等颜色。花岗岩表观密度为2 600~2 800 kg/m^3，抗压强度为120~250 MPa，孔隙率和吸水率小（0.1%~0.7%），抗冻及耐磨性好，耐久性高。因为花岗岩中所含石英在573 ℃时会发生晶型转变，所以耐火性差，遇高温时将因不均匀膨胀而崩裂。

有些花岗岩具有放射性，放射性超标的花岗岩不得用于人经常接触的建筑部位。

在建筑工程中，花岗岩可用作砌筑基础、勒脚、踏步等。经磨光的花岗岩板材装饰效果好，可用作外墙面、柱面和地面装饰。花岗岩有较高的耐酸性，可用作工业建筑中的耐酸衬板或耐酸沟、槽、容器等。花岗岩碎石和粉料可配制耐酸混凝土和耐酸胶泥。

深成岩中除花岗岩外，还有正长岩、闪长岩、辉长岩可用作建筑石材。其中，辉长岩色深、结构密实，性能优于花岗岩，有时称为黑色花岗岩。

2. 喷出岩

喷出岩是岩浆喷出地表冷凝而成。岩浆冷却较快，大部分结晶不完全且呈细小结晶状；岩浆中所含气体在压力骤减时会在岩石中形成多孔构造。建筑中用到的喷出岩有玄武岩、辉绿岩、安山岩等。玄武岩和辉绿岩可作为耐酸和耐热材料，还是生产铸石和岩棉的原料。

3. 火山岩

火山岩是火山爆发时岩浆被喷到空中急速冷却而形成的多孔散粒状岩石，多呈玻璃质结构，有较高的化学活性，如火山灰、火山渣、浮石等。火山凝灰岩是由散粒状岩石层受到覆盖层压力作用胶结成的岩石。

火山灰可用作生产水泥的混合材料。浮石是配制轻混凝土的一种天然轻骨料。火山凝灰岩容易分割，可用于砌筑基础、墙体等。

2.1.2 沉积岩

沉积岩也称水成岩，是各种岩石经风化、搬运、沉积和再造岩作用而形成的岩石。沉积岩呈层状构造，孔隙率和吸水率大，强度和耐久性较火成岩低，但沉积岩分布广、容易加工，在建筑上应用广泛。

沉积岩按照生成条件分为机械沉积岩、化学沉积岩、生物沉积岩三类。

1. 机械沉积岩

机械沉积岩是岩石风化破碎以后又经风、雨、河流及冰川等搬运、沉积、重新压实或胶结作用，在地表或距地表不太深处形成的岩石，主要有砂岩、砾岩、角砾岩和页岩等。

砂岩是由砂粒经胶结而成。由于胶结结构和致密程度的不同，性能差别很大。胶结物质有硅质、石灰质、铁质和黏土质。致密的硅质砂岩性能接近花岗岩，表观密度达2 600 kg/m^3，抗压强度可达250 MPa，如产于南京钟山和山东莱州的白色硅质砂岩质地密实均匀、耐久性高，是石雕制品的好原料。石灰质砂岩性能类似于石灰岩，抗压强度为60~80 MPa，比较容易加工。铁质砂岩性能较石灰质砂岩差。黏土质砂岩强度不高，耐水性也差。

砾岩和角砾岩的构成和性能与砂岩相似。

页岩由黏土沉积而成，呈页片状，强度低、耐水性差，不能直接用作建筑材料。页岩可代替黏土烧砖或烧制页岩陶粒。

2. 化学沉积岩

化学沉积岩是岩石中的矿物溶于水后，经富集、沉积而成的岩石，如石膏、白云岩、菱镁矿等。石膏的化学成分为 $CaCO_3 \cdot 2H_2O$，是烧制建筑石膏和生产水泥的原料；白云岩的主要成分是白云石（$CaCO_3 \cdot MgCO_3$），其性能接近石灰岩；菱镁矿的化学成分为 $MgCO_3$，是生产耐火材料的原料。

3. 生物沉积岩

生物沉积岩是海生动植物的遗骸经分解、分选、沉积而成的岩石，如石灰岩、硅藻土等。

石灰岩的主要成分为方解石（$CaCO_3$），常含有白云石、菱镁矿、石英、蛋白石、含铁矿物和黏土等。其颜色通常为灰白色，因含杂质而呈现浅灰色、深灰色、浅黄色、淡红色等颜色。石灰岩表观密度为2 000~2 600 kg/m^3，抗压强度为20~120 MPa。大部分石灰岩构造致密，耐水性和抗冻性较好。

石灰岩分布广，易于开采加工。块状材料可用于砌筑工程，碎石可用作混凝土骨料。石灰岩还是生产石灰、水泥等建筑材料的原料。

硅藻土是由硅藻的细胞壁沉积而成，富含无定形 SiO_2，呈浅黄色或浅灰色，质软而轻，多孔，易磨成粉末，有极强的吸水性，是热、声和电的不良导体，因此可用作轻质、绝缘、隔音的建筑材料。

2.1.3 变质岩

变质岩是地壳中原有的岩石在地质运动过程中受到高温、高压的作用，在固态下发生矿物成分、结构构造和化学成分变化形成的新岩石。建筑中常用的变质岩有大理岩、蛇纹岩、石英岩、片麻岩、板岩等。

1. 大理岩

大理岩也称大理石，是由石灰岩、白云岩经变质而成的具有细晶结构的致密岩石。大理岩在我国分布广泛，以云南大理的最负盛名。大理岩表观密度为2 600~2 700 kg/m^3，抗压强度较高，达100~130 MPa。大理岩质地密实但硬度不高，易于加工，可用于石雕或磨光成镜面。纯大理岩为白色，若含有不同杂质则呈灰色、黄色、玫瑰色、粉红色、红色、绿色、黑色等多种色彩和花纹，是高级装饰材料。

因大理岩的主要矿物成分为方解石或白云石，是不耐酸的，所以不宜用在室外或有酸腐蚀的场合。

2. 蛇纹岩

蛇纹岩是由岩浆岩变质而成的岩石，呈绿色、暗灰绿色、黄色等颜色，结构致密，硬度不大，易于加工，有树脂或蜡状光泽。岩脉中呈纤维状者称蛇纹石棉或温石棉，是常用的绝热材料。

3. 石英岩

石英岩是由硅质砂岩变质而成，质地均匀致密，硬度大，抗压强度高达250~400 MPa，加工困难，但耐久性强。石英岩板材可用作重要建筑的饰面材料或地面、踏步、耐酸衬板等。

4. 片麻岩

片麻岩是由花岗岩等火成岩变质而成。矿物成分与花岗石相近，具有片麻状构造，垂直于片理方向抗压强度为120~200 MPa，沿片理方向易于开采加工。片麻岩吸水性高，抗冻性差，通常加工成毛石或碎石，用于不重要的工程。

5. 板岩

板岩是由页岩或凝灰岩变质而成。板岩构造细密呈片状，易于剥裂成坚硬的薄片状。其强度、耐水性、抗冻性均高，是一种天然的屋面材料，可用于园林建筑。

2.2 石材

重点：石材的特性及其应用。

2.2.1 石材的主要技术性质

1. 表观密度

石材的表观密度与其矿物组成、孔隙率等因素有关。通常，表观密度大的石材孔隙率小，抗压强度高，耐久性好。

按照表观密度的大小可将石材分为重质石材（表观密度大于1 800 kg/m^3）和轻质石材（表观密度小于或等于1 800 kg/m^3）。重质石材可用于建筑物的基础、勒脚、贴面、地面、桥涵、挡土墙及水工构筑物等，轻质石材可用作墙体材料。

2. 强度等级

石材的强度等级分为七个：MU100、MU80、MU60、MU50、MU40、MU30、MU20。它是以三个边长为70 mm的立方体试块的抗压强度平均值确定划分的。

3. 硬度

石材的硬度取决于其组成矿物的硬度和构造，硬度影响石材的易加工性和耐磨性。石材的硬度常用莫氏硬度表示，它是一种刻画硬度。各莫氏硬度级的标准矿物见表2.1。

表2.1 矿物的莫氏硬度表

硬度	1	2	3	4	5	6	7	8	9	10
矿物	滑石	石膏	方解石	萤石	磷灰石	长石	石英	黄玉	刚玉	金刚石

例如，在某石材一平滑面上用长石刻画不能留下刻痕，而用石英刻画可留刻痕，那么此种石材莫氏硬度为7。

2.2.2 石材的品种与应用

1. 毛石

毛石也称片石，是采石场由爆破直接获得的形状不规则的石块。根据平整程度又将其分为乱毛石和平毛石两类。

(1)乱毛石形状不规则，一般高度不小于 150 mm，一个方向长度达 300~400 mm，重 20~30 kg。

(2)平毛石是由乱毛石略经加工而成，基本上有六个面，但表面粗糙。

毛石可用于砌筑基础、勒脚、墙身、堤坝、挡土墙等，乱毛石也可用作毛石混凝土的骨料。

2. 料石

料石是由人工或机械开采出的较规则的六面体石块，再略经凿琢而成。根据表面加工的平整程度分为毛料石、粗料石、半细料石和细料石四种。

(1)毛料石。其外形大致方正，一般不加工或稍加修整，高度不小于 200 mm，长度为高度的 1. 5~3 倍，叠砌面凹凸深度不大于 25 mm。

(2)粗料石。其高度和厚度都不小于 200 mm，且不小于长度的 1/4，叠砌面凹凸深度不大于 20 mm。

(3)半细料石。其规格尺寸同粗料石，叠砌面凹凸深度不大于 15 mm。

(4)细料石。其规格尺寸同粗料石，叠砌面凹凸深度不大于 10 mm。

料石一般由致密均匀的砂岩、石灰岩、花岗岩加工而成，用于砌筑基础、墙身、踏步、地坪、纪念碑等。

3. 饰面石材

用于建筑物内外墙面、柱面、地面、栏杆、台阶等处装修的石材称为饰面石材。饰面石材按岩石种类分，主要有大理石和花岗石两大类。大理石是指变质或沉积的碳酸盐类岩石，有大理岩、白云岩、石英岩、蛇纹岩等。例如，著名的汉白玉是产于北京房山的白云岩，云南大理石是产于大理的大理岩，丹东绿为蛇纹石化硅卡岩。花岗石是指可开采为石材的各类火成岩，有花岗岩、安山岩、辉绿岩、辉长岩、玄武岩等。例如，产于北京白虎涧的白色花岗石是花岗岩，济南青是辉长岩，青岛产的黑色花岗岩是辉绿岩。

饰面石材有的加工成平面的板材，或者加工成曲面的各种定型件。表面经不同的工艺可加工成凹凸不平的毛面，或者经过精磨抛光成光彩照人的镜面。

大理石饰面材料因主要成分碳酸钙不耐大气中酸雨的腐蚀，所以除了少数含杂质少、质地较纯的品种(如汉白玉、艾叶青等)外，不宜用于室外装修工程，否则面层会很快失去光泽，并且耐久性会变差。花岗石饰面石材抗压强度高，耐磨性、耐久性均高，不论用于室内或室外，使用年限都很长。

4. 色石碴

色石碴又称色石子，是由天然大理石、白云石、方解石或花岗岩等石材经破碎筛选加工而成，作为骨料主要用于人造大理石、水磨石、水刷石、干黏石、斩假石等建筑物面层的装饰工程。其规格、品种和质量要求见表 2. 2。

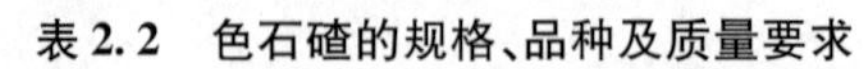

表 2.2　色石碴的规格、品种及质量要求

规格俗称	平均粒径/mm	常用品种	质量要求
大二分	20	白石碴、房山白、奶油白、湖北黄、易县黄、松香石、东北红、盖平红、桃红、东北绿、丹东绿、玉泉灰、墨玉、苏州黑等	颗粒坚固,无杂色,有棱角,洁净,不含风化颗粒,使用时须冲洗干净
一分半	15		
大八厘	8		
中八厘	6		
小八厘	4		
米粒石	0.3～1.2		

思考题

一、填空题

1. 按地质分类法,天然岩石分为________、________和________三大类。其中岩浆岩按形成条件不同又分为________、________和________。

2. 建筑工程中的花岗岩属于________岩,大理石属于________岩,石灰石属于________岩。

3. 天然石材按体积密度大小分为________、________两类。

4. 砌筑用石材分为________和料石两类。

5. 天然大理石板材主要用于建筑物室________饰面,少数品种如________、________等可用作室内饰面材料;天然花岗石板材用作建筑物室________高级饰面材料。

二、单项选择题

1. 砌筑用石材的抗压强度是以边长为________的立方体抗压强度值表示。

A. 50 mm　　B. 70 mm　　C. 100 mm　　D. 150 mm

2. 大理石贴面板宜使用在________。

A. 室内墙、地面　　B. 室外墙、地面　　C. 屋面　　D. 各建筑部位皆可

3. 下面四种岩石中,耐火性最差的是________。

A. 石灰岩　　B. 大理岩　　C. 玄武岩　　D. 花岗岩

三、判断题

1. 花岗石板材既可用于室内装饰又可用于室外装饰。　(　　)

2. 大理石板材既可用于室内装饰又可用于室外装饰。　(　　)

3. 汉白玉是一种白色花岗石,因此可用作室外装饰和雕塑。　(　　)

4. 石材按其抗压强度共分为 MU100、MU80、MU60、MU50、MU40、MU30、MU20、MU15 和 MU10 九个强度等级。　(　　)

5. 火山岩为玻璃体结构且构造致密。　(　　)

6. 岩石中云母含量越多,则其强度越高。　(　　)

7. 岩浆岩分布最广。　(　　)

8. 黄铁矿是岩石中的有害矿物。　(　　)

四、问答题

1. 为什么天然大理石一般不宜作为城市建筑物外部的饰面材料?

2. 简述花岗岩的性能及用途。

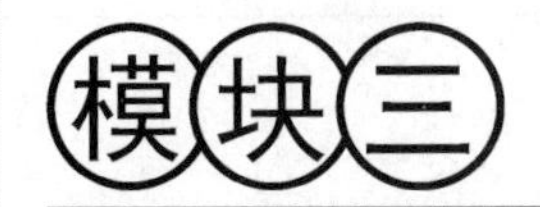

模块三

气硬性胶凝材料

学习目标

1. 了解石膏的品种、凝结硬化过程、技术性质，掌握建筑石膏的特性及其在工程中的应用（重点）；

2. 了解石灰的原料与生产、熟化硬化过程、技术性质，掌握石灰的特性及其在工程中的应用；

3. 了解水玻璃的组成、硬化，熟悉水玻璃的特性及其在工程中的应用；

4. 能够解决或解释工程中相关问题。

胶凝材料是指在一定条件下通过自身的一系列变化，能把其他材料胶结成具有一定强度的整体的材料，通常分为有机胶凝材料和无机胶凝材料两大类。

有机胶凝材料是指以天然的或人工合成的高分子化合物为基本组分的一类胶凝材料，如沥青、树脂等。

无机胶凝材料是指以无机矿物为主要成分的一类胶凝材料，当其与水或水溶液拌和后形成浆体，经过一系列物理化学变化，将其他材料胶结成具有强度的整体，如石灰、石膏、水泥等，见图 3.1。

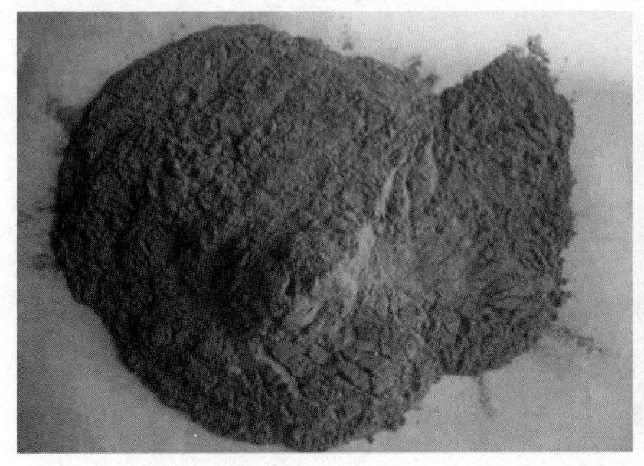

图 3.1　散装水泥与袋装水泥

无机胶凝材料根据硬化条件不同又分为气硬性和水硬性两种。气硬性胶凝材料一般只能在空气中硬化并保持其强度，如石灰、石膏等；水硬性胶凝材料既能在空气中硬化，又能在水中硬化并保持和发展其强度，如水泥等。

3.1 建筑石膏

重点：建筑石膏的特点及用途。

3.1.1 石膏的品种和生产

石膏是一种单斜晶系矿物，是主要化学成分为硫酸钙($CaSO_4$)的水合物。石膏是一种用途广泛的工业材料和建筑材料。可用于水泥缓凝剂、石膏建筑制品、模型制作、医用食品添加剂、硫酸生产、纸张填料、油漆填料等。

我国的石膏资源极其丰富，分布很广，广西就是石膏的产地之一。有自然界存在的天然二水石膏($CaSO_4 \cdot 2H_2O$，又称软石膏或生石膏)、天然无水石膏($CaSO_4$，又称硬石膏)和各种工业副产品或废料——化学石膏。石膏胶凝材料的生产，通常是用天然二水石膏经低温煅烧、脱水、磨细而成。二水石膏在107~170 ℃时激烈脱水，水分迅速蒸发，成为β型半水石膏。β型半水石膏磨细即为建筑石膏。其中杂质含量少、颜色洁白者称模型石膏。二水石膏在0.13 MPa压力的蒸压锅内蒸炼(温度125 ℃)脱水，可制得α型半水石膏。α型半水石膏浆体硬化后的强度较高，故又称高强石膏。

3.1.2 建筑石膏的凝结硬化

半水石膏遇水后将重新水化生成二水石膏。

二水石膏在水中的溶解度比半水石膏小，因此，二水石膏不断从过饱和溶液中析出。二水石膏的析出打破了原有半水石膏的化学平衡，促使半水石膏进一步溶解，直到半水石膏完全水化。随着浆体中自由水分因水化和蒸发而逐渐减少，浆体也逐渐变稠，这个过程称为凝结过程。其后，二水石膏晶体继续大量形成、长大，晶体之间互相交错连生，形成结晶结构网，使浆体变硬，并形成具有强度的石膏制品，这个过程称为硬化过程。

3.1.3 建筑石膏的技术性质和特点

1. 建筑石膏的技术性质

建筑石膏的密度为2.5~2.8 g/cm^3，表观密度为800~1 000 kg/m^3。建筑石膏的技术要求主要有凝结时间和强度。建筑石膏按其2 h抗折强度分为4.0、3.0、2.0三个等级(见表3.1)。

表3.1 建筑石膏的技术要求(GB/T 9776—2022)

等级	凝结时间/min		强度/MPa			
			2 h湿强度		干强度	
	初凝	终凝	抗折	抗压	抗折	抗压
4.0	≥3	≤30	≥4.0	≥8.0	≥7.0	≥15.0
3.0			≥3.0	≥6.0	≥5.0	≥12.0
2.0			≥2.0	≥4.0	≥4.0	≥8.0

2. 建筑石膏的特点

(1)凝结硬化快

建筑石膏加水拌和后,浆体几分钟后便开始失去可塑性,30 min 内完全失去可塑性而产生强度,这对成型带来一定的困难,因此在使用过程中常掺入一些缓凝剂,如硼砂、柠檬酸、骨胶、皮胶等,其中硼砂的缓凝效果最好,用量为石膏质量的 0.2%~0.5%。

(2)凝固时体积微膨胀

多数胶凝材料在硬化过程中一般都会产生收缩变形,而建筑石膏在硬化时体积膨胀,膨胀率为 0.5%~1%。这一性质使石膏制品尺寸准确,形体饱满,再加上石膏本身颜色洁白,质地细腻,因而特别适合制作建筑装饰制品。

(3)孔隙率大,表观密度小,绝热、吸声性能好

为了使石膏浆体具有施工要求的可塑性,建筑石膏在加水拌和时往往加入大量的水(占建筑石膏质量的 60%~80%),而建筑石膏理论需水量仅占 16.8%,这些多余的自由水蒸发后留下许多孔隙。因此石膏制品具有表观密度小、保温隔热性能好、吸声性能好等优点,同时也带来强度低、吸水率大等缺点。

(4)具有一定的调温调湿性

建筑石膏是一种无毒无味、不污染环境、对人体无害的建筑材料。由于其具有较强的吸湿性、热容量大、保温隔热性能好,故在室内小环境条件下能在一定程度上调节环境的湿度和温度,使室内环境更符合人体生理需要,有利于人体健康。

(5)防火性好,但耐火性差

建筑石膏硬化后主要成分为 $CaSO_4 \cdot 2H_2O$,其中的结晶水在常温下是稳定的,但当遇到火灾时,结晶水吸收大量热量,蒸发变为水蒸气,一方面延缓石膏表面温度的升高,另一方面水蒸气幕可有效地阻止火势蔓延,起到了防火作用。但二水石膏脱水后强度下降,因此耐火性差。

(6)耐水性、抗冻性差

建筑石膏制品的孔隙率大,且二水石膏可微溶于水,遇水后强度大大降低,其软化系数仅为 0.2~0.3,是不耐水材料。若石膏制品吸水后再受冻,会因孔隙中水分结冰膨胀而破坏,因此,石膏制品不宜用在潮湿寒冷的环境中。

3.1.4 建筑石膏的用途

石膏的应用范围很广,除用于室内抹面、粉刷外,主要的用途是制成各种石膏制品。常见的有:

(1)纸面石膏板

纸面石膏板是以石膏料浆为夹心,两面用纸作护面而制成的各种轻质板材。它包括普通纸面石膏板、防水纸面石膏板及防火纸面石膏板等。这类板材生产工艺简单,生产效率高,装饰效果好,可用作非承重的隔墙或吊顶材料。

(2)石膏装饰板

石膏装饰板是以建筑石膏为主要原料,掺加少量纤维增强材料和胶结料制成的有多种图案、花饰的板材,如石膏印花板、穿孔吊顶板、石膏浮雕吊顶板及纸面石膏饰面装饰板等。这类石膏板轻质、高强、防火,并可调节室内湿度,具有施工方便、加工性能好等优点,适用于宾馆、住宅等建筑的室内顶棚和墙面装饰。

(3)纤维石膏板

纤维石膏板是以建筑石膏为主要原料,掺加适量纤维增强材料制成。这种板材韧性好,常用作工业与民用建筑的内隔墙和天花板等。

(4)石膏空心条板

石膏空心条板是以建筑石膏为主要原料,掺加适量轻质填充料或少量纤维增强材料加工而成的一种空心板材,具有轻质、隔声、隔热等特点,可用作建筑物的内隔墙。

(5)石膏空心砌块和石膏夹心砌块

石膏空心砌块和石膏夹心砌块是以建筑石膏为主要原料,经料浆拌和、浇筑成型等工艺制成的轻质隔墙块型材料。如中心填以废泡沫塑料等轻质材料,即为石膏夹心砌块。石膏空心砌块具有表面平整、不需粉刷、施工方便等优点,主要用作建筑物的非承重内隔墙。

石膏还可用来生产各种浮雕和装饰品,如浮雕饰线、艺术灯圈、角花等。

石膏制品具有轻质、新颖、美观、价廉等优点,但强度较低、耐水性能差。为了提高石膏的强度及耐水性,近年来,我国科研工作者先后研制成功多种石膏外加剂(如石膏专用减水增强剂等),给石膏的应用提供了更广阔的前景。

3.2 石灰

重点:石灰的生产、特性、应用。

3.2.1 石灰的生产与品种

石灰是由石灰岩煅烧而成。石灰岩的主要成分是碳酸钙($CaCO_3$)和碳酸镁($MgCO_3$)。石灰岩在适当温度(1 000~1 100 ℃)下煅烧,得到以 CaO 为主要成分的物质,即石灰,又称生石灰(其中含一定量 MgO)。

根据加工方法不同,石灰可分为块状生石灰、磨细生石灰粉、消石灰粉和石灰浆。

(1)块状生石灰。它是由原料煅烧而得的原产品。

(2)磨细生石灰粉。它是以块状生石灰为原料,经破碎、磨细而成,也称建筑生石灰粉。

(3)消石灰粉。它是生石灰用适量水消解而得到的粉末,又称熟石灰,主要成分为$Ca(OH)_2$。

(4)石灰浆。它是生石灰用较多的水(为生石灰体积的 3~4 倍)经消解沉淀而得到的可塑性膏状体,主要成分为 $Ca(OH)_2$ 和 H_2O。如果加更多的水,则成石灰乳。

生石灰根据熟化速度分为快熟石灰、中熟石灰和慢熟石灰,其熟化速度见表 3.2。

表 3.2　生石灰熟化速度分类

石　灰　种　类	熟　化　速　度
快熟石灰	熟化时间在 10 min 以内
中熟石灰	熟化时间为 10～30 min
慢熟石灰	熟化时间在 30 min 以上

3.2.2　石灰的熟化与硬化

生石灰加水生成氢氧化钙的过程,称为石灰的熟化或消解过程。石灰熟化时放出大量的热,其体积膨胀 1~2. 5 倍,熟化后的产物 $Ca(OH)_2$ 称为熟石灰或消石灰。

石灰熟化的理论需水量为石灰质量的 32%,但为了使 CaO 充分水化,实际加水量达 70%~100%。

石灰岩在煅烧过程中可能生成过火石灰。过火石灰熟化十分缓慢,其产物在已硬化的灰浆中膨胀,引起墙面崩裂或隆起,影响工程质量。为了保证石灰充分熟化,必须将石灰浆在贮灰坑中存放两星期以上,这一过程称为石灰的"陈伏"。

石灰的硬化包含两个同时进行的过程。

(1)结晶过程。多余水分蒸发或被砌体吸收,$Ca(OH)_2$ 逐渐从饱和溶液中析出结晶。

(2)碳化过程。$Ca(OH)_2$ 和空气中的 CO_2 化合,生成碳酸钙晶体。

生成的碳酸钙晶体互相交叉连生,或与氢氧化钙共生,构成紧密交织的结晶网,使硬化浆体强度进一步提高。但由于空气中二氧化碳含量很低,且表面形成致密的碳化层,使二氧化碳难以渗入内部,因此石灰碳化过程很慢。

3.2.3　石灰的技术性质和特性

1. 石灰的技术性质

根据 MgO 含量的多少,生石灰分为钙质生石灰(MgO 含量小于或等于 5%)和镁质生石灰(MgO 含量大于 5%)。根据规定,钙质生石灰和镁质生石灰化学成分及物理性质要求见表 3. 3 和表 3. 4。

表 3. 3　建筑生石灰的化学成分

(JC/T 479—2013)　　单位:%

名称	氧化钙+氧化镁 (CaO+MgO)	氧化镁 (MgO)	二氧化碳 (CO_2)	三氧化硫 (SO_3)
CL 90-Q CL 90-QP	≥90	≤5	≤4	≤2
CL 85-Q CL 85-QP	≥85	≤5	≤7	≤2
CL 75-Q CL 75-QP	≥75	≤5	≤12	≤2
ML 85-Q ML 85-QP	≥85	>5	≤7	≤2
ML 80-Q ML 80-QP	≥80	>5	≤7	≤2

注:CL 表示钙质石灰;Q 表示块状;ML 表示镁质石灰;QP 表示粉状。

表 3. 4　建筑生石灰的物理性质

(JC/T 479—2013)

名称	产浆量/ (dm^3/10 kg)	细　度	
		0. 2 mm 筛余量 /%	90 μm 筛余量 /%
CL 90-Q CL 90-QP	≥26 —	— ≤2	— ≤7
CL 85-Q CL 85-QP	≥26 —	— ≤2	— ≤7
CL 75-Q CL 75-QP	≥26 —	— ≤2	— ≤7
ML 85-Q ML 85-QP	—	— ≤2	— ≤7
ML 80-Q ML 80-QP	—	— ≤7	— ≤2

注:其他物理特性,根据用户要求,可按照 JC/T 478. 1—2013 进行测试。

按 MgO 含量的多少，建筑消石灰分为钙质消石灰（MgO 含量小于 4%）和镁质消石灰（MgO 含量为 4% ~24%），这两种消石灰的化学成分及物理性质见表 3.5 和表 3.6。

表 3.5　建筑消石灰的化学成分

（JC/T 481—2013）　　单位：%

名称	氧化钙 + 氧化镁（CaO + MgO）	氧化镁（MgO）	三氧化硫（SO_3）
HCL 90	≥90	≤5	≤2
HCL 85	≥85		
HCL 75	≥75		
HML 85	≥85	>5	≤2
HML 80	≥80		

注：表中数值以试样扣除游离水和化学结合水后的干基为基准。

表 3.6　建筑消石灰的物理性质（JC/T 481—2013）

名称	游离水 /%	细度		安定性
		0.2 mm 筛余量 /%	90 μm 筛余量 /%	
HCL 90	≤2	≤2	≤7	合格
HCL 85				
HCL 75				
HML 85				
HML 80				

注：HCL 表示钙质消石灰；HML 表示镁质消石灰。

2. 石灰的特性

（1）良好的可塑性及保水性

生石灰熟化后形成颗粒极细（粒径为 0.001 mm）、呈胶体分散状态的 $Ca(OH)_2$ 粒子，颗粒表面能吸附一层较厚的水膜，因而使石灰具有良好的可塑性及保水性。利用这一性质，在水泥砂浆中加入石灰膏可明显提高砂浆的可塑性，改善砂浆的保水性。

（2）凝结硬化慢、强度低

从石灰的凝结硬化过程可知，石灰的凝结硬化速度非常缓慢。生石灰熟化时的理论需水量较小，为了使石灰具有良好的可塑性，常常加入较多的水，多余的水分在硬化后蒸发，在石灰内部形成较多的孔隙，使硬化后的石灰强度不高，1 ∶ 3 石灰砂浆 28 d 抗压强度通常为 0.2~0.5 MPa。

（3）耐水性差

石灰是一种气硬性胶凝材料，不能在水中硬化。对于已硬化的石灰浆体，若长期受到水的作用，会因 $Ca(OH)_2$ 溶解而导致破坏，所以石灰耐水性差，不宜用于潮湿环境及遭受水侵蚀的部位。

（4）体积收缩大

石灰浆体在硬化过程中要蒸发大量的水，使石灰内部毛细孔失水收缩，引起体积收缩。因此，石灰除调制成石灰乳作薄层涂刷外，一般不单独使用，常在石灰中掺入砂、麻刀、纸筋等材料以减少收缩。

（5）吸湿性强

生石灰吸湿性强，保水性好，是传统的干燥剂。

3.2.4　石灰的应用

（1）配制石灰砂浆和石灰乳

用水泥、石灰膏、砂配制成的混合砂浆广泛用于墙体砌筑或抹灰，用石灰膏与砂或纸筋、麻刀配制成的石灰砂浆、石灰纸筋灰、石灰麻刀灰广泛用作内墙、天棚的抹面砂浆。由石灰膏稀释成的石灰乳,可用作简易的粉刷涂料。

(2)配制灰土与三合土

消石灰粉或生石灰粉与黏土拌和,称为灰土,若加入砂石或炉渣、碎砖等即成三合土。夯实后的灰土或三合土广泛用作建筑物的基础、路面及地面的垫层,其强度和耐水性比石灰和黏土都高,原因是黏土颗粒表面的少量活性二氧化硅、三氧化二铝与石灰起反应,生成水化硅酸钙和水化铝酸钙等不溶于水的水化矿物。另外,石灰改善了黏土的可塑性,在强力夯打下密实度提高,也是其强度和耐水性改善的原因之一。

(3)生产硅酸盐制品

磨细生石灰或消石灰粉与砂或粒化高炉矿渣、炉渣、粉煤灰等硅质材料混合成型,再经常压或高压蒸汽养护,即可制得密实或多孔的硅酸盐制品,如灰砂砖、粉煤灰砖、加气混凝土砌块等。

(4)生产碳化石灰板

将磨细生石灰、纤维状填料或轻质骨料按比例混合搅拌成型,再通入 CO_2 进行人工碳化 12~24 h,可制成轻质板材。为提高碳化效果、减轻自重,可制成空心板。其制品表观密度小(为 700~800 kg/m^3),导热系数低[小于 0.23 W/(m·K)],可用作非承重的保温材料。

此外,石灰还可用作激发剂,掺加到高炉矿渣、粉煤灰等活性混合材料内,共同磨细而制成具有水硬性的无熟料水泥。

3.3 水玻璃

重点:水玻璃的品种、性质、用途。

3.3.1 水玻璃的生产

水玻璃俗称泡花碱,是碱金属氧化物和二氧化硅结合而成的能溶解于水的一种硅酸盐材料。最常用的水玻璃是硅酸钠水玻璃($Na_2O \cdot nSiO_2$)及硅酸钾水玻璃($K_2O \cdot nSiO_2$)。

生产水玻璃的方法有湿法和干法两种。湿法生产硅酸钠水玻璃时,将石英砂和苛性钠溶液在蒸压锅内用蒸汽加热搅拌,使其直接反应生成液体水玻璃。干法是将石英砂和碳酸钠磨细拌匀,在熔炉内于 1 300~1 400 ℃下熔化,反应生成固体水玻璃,然后在水中加热溶解而成液体水玻璃。

水玻璃硬化是吸收空气中 CO_2 而析出无定形硅酸。这个过程进行很慢。为加速其硬化,可将水加热或加入硬化剂(如 Na_2SiF_6),其掺水量为水玻璃质量的 12%~15%。

3.3.2 水玻璃的特性和用途

水玻璃具有很强的耐酸性能,能承受大多数无机酸与有机酸的作用,因此,常以水玻璃为胶凝材料,与耐酸骨料拌和,配制耐酸砂浆和耐酸混凝土。

水玻璃耐热性良好，能长期承受一定高温作用而强度不降低，因此，工程中常用来配制耐热砂浆和耐热混凝土。

此外，水玻璃还可涂刷砖、硅酸盐制品等建筑材料的表面，以提高其密实度、耐水性及抗风化能力；掺入砂浆或混凝土中，用于结构物的修补堵漏；与氯化钙溶液交替灌入地基缝隙，用于加固地基等。这些都是水玻璃在实际工程中常见的具体应用。

思考题

一、填空题

1. 石灰熟化时放出大量________，体积发生显著________；石灰硬化时放出大量________，体积产生明显________。

2. 建筑石膏凝结硬化速度________，硬化时体积________，硬化后孔隙率________，表观密度________，强度________，保温性________，吸声性能________，防火性能________。

3. 石灰的特性有：可塑性________，硬化________，硬化时体积________和耐水性________等。

二、单项选择题

1. 石灰在消解（熟化）过程中________。

A. 体积明显缩小　　B. 放出大量热量

C. 体积不变　　D. 与 $Ca(OH)_2$ 作用形成 $CaCO_3$

2. ________浆体在凝结硬化过程中，其体积发生微小膨胀。

A. 石灰　　B. 石膏　　C. 菱苦土　　D. 水玻璃

3. 为了保持石灰的质量，应使石灰储存在________。

A. 潮湿的空气中　　B. 干燥的环境中

C. 水中　　D. 蒸汽的环境中

4. 石膏制品具有较好的________。

A. 耐水性　　B. 抗冻性　　C. 加工性　　D. 导热性

5. 石灰硬化过程实际上是________过程。

A. 结晶　　B. 碳化　　C. 结晶与碳化

6. 生石灰的分子式是________。

A. $CaCO_3$　　B. $Ca(OH)_2$　　C. CaO

7. 石灰在硬化过程中，体积产生________。

A. 微小收缩　　B. 不收缩也不膨胀　　C. 膨胀　　D. 较大收缩

8. 石灰熟化过程中的“陈伏”是为了________。

A. 有利于结晶　　B. 蒸发多余水分

C. 消除过火石灰的危害　　D. 降低发热量

9. 高强石膏的强度较高，这是因其调制浆体时的需水量________。

A. 大　　B. 小　　C. 中等　　D. 可大可小

10. 建筑石灰分为钙质石灰和镁质石灰，是根据________成分的含量划分的。

A. 氧化钙　　B. 氧化镁　　C. 氢氧化钙　　D. 碳酸钙

11. 罩面用的石灰浆不得单独使用，应掺入砂子、麻刀和纸筋等以________。

A. 易于施工　　B. 增加美观　　C. 减少收缩　　D. 增加厚度

12. 抹面用石灰膏应在贮灰坑中存放________天以上。

A. 7　　B. 15　　C. 28　　D. 30

三、判断题

1. 气硬性胶凝材料只能在空气中凝结硬化，而水硬性胶凝材料只能在水中凝结硬化。（　）

2. 石灰浆体在空气中的碳化反应方程式是：$Ca(OH)_2 + CO_2 = CaCO_3 + H_2O$（　）

3. 建筑石膏最突出的技术性质是凝结硬化慢，并且在硬化时体积略有膨胀。（　）

4. 建筑石膏板因为其强度高，所以在装修时可用于潮湿环境中。（　）

5. 建筑石膏的分子式是 $CaSO_4 \cdot 2H_2O$。（　）

6. 石膏由于其防火性好，故可用于高温部位。（　）

7. 石灰陈伏是为了降低石灰熟化时的发热量。（　）

8. 石灰的干燥收缩值大，这是石灰不宜单独生产石灰制品和构件的主要原因。（　）

9. 石灰是气硬性胶凝材料，所以由熟石灰配制的灰土和三合土均不能用于受潮的工程中。（　）

10. 石灰可以在水中使用。（　）

11. 建筑石膏制品有一定的防火性能。（　）

12. 建筑石膏制品可以长期在温度较高的环境中使用。（　）

13. 石膏浆体的水化、凝结和硬化实际上是碳化作用。（　）

四、问答题

某建筑的内墙使用石灰砂浆抹面。数月后，墙面上出现了许多不规则的网状裂纹，同时在个别部位还有一部分凸出的呈放射状裂纹。试分析上述现象产生的原因。

模块四

水泥

学习目标

1. 了解硅酸盐水泥的生产,熟悉硅酸盐水泥的矿物组成,理解其凝结硬化过程;

2. 掌握通用硅酸盐水泥的品种、组成、主要技术性质、性能及适用范围,在工程中能够合理选用水泥品种(重点);

3. 了解其他品种水泥以及水泥储存、运输和保管应注意的事项;

4. 能够进行水泥技术性质检测,并判定检测结果;

5. 能够解决或解释工程中相关问题。

水泥是土木工程中最重要的材料之一,它和钢材、木材构成了基本建设的三大材料。

水泥是无机水硬性胶凝材料,它与水拌和形成的浆体既能在空气中硬化,又能在水中硬化。因此,水泥不仅大量应用于建筑工程,还广泛用于农业、交通、海港和国防建设等行业的工程中。

水泥的品种很多,按其主要成分分为硅酸盐水泥、铝酸盐水泥、硫铝酸盐水泥和磷酸盐水泥。按水泥的用途和性能又可分为通用水泥(常用于一般工程的水泥,如硅酸盐水泥、矿渣硅酸盐水泥等)、专用水泥(具有专门用途的水泥,如中、低热水泥等)及特种水泥(具有某种特殊性能的水泥,如快硬硅酸盐水泥、膨胀水泥等)。这些水泥中,硅酸盐水泥是最基本的,使用最广泛。

通用水泥主要是指国家标准《通用硅酸盐水泥》(GB 175—2023)中规定的六大类水泥,即硅酸盐水泥、普通硅酸盐水泥、矿渣硅酸盐水泥、火山灰质硅酸盐水泥、粉煤灰硅酸盐水泥和复合硅酸盐水泥。

硅酸盐水泥是由硅酸盐水泥熟料、0~5% 石灰石或粒化高炉矿渣、适量石膏磨细制成的水硬性胶凝材料,国际通称为波特兰水泥。硅酸盐水泥分两种类型:不掺加混合材料的称为Ⅰ型硅酸盐水泥(代号为P·Ⅰ);掺加不超过水泥质量5%的石灰石或粒化高炉矿渣混合材料的称为Ⅱ型硅酸盐水泥(代号为P·Ⅱ)。

普通硅酸盐水泥由硅酸盐水泥熟料、6%~20% 混合材料、适量石膏磨细而成,代号为P·O。

矿渣硅酸盐水泥由硅酸盐水泥熟料和粒化高炉矿渣(21%~70%)、适量石膏磨细而成,其代号为P·S。

火山灰质硅酸盐水泥由硅酸盐水泥熟料和火山灰质混合材料、适量石膏磨细而成,其代号为P·P。

粉煤灰硅酸盐水泥由酸盐水泥熟料和粉煤灰、适量石膏磨细而成,其代号为 P·F。

4.1 硅酸盐水泥

重点:硅酸盐水泥的生产、性质。

通用硅酸盐水泥(common portland cement)是指以硅酸盐水泥熟料和适量的石膏,以及规定的混合材料制成的水硬性胶凝材料。通用硅酸盐水泥按混合材料的品种和掺量分为硅酸盐水泥、普通硅酸盐水泥、矿渣硅酸盐水泥、火山灰质硅酸盐水泥、粉煤灰硅酸盐水泥和复合硅酸盐水泥(见图 4.1)。

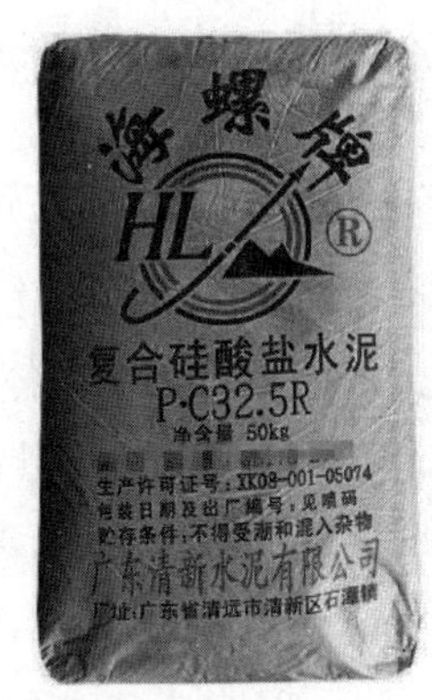

图 4.1 某袋装复合硅酸盐水泥

本节重点介绍硅酸盐水泥。

4.1.1 硅酸盐水泥的生产及矿物组成

硅酸盐水泥是以石灰质原料(如石灰石等)与黏土质原料(如黏土、页岩等)为主,有时加入少量铁矿粉等,按一定比例混合,磨细成生料粉(干法生产)或生料浆(湿法生产),经均化后送入窑中煅烧至部分熔融,得到以硅酸钙为主要成分的水泥熟料,再与适量石膏共同磨细,即可得到 P·I 型硅酸盐水泥。其生产工艺流程(简称为“两磨一烧”)如图 4.2 所示。

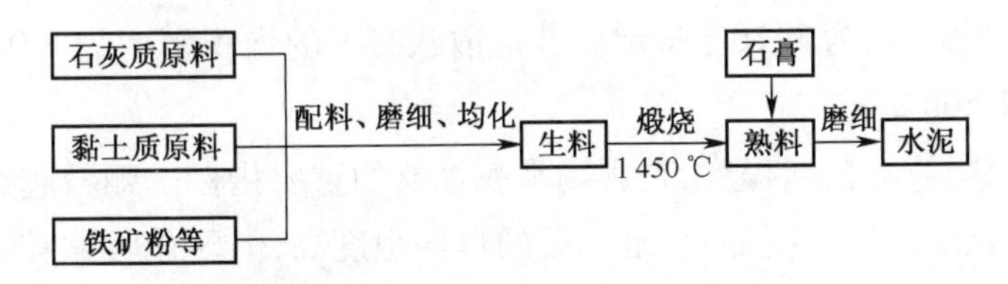

图 4.2 硅酸盐水泥生产工艺流程示意图

生料在煅烧过程中各原料之间发生化学反应,形成以硅酸钙为主要成分的熟料矿物,其矿物组成主要是硅酸三钙($3CaO \cdot SiO_2$,简写为 C_3S,占 37%~60%)、硅酸二钙($2CaO \cdot SiO_2$,简写为 C_2S,占 15%~37%)、铝酸三钙($3CaO \cdot Al_2O_3$,简写为 C_3A,占 7%~15%)、铁铝酸四钙($4CaO \cdot Al_2O_3 \cdot Fe_2O_3$,简写为 C_4AF,占 10%~18%)。改变四种矿物含量的比例,水泥的性质也将发生相应的变化。如提高 C_3S 、C_3A 含量,水泥的早期强度将会提高。

4.1.2 硅酸盐水泥的凝结与硬化

水泥加水拌和后,成为可塑性浆体,随后水泥浆逐渐变稠而失去塑性但尚不具有强度的过程,称为水泥的凝结。凝结过后,水泥浆产生明显的强度并逐渐发展成为坚硬的固体,这一过程称为水泥的硬化。水泥的凝结、硬化没有严格的界限,它是一个连续、复杂的物理化学变化过程。

在水泥的矿物组成中,不同的矿物水化速度不一样。水化速度最快的是铝酸三钙,其次是硅酸三钙，硅酸二钙的水化速度最慢。

纯水泥熟料磨细后，凝结时间很短，不便使用。为了调节水泥的凝结时间，可掺入适量石膏，这些石膏与反应最快的铝酸三钙的水化产物作用生成难溶的水化硫铝酸钙，覆盖于未水化的铝酸三钙周围，阻止其继续快速水化。

综上所述，硅酸盐水泥与水作用后，主要水化产物有水化硅酸钙和水化铁酸钙凝胶、氢氧化钙、水化铝酸钙和水化硫铝酸钙晶体。硬化后的水泥石是由胶体粒子、晶体粒子、凝胶孔、毛细孔及未水化的水泥颗粒所组成，其结构如图 4.3 所示。当未水化的水泥颗粒含量高时，说明水化程度小，因而水泥石强度低；当水化产物含量多、毛细孔含量少时，说明水化充分，水泥石结构密实，因而水泥石强度高。

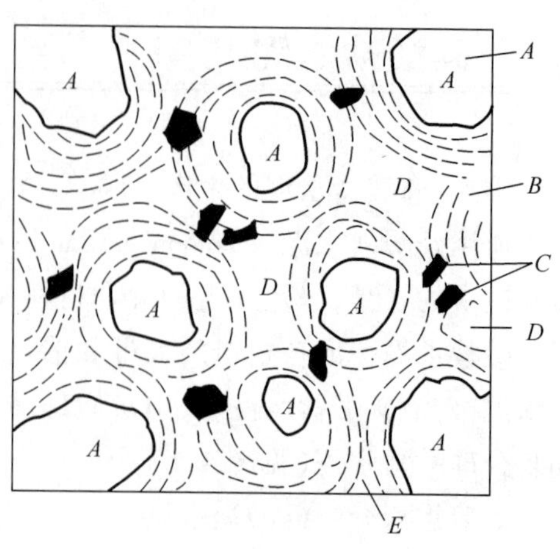

A—未水化的水泥颗粒；B—胶体粒子（C-S-H 等）；C—晶体粒子[$Ca(OH)_2$ 等]；D—毛细孔（毛细水）；E—凝胶孔。

图 4.3　硬化水泥石结构

4.1.3　硅酸盐水泥的主要技术性质

1. 密度、堆积密度、细度

硅酸盐水泥的密度约为 3.10 g/cm^3。其松散状态下的堆积密度为 1 000~1 200 g/cm^3，紧密堆积密度达 1 600 g/cm^3。

细度是指水泥颗粒的粗细程度，是影响水泥性能的重要指标。颗粒越细，与水反应的表面积越大，因而水化反应的速度加快，水泥石的早期强度高，但硬化收缩较大，在储运过程中易受潮而降低活性，因此，水泥细度应适当。根据国家标准《通用硅酸盐水泥》(GB 175—2023)规定，硅酸盐水泥细度以比表面积表示，应不低于 300 m^2/kg 且不高于 400 m^2/kg。普通硅酸盐水泥、矿渣硅酸盐水泥、粉煤灰硅酸盐水泥、火山灰质硅酸盐水泥、复合硅酸盐水泥的细度以 45 μm 方孔筛筛余表示，应不低于 5%。

2. 标准稠度用水量

为了测定水泥的凝结时间及体积安定性等性能，应该使水泥净浆在一个规定的稠度下进行，这个规定的稠度称为标准稠度。达到标准稠度时的用水量称为标准稠度用水量，以水与水泥质量之比的百分数表示，按国家标准《水泥标准稠度用水量、凝结时间、安定性检验方法》(GB/T 1346—2011)规定的方法测定。对于不同的水泥品种，水泥的标准稠度用水量各不相同，通常为 20%~30%。

3. 凝结时间

凝结时间分初凝时间和终凝时间。初凝时间是指从水泥全部加入水中到水泥开始失去可塑性所需的时间；终凝时间是指从水泥全部加入水中到水泥完全失去可塑性开始产生强度所需的时间。具体划分界限如图 4.4 所示。

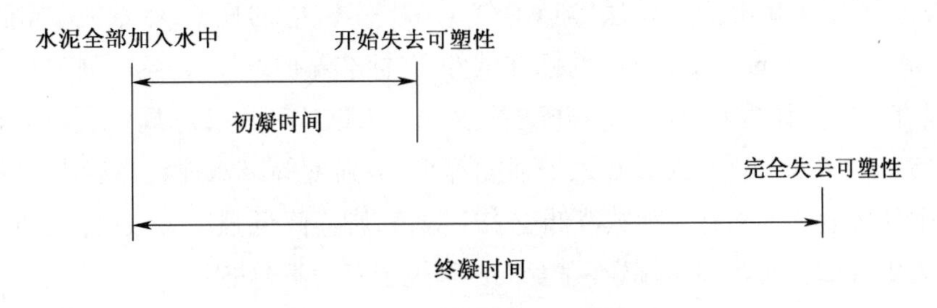

图 4.4　水泥凝结时间示意图

国家标准《通用硅酸盐水泥》(GB 175—2023)规定:硅酸盐水泥初凝时间不小于45 min,终凝时间不大于390 min。水泥的凝结时间是按国家标准《水泥标准稠度用水量、凝结时间、安定性检验方法》(GB/T 1346—2011)规定的方法测定。凝结时间的规定对工程建设有着重要的意义。为了使混凝土、砂浆有足够的时间进行搅拌、运输、浇捣、砌筑,初凝时间不能过短,否则在施工前即已失去流动性而无法使用;当施工完毕时,为了使混凝土尽快硬化,产生强度,顺利进入下一道工序,终凝时间不能过长,否则将延缓施工进度与模板周转期。标准中规定,凝结时间不符合规定者为不合格品。

4. 体积安定性

水泥的体积安定性简称水泥安定性,是指水泥浆硬化后体积变化是否均匀的性质。当水泥浆体在硬化过程中或硬化后发生不均匀的体积膨胀,会导致水泥石开裂、翘曲等现象,称为体积安定性不良。安定性不良的水泥会使混凝土构件产生膨胀性裂缝,从而降低建筑物或构筑物质量,引起严重事故。因此,国家标准规定水泥体积安定性必须合格,否则水泥为不合格品。

引起水泥体积安定性不良的原因主要有熟料中含有过量的游离氧化钙(*f*-CaO)、游离氧化镁(*f*-MgO)或掺入的石膏过多。

游离氧化钙和游离氧化镁经过1 450 ℃的高温煅烧,属严重过火的氧化钙、氧化镁,水化极慢,在水泥凝结硬化后才慢慢开始水化,而且水化生成物$Ca(OH)_2$、$Mg(OH)_2$的体积都比原来体积增加2倍以上,从而导致水泥石开裂、翘曲、疏松,甚至完全崩溃破坏。

当石膏掺量过多时,在水泥硬化后,残余石膏与固态水化铝酸钙反应生成高硫型水化硫铝酸钙,体积大约增加1.5倍,从而导致水泥石开裂。

国家标准《通用硅酸盐水泥》(GB 175—2023)中规定,硅酸盐水泥的体积安定性经沸煮法或压蒸法检验必须合格。用沸煮法只能检验出游离氧化钙造成的体积安定性不良,而游离氧化镁含量过多造成的体积安定性不良必须用压蒸法才能检验出来;石膏造成的体积安定性不良则需长时间在温水中浸泡才能发现。因为后两种原因造成的体积安定性不良都不易检验,所以国家标准规定:熟料中MgO含量不得超过5%,经压蒸试验合格后允许放宽到6%;SO_3含量不得超过3.5%。

5. 强度与强度等级

水泥强度是表示水泥力学性能的一项重要指标,是评定水泥强度等级的依据。按照国家

标准《水泥胶砂强度检验方法(ISO法)》(GB/T 17671—2021)的规定,将水泥、标准砂、水按规定比例制成40 mm×40 mm×160 mm的标准试件,在标准养护条件下养护,测定其3 d、28 d的抗压、抗折强度。根据国家标准《通用硅酸盐水泥》(GB 175—2023)规定,硅酸盐水泥分为42.5、42.5R、52.5、52.5R、62.5、62.5R六个强度等级,各强度等级水泥在各龄期的强度值不得低于表4.1中的数值。如果有一项数值低于表中数值,则应降低强度等级,直至四个数值全部大于或等于表中数值为止。同时规定,强度不符合规定者为不合格品。

表4.1　硅酸盐水泥的强度要求(GB 175—2023)

强度等级	抗压强度/MPa		抗折强度/MPa	
	3 d	28 d	3 d	28 d
42.5	≥17.0	≥42.5	≥4.0	≥6.5
42.5R	≥22.0	≥42.5	≥4.5	≥6.5
52.5	≥22.0	≥52.5	≥4.5	≥7.0
52.5R	≥27.0	≥52.5	≥5.0	≥7.0
62.5	≥27.0	≥62.5	≥5.0	≥8.0
62.5R	≥32.0	≥62.5	≥5.5	≥8.0

注:R表示早强型水泥。

6. 硅酸盐水泥的水化热

水化热是指水泥与水发生水化反应时放出的热量,单位为J/kg。水化热的大小主要与水泥的细度及矿物组成有关。颗粒愈细,水化热愈大;不同的矿物成分,其放热量不一样(见表4.2),矿物中C_3S、C_3A含量愈多,水化热愈大。

表4.2　水泥熟料单矿物水化时特征

名　称	硅酸三钙	硅酸二钙	铝酸三钙	铁铝酸四钙
凝结硬化速度	快	慢	最快	快
28 d水化放热量	多	少	最多	中
强度	高	早期低,后期高	低	低

水化热能加速水泥凝结硬化过程,这对一般工程的冬季施工是有利的,但对大体积混凝土工程(如大坝、大型基础、桥墩等)是不利的,这是由于水化热积聚在混凝土内部,散发非常缓慢,混凝土内外因温差过大而引起温度应力,使构件开裂或破坏。因此,在大体积混凝土工程中,应选用水化热低的水泥。

国家标准《通用硅酸盐水泥》(GB 175—2023)除对上述内容作了规定外,还对不溶物含量、烧失量、氯离子含量、碱含量等提出了要求。不溶物含量:Ⅰ型硅酸盐水泥不得超过0.75%,Ⅱ型硅酸盐水泥不得超过1.5%。烧失量:Ⅰ型硅酸盐水泥不得大于3.0%,Ⅱ型硅酸盐水泥不得大于3.5%。氯离子含量不得超过0.06%,当有更低要求时,由供需双方协商确定。以上内容不符合规定者,为不合格品。水泥中碱含量按$Na_2O+0.658K_2O$计算值表示,当买方要求提供低碱水泥时,由买卖双方协商确定。

4.1.4 水泥石的腐蚀和预防措施

水泥石又称净浆硬化体,是指硬化后的水泥浆体,是由胶凝体、未水化的水泥颗粒内核、毛细孔等组成的非均质体。

在正常使用条件下,水泥石具有较好的耐久性,但在某些腐蚀性介质作用下,水泥石的结构逐渐遭到破坏,强度下降以致全部溃裂,这种现象称为水泥石的腐蚀。腐蚀的主要类型有:

(1)淡水腐蚀

淡水腐蚀也称溶出性腐蚀,即水泥石长期处于淡水环境中,氢氧化钙溶解(水质越纯,溶解度越大)。在流动水的冲刷或压力水的渗透作用下,溶出的氢氧化钙不断被冲走,致使水泥石孔隙增大,强度降低,以致溃裂。

(2)硫酸盐腐蚀

在海水、地下水或某些工业废水中常含有钠、钾、铵等硫酸盐类,它们与水泥中的氢氧化钙反应生成石膏,石膏又与水化铝酸钙反应生成具有针状晶体的水化硫铝酸钙(俗称"水泥杆菌"),体积膨胀2~2.5倍,使硬化的水泥石破坏。由于这种破坏是由体积膨胀引起的,故又称膨胀性化学腐蚀。

(3)溶解性化学腐蚀

溶解性化学腐蚀是指水泥石受到侵蚀性介质作用后,生成强度较低、易溶于水的新的化合物,导致水泥石强度降低或破坏。工程中,含有大量镁盐的水、碳酸水、有机和无机酸对水泥石的腐蚀均属于溶解性化学腐蚀。

此外,强碱(如氢氧化钠)溶液对水泥石也有一定的腐蚀性。

根据产生腐蚀的原因,可采取如下防止措施:

①根据工程所处环境,选用适当品种的水泥,如选用水化物中氢氧化钙含量少的水泥,可以提高抗淡水等侵蚀作用的能力。

②增加水泥制品的密实度,减少侵蚀介质的渗透,如减少用水量、合理选择配合比等。

③加做保护层。在水泥石表面覆盖耐腐蚀的石料、陶瓷、塑料、沥青等物质,以防止腐蚀介质与水泥石直接接触。

4.2 通用硅酸盐水泥的其他品种

重点:通用硅酸盐水泥的性能及适用范围。

根据国家标准《通用硅酸盐水泥》(GB 175—2023),通用硅酸盐水泥各品种的组分应分别符合表4.3~表4.5的规定。

表 4.3　硅酸盐水泥的组分要求（GB 175—2023）

品种	代号	组分（质量分数）/%		
		熟料+石膏	混合材料	
			粒化高炉矿渣/矿渣粉	石灰石
硅酸盐水泥	P·Ⅰ	100	—	—
	P·Ⅱ	95～100	0～<5	—
			—	0～<5

表 4.4　普通硅酸盐水泥、矿渣硅酸盐水泥、粉煤灰硅酸盐水泥和火山灰质硅酸盐水泥的组分要求（GB 175—2023）

品种	代号	组分（质量分数）/%				
		熟料+石音	混合材料			
			主要混合材料			替代混合材料
			粒化高炉矿渣/矿渣粉	粉煤灰	火山灰质混合材料	
普通硅酸盐水泥	P·O	80～<94	6～<20①			0～<5②
矿渣硅酸盐水泥	P·S·A	50～<79	21～<50	—	—	0～<8③
	P·S·B	30～<49	51～<70	—	—	
粉煤灰硅酸盐水泥	P·F	60～<79	—	21～<40	—	0～<5④
火山灰质硅酸盐水泥	P·P	60～<79	—	—	21～<40	

注：①主要混合材料由符合 GB 175—2023 规定的粒化高炉矿渣/矿渣粉、粉煤灰、火山灰质混合材料组成。

②替代混合材料为符合 GB 175—2023 规定的石灰石。

③替代混合材料为符合 GB 175—2023 规定的粉煤灰或火山灰质混合材料、石灰石中的一种。替代后 P·S·A 矿渣硅酸盐水泥中粒化高炉矿渣/矿渣粉含量（质量分数）不小于水泥质量的 21%，P·S·B 矿渣硅酸盐水泥中粒化高炉矿渣/矿渣粉含量（质量分数）不小于水泥质量的 51%。

④替代混合材料为符合 GB 175—2023 规定的石灰石。替代后粉煤灰硅酸盐水泥中粉煤灰含量（质量分数）不小于水泥质量的 21%，火山灰质硅酸盐水泥中火山灰质混合材料含量（质量分数）不小于水泥质量的 21%。

表 4.5　复合硅酸盐水泥的组分要求（GB 175—2023）

品种	代号	组分（质量分数）/%					
		熟料+石膏	混合材料				
			粒化高炉矿渣/矿渣粉	粉煤灰	火山灰质混合材料	石灰石	砂岩
复合硅酸盐水泥	P·C	50～<79	21～<50①				

注：①混合材料由符合 GB 175—2023 规定的粒化高炉矿渣/矿渣粉、粉煤灰、火山灰质混合材料、石灰石和砂岩中的三种（含）以上材料组成。其中，石灰石含量（质量分数）不大于水泥质量的 15%。

从表 4.3～表 4.5 中可以看出，除硅酸盐水泥外，其他水泥品种都掺加了较多的混合材料。在硅酸盐水泥熟料中掺加一定量的混合材料，能改善水泥的性能，增加品种，调整水泥强度等级，提高产量，降低成本且充分利用工业废料，扩大水泥的适用范围。

4.2.1　混合材料

混合材料一般为天然的矿物材料或工业废料。根据其性能可分为活性混合材料和非活性混合材料。

1. 活性混合材料

活性混合材料掺入硅酸盐水泥后，能与水泥水化产物——氢氧化钙反应，生成具有水硬性的化合物，并改善硅酸盐水泥的某些性能。常用的活性混合材料有粒化高炉矿渣、火山灰质混合材料和粉煤灰等。

(1)粒化高炉矿渣

将炼铁高炉中的熔融矿渣经水淬等方式急速冷却而形成的松软颗粒，称为粒化高炉矿渣，又称水淬高炉矿渣，其主要化学成分是 CaO、SiO_2 和 Al_2O_3，占 90% 以上。急速冷却的粒化矿渣结构为不稳定的玻璃体，有较高的潜在活性，在有激发剂的情况下具有水硬性。

(2)火山灰质混合材料

凡是天然或人工的以活性二氧化硅和活性三氧化二铝为主要成分，具有火山灰活性的矿物质材料，都称为火山灰质混合材料。天然的火山灰主要是火山喷发时随同熔岩一起喷出的大量碎屑沉积在地面或水中的松软物质，包括浮石、火山灰、凝灰岩等。还有一些天然材料或工业废料，如烧黏土、自燃后的煤矸石、硅藻土等也属于火山灰质混合材料。

(3)粉煤灰

粉煤灰是发电厂燃煤锅炉排出的烟道灰，其颗粒直径一般为 0.001~0.05 mm，呈玻璃态实心或空心的球状颗粒，表面比较致密。粉煤灰的成分主要是活性二氧化硅和活性三氧化二铝。活性混合材料的矿物成分主要是活性二氧化硅和活性三氧化二铝，它们与水泥熟料的水化产物——氢氧化钙发生反应，生成水化硅酸钙和水化铝酸钙。$Ca(OH)_2$ 是易受腐蚀的成分。活性二氧化硅、活性三氧化二铝与 $Ca(OH)_2$ 作用后，减少了水泥水化产物氢氧化钙的含量，相应提高了水泥石的抗腐蚀性能。

2. 非活性混合材料

非活性混合材料又称填充材料，它与水泥矿物成分或水化产物不起化学反应。非活性混合材料掺入水泥中主要起调节水泥强度等级、增加水泥产量、降低水化热等作用，常用的有磨细石英砂、石灰石粉、黏土及磨细的块状高炉矿渣与炉灰等。

4.2.2 其他硅酸盐水泥的性能及适用范围

由于矿渣硅酸盐水泥、火山灰质硅酸盐水泥和粉煤灰硅酸盐水泥中掺加了大量的混合材料，与硅酸盐水泥和普通硅酸盐水泥相比，这三种水泥的共同特点是：

水化放热速度慢，放热量低，凝结硬化速度较慢，早期强度较低，后期强度增长较快，甚至可超过同强度等级的硅酸盐水泥；对温度的敏感性较高，温度低时硬化较慢，当温度达到 70 ℃以上时，硬化速度大大加快，甚至可以超过硅酸盐水泥的硬化速度；由于熟料含量减少，水化生成物氢氧化钙减少，混合材料水化时又消耗了一部分氢氧化钙，使得这三种水泥的抗淡水及硫酸盐等腐蚀能力较强，但它们的抗冻性和抗碳化能力较差。矿渣硅酸盐水泥和火山灰质硅酸盐水泥的干缩值大，火山灰质硅酸盐水泥的抗渗性较高，矿渣硅酸盐水泥的耐热性较好。

复合硅酸盐水泥由于掺入了两种或两种以上的混合材料，可以相互取长补短，克服了掺单一混合材料水泥的一些弊病。其早期强度接近于普通水泥，而其他性能优于矿渣硅酸盐水泥、火山灰质硅酸盐水泥和粉煤灰硅酸盐水泥。

常用水泥的性能及适用范围见表4.6。

表4.6　常用水泥的性能及适用范围

	硅酸盐水泥	普通水泥	矿渣水泥	火山灰水泥	粉煤灰水泥
主要性能	1. 快硬早强； 2. 水化热较高； 3. 抗冻性较好； 4. 耐热性较差； 5. 耐腐蚀性较差； 6. 干缩性较小	1. 早期强度较高； 2. 水化热较高； 3. 抗冻性较好； 4. 耐热性较差； 5. 耐腐蚀性较差； 6. 干缩性较小	1. 早期强度低，后期强度增长较快； 2. 水化热较低； 3. 耐热性较好； 4. 耐硫酸盐侵蚀和耐水性较好； 5. 抗冻性较差； 6. 干缩性较大； 7. 抗渗性差； 8. 抗碳化能力差	1. 早期强度低，后期强度增长较快； 2. 水化热较低； 3. 耐热性较差； 4. 耐硫酸盐侵蚀和耐水性较好； 5. 抗冻性较差； 6. 干缩性较大； 7. 抗渗性较好	1. 早期强度低，后期强度增长较快； 2. 水化热较低； 3. 耐热性较差； 4. 耐硫酸盐侵蚀和耐水性较好； 5. 抗冻性较差； 6. 干缩性较小； 7. 抗碳化能力较差
适用范围	1. 制造地上、地下及水中的混凝土、钢筋混凝土及预应力钢筋混凝土结构，包括受冻融循环的结构及早期强度要求较高的工程； 2. 配制建筑砂浆	与硅酸盐水泥基本相同	1. 大体积工程； 2. 高温车间和有耐热耐火要求的混凝土结构； 3. 蒸汽养护的构件； 4. 一般地上、地下和水中的钢筋混凝土结构； 5. 有抗硫酸盐侵蚀要求的工程； 6. 配制建筑砂浆	1. 地下、水中大体积混凝土结构； 2. 有抗渗要求的工程； 3. 蒸汽养护的构件； 4. 有抗硫酸盐侵蚀要求的工程； 5. 一般混凝土及钢筋混凝土工程； 6. 配制建筑砂浆	1. 地上、地下、水中和大体积混凝土工程； 2. 蒸汽养护构件； 3. 抗裂性要求较高的构件； 4. 有抗硫酸盐侵蚀要求的工程； 5. 一般混凝土工程； 6. 配制建筑砂浆
不适用工程	1. 大体积混凝土工程； 2. 受化学及海水侵蚀的工程	同硅酸盐水泥	1. 早期强度要求较高的混凝土工程； 2. 有抗冻要求的混凝土工程	1. 早期强度要求较高的混凝土工程； 2. 有抗冻要求的混凝土工程； 3. 干燥环境的混凝土工程； 4. 有耐磨性要求的工程	1. 早期强度要求较高的混凝土工程； 2. 有抗冻要求的混凝土工程； 3. 有抗碳化要求的工程

4.3　其他品种水泥

重点：其他品种水泥的特性及用途。

在实际施工中，往往会遇到一些有特殊要求的工程，如紧急抢修工程、耐热耐酸工程等，对于这些工程，前面介绍的几种水泥均难以满足要求，需要采用其他品种的水泥，如快硬硅酸盐水泥、白色硅酸盐水泥、铝酸盐水泥等。

1. 快硬硅酸盐水泥

凡以硅酸盐水泥熟料和适量石膏磨细制成的，以3 d抗压强度表示强度等级的水硬性胶凝材料称为快硬硅酸盐水泥(简称快硬水泥)。

常用快硬水泥分为42.5、52.5、62.5等强度等级,不同强度等级水泥的各龄期强度不得低于表4.7中的数值。

表4.7 快硬水泥各龄期强度

强度等级	抗压强度/MPa			抗折强度/MPa		
	1 d	3 d	28 d	1 d	3 d	28 d
32.5	15.0	32.5	52.5	3.5	5.0	7.2
37.5	17.0	37.5	57.5	4.0	6.0	7.6
12.5	19.0	42.5	62.5	4.5	6.4	8.0

快硬硅酸盐水泥初凝时间不得早于45 min,终凝时间不得迟于10 h。

快硬硅酸盐水泥用途:可以配置高早强混凝土,以及制作蒸养条件下的混凝土制品。与使用普通水泥相比,可加快施工进度,加快模板周转,提高工程和制品质量,具有较好的技术经济效益和社会效益。因水化放热比较集中,不宜用于大体积混凝土工程。

2. 白色硅酸盐水泥

由白色硅酸盐水泥熟料加入适量石膏磨细制成的水硬性胶凝材料,称为白色硅酸盐水泥,简称白水泥。磨制水泥时,允许加入水泥质量0~10%的石灰石或窑灰作为混合材料。

国家标准《白色硅酸盐水泥》(GB/T 2015—2017)规定,白水泥中三氧化硫的含量应不超过3.5%;细度采用45 μm方孔筛筛余不超过30.0%;初凝应不小于45 min,终凝应不大于600 min;安定性用沸煮法检验必须合格;1级白度(P·W-1)不小于89,2级白度(P·W-2)不小于87;强度等级按其抗压强度和抗折强度划分为3个,各强度等级的各龄期强度值应不低于表4.8的规定。

表4.8 白水泥各龄期强度(GB/T 2015—2017)

强度等级	抗折强度/MPa		抗压强度/MPa	
	3 d	28 d	3 d	28 d
32.5	≥3.0	≥6.0	≥12.0	≥32.5
42.5	≥3.5	≥6.5	≥17.0	≥42.5
52.5	≥4.0	≥7.5	≥22.0	≥52.5

白色硅酸盐水泥的用途广泛,包括:腻子粉、涂料、填缝剂、黏结剂、防水涂料、水磨石、人造石、地砖、透水砖、水洗石、雕塑、耐磨地坪、彩色水泥等。

3. 铝酸盐水泥

凡以铝酸钙为主的铝酸盐水泥熟料,磨细制成的水硬性胶凝材料称为铝酸盐水泥,代号为CA。根据需要也可在磨制Al_2O_3含量大于68%的水泥时掺加适量的α-Al_2O_3粉。

铝酸盐水泥按Al_2O_3含量分为CA-50(50% ≤ Al_2O_3 < 60%)、CA-60(60% ≤ Al_2O_3 < 68%)、CA-70(68% ≤ Al_2O_3 < 77%)和CA-80(Al_2O_3 ≥ 77%)四类。

铝酸盐水泥熟料的主要矿物成分为铝酸一钙($CaO \cdot Al_2O_3$),简写为CA,此外,还有少量硅酸二钙（C_2S）和其他铝酸盐。

（1）铝酸盐水泥的技术性质

根据国家标准《铝酸盐水泥》（GB/T 201—2015）规定，铝酸盐水泥的主要技术性质如下：

①细度。铝酸盐水泥的比表面积不小于300 m^2/kg 或0.045 mm筛余不大于20%，采用哪种指标由供需双方商定，在无约定的情况下发生争议时以比表面积为准。

②凝结时间。铝酸盐水泥的凝结时间（胶砂）应符合表4.9的要求。

表4.9　铝酸盐水泥的凝结时间（GB/T 201—2015）

类型		初凝时间/min	终凝时间/min
CA50		≥30	≤360
CA60	CA60 - Ⅰ	≥30	≤360
	CA60 - Ⅱ	≥60	≤1 080
CA70		≥30	≤360
CA80		≥30	≤360

③强度。各类型铝酸盐水泥各龄期强度值不得低于表4.10中的数值。

表4.10　铝酸盐水泥胶砂强度（GB/T 201—2015）

类型		抗压强度				抗折强度			
		6 h	1 d	3 d	28 d	6 h	1 d	3 d	28 d
CA50	CA50 - Ⅰ	≥20[①]	≥40	≥50	—	≥3[①]	≥5.5	≥6.5	—
	CA50 - Ⅱ		≥50	≥60	—		≥6.5	≥7.5	—
	CA50 - Ⅲ		≥60	≥70	—		≥7.5	≥8.5	—
	CA50 - Ⅳ		≥70	≥80	—		≥8.5	≥9.5	—
CA60	CA60 - Ⅰ	—	≥65	≥85	—	—	≥7.0	≥10.0	—
	CA60 - Ⅱ	—	≥20	≥45	≥85	—	≥2.5	≥5.0	≥10.0
CA70		—	≥30	≥40	—	—	≥5.0	≥6.0	—
CA80		—	≥25	≥30	—	—	≥4.0	≥5.0	—

注：①用户要求时，生产厂家应提供试验结果。

（2）铝酸盐水泥的主要性能及应用

①快硬早强，后期强度下降。铝酸盐水泥加水后，迅速与水发生水化反应，其1 d强度可达3 d强度的80%以上，3 d强度可达到普通水泥28 d的强度。但由于水化产物晶体易转化，后期强度明显下降。其晶体转化速度和强度下降速度与环境的温度和湿度有关。温度大于30 ℃时，即生成含水铝酸三钙，使水泥强度降低；若在35 ℃的饱和温度下，28 d即可完成晶体转化，强度可下降至最低值；而在温度低于20 ℃的干燥条件下转化的速度就非常缓慢。因此，铝酸盐水泥适用于紧急抢修、低温季节施工、早期强度要求高的特殊工程，但不宜在高温季节施工。另外，铝酸盐水泥硬化体中的晶体结构在长期使用中会发生转移，引起强

度下降，因此一般不宜用于长期承载的结构工程中。

②耐高温。铝酸盐水泥硬化时不宜在较高温度下进行，但硬化后的水泥石在高温下(1 000 ℃以上)仍能保持较高强度，这主要是因为在高温下各组分发生固相反应而呈烧结状态，因此铝酸盐水泥有较好的耐热性。如采用耐火的粗细骨料(如铬铁矿等)可以配制成使用温度1 300~1 400 ℃的耐热混凝土，用于窑炉炉衬。

③抗渗性及耐腐蚀性强。硬化后的铝酸盐水泥石中没有氢氧化钙，且水泥石结构密实，因而具有较高的抗渗、抗冻性，同时具有良好的抗硫酸盐等腐蚀性溶液的作用，因此适用于有抗渗、抗硫酸盐要求的工程。但铝酸盐水泥对碱的侵蚀无抵抗能力，禁止用于与碱溶液接触的工程。

④水化热高，放热快。铝酸盐水泥硬化过程中放热量大且主要集中在早期，1 d即可放出总水化热的70%~80%，因此，特别适合于寒冷地区的冬季施工，但不宜用于大体积混凝土工程。

此外，铝酸盐水泥不得与硅酸盐水泥、石灰等能析出$Ca(OH)_2$的材料混合使用，以免产生“闪凝”(浆体迅速失去流动性，且强度大大降低)。

4. 膨胀水泥

由硅酸盐水泥熟料与适量石膏和膨胀剂共同磨细制成的水硬性胶凝材料，称为膨胀水泥。按主要成分不同，膨胀水泥分为硅酸盐、铝酸盐和硫铝酸盐型膨胀水泥三类；按膨胀值及其用途不同，膨胀水泥又分为收缩补偿水泥和自应力水泥两大类。

硅酸盐膨胀水泥是以硅酸盐水泥为主要组分，外加铝酸盐水泥和石膏配制而成的一种水硬性胶凝材料。这种水泥的膨胀作用主要是由于铝酸盐水泥中的铝酸盐矿物和石膏遇水后化合形成具有膨胀性的钙矾石晶体，其膨胀值大小可通过改变铝酸盐水泥和石膏的掺量来调节。如用85%~88%的硅酸盐水泥熟料、6%~7.5%的铝酸盐水泥、6%~7.5%的二水石膏可配制成收缩补偿水泥，常用这种水泥拌制混凝土作屋面刚性防水层、锚固地脚螺栓或修补等用途。如提高其膨胀组分，即可增加膨胀量，配成自应力水泥，用于制造自应力钢筋混凝土压力管及配件。

铝酸盐膨胀水泥是由铝酸盐水泥熟料和二水石膏组成的材料，采用混合磨细或分别磨细后混合而成，因此具有自应力高、抗渗性强、气密性好等优点，可用来制作大口径或较高压力的自应力水管或输气管等。

硫铝酸盐膨胀水泥是以含有适量无水硫铝酸钙熟料，加入较多的石膏磨细而成。如果所加入的石膏掺量足够供应无水硫铝酸钙反应要求时，则可配成硫铝酸盐自应力水泥。这种水泥凝结很快，自应力值为2~7 MPa，可用于制作大口径输水管和各种输油、输气管等。

4.4 水泥的储存、运输和保管

重点：水泥的储存。

水泥有袋装水泥和散装水泥两种(见图 4.5)。储存、运输、保管水泥时,应注意:

图 4.5　袋装水泥及散装水泥罐

(1)防潮防水

水泥受潮后即产生水化作用,凝结成块,影响水泥的正常使用,所以运输和储存时应保持干燥。对于袋装水泥,地面垫板要高出地面 30 cm,四周离墙 30 cm,堆放高度一般不超过 10 袋。存放散装水泥时,应将水泥储存于专用的水泥罐中。

(2)分类储存

不同品种、不同强度等级的水泥应分别存放,不可混杂。

(3)储存期不宜过长

储存期过长,由于空气中的水汽、二氧化碳作用而降低水泥强度。一般来说,储存 3 个月后的强度降低 10%~20%。因此,水泥存放期一般不超过 3 个月,应做到先到的先用。快硬水泥、铝酸盐水泥的规定储存期限更短,一般为 1~2 个月。使用过期水泥时必须经过试验,并按试验重新确定的强度等级使用。

实训一　水泥物理力学性能检测

一、实训目的和任务

1. 熟悉水泥的技术要求。
2. 掌握水泥实验仪器的性能和操作方法。
3. 掌握水泥各项性能指标的基本试验技术。
4. 完成水泥胶砂制备和细度、标准稠度用水量、凝结时间、安定性、强度检测。

要求每位同学根据实训指导书在老师的指导下独立、全面、规范地完成实验,并填好实验报告,做好记录;按要求处理数据,得出正确结论。

二、实训预备知识

复习水泥主要技术指标和实验检测相关知识,认真阅读实训指导书,明确实验目的和任务及操作要点,并对水泥物理力学性能检测实验所用仪器、设备、材料有基本了解。

三、主要仪器设备

本次实训所用仪器设备详见表4.11。

表4.11　实验仪器设备清单表

序号	仪器名称	用　途	备注
1	电子天平、水泥负压筛析仪	完成水泥细度检测	每组一套
2	水泥胶砂搅拌机、量筒、水泥胶砂振实台、水泥胶砂三联模、水泥标准养护箱、水泥刮刀、电子秤	完成水泥胶砂制备	每组一套
3	水泥净浆搅拌机、维卡仪、电子秤、量筒	完成水泥标准稠度用水量检测	每组一套
4	水泥净浆搅拌机、维卡仪、水泥标准养护箱、电子秤、量筒	完成水泥凝结时间检测	每组一套
5	水泥净浆搅拌机、雷氏夹测定仪、水泥标准养护箱、沸煮箱、电子秤、量筒	完成水泥安定性检测	每组一套
6	水泥抗折实验机、水泥抗压实验机	完成水泥抗折、抗压强度检测	每组一套

四、实训组织管理

课前、课后点名考勤;实验以小组为单位进行,每个小组人员为________人;仪器、设备使用完后要清洗干净,物归原位,借用、归还要登记;着装整齐,方便实验操作,女生不得穿裙子;不迟到不早退,积极参与实验。本次实验内容安排详见表4.12。

表4.12　实验进程安排表

序号	实验单项名称	具体内容(知识点)	学时数	备注
1	水泥细度检测	用负压筛法检测水泥细度	2	分____组
2	水泥胶砂制备	按胶砂的配合比制备标准试块		
3	水泥标准稠度用水量	用维卡仪检测水泥净浆标准稠度用水量	2	分____组
4	水泥凝结时间检测	采用维卡仪测定水泥净浆的初凝和终凝时间,以评定水泥质量		
5	水泥安定性检测	采用雷氏夹测定水泥硬化后体积变化的均匀性		
6	水泥抗折、抗压强度检测	采用压力试验机分别测定3 d和28 d水泥试块的抗折、抗压强度	2	分____组

五、实训中实验项目简介、操作步骤指导与注意事项

1. 实验项目简介

(1)水泥细度检测:采用负压筛法,用80 μm筛对水泥试样进行筛析实验,用筛网上所得筛余的质量占试样原始质量的百分数来表示水泥样品的细度。

(2)水泥胶砂制备:利用实验室标准砂,按胶砂的配合比制备标准试块。

(3)水泥标准稠度用水量:水泥标准稠度净浆对标准试杆的沉入具有一定阻力,通过试验不同含水量水泥净浆的穿透性,以确定水泥标准稠度净浆中所需加入的水量。

(4)水泥凝结时间检测:用维卡仪的试针沉入水泥标准稠度净浆至一定深度所需要时间。

(5)水泥安定性检测:用雷氏法通过测定水泥净浆在雷式夹中沸煮后的膨胀值来测定水泥硬化后体积变化的均匀性。

(6)水泥抗折、抗压强度检测:按水泥胶砂的配合比制备标准试块,放入水泥标准养护箱养护 3 d 和 28 d,分别用压力试验机测定水泥抗折、抗压强度。

2. 实验操作步骤与数据处理

1)水泥细度检测

①筛析试验前,应把负压筛放在筛座上,盖上筛盖,接通电源,检查控制系统,调节负压至 4 000~6 000 Pa 范围内。

②称取试样 25 g,置于洁净负压筛中。盖上筛盖,放在筛座上,开动筛析仪连续筛析 2 min。筛毕,用天平称量筛余物。

③当工作负压小于 4 000 Pa 时,应清理吸尘器内水泥,使负压恢复正常。

④实验结果计算与评定:水泥细度按试样筛余百分数(精确至 0.1%)计算。计算式为

$$F = \frac{R_s}{W} \times 100\%$$

式中 R_s——水泥筛余物的质量,g;

W——水泥试样的质量,g。

合格评定时,每个样品应称取两个试样分别筛析,取筛余平均值为筛析结果。

2)水泥胶砂制备

(1)试验前准备:成型前将试模擦净,四周模板与底板接触面上涂黄油,紧密装配,防止漏浆,内壁均匀刷一薄层机油。

(2)胶砂制备:试验用砂采用中国 ISO 标准砂,其颗粒分布和湿含量应符合国家标准《水泥胶砂强度检验方法(ISO 法)》(GB/T 17671—2021)的要求。

①胶砂配合比:试体是按胶砂的质量配合比为水泥∶砂∶水 =1∶3∶0.5 进行拌制的。一锅胶砂分成三条试体,每锅材料需要量为:水泥(450 ±2)g;标准砂(1 350 ±5)g;水(225 ±1)mL。

②搅拌:每锅胶砂用搅拌机进行搅拌。可按下列程序操作:

a. 把水加入锅里,再加入水泥,把锅固定在固定架上,上升至工作位置。

b. 立即开动机器,先低速搅拌(30 ±1)s 后,在第二个(30 ±1)s 开始的同时均匀地将砂子加入。把搅拌机调至高速再搅拌(30 ±1)s。

c. 停拌 90 s,在停拌开始的(15 ±1)s 内,将搅拌锅放下,用刮刀将叶片、锅壁和锅底上的胶砂刮入锅中。

d. 再在高速下继续搅拌(60 ±1)s。

(3)试体成型:试件是 40 mm ×40 mm ×160 mm 的棱柱体。胶砂制备后应立即进行成型。将空试模和模套固定在振实台上,用一个适当大小的勺子直接从搅拌锅里将胶砂分两层装入试模,装第一层时,每个槽里约放 300 g 胶砂,用大播料器垂直架在模套顶部沿每一个模槽来回一次将料层播平,接着振实 60 次。再装第二层胶砂,用小播料器播平,再振实 60

次。移走模套，从振实台上取下试模，用一金属直尺以近似90°的角度架在试模模顶的一端，然后沿试模长度方向以横向锯割动作慢慢向另一端移动，一次将超过试模部分的胶砂刮去，并用同一直尺以近乎水平的情况将试体表面抹平。

(4)试体的养护：将试模放入水泥标准养护箱养护，湿空气应能与试模周边接触。另外，养护时不应将试模放在其他试模上。一直养护到规定的脱模时间时取出脱模。

3)水泥标准稠度用水量

(1)试验前检查，仪器金属棒应能自由滑动，搅拌机运转正常等。

(2)调零点，将标准稠度试杆装在金属棒下，调整至试杆接触玻璃板时指针对准零点。

(3)水泥净浆制备：用湿布将搅拌锅和搅拌叶片擦一遍，将拌合用水倒入搅拌锅内，然后在5~10 s内小心将称量好的500 g水泥试样加入水中(按经验加水)；拌和时，先将锅放到搅拌机锅座上，升至搅拌位置，启动搅拌机，慢速搅拌120 s，停拌15 s，同时将叶片和锅壁上的水泥浆刮入锅中，接着快速搅拌120 s后停机。

(4)标准稠度用水量的测定：拌和完毕立即将水泥净浆一次装入已置于玻璃板上的圆模内，用小刀插捣、振动数次，刮去多余净浆；抹平后迅速放到维卡仪上，并将其中心定在试杆下，降低试杆直至与水泥净浆表面接触，拧紧螺丝，然后突然放松，让试杆自由沉入净浆中。以试杆沉入净浆并距底板(6±1)mm的水泥净浆为标准稠度净浆。其拌和用水量为该水泥的标准稠度用水量(p)，按水泥质量的百分比计。升起试杆后立即擦净。整个操作应在搅拌后1.5 min内完成。

(5)实验结果计算与评定：以试杆沉入净浆并距底板(6±1)mm的水泥净浆为标准稠度净浆。其拌和用水量为该水泥的标准稠度用水量(p)，以水泥质量的百分比计，计算式为

$$p=\frac{\text{拌和用水量}}{\text{水泥用量}}\times 100\%$$

4)水泥凝结时间检测

(1)试验前准备：将圆模内侧稍涂上一层机油，放在玻璃板上，调整凝结时间测定仪的试针接触玻璃板时，指针应对准标准尺零点。

(2)以标准稠度用水量的水，按测标准稠度用水量的方法制成标准稠度水泥净浆后，立即一次装入圆模振动数次刮平，然后放入湿气养护箱内，记录开始加水的时间作为凝结时间的起始时间。

(3)试件在湿气养护箱内养护至加水后30 min时进行第一次测定。测定时，从养护箱中取出圆模放到试针下，使试针与净浆面接触，拧紧螺丝1~2 s后突然放松，试针垂直自由沉入净浆，观察试针停止下沉时指针的读数。临近初凝时，每隔5 min测定一次，当试针沉至距底板(4±1)mm即为水泥达到初凝状态。从水泥全部加入水中至初凝状态的时间即为水泥的初凝时间，用“min”表示。

(4)初凝测出后，立即将试模连同浆体以平移的方式从玻璃板上取下，翻转180°，直径大的一端向上，小的一端向下，放在玻璃板上，再放入湿气养护箱中养护。

(5)取下测初凝时间的试针，换上测终凝时间的试针。

(6)临近终凝时间每隔15 min测一次，当试针沉入净浆0.5 mm时，即环形附件开始不

能在净浆表面留下痕迹时，即为水泥的终凝时间。

(7)由开始加水至初凝、终凝状态的时间分别为该水泥的初凝时间和终凝时间，用小时(h)和分钟(min)表示。

(8)在测定时应注意：最初测定的操作时应轻轻扶持金属棒，使其徐徐下降，防止撞弯试针，但结果以自由下沉为准；在整个测试过程中试针沉入净浆的位置距圆模应大于10 mm；每次测定完毕需将试针擦净并将圆模放入养护箱内，测定过程中要防止圆模受振；每次测量时不能让试针落入原孔，测得结果应以两次都合格为准。

(9)实验结果计算与评定：自加水起至试针沉入净浆中距底板(4 ±1) mm时，所需的时间为初凝时间；至试针沉入净浆中不超过0.5 mm(环形附件开始不能在净浆表面留下痕迹)时所需的时间为终凝时间；用小时(h)和分钟(min)表示。达到初凝或终凝状态时应立即重复测一次，当两次结论相同时才能定为达到初凝或终凝状态。

评定方法：将测定的初凝时间、终凝时间结果，与国家规范中的凝结时间相比较，可判断其合格与否。

5)水泥安定性检测

(1)测定前的准备工作，采用雷氏法，每个雷氏夹需配备质量为75~85 g的玻璃板两块。凡与水泥净浆接触的玻璃板和雷氏夹表面都要稍稍涂上一薄层机油。

(2)水泥标准稠度净浆的制备：以标准稠度用水量加水，按前述方法制成标准稠度水泥净浆。

(3)雷氏夹试件的制备：将预先准备好的雷氏夹放在已稍涂油的玻璃板上，并立即将已制好的标准稠度净浆装满试模，装模时一只手轻轻扶持试模，另一只手用宽约10 mm的小刀插捣15次左右，然后抹平，盖上稍涂油的玻璃板，接着立即将试模移至湿气养护箱内养护(24 ±2) h。

(4)调整沸煮箱内的水位，使试件能在整个沸煮过程中浸没在水里，并在煮沸的中途不需添补试验用水，同时又保证能在(30 ±5) min内升至沸腾。

(5)脱去玻璃板取下试件，先测量雷氏夹指针尖端间的距离(A)，精确到0.5 mm，接着将试件放入沸煮箱水中的试件架上，指针朝上，试件之间互不交叉，然后在(30 ±5) min内加热至沸，并恒沸3 h ±5 min。

(6)沸煮结束，即放掉箱中的热水，打开箱盖，待箱体冷却至室温，取出试件进行判别。

(7)实验结果计算与评定。

测量试件指针尖端间的距离(C)，记录至小数点后一位。当两个试件煮后增加距离($C-A$)的平均值不大于5.0 mm时，即认为该水泥安定性合格，否则为不合格。当两个试件沸煮后的($C-A$)超过4.0 mm时，应用同一样品立即重做一次试验。再如此，则认为该水泥安定性不合格。

6)水泥抗折、抗压强度检测

(1)脱模前的处理及养护：将试模一直养护到规定的脱模时间时取出脱模。脱模前用防水墨汁或颜料对试体进行编号和做其他标记，两个龄期以上的试体，在编号时应将同一试模中的三条试体分在两个以上龄期内。

(2)脱模：脱模应非常小心，可用塑料锤或橡皮榔头或专门的脱模器。对于24 h龄期的,应在破型试验前20 min内脱模;对于24 h以上龄期的,应在20~24 h之间脱模。

(3)水中养护:将做好标记的试体水平或垂直放在(20±1)℃水中养护,水平放置时刮平面应朝上,养护期间试体之间的间隔或试体上表面的水深不得小于5 mm。

(4)强度试验:强度试验试体的龄期是从水泥加水开始搅拌时算起的。各龄期的试块必须在表4.13规定的时间内进行强度试验。试体从水中取出后,在强度试验前应用湿布覆盖。

表4.13 各龄期强度试验时间规定

龄期	时间
24 h	24 h±15 min
48 h	48 h±30 min
72 h	72 h±45 min
7 d	7 d±2 h
>28 d	28 d±8 h

抗折强度试验:①每龄期取出三条试体先做抗折强度试验。试验前须擦去试体表面的附着水分和砂粒,清除夹具上圆柱表面黏着的杂物,试体放入抗折夹具内,应使侧面与圆柱接触。②采用杠杆式抗折试验机试验时,试体放入前,应使杠杆设置成平衡状态。试体放入后调整夹具,使杠杆在试体折断时尽可能地接近平衡位置。③抗折试验的加荷速度为(50±10)N/s。

抗压强度试验:①抗折强度试验后的断块应立即进行抗压试验。抗压试验须用抗压夹具进行,试体受压面为40 mm×40 mm。试验前应清除试体受压面与压板间的砂粒或杂物。试验时以试体的侧面作为受压面,试体的底面靠紧夹具定位销,并使夹具对准压力机压板中心。②压力机加荷速度为(2 400±200)N/s。

7)实训结果计算与评定

(1)抗折强度计算式为(精确到0.1 MPa)

$$R_1 = 1.5F_1L/b^3$$

式中 F_1——水泥折断时的荷载,N;

L——抗折夹具两平行支撑圆柱轴心线之间的距离,mm;

b——试件截面高度,mm。

以一组三个棱柱体抗折结果的平均值作为试验结果。当三个强度值中有值超出平均值±10%时,应剔除后再取平均值作为抗折强度试验结果。

(2)抗压强计算式为(精确至0.1 MPa)

$$R_c = \frac{F_c}{A}$$

式中 F_c——破坏时的最大荷载,N;

A——受压部分面积,mm^2。

以一组三个棱柱体上得到的六个抗压强度测定值的算术平均值作为试验结果。如六个测定值中有一个值超出六个平均值的±10%时,就应剔出这个结果,而以剩下五个的平均数作为结果;如果五个测定值中再有值超过它们平均数的±10%时,则该组结果作废。

3. 操作注意事项

(1)水泥细度检测。

①筛析实验前,应把负压筛放在筛座上,盖上筛盖,接通电源,检查控制系统,调节负压至4 000~6 000 Pa范围内。

②负压筛析工作时,应保持水平,避免外界振动和冲击。

③实验前要检查被测样品,不得受潮、结块或混有其他杂质。

④每做完一次筛析实验,应用毛刷清理一次筛网,其方法是用毛刷在试验筛的正、反两面刷几下,清理筛余物,但每个实验后在试验筛的正反面刷的次数应相同,否则会大大影响筛析结果。

(2)水泥胶砂制备。

①所有实验模具必须用湿布擦干净。

②刮平时,要先用刮刀切割10~12下,要掌握刮刀的角度。

(3)水泥标准稠度用水量。

①实验室的温度注意要控制在(20±2)℃范围内;水泥试样、拌合水、仪器和用具温度要与室内温度一致。

②搅拌开始之前,要将搅拌锅和叶片用湿抹布擦拭一下,否则干燥的搅拌锅和叶片会吸收水泥净浆的水分,使检测结果偏高。

③水泥净浆装入试模后,要轻轻振动数次,让水泥浆均匀密实地充满试模。

(4)水泥凝结时间检测。

①每次测定前,首先应将仪器垂直放稳,不宜在有明显振动的环境中操作。

②每次测定完毕均应将仪器工作表面擦拭干净并涂油防锈。

③滑动杆表面不应碰伤或存在锈斑。

(5)水泥安定性检测。

①同一个样品的检测,所选的雷氏夹的弹性值要比较接近。

②养护必须在养护箱中养护。

(6)水泥抗折、抗压强度检测。

水泥抗折、抗压强度测定时,加荷载的速度不能太快也不能太慢。

六、考核标准

本次实训满分100分,考核内容、考核标准、评分标准详见表4.14。

表4.14 考核评分标准表

序号	考核内容(100分)	考核标准	评分标准		考核形式
1	仪器、设备是否检查(10分)	仪器、设备使用前检查、校核	检查,校核准确	10	实验完成后每人提交实验报告一份
2	实验操作(40分)	水泥、标准砂取样	取样方法科学、正确	8	
		操作方法	操作方法规范	16	
		操作时间	按规定时间完成操作	8	
		试样装模	装模方法正确	8	

续表

序号	考核内容(100分)	考核标准	评分标准		考核形式
3	结果处理(40分)	数据记录、计算	数据记录、计算正确	20	实验完成后每人提交实验报告一份
4		表格绘制	表格绘制完整、正确	5	
5		填写实验结论	实验结论填写正确无误	15	
6	结束工作(5分)	收拾仪具,清洁现场	收拾仪具并清洁现场	5	
7	安全文明操作(5分)	仪器损伤	无仪器损伤	5	

七、实训报告

完成《土木工程材料与实训指导书》相应实验的实训报告表格。

思考题

一、填空题

1. 掺混合材料的硅酸盐水泥比硅酸盐水泥的抗腐蚀性能________。

2. 矿渣水泥与硅酸盐水泥相比,其早期强度________,后期强度________,水化热________,抗腐蚀性________,抗冻性________。

3. 国家标准规定:硅酸盐水泥的初凝时间不得早于________,终凝时间不得迟于________。

4. 水泥细度越细,水化较快且完全,水化放热量较大,早期强度和后期强度都________,但成本高,________较大。

5. 有抗渗要求的混凝土工程宜选________水泥,有耐热要求的宜选________水泥,有抗裂要求的宜选用________水泥。

6. 测定水泥安定性的方法有________和________。

7. 生产硅酸盐水泥时,必须掺入适量的石膏,其目的是________。

8. 硅酸盐水泥根据其强度大小分为________、________、________、________、________、________六个等级。

二、单项选择题

1. 矿渣水泥体积安定性不良的主要原因不包括________。

   A. 石膏掺量过多　B. CaO 过多　C. MgO 过多　D. 碱含量过高

2. 用沸煮法检验水泥安定性,只能检查出由________所引起的安定性不良。

   A. 游离 CaO　B. 游离 MgO　C. 石膏　D. SO_3

3. 干燥地区夏季施工的现浇混凝土不宜使用________水泥。

   A. 硅酸盐水泥　B. 普通水泥　C. 火山灰水泥　D. 矿渣水泥

4. 在硅酸盐水泥基本水化后,________是主要水化产物,约占70%。

   A. 水化硅酸钙凝胶　B. 氢氧化钙晶体

   C. 水化铝酸钙晶体　D. 水化铁酸钙凝胶

5. ________水泥适用于一般土建工程中现浇混凝土及预应力混凝土结构。

A. 硅酸盐　B. 粉煤灰硅酸盐　C. 火山灰硅酸盐　D. 矿渣硅酸盐

6. 确定水泥的强度等级是根据水泥胶砂各龄期的________。

A. 抗折强度　B. 抗剪强度

C. 抗压强度和抗折强度　D. 抗拉强度

7. 以下工程适合使用硅酸盐水泥的是________。

A. 大体积的混凝土工程　B. 受化学及海水侵蚀的工程

C. 耐热混凝土工程　D. 早期强度要求较高的工程

8. 大体积混凝土应选用________。

A. 硅酸盐水泥　B. 粉煤灰水泥　C. 普通水泥　D. 铝酸盐水泥

9. 对干燥环境中的工程，应优先选用________。

A. 火山灰水泥　B. 矿渣水泥　C. 普通水泥　D. 粉煤灰水泥

10. 水泥安定性即指水泥浆在硬化时________的性质。

A. 产生高密实度　B. 体积变化均匀　C. 不变形　D. 收缩

11. 属于水硬性胶凝材料的有________。

A. 矿渣水泥　B. 建筑石膏　C. 水玻璃　D. 粉煤灰

12. 凡由硅酸盐水泥熟料和________，适量石膏磨细制成的水硬性凝胶材料称为矿渣硅酸盐水泥。

A. 火山灰质混合材料　B. 粉煤灰

C. 粒化高炉矿渣　D. 窑灰和火山灰

三、判断题

1. 对早期强度要求比较高的工程一般使用矿渣水泥、火山灰水泥和粉煤灰水泥。（　）

2. 抗渗性要求高的混凝土工程，不能选用矿渣硅酸盐水泥。（　）

3. 降低铝酸三钙和硅酸三钙含量，提高硅酸二钙含量可制得低热水泥。（　）

4. 制造硅酸盐水泥时必须掺入石膏，石膏加入的量越多越好。（　）

5. 采用蒸汽养护预制混凝土构件时应选用矿渣水泥，也可选用铝酸盐水泥。（　）

6. 任何水泥在凝结过程中体积都会收缩。（　）

四、问答题

1. 为什么国家标准对硅酸盐水泥的初凝时间和终凝时间有严格的规定？

2. 某住宅工程工期较短，现有强度等级同为42.5硅酸盐水泥和矿渣水泥可选用。从有利于完成工期的角度来看，选用哪种水泥更为有利？

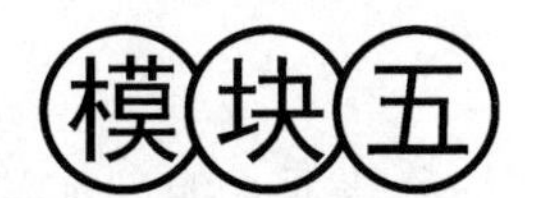

模块五 混凝土

学习目标

1. 熟悉普通混凝土各组成材料的作用、混凝土对各组成材料的要求；
2. 掌握混凝土拌合物的和易性，硬化混凝土的强度和耐久性，了解混凝土的变形；
3. 掌握常用混凝土外加剂的品种、作用效果及选用；
4. 掌握普通混凝土配合比设计方法（重点难点）；
5. 了解其他品种混凝土；
6. 能够进行混凝土骨料检测、混凝土拌合物性能检测、抗压强度检测，并对检测结果判定；
7. 能够解决或解释工程中相关问题。

混凝土是由胶凝材料、骨料和水，必要时掺入化学外加剂和矿物质混合材料，按适当比例配合，拌制成拌合物，经硬化而成的人造石材。

混凝土的种类很多。按胶凝材料不同，混凝土分为水泥混凝土（又称普通混凝土）、沥青混凝土、石膏混凝土及聚合物混凝土等；按表观密度不同，混凝土分为重混凝土、普通混凝土、轻混凝土；按使用功能不同，混凝土分为结构混凝土、道路混凝土、水工混凝土、耐热混凝土、耐酸混凝土及防辐射混凝土等；按施工工艺不同，混凝土分为喷射混凝土、泵送混凝土、振动灌浆混凝土等。

各种混凝土中，应用最广的是水泥混凝土。它的原材料来源丰富、抗压强度高、可塑性好、耐久性好，而且能和钢筋一起制成钢筋混凝土，成本低廉，施工方便。但水泥混凝土也存在自重大、抗拉强度低、容易开裂等缺陷。

5.1 普通混凝土的组成材料

重点：粗细骨料性能。

普通混凝土是由水泥、粗骨料（碎石或卵石）、细骨料（砂）和水拌和，经硬化而成的一种人造石材。砂、石在混凝土中起骨架作用，并抑制水泥的收缩；水泥和水形成水泥浆，包裹在粗、细骨料表面并填充骨料间的空隙。水泥浆体在硬化前起润滑作用，使混凝土拌合物具有良好的工作性能，硬化后将骨料胶结在一起，形成坚固的整体。普通混凝土结构如图5.1所示。

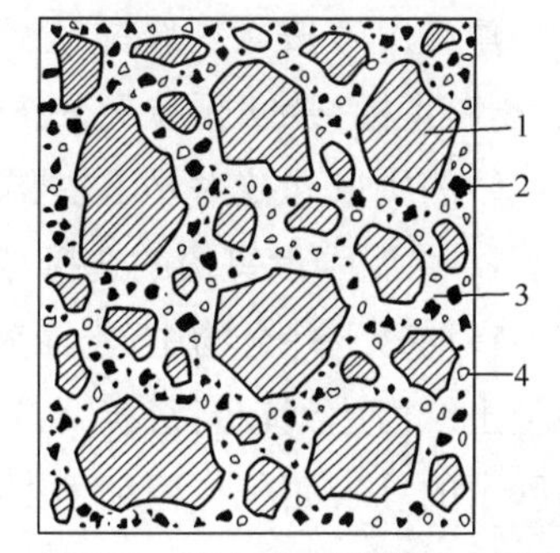

1—石子；2—砂子；3—水泥浆；4—气孔。

图5.1　普通混凝土结构示意图

5.1.1 水泥

1. 水泥品种的选择

在混凝土工程中最常用的水泥有:硅酸盐水泥、普通硅酸盐水泥(简称普通水泥)、矿渣硅酸盐水泥(又称矿渣水泥)、火山灰质硅酸盐水泥(又称火山灰质水泥)和粉煤灰硅酸盐水泥(又称粉煤灰水泥)等五大水泥品种。配制混凝土时,一般采用普通硅酸盐水泥。

例如,高层建筑基础底板一般厚度较大,应按国家标准《大体积混凝土施工标准》(GB 50496—2018)配置混凝土:

①所用水泥应符合现行国家标准《通用硅酸盐水泥》(GB 175—2023)的有关规定,当采用其他品种时,其性能指标应符合国家现行有关标准的规定。

②应选用水化热低的通用硅酸盐水泥,3 d 的水化热不宜大于 250 kJ/kg,7 d 的水化热不宜大于 280 kJ/kg;当选用 52.5 强度等级水泥时,7 d 水化热宜小于 300 kJ/kg。

③所用水泥在搅拌站的入机温度不宜高于 60 ℃。

2. 水泥强度等级的选择

水泥强度等级的选择,应当与混凝土的设计强度等级相适应。原则上是配制高强度等级的混凝土选用高强度等级水泥,低强度等级的混凝土选用低强度等级水泥,通常以水泥强度等级(MPa)的 1.5~2 倍为宜,对于高强度混凝土可取 0.9~1.5 倍。

水泥强度等级过高或过低会导致水泥用量过少或过多,对混凝土的技术性能及经济效果都不利。

5.1.2 细骨料——砂子

普通混凝土的细骨料主要是砂子,按照产源分为天然砂、机制砂、混合砂。

天然砂是自然生成的,经人工开采和筛分的粒径小于 4.75 mm 的岩石颗粒,包括河砂、湖砂、山砂、淡化海砂,但不包括软质岩、风化岩石的颗粒。

机制砂是经除土处理,由机械破碎、筛分制成的,粒径小于 4.75 mm 的岩石、矿山尾矿或工业废渣颗粒,但不包括软质、风化的颗粒,俗称人工砂。

混合砂是由机制砂和天然砂按一定比例混合而成的砂。

建设用砂按颗粒级配、含泥量(石粉含量)、亚甲蓝(MB)值、泥块含量、有害物质、坚固性、压碎指标、片状颗粒含量技术要求分为Ⅰ类、Ⅱ类和Ⅲ类。

砂的质量和技术要求主要有以下几个方面:

1. 水泥强度等级的选择

在混凝土拌合物中,水泥浆包裹骨料的表面并填充骨料间的空隙。为了节约水泥,并使混凝土结构达到较高密实度,选择骨料时,应尽可能选用总表面积较小、空隙率较小的骨料,而砂子的总表面积与粗细程度有关,空隙率则与颗粒级配有关。

(1)粗细程度

砂的粗细程度是指不同粒径的砂粒混合在一起的总体粗细程度。在相同质量的条件下，粗砂的总表面积小，包裹砂表面所需的水泥浆量就少；反之，细砂总表面积大，包裹砂表面所需的水泥浆量就多。因此，在和易性要求一定的条件下，采用较粗的砂配制混凝土比采用细砂节约水泥。

(2)颗粒级配

砂的颗粒级配是指粒径不同的砂粒互相搭配的情况。同样粒径的砂空隙率最大，若大颗粒间空隙由中颗粒填充，空隙率会减小，若再填充以小颗粒，空隙率更小，如图5.2所示。

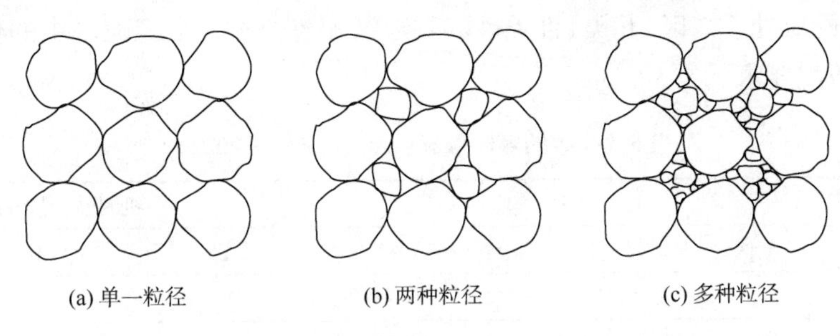

图5.2 骨料颗粒级配示意图

由此可见，砂子的空隙率取决于砂子各级粒径的搭配情况。级配良好的砂，空隙率较小，不仅可以节省水泥，而且可以改善混凝土拌合物的和易性，提高混凝土的密实度、强度和耐久性。

在拌制混凝土时，砂的粗细程度和颗粒级配应同时考虑。当砂中含有较多的粗颗粒，并以适量的中颗粒及少量的细颗粒填充其空隙时，其空隙率及总表面积均较小，是比较理想的搭配方式，不仅节约水泥，而且还可以提高混凝土的密实度、强度与耐久性。

(3)砂的粗细程度与颗粒级配的评定

砂的粗细程度和颗粒级配，常用筛分析方法进行评定。

采用一套标准的方孔筛，孔径依次为4.75 mm、2.36 mm、1.18 mm、600 μm、300 μm、150 μm。称取试样500 g，将试样倒入按孔径大小从上到下组合的套筛(附筛底)上进行筛分，然后称取各筛上的筛余量，计算各筛的分计筛余百分率 a_1、a_2、a_3、a_4、a_5、a_6 及累计筛余百分率 A_1、A_2、A_3、A_4、A_5、A_6，其计算关系见表5.1。

表5.1 累计筛余百分率与分计筛余百分率计算关系

筛孔尺寸	筛余量/g	分计筛余百分率/%	累计筛余百分率/%
4.75 mm	m_1	$a_1=(m_1/500)\times100\%$	$A_1=a_1$
2.36 mm	m_2	$a_2=(m_2/500)\times100\%$	$A_2=a_1+a_2$
1.18 mm	m_3	$a_3=(m_3/500)\times100\%$	$A_3=a_1+a_2+a_3$
600 μm	m_4	$a_4=(m_4/500)\times100\%$	$A_4=a_1+a_2+a_3+a_4$
300 μm	m_5	$a_5=(m_5/500)\times100\%$	$A_5=a_1+a_2+a_3+a_4+a_5$
150 μm	m_6	$a_6=(m_6/500)\times100\%$	$A_6=a_1+a_2+a_3+a_4+a_5+a_6$

砂的粗细程度用细度模数 M_x 表示，其计算式为

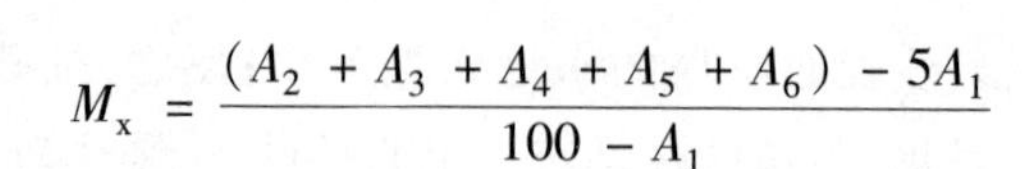

$$M_x = \frac{(A_2 + A_3 + A_4 + A_5 + A_6) - 5A_1}{100 - A_1}$$

细度模数 M_x 越大，表示砂越粗。建设用砂按细度模数分为粗砂（3.1~3.7）、中砂（2.3~3.0）、细砂（1.6~2.2）三种规格。

砂的颗粒级配用级配区表示，以级配区或级配曲线判定砂级配的合格性。对细度模数为1.6~3.7的建设用砂，根据600 μm筛的累计筛余百分率分成3个级配区，见表5.2。Ⅰ类砂的颗粒级配应处于2区，Ⅱ类、Ⅲ类砂的颗粒级配应处于3个级配区中的任何一个级配区中，才符合级配要求。

表5.2　砂的颗粒级配（GB/T 14684—2022）

砂的分类	天然砂			机制砂、混合砂		
级配区	1区	2区	3区	1区	2区	3区
方孔筛尺寸/mm	累计筛余/%					
4.75	10~0	10~0	10~0	5~0	5~0	5~0
2.36	35~5	25~0	15~0	35~5	25~0	15~0
1.18	65~35	50~10	25~0	65~35	50~10	25~0
0.60	85~71	70~41	40~16	85~71	70~41	40~16
0.30	95~80	92~70	85~55	95~80	92~70	85~55
0.15	100~90	100~90	100~90	97~85	94~80	94~75

注：砂的实际颗粒级配除4.75 mm和0.60 mm筛挡外，可以略有超出，但各级累计筛余超出值总和应不大于5%。

为了更直观地反映砂的颗粒级配，以累计筛余百分率为纵坐标，筛孔尺寸为横坐标，根据表5.2的数值可以画出砂子3个级配区的级配曲线，如图5.3所示。通过观察所试验砂的级配曲线是否完全落在3个级配区的任一区内，即可判定该砂级配的合格性。

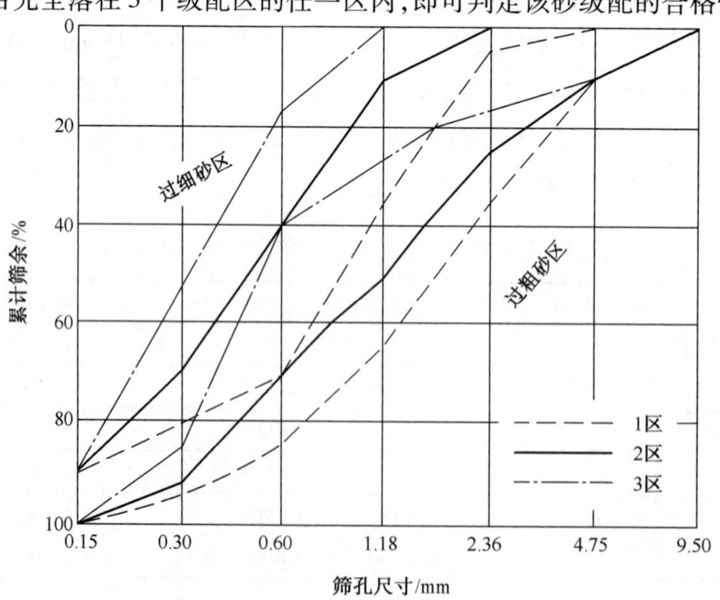

图5.3　砂的级配曲线

在3个级配区中,2区为中砂,粗细适宜,级配最好,配制混凝土时宜优先选用;1区的砂较粗,当采用1区砂时,应提高砂率,并保持足够的水泥用量,以满足混凝土的和易性;3区砂较细,当采用3区砂时,宜适当降低砂率,以保证混凝土强度。

当砂颗粒级配不符合规定的要求时,应采取相应的措施,如通过分级过筛重新组合。

【例5.1】 用500 g烘干天然砂进行筛分试验,其结果见表5.3。试分析该砂的粗细程度与颗粒级配。

表5.3 砂样筛分结果

筛孔尺寸	筛余量 m_i/g	分计筛余百分率 a_i/%	累计筛余百分率 A_i/%
4.75 mm	27.5	5.5	5.5
2.36 mm	42	8.4	13.9
1.18 mm	47	9.4	23.3
600 μm	191.5	38.3	61.6
300 μm	102.5	20.5	82.1
150 μm	82	16.4	98.5
<150 μm	7.5	1.5	100

【解】 计算细度模数 M_x

$$M_x = \frac{(A_2 + A_3 + A_4 + A_5 + A_6) - 5A_1}{100 - A_1}$$

$$= \frac{(13.9 + 23.3 + 61.6 + 82.1 + 98.5) - 5 \times 5.5}{100 - 5.5} = 2.66$$

评定结果:将累计筛余百分率与表5.2作对照,或绘出级配曲线,此砂处于2区,级配良好;细度模数为2.66,属中砂。

2. 含泥量、石粉含量和泥块含量

含泥量是指天然砂中粒径小于75 μm的颗粒含量;石粉含量是指机制砂中粒径小于75 μm的颗粒含量;泥块含量是指砂中原粒径大于1.18 mm,经水浸泡、淘洗等处理后小于0.60 mm的颗粒含量。

天然砂中的泥通常包裹在砂颗粒表面,妨碍了水泥浆与砂的黏结,使混凝土的强度降低。此外,泥的比表面积较大、含量多会降低混凝土拌合物的流动性,或者在保持相同流动性的条件下增加用水量,从而导致混凝土的强度、耐久性降低,干缩、徐变增大。天然砂的含泥量应符合表5.4的规定。

表5.4 天然砂的含泥量和泥块含量(GB/T 14684—2022)

项　目	指　标		
	Ⅰ类	Ⅱ类	Ⅲ类
含泥量(质量分数)/%	≤1.0	≤3.0	≤5.0
泥块含量(质量分数)/%	≤0.2	≤1.0	≤2.0

机制砂的生产过程中会产生一定量的石粉，这是机制砂与天然砂最明显的区别之一。石粉的粒径虽小于75 μm，但与天然砂中的泥成分不同，粒径分布不同，在使用中所起作用也不同。过多的石粉含量会妨碍水泥与骨料的黏结，对混凝土无益，但通过研究和多年实践的结果表明，适量的石粉对混凝土是有益的。由于机制砂是机械破碎制成的，其颗粒尖锐有棱角，这对于骨料和水泥之间的结合是有利的，但对混凝土的和易性是不利的，特别是强度等级低的混凝土和易性很差，而适量石粉的存在则弥补了这一缺陷。此外，由于石粉主要是由40~75 μm的微粒组成，它的掺入对完善混凝土细骨料的级配、提高混凝土密实性都是有益的，进而能提高混凝土的综合性能。

为防止人工砂在开采、加工过程中因各种因素掺入过量的泥土，而这又是目测和石粉含量试验所不能区分的，通常测人工砂石粉含量之前必须先进行亚甲蓝MB值试验或亚甲蓝快速检验。MB值的检验或快速检验是用于检测人工砂中小于75 μm的颗粒是石粉还是泥土的一种试验方法，这样就避免了因人工砂石粉中泥块含量过高而给混凝土带来的副作用。

3. 有害物质含量

配制混凝土的砂要清洁、不含杂质，以保证混凝土的质量。国家标准规定，砂中不应混有草根、树叶、塑料、煤块、炉渣等杂物；砂中如果含有云母、轻物质、有机物、硫化物及硫酸盐、氯盐等，其含量应符合表5.5的规定。

表5.5　砂中有害物质含量（GB/T 14684—2022）

类　　别	Ⅰ类	Ⅱ类	Ⅲ类
云母（质量分数）/%	≤1.0	≤2.0	
轻物质（质量分数）①/%	≤1.0		
有机物	合格		
硫化物及硫酸盐（按 SO_3 质量计）/%	≤0.5		
氯化物（以氯离子质量计）/%	≤0.01	≤0.02	≤0.06②
贝壳（质量分数）③/%	≤3.0	≤5.0	≤8.0

注：①天然砂中如含有浮石、火山渣等天然轻骨料时，经试验验证后，该指标可不做要求。
②对于钢筋混凝土用净化处理的海砂，其氯化物含量应小于或等于0.02%。
③该指标仅适用于净化处理的海砂，其他砂种不做要求。

云母呈薄片状，表面光滑，与水泥黏结性差，且本身强度低，会导致混凝土的强度、耐久性降低；轻物质是表观密度小于2 000 kg/m^{3}的物质，其质量轻、颗粒软，与水泥黏结性差，影响混凝土的强度、耐久性；有机物会延迟混凝土的硬化，影响强度的增长；硫化物及硫酸盐对水泥石有腐蚀作用；氯盐会使钢筋混凝土中的钢筋锈蚀。

4. 坚固性

砂的坚固性是指砂在自然风化和其他外界物理、化学因素作用下，抵抗破裂的能力。

天然砂采用硫酸钠溶液法进行试验，砂样经5次循环后其质量损失应符合表5.6的规定。人工砂除了满足表5.6的规定外，还应采用压碎指标法进行试验，压碎指标值应符合表5.7的规定。

表 5.6　坚固性指标(GB/T 14684—2022)

类别	Ⅰ类	Ⅱ类	Ⅲ类
质量损失率/%	≤8		≤10

表 5.7　压碎指标(GB/T 14684—2022)

类别	Ⅰ类	Ⅱ类	Ⅲ类
单级最大压碎指标/%	≤20	≤25	≤30

5. **表观密度、堆积密度、空隙率**

砂的表观密度、堆积密度、空隙率应符合如下规定:表观密度不小于 2 500 kg/m^3,松散堆积密度不小于 1 400 kg/m^3,空隙率不大于 44%。

6. **碱骨料反应**

碱骨料反应是指水泥、外加剂等混凝土组成物及环境中的碱与骨料中碱活性矿物在潮湿环境下缓慢发生并导致混凝土开裂破坏的膨胀反应。经碱骨料反应试验后,由砂制备的试件无裂缝、酥裂、胶体外溢等现象,在规定的试验龄期膨胀率应小于 0.10%。

实训二　砂常规检测

一、实训目的和任务

1. 熟悉砂的技术要求。
2. 掌握砂常规检测所用仪器的性能和操作方法。
3. 掌握砂的基本试验技术。
4. 完成砂的筛分析、表观密度、堆积密度、含水率、含泥量检测。

要求每位同学根据实训指导书在老师的指导下独立、全面、规范地完成实验,并填好实验报告,做好记录;按要求处理数据,得出正确结论。

二、实训预备知识

复习教材砂筛分析、表观密度、含泥量、堆积密度、含水率等有关知识,认真阅读实训指导书,明确试验目的、基本原理及操作要点,并应对砂常规试验所用的仪器、设备、材料有基本了解。

三、主要仪器设备

本次实训所用仪器设备详见表 5.8。

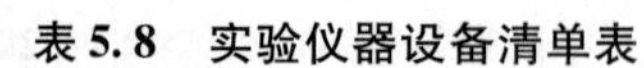

表 5.8　实验仪器设备清单表

序号	仪器名称	用　途	备注
1	电子秤、新标准砂筛组、顶击式标准筛振筛机、烘箱、毛刷、浅盘等	完成砂筛分析检测	每组一套
2	电子秤、量筒、烘箱、容积升等	完成砂表观密度检测	每组一套
3	天平、容器、方孔箱、烘箱、毛刷、浅盘等	完成砂含泥量检测	每组一套
4	电子秤、容量筒、砂漏斗、烘箱、浅盘等	完成砂堆积密度检测	每组一套
5	电子秤、烘箱、浅盘等	完成砂含水率检测	每组一套

四、实训组织管理

课前、课后点名考勤；实验以小组为单位进行，每个小组人员为________人；仪器、设备使用完后要清洗干净，物归原位，借用、归还要登记；着装整齐，方便实验操作，女生不得穿裙子；不迟到不早退，积极参与实验。本次实验内容安排详见表 5.9。

表 5.9　实验进程安排表

序号	实验项目（或任务）	具体内容（知识点）	学时	备注
1	砂筛分析检测	称好砂，装入标准套筛，放入摇筛机筛 10 min，测定砂的颗粒级配和粗细程度	2	分____组
2	砂表观密度检测	用标准法，测定砂的表观密度		
3	砂含泥量检测	把含泥的干砂清洗干净后，烘干，测定含泥量		
4	砂堆积密度检测	用容量筒装满砂，刮平，测定砂堆积密度		
5	砂含水率检测	将湿砂用烘箱烘干，测定砂含水率		

五、实训中实验项目简介、操作步骤指导与注意事项

1. 实验项目简介

(1)砂筛分析实验

测定砂的颗粒级配及精细程度，为混凝土配合比设计提供依据。

(2)砂表观密度实验

通过本实验可以测定砂的表观密度值，以便于计算砂的孔隙率和密实度。

(3)砂含泥量实验

通过本实验可以测定砂的含泥量，为普通混凝土配合比设计提供原材料参数。

(4)砂堆积密度实验

通过本实验可以测定砂的堆积密度，计算材料的运输量和堆积空间。

(5)砂含水率实验

通过本实验可以测定砂的含水率，控制混凝土中用水量在规定的范围内。

2. 实验操作步骤

(1)砂筛分析实验

①准确称取烘干试样 500 g，置于按筛孔大小（大孔在上，小孔在下）顺序排列的套筛的

最上一只筛(即4.75 mm筛孔筛)上,将套筛装入摇筛机内固紧,筛分时间为10 min左右,然后取出套筛,再按筛孔大小顺序,在清洁浅盘上逐个进行手筛,直到每分钟的筛出量不超过试样总量的0.1%时为止,通过的颗粒并入下一个筛,并和下一个筛中试样一起过筛,按这样顺序进行,直到每个筛全部筛完为止。无摇筛机时,可用手筛。

②称取各筛筛余试样的量(精确至1 g),各筛的分计筛余量和底盘中剩余量的总和与筛分前的试样总量相比,相差不得超过1%。

③计算分计筛余百分率、累计筛余百分率、砂的细度模数M_x(精确至0.01)。

$$M_x = \frac{(A_2 + A_3 + A_4 + A_5 + A_6) - 5A_1}{100 - A_1}$$

④根据各筛的累计筛余百分率评定该试样的颗粒级配情况。

(2)砂表观密度实验

①称取烘干的试样300 g,装入盛有半瓶冷开水的容量瓶中。

②摇转容量瓶,使试样在水中充分搅动以排除气泡,塞紧瓶塞,静置24 h左右。然后用滴管添水,使水面与瓶颈刻度线平齐,再塞紧瓶塞,擦干瓶外水分,称其质量。

③倒出瓶中的水和试样,将瓶的内外表面洗净,再向瓶内注入与上述水温相差不超过2 ℃的冷开水至瓶颈刻度线。塞紧瓶塞,擦干瓶外水分,称其质量。在砂的表观密度检测过程中应测量并控制水的温度。检测的各项称量可以在15~25 ℃的温度范围内进行。从检测加水静置的最后2 h起直到检测结束,其温度相差不应超过2 ℃。

④砂的表观密度计算式为(精确至10 kg/m^3)

$$\rho_0 = \frac{m_0}{m_0 + m_2 - m_1} \times \rho_w$$

式中 m_0——试样的烘干质量,g;

m_1——试样、水及容量瓶的总质量,g;

m_2——水及容量瓶的总质量,g;

ρ_w——水的密度,取1 000 kg/m^3。

表观密度取两次试验结果的算术平均值为测定值,精确至10 kg/m^3;如两次试验结果之差大于20 kg/m^3,须重新试验。

(3)砂含泥量实验项目

①称取500 g干试样,将试样倒入淘洗容器中,注入清水,经过充分搅拌后,浸泡2 h,用手在水中淘洗试样,使尘屑、淤泥和黏土与砂粒分离,把浑水缓缓倒入1.18 mm及75 μm的套筛上,滤去小于75 μm的颗粒。经过两次清洗,充分洗掉小于75 μm的颗粒,直到目测水清澈为止,将清洁的砂倒入搪瓷盆中,放入烘箱下烘干至恒重,等冷却称出其质量,精确到0.1 g。

②含泥量计算式为

$$Q_a = \frac{G_0 - G_1}{G_0} \times 100\%$$

式中 G_0——试验前砂的烘干质量,g;

G_1——试验后砂的烘干质量，g。

含泥量取两个试样试验结果的算术平均值作为测定值。

(4)砂堆积密度实验

①取试样一份，用漏斗或铝制料勺，将砂徐徐装入容量筒（漏斗出料口或料勺距容量筒筒口应为50 mm）直到试样装满并超出容量筒筒口，然后用直尺将多余的试样沿筒口中心线向两个相反方向刮平。

②堆积密度计算式为（精确至10 kg/m^3）

$$\rho_0' = \frac{m_2 - m_1}{V} \times 1\ 000$$

③空隙率计算式为（精确至1%）

$$P' = 1 - \frac{\rho_0'}{\rho_0} \times 100\%$$

以两次检测结果的算术平均值作为测定值。

(5)砂含水率实验

①将自然潮湿状态下的试样用四分法缩分至1 100 g，拌匀后分为大致相等的两份备用。

②称取一份试样的质量为 m_1，精确至0.1 g。将试样倒入已知质量的烧杯中，放在烘箱中于(105 ±5)℃下烘干至恒质量。待冷却至室温后，再称出其质量 m_2，精确至0.1 g。

③砂的含水率计算式为（精确至0.1 g）

$$W_{含} = \frac{m_1 - m_2}{m_2} \times 100\%$$

以两次检测结果的算术平均值作为试验结果，精确至0.1 g。如两次结果之差大于0.2%时，应重新试验。

3. 操作注意事项

(1)砂筛分析实验：方孔筛必须按照从大到小、从上到下的顺序放置，不能弄乱。

(2)砂表观密度实验。

①加砂后应将粘在容量瓶颈内壁的砂冲洗进容量瓶。

②水+砂+瓶和水+砂两次称量，注意瓶塞重。

③赶气泡时间尽量延长，在5 min以上。

(3)砂含泥量实验：注意清洗彻底。

(4)砂堆积密度实验：注意不要振动容量筒。

(5)砂含水率实验：注意取样应采用四分法缩分。

六、考核标准

本次实训满分100分，考核内容、考核标准、评分标准详见表5.10。

表 5.10　考核评分标准表

序号	考核内容(100 分)	考核标准	评分标准	考核形式
1	仪器、设备是否检查(10 分)	仪器、设备使用前检查、校核	检查,校核准确	实验完成后每人提交实验报告一份
2	实验操作(40 分)	砂取样	取样方法科学、正确	
		操作方法	操作方法规范	
		操作时间	按规定时间完成操作	
3	结果处理(40 分)	数据记录、计算	数据记录、计算正确	
4		表格绘制	表格绘制完整、正确	
5		填写实验结论	实验结论填写正确无误	
6	结束工作(5 分)	收拾仪具,清洁现场	收拾仪具并清洁现场	
7	安全文明操作(5 分)	仪器损伤	无仪器损伤	

七、实训报告

完成《土木工程材料与实训指导书》相应实验的实训报告表格。

5.1.3　粗骨料——石子

普通混凝土常用的粗骨料分卵石和碎石两类。卵石是由自然风化、水流搬运和分选、堆积形成的粒径大于 4.75 mm 的岩石颗粒。按产源不同,卵石可分为河卵石、海卵石、山卵石等。碎石是天然岩石或卵石经机械破碎、筛分制成的粒径大于 4.75 mm 的岩石颗粒。

卵石、碎石按技术要求分为Ⅰ类、Ⅱ类、Ⅲ类。Ⅰ类宜用于强度等级大于 C60 的混凝土;Ⅱ类宜用于强度等级为 C30~C60 及有抗冻、抗渗或其他要求的混凝土;Ⅲ类宜用于强度等级小于 C30 的混凝土。

国家标准《建设用卵石、碎石》(GB/T 14685—2022)对卵石、碎石的质量和技术要求主要有以下几个方面:

1. 碱骨料反应

1)最大粒径

粗骨料公称粒级的上限称为该粒级的最大粒径 D_{max}。粗骨料的最大粒径增大,则其总表面积相应减小,包裹粗骨料所需的水泥浆量就减少,可节约水泥;或者在一定和易性和水泥用量条件下,能减少用水量而提高混凝土强度。对中低强度的混凝土,尽量选择最大粒径较大的粗骨料,但一般不宜超过 40 mm。配制高强混凝土时最大粒径不宜大于 20 mm,这是因为减少用水量获得的强度提高,被大粒径骨料造成的黏结面减少和内部结构不均匀所抵消。此外,骨料最大粒径还受结构形式和配筋疏密限制,国家标准《混凝土结构工程施工质量验收规范》(GB 50204—2015)规定,混凝土用粗骨料的最大粒径不得超过构件截面最小尺寸的1/4,且不得超过钢筋最小净间距的 3/4;对于混凝土实心板,骨料的最大粒径不宜超过板厚的 1/3,且不得超过 40 mm;对于泵送混凝土,最大粒径与输送管道内径之比,碎石不

宜大于1/3，卵石不宜大于1/2.5。

2）颗粒级配

粗骨料的颗粒级配对混凝土性能的影响与细骨料相同，且其影响程度更大。良好的粗骨料对提高混凝土强度、耐久性以及节约水泥是极为有利的。

粗骨料的颗粒级配分连续粒级和单粒粒级。连续粒级是指颗粒尺寸由小到大连续分级（5 mm~D_{max}），每一级粗骨料都占有适当的比例。连续粒级的颗粒大小搭配合理，配制的混凝土拌合物和易性好，不易发生分层、离析现象，且水泥用量小，目前应用比较广泛。单粒粒级是指颗粒尺寸从1/2最大粒径至最大粒径，粒径大小差别较小。单粒粒级一般不单独使用，主要用于组合成具有要求级配的连续粒级，或与连续粒级的石子混合使用，用以改善它们的级配或配成较大粒度的连续粒级。

粗骨料颗粒级配好坏的判定也是通过筛分析法进行的。取一套孔径为2.36 mm、4.75 mm、9.50 mm、16.0 mm、19.0 mm、26.5 mm、31.5 mm、37.5 mm、53.0 mm、63.0 mm、75.0 mm及90.0 mm的标准方孔筛进行试验，分计筛余百分率及累计筛余百分率的计算方法与砂相同。依据国家标准，建设用卵石、碎石的颗粒级配应符合表5.11的规定。

表5.11　卵石、碎石的颗粒级配（GB/T 14685—2022）

公称粒级/mm		累计筛余/%											
		方孔筛孔径/mm											
		2.36	4.75	9.50	16.0	19.0	26.5	31.5	37.5	53.0	63.0	75.0	90
连续粒级	5~16	95~100	85~100	30~60	0~10	0	—	—	—	—	—	—	—
	5~20	95~100	90~100	40~80	—	0~10	0	—	—	—	—	—	—
	5~25	95~100	90~100	—	30~70	—	0~5	0	—	—	—	—	—
	5~31.5	95~100	90~100	70~90	—	15~45	—	0~5	0	—	—	—	—
	5~40	—	95~100	70~90	—	30~65	—	—	0~5	0	—	—	—
连续粒级	5~10	95~100	80~100	0~15	0	—	—	—	—	—	—	—	—
	10~16	—	95~100	80~100	0~15	0	—	—	—	—	—	—	—
	10~20	—	95~100	85~100	—	0~15	0	—	—	—	—	—	—
	16~25	—	—	95~100	55~70	25~40	0~10	0	—	—	—	—	—
	16~31.5	—	95~100	—	85~100	—	—	0~10	0	—	—	—	—
	20~40	—	—	95~100	—	80~100	—	—	0~10	0	—	—	—
	25~31.5	—	—	—	95~100	—	80~100	0~10	0	—	—	—	—
	40~80	—	—	—	—	95~100	—	—	70~100	—	30~60	0~10	0

注："—"表示该孔径累计筛余不做要求；"0"表示该孔径累计筛余为0。

2. 含泥量和泥块含量

粗骨料中泥和泥块对混凝土性质的影响与细骨料相同，但由于粗骨料的粒径大，因而造成的缺陷或危害更大。粗骨料中含泥量是指粒径小于75 μm的颗粒含量；泥块含量是指原粒径大于4.75 mm，经水浸洗、手捏后小于2.36 mm的颗粒含量。粗骨料中含泥量和泥块含量应符合表 5. 12 的规定。

表 5. 12　粗骨料中含泥量和泥块含量（GB/T 14685—2022）

类别	Ⅰ类	Ⅱ类	Ⅲ类
卵石含泥量（质量分数）/%	≤0. 5	≤1. 0	≤1. 5
碎石泥粉含量（质量分数）/%	≤0. 5	≤1. 5	≤2. 0
泥块含量（质量分数）/%	≤0. 1	≤0. 2	≤0. 7

3. 针、片状颗粒含量

卵石和碎石颗粒的长度大于该颗粒所属相应粒级的平均粒径 2. 4 倍者为针状颗粒；厚度小于平均粒径 0. 4 倍者为片状颗粒（平均粒径指该粒级上、下限粒径的平均值）。针、片状颗粒易折断，且会增大骨料的空隙率和总表面积，使混凝土拌合物的和易性、强度、耐久性降低，因此应限制其在粗骨料中的含量。针、片状颗粒含量用标准规定的针状规准仪和片状规准仪逐粒测定，凡颗粒长度大于针状规准仪上相应间距者为针状颗粒，厚度小于片状规准仪上相应孔宽者为片状颗粒。其含量应符合表 5. 13 的规定。

表 5. 13　针、片状颗粒含量（GB/T 14685—2022）

类别	Ⅰ类	Ⅱ类	Ⅲ类
针、片状颗粒（质量分数）/%	≤5	≤8	≤15

4. 有害物质

卵石和碎石中不应混有草根、树叶、树枝、塑料、煤块和炉渣等杂物。卵石和碎石中如含有有机物、硫化物及硫酸盐，其含量应符合表 5. 14 的规定。

表 5. 14　有害物质含量（GB/T 14685—2022）

类别	Ⅰ类	Ⅱ类	Ⅲ类
有机物含量	合格	合格	合格
硫化物及硫酸盐（按 SO_3 质量计）/%	≤0. 5	≤1. 0	≤1. 0

5. 坚固性

坚固性是指卵石、碎石在自然风化和其他外界物理、化学因素作用下抵抗破裂的能力。采用硫酸钠溶液法进行试验，卵石和碎石经 5 次循环后，其质量损失应符合表 5. 15 的规定。

表 5. 15　坚固性指标（GB/T 14685—2022）

类别	Ⅰ类	Ⅱ类	Ⅲ类
质量损失率/%	≤5	≤8	≤12

6. 强度

为保证混凝土的强度，粗骨料必须具有足够的强度。粗骨料的强度指标有两个：岩石抗压强度和压碎指标。

(1)岩石抗压强度

岩石抗压强度是将母岩制成50 mm×50 mm×50 mm的立方体试件或ϕ50 mm×50 mm的圆柱体试件,测得的在饱和水状态下的抗压强度值。国家标准规定,岩石抗压强度:火成岩应不小于80 MPa,变质岩应不小于60 MPa,水成岩应不小于30 MPa。

(2)压碎指标

压碎指标的测定是将质量为G_1的气干状态的9.50~19.0 mm的石子装入压碎值测定仪内,放在压力机上,按1 N/s的速度均匀加荷到200 kN并稳荷5 s。卸荷后,用孔径2.36 mm的筛筛除被压碎的细粒,称出留在筛上的试样质量G_2。压碎指标值Q_e按下式计算:

$$Q_e = \frac{G_1 - G_2}{G_1} \times 100\%$$

压碎指标表示石子抵抗压碎的能力,以间接地推测其相应的强度,其值越小,说明强度越高。碎石和卵石的压碎指标应符合表5.16的规定。

表5.16 压碎指标(GB/T 14685—2022)

类别		Ⅰ类	Ⅱ类	Ⅲ类
压碎指标/%	碎石	≤10	≤20	≤30
	卵石	≤12	≤14	≤16

岩石抗压强度比较直观,但试件加工困难,而且其抗压强度反映不出石子在混凝土中的真实强度,因此对经常性的生产质量控制常用压碎指标值。而在选择采石场或对粗骨料强度有严格要求以及对其质量有争议时,宜采用岩石抗压强度做检验。

7. 表观密度、堆积密度、空隙率

碎石和卵石的表观密度、连续级配松散堆积空隙率应符合如下规定:表观密度不小于2 600 kg/m^3,Ⅰ类石子连续级配松散堆积空隙率不大于43%,Ⅱ类石子不大于45%,Ⅲ类石子不大于47%。

8. 碱骨料反应

经碱骨料反应试验后,由卵石、碎石制备的试件无裂缝、酥裂、胶体外溢等现象,在规定的试验龄期的膨胀率应小于0.10%。

实训三 石常规检测

一、实训目的和任务

1. 熟悉石的技术要求。
2. 掌握石常规检测所用仪器的性能和操作方法。
3. 掌握石的基本试验技术。
4. 完成石表观密度、堆积密度、含水率、石筛分析、针片状颗粒含量、含泥量检测。

要求每位同学根据实训指导书在老师的指导下独立、全面、规范地完成实验，并填好实验报告，做好记录；按要求处理数据，得出正确结论。

二、实训预备知识

复习教材石筛分析、表观密度、含泥量、堆积密度、含水率、针片状颗粒含量等有关知识，认真阅读实训指导书，明确试验目的、基本原理及操作要点，并应对石常规试验所用的仪器、设备、材料有基本了解。

三、主要仪器设备

本次实训所用仪器设备详见表5.17。

表5.17 实验仪器设备清单表

序号	仪器名称	用途	备注
1	电子秤、量筒、烘箱、容积升、毛刷等	完成石表观密度检测	每组一套
2	电子秤、容量筒、烘箱、铁锹等	完成石堆积密度检测	每组一套
3	电子秤、烘箱、浅盘等	完成石含水率检测	每组一套
4	电子秤、新标准石筛组、顶击式标准筛振筛机、烘箱、毛刷、浅盘等	完成石筛分析检测	每组一套
5	针片状规准仪、电子秤、方孔箱	完成石针片状颗粒含量检测	每组一套
6	天平、容器、方孔箱、烘箱、毛刷、浅盘等	完成石含泥量检测	每组一套

四、实训组织管理

课前、课后点名考勤；实验以小组为单位进行，每个小组人员为________人；仪器、设备使用完后要清洗干净，物归原位，借用、归还要登记；着装整齐，方便实验操作，女生不得穿裙子；不迟到不早退，积极参与实验。本次实验内容安排详见表5.18。

表5.18 实验进程安排表

序号	实验项目（或任务）	具体内容（知识点）	学时	备注
1	石表观密度检测	用简易法，测定石的表观密度	2	分____组
2	石堆积密度检测	容量筒装满石，刮平，测定石的堆积密度		
3	石含水率检测	将湿砂称重，用烘箱烘干，测定石的含水率		
4	石筛分析检测	称好石，装入标准套筛，放入摇筛机筛10 min，测定石的颗粒级配		
5	石针片状颗粒含量检测	按教材的试验步骤和方法，测定石的针片状颗粒含量		
6	石含泥量检测	把含泥的干石清洗干净后，烘干，测定石的含泥量		

五、实训中实验项目简介、操作步骤指导与注意事项

1. 实验项目简介

(1)石表观密度实验

通过本实验可以测定石的表观密度,以便计算石的孔隙率和密实度。

(2)石堆积密度实验

通过本实验可以测定石的堆积密度,计算材料的运输量和堆积空间。

(3)石含水率实验项目

通过本实验可以测定碎石或卵石的含水率,控制混凝土中用水量在规定的范围内。

(4)石筛分析实验项目

通过实验测定碎石或卵石的颗粒级配,以便于选择优质粗集料,达到节约水泥和改善混凝土性能的目的。

(5)石针片状颗粒含量实验项目

测定碎石或卵石中粒径≥4.75 mm 的针状和片状颗粒的总含量,评定石料质量。

(6)石含泥量实验

通过本实验可以测定石的含泥量,为普通混凝土配合比设计提供原材料参数。

2. 实验操作步骤

(1)石表观密度实验

①按规定的数量称取试样,所需试样数量必须符合表 5.19 的规定。

表 5.19　表观密度试验所需试样数量

最大粒径/mm	<26.5	31.5	37.5	63.0	75.0
最小试样质量/kg	2.0	3.0	4.0	5.0	6.0

②将试样浸水饱和,然后装入广口瓶中。装试样时,广口瓶应倾斜放置,注入饮用水,用玻璃片覆盖瓶口,以上下左右摇晃的方法排除气泡。

③气泡排尽后,向瓶中添加饮用水直至水面凸出瓶口边缘,然后用玻璃片沿瓶口迅速滑行,使其紧贴瓶口水面。擦干瓶外水分后,称试样、水、瓶和玻璃片总质量 m_1。

④将瓶中的试样倒入浅盘中,放在 105 ℃的烘箱中烘干至恒重。取出,放在带盖的容器中冷却至室温后称其质量 m_0。

⑤将瓶洗净,重新注入饮用水,用玻璃片紧贴瓶口水面,擦干瓶外水分后称其质量 m_2。

⑥石子的表观密度按下式计算,精确至 10 kg/m³。

$$\rho_0 = \frac{m_0}{m_0 + m_2 - m_1} \times \rho_w$$

表观密度取两次试验结果的算术平均值为测定值,精确至 10 kg/m³;如两次试验结果之差大于 20 kg/m³,须重新试验。

(2)石堆积密度实验项目

①取试样一份,置于平整干净的地板(或钢板)上,用平头铁锹铲起试样,使石子自由落入容量筒内。此时,从铁锹的齐口至容量筒上口的距离应保持为50 mm左右。装满容量筒并除去凸出筒口表面的颗粒,并以合适的颗粒填入凹陷部分,使表面稍凸起部分和凹陷部分的体积大致相等,称取试样和容量筒共重 m_2。

②堆积密度按下式计算,精确至10 kg/m³。

$$\rho_0' = \frac{m_2 - m_1}{V} \times 1\ 000$$

式中 V——容量筒的容积,L;

m_1——容量筒的质量,kg;

m_2——容量筒和试样的总质量,kg。

(3)石含水率实验项目

①按规定方法取样,并将试样缩分至约4.0 kg,拌匀后分为大致相等的两份备用。

②称取一份试样的质量为 m_1,精确至1 g,放在烘箱中于(105 ± 5)℃下烘干至恒质量。待冷却至室温后,再称出其质量 m_2,精确至1 g。

③含水率按下式计算,精确至0.1%。

$$W_{含} = \frac{m_1 - m_2}{m_2} \times 100\%$$

(4)石筛分析实验

①将试样按筛孔大小顺序过筛,当每号筛上筛余层的厚度大于试样的最大粒径值时,应将该号筛上的筛余分成两份,再次进行筛分,直至各筛每分钟的通过量不超过试样总量的0.1%。

②称取各筛筛余的质量,精确至试样总质量的0.1%。在筛上的所有分计筛余量和筛底剩余的总和与筛分前测定的试样总量相比,其相差不得超过1%。

③计算分计筛余百分率,各筛上的筛余量除以试样总质量的百分数(精确至0.1%)。

④计算累计筛余百分率,该筛上的分计筛余百分率与大于该号筛的各号筛上的分计筛余百分率之和(精确至0.1%)。

⑤根据各筛的累计筛余百分率,确定该试样的最大粒径,并评定该试样的颗粒级配。

(5)石针片状颗粒含量实验

①按规定方法取样,并将试样缩分至略大于规定数量,烘干或风干后备用。

②称取一份试样,精确至1 g,按规定进行筛分。

③按规定粒级分别用规准仪逐粒检验,凡颗粒长度大于针状规准仪上相应间距者,为针状颗粒;颗粒厚度小于片状规准仪上相应孔宽者,为片状颗粒。称出其质量,精确至1 g。

④石子粒径大于37.5 mm的碎石或卵石可用卡尺检验针片状颗粒。

⑤称出由各粒级排出的针状颗粒和片状颗粒的总质量。

⑥针片状颗粒含量按下式计算,精确至1 g。

$$Q_c = \frac{G_2}{G_1} \times 100\%$$

式中　G_1——干试样质量，g；

G_2——针片状颗粒的总质量，g。

（6）石含泥量实验

①将按规定方法抽取的试样缩分至规定数量，放在烘箱中于（105±5）℃下烘干至恒质量。待冷却至室温后，分为大致相等的两份备用。

②称取规定数量的试样，将试样倒入淘洗容器中，注入清水，经过充分搅拌后，浸泡2 h，用手在水中淘洗试样，使尘屑、淤泥和黏土与砂粒分离，把浑水缓缓倒入 1.18 mm 及 75 μm 的套筛上，滤去小于 75 μm 的颗粒。

③重复一次操作，直到目测水清澈为止，用水淋洗剩余在筛上的细粒，并将 75 μm 的套筛放在水中，充分洗掉小于 75 μm 的颗粒。

④将两只筛上筛余的颗粒和清洗容器中已经洗净的试样一并倒入搪瓷盆中，放入烘箱烘干至恒重，等冷却称出其质量，精确到 1 g。

⑤含泥量按下式计算：

$$Q_a = \frac{G_1 - G_2}{G_2} \times 100\%$$

式中　G_1——试验前烘干试件的质量，g；

G_2——试验后烘干试件的质量，g。

3. 操作注意事项

（1）石表观密度实验

以两次检测结果的算术平均值作为测定值，如两次结果之差大于 0.02 时，应重取样进行检测。

（2）石堆积密度实验

以两次检测结果的算术平均值作为测定值。

（3）石含水率实验

以两次检测结果的算术平均值作为试验结果，精确至 0.1%。

（4）石筛分析实验

方孔筛必须按照从大到小、从上到下顺序放置，不能弄乱。

（5）石针片状颗粒含量实验

必须按照规定方法取规定数量的试样。

（6）石含泥量实验

以两次检测结果的算术平均值作为试验结果，精确至 0.1%。

六、考核标准

本次实训满分 100 分，考核内容、考核标准、评分标准详见表 5.20。

表 5.20　考核评分标准表

序号	考核内容(100 分)	考核标准	评分标准	考核形式
1	仪器、设备是否检查(10 分)	仪器、设备使用前检查、校核	检查,校核准确	实验完成后每人提交实验报告一份
2	实验操作(40 分)	石取样	取样方法科学、正确	
		操作方法	操作方法规范	
		操作时间	按规定时间完成操作	
3	结果处理(40 分)	数据记录、计算	数据记录、计算正确	
4		表格绘制	表格绘制完整、正确	
5		填写实验结论	实验结论填写正确无误	
6	结束工作(5 分)	收拾仪具,清洁现场	收拾仪具并清洁现场	
7	安全文明操作(5 分)	仪器损伤	无仪器损伤	

七、实训报告

完成《土木工程材料与实训指导书》相应实验的实训报告表格。

5.1.4　混凝土用水

对混凝土用水的质量要求:不得影响混凝土的和易性及凝结;不得有损于混凝土强度的发展;不得降低混凝土的耐久性、加快钢筋锈蚀及导致预应力钢筋脆断;不得污染混凝土表面。

建筑工程行业建设标准《混凝土用水标准》(JGJ 63—2006)对混凝土用水提出了具体的质量要求。混凝土用水按水源不同分为饮用水、地表水、地下水、再生水、混凝土企业设备洗刷水和海水等。符合国家标准的生活用水可用于拌制混凝土;地表水、地下水和再生水等必须按照标准规定检验合格后,方可使用;混凝土企业设备洗刷水不宜用于预应力混凝土、装饰混凝土、加气混凝土和暴露于腐蚀环境的混凝土,不得用于使用碱活性或潜在碱活性骨料的混凝土;海水中含有较多硫酸盐、镁盐和氯盐,影响混凝土的耐久性并加速钢筋的锈蚀,因此未经处理的海水严禁用于钢筋混凝土和预应力混凝土,在无法获得水源的情况下,海水可用于素混凝土,但不宜用于装饰混凝土。

5.2　混凝土的主要技术性质

重点:混凝土的性质。

混凝土的性质包括混凝土拌合物的和易性,混凝土强度、变形及耐久性等。混凝土各组成材料按一定比例搅拌后尚未凝结硬化的称为混凝土拌合物。

5.2.1 混凝土拌合物的和易性

1. 和易性的概念

和易性又称工作性，是指混凝土拌合物在一定的施工条件下，便于各种施工工序的操作，以保证获得均匀密实的混凝土的性能。和易性是一项综合技术指标，包括流动性（稠度）、黏聚性和保水性三个主要方面。

（1）流动性。流动性是指拌合物在自重或施工机械振捣作用下，能产生流动并均匀密实地填充整个模型的性能。流动性好的混凝土拌合物操作方便，易于捣实和成型。

（2）黏聚性。黏聚性是指拌合物在施工过程中各组成材料相互之间有一定的黏聚力，不出现分层离析，保持整体均匀的性能。黏聚性差的拌合物在施工过程中易出现分层、离析、泌水，导致混凝土硬化后出现蜂窝、麻面等缺陷，影响混凝土强度及耐久性。

（3）保水性。保水性是指拌合物保持水分，不致产生严重泌水的性质。保水性差的混凝土拌合物在运输和浇捣时，凝结硬化前容易泌水，水分积聚在混凝土表面，硬化后引起表面疏松，水分也可能积聚在骨料或钢筋下边，削弱骨料或钢筋与水泥石的黏结力。泌水还会留下许多毛细管通道，不仅降低混凝土强度，还影响其抗冻、抗渗等耐久性能。

混凝土拌合物的流动性、黏聚性和保水性三者既互相联系，又互相矛盾。黏聚性好的混凝土拌合物，其保水性往往也好，但流动性较差；如增大流动性能，则黏聚性、保水性往往变差。因此，施工时应兼顾三者，使拌合物既满足要求的流动性，又保证良好的黏聚性和保水性。

2. 和易性测定

目前尚未找到一种简单易行、迅速准确又能全面反映混凝土拌合物和易性的指标及测定方法。国家标准《普通混凝土拌合物性能试验方法标准》（GB/T 50080—2016）规定，采用坍落度及坍落扩展度试验和维勃稠度试验评定混凝土拌合物的和易性。

1）坍落度及坍落扩展度试验

将混凝土拌合物分三次按规定方法装入坍落度筒内，刮平表面后，垂直向上提起坍落度筒，拌合物因自重而坍落，测量坍落的值（mm）即为该拌合物的坍落度（见图 5.4）。

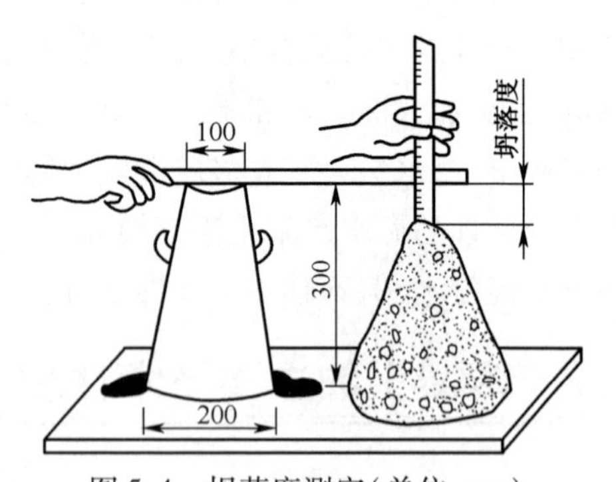

图 5.4　坍落度测定（单位：mm）

测定坍落度后，用捣棒轻击拌合物锥体的侧面，观察其黏聚性。若锥体逐渐下沉，表示黏聚性良好；若锥体倒塌、部分崩溃或出现离析现象，则表示黏聚性不好。保水性以混凝土拌合物稀浆析出的程度来评定，坍落度筒提起后若有较多的稀浆从底部析出，锥体部分的混凝土也因失浆而骨料外露，则表明保水性不好；若无稀浆或仅有少量稀浆自底部析出，则表示保水性良好。

当混凝土拌合物的坍落度大于 220 mm 时，由于粗骨料堆积的偶然性，坍落度就不能很好地代表拌合物的稠度，此时需测定坍落扩展度值来表示拌合物的稠度。即用钢尺测量混凝土扩展后最终的最大直径和最小直径，在这两个直径之差小于 50 mm 的条件下，用其算术平均值作为坍落扩展度值。如果发现粗骨料在中央堆集或边缘有水泥浆析出，这是混凝土在扩展的过程中产生离析而造成的，表明混凝土拌合物抗离析性不好。根据坍落度大小，可将混凝土拌合物分成五级，如表 5. 21 所示。

表 5. 21　混凝土拌合物的坍落度等级划分

等　级	坍落度/mm
S1	10～40
S2	50～90
S3	100～150
S4	160～210
S5	≥220

坍落度过小说明拌合物流动性小，施工不便，往往影响施工质量，甚至造成质量事故；坍落度过大易产生分层离析，造成混凝土结构上下不均。因此，混凝土拌合物的坍落度应在一个适宜的范围内。其值可根据工程结构种类、钢筋疏密程度及振捣方法按表 5. 22 选用。

表 5. 22　混凝土浇筑时的坍落度

项次	结　构　种　类	坍落度/mm
1	基础或地面等的垫层、无筋的厚大结构（挡土墙、基础或厚大的块体等）或配筋稀疏的结构	10～30
2	板、梁和大型及中型截面的柱子等	30～50
3	配筋较密的结构（薄壁、斗仓、筒仓、细柱等）	50～70
4	配筋特密的结构	70～90

注：1. 本表是指采用机械振捣的坍落度，采用人工振捣时，坍落度可适当增大。
2. 需要配制大坍落度混凝土时，应掺用外加剂。
3. 曲面或斜面结构的混凝土，其坍落度值应根据实际需要另行选定。
4. 轻骨料混凝土的坍落度，宜比表中数值减少 10～20 mm。

坍落度及坍落扩展度试验简便易行，但观察黏聚性及保水性时受主观因素影响较大，仅适用于骨料最大粒径不大于40 mm、坍落度不小于 10 mm 的混凝土拌合物。对于干硬性混凝土，和易性测定常采用维勃稠度试验。

2）维勃稠度试验

维勃稠度试验需用维勃稠度测定仪（见图 5. 5）。先按规定的方法在坍落度筒中装满混凝土拌合物，提起坍落度筒，在拌合物试件顶面放一透明圆盘，开启振动台，同时用秒表计时，到透明圆盘的底面完全被水泥浆布满时，关闭振动台。所用的时间（s）称为该混凝土拌合物的维勃稠度。维勃稠度值越大，说明混凝土拌合物越干硬。混凝土拌合物根据维勃稠度大小分为五级，见表 5. 23。

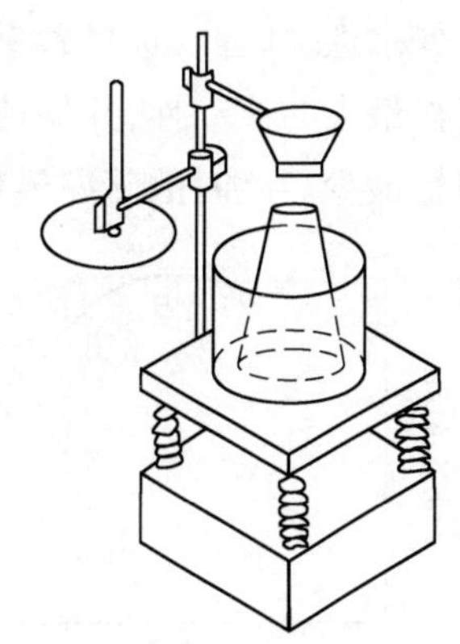
图 5. 5　维勃稠度仪

表 5.23　混凝土拌合物的维勃稠度等级划分

等　级	维勃时间/s
V_0	≥31
V_1	30～21
V_2	20～11
V_3	10～6
V_4	5～3

3. 影响混凝土和易性的主要因素

影响混凝土拌合物和易性的因素很多，主要有胶凝材料的用量、水胶比、砂率、原材料的性质及外加剂、时间、温度等因素。

（1）胶凝材料的用量

胶凝材料的用量指的是每立方米混凝土中水泥用量和活性矿物掺合料用量之和。

在水胶比不变的条件下，增加混凝土单位体积的胶凝材料浆体数量，能使骨料周围有足够的胶凝材料浆体包裹，改善骨料之间的润滑性能，从而使混凝土拌合物的流动性提高。但胶凝材料浆体不宜过多，否则会出现流浆现象，黏聚性变差，浪费胶凝材料，同时影响混凝土强度。

（2）水胶比

水胶比是指混凝土中用水量与胶凝材料用量的质量比，用 W/B 表示。胶凝材料是混凝土中水泥和活性矿物掺合料的总称。

水胶比过大，胶凝材料浆体太稀，易产生严重离析及泌水现象；水胶比过小，因流动性差难以施工。通常，在满足流动性要求的前提下，应尽量选用小的水胶比。

（3）砂率

砂率是指混凝土中砂的质量占砂、石总量的百分比。因为砂的粒径远小于石子，所以砂率大小对骨料空隙率及总表面积有显著影响。砂率过大时，骨料的空隙率减小而总表面积增加，在胶凝材料浆体数量一定的条件下，拌合物显得干稠，流动性降低；反之，砂率过小，砂浆数量不足，不能保证石子周围形成足够的砂浆层，也会降低拌合物流动性，并影响黏聚性和保水性。因此，选择砂率应该是在用水量及胶凝材料用量一定的条件下，使混凝土拌合物获得最大的流动性，并保持良好的黏聚性和保水性；或在保证良好和易性的同时，胶凝材料用量最少。此时的砂率值称为合理砂率，如图 5.6 和图 5.7 所示。

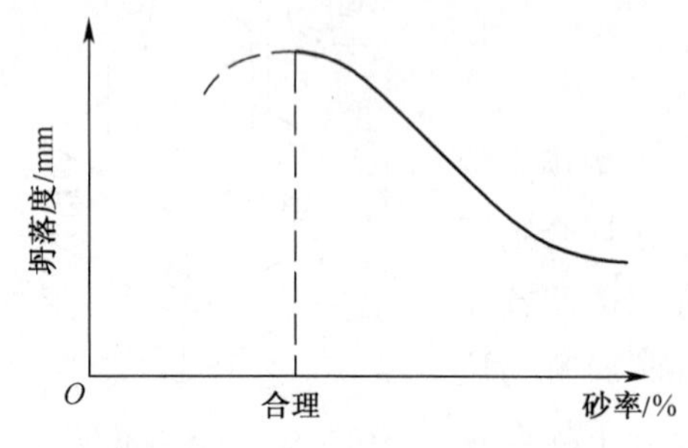

图 5.6　砂率与坍落度的关系
（水及胶凝材料用量不变）

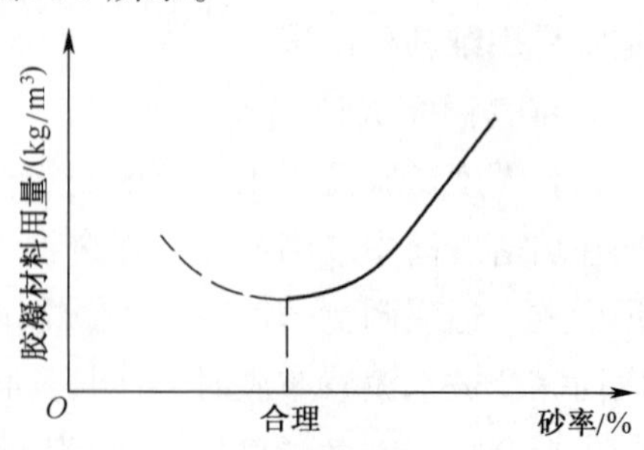

图 5.7　砂率与胶凝材料用量的关系
（坍落度不变）

合理砂率一般通过试验确定,在不具备试验的条件下,可参考表 5.24 选取。

表 5.24　混凝土砂率

单位:%

水胶比（W/B）	卵石最大粒径/mm			碎石最大粒径/mm		
	10	20	40	16	20	40
0.40	26~32	25~31	24~30	30~35	29~34	27~32
0.50	30~35	29~34	28~33	33~38	32~37	30~35
0.60	33~38	32~37	31~36	36~41	35~40	33~38
0.70	36~41	35~40	34~39	39~44	38~43	36~41

注:1. 本表数值是中砂的选用砂率。对细砂或粗砂,可相应地减小或增大砂率。
2. 采用人工砂配制混凝土时,砂率可适当增大。
3. 只用一个单粒级粗骨料配制混凝土时,砂率应适当增大。

(4)原材料的性质

①水泥品种。在其他条件相同时,硅酸盐水泥和普通水泥较矿渣水泥拌制的混凝土拌合物的和易性好。这是因为矿渣水泥保水性差,容易泌水。水泥颗粒愈细时,拌合物流动性也愈小。

②骨料。如果其他条件相同,那么卵石混凝土比碎石混凝土流动性大,级配好的比级配差的流动性大。

(5)其他因素

①外加剂。拌制混凝土时,掺入少量外加剂有利于改善和易性(有关外加剂的知识详见本书 5.3 节)。

②温度。混凝土拌合物的流动性随温度的升高而降低。

③时间。随着时间的延长,拌和后的混凝土坍落度逐渐减小。

5.2.2　混凝土强度

混凝土强度包括抗压、抗拉、抗剪、抗弯及握裹强度。其中,以抗压强度最大,抗拉强度最小(仅为抗压强度的 1/12~1/10,结构设计中一般不考虑混凝土的抗拉强度)。

1. 混凝土立方体抗压强度

国家标准《普通混凝土力学性能试验方法标准》(GB/T 50081—2019)规定,制作 150 mm × 150 mm × 150 mm 的标准立方体试件(在特殊情况下,可采用 ϕ150 mm × 300 mm 的圆柱体标准试件),在标准条件[温度(20 ± 2)℃,相对湿度 95% 以上]下或在温度为(20 ± 2)℃的不流动的 $Ca(OH)_2$ 饱和溶液中养护到 28 d,所测得的抗压强度值为混凝土立方体抗压强度,以 f_{cu} 表示。

当采用非标准尺寸的试件时,应换算成标准试件的强度。换算方法是将所测得的强度乘以相应的换算系数(见表 5.25)。

表 5.25　强度换算系数(GB/T 50081—2019)

试件尺寸/mm	骨料最大粒径/mm	强度换算系数
100×100×100	31.5	0.95
150×150×150	40	1
200×200×200	63	1.05

注:本表的换算系数适用于混凝土强度等级小于 C60。当混凝土强度等级大于或等于 C60 时,宜采用标准试件。使用非标准试件时,尺寸换算系数应由试验确定。

为了正确进行设计和控制混凝土质量,根据混凝土立方体抗压强度标准值(以 $f_{cu,k}$ 表示,单位为 MPa),将混凝土强度分成若干等级,即强度等级。混凝土立方体抗压强度标准值,是指按标准试验方法测得的立方体抗压强度总体分布中的一个值,强度低于该值的百分率不超过 5%(即具有 95% 以上的保证率)。混凝土强度等级采用符号 C 与立方体抗压强度标准值一起配合表示。国家标准《混凝土质量控制标准》(GB 50164—2022)规定,混凝土划分为 C15、C20、C25、C30、C35、C40、C45、C50、C55、C60、C65、C70、C75、C80 十四个强度等级。例如,C30 表示混凝土立方体抗压强度标准值 $f_{cu,k} = 30$ MPa,即抗压强度大于或等于 30 MPa 的保证率为 95% 以上。

2. 混凝土轴心抗压强度

在实际工程中,混凝土受压构件大多是棱柱体或圆柱体形式。为了与实际情况相符,国家标准《普通混凝土力学性能试验方法标准》(GB/T 50081—2019)规定,采用 150 mm×150 mm×150 mm 的棱柱体作为标准试件,测得的抗压强度为轴心抗压强度 f_{cp}。在钢筋混凝土结构计算中,计算轴心受压构件时,都采用混凝土的轴心抗压强度作为设计依据。

混凝土的轴心抗压强度 f_{cp} 与立方体抗压强度 f_{cu} 之间具有一定的关系。

通过大量试验表明:在立方体抗压强度 f_{cu} 为 10~55 MPa 的范围内时,$f_{cp} = (0.7\sim0.8)f_{cu}$。

3. 影响混凝土强度的主要因素

混凝土强度主要取决于胶凝材料硬化后的强度及其与骨料表面的黏结强度,而胶凝材料硬化后的强度及其与骨料的黏结强度又与胶凝材料强度、水胶比及骨料的性质有密切关系。同时,养护条件及龄期等因素对混凝土强度也有较大影响。

1)胶凝材料强度和水胶比

胶凝材料强度和水胶比是影响混凝土强度的最主要因素。配合比相同时,胶凝材料强度越高,其胶结力越强,混凝土强度也越大。在一定范围内,水胶比越小,混凝土强度越高;反之,水胶比越大,用水量越多,多余水分蒸发留下的毛细孔越多,从而使混凝土强度降低。试验证明:当混凝土强度等级小于 C60,水胶比在 0.30~0.68 时,混凝土强度与水胶比之间呈近似双曲线关系,而与胶水比呈直线关系,如图 5.8 所示。

混凝土强度与胶凝材料强度、胶水比之间的关系可用经验公式表示,即

$$f_{cu} = \alpha_a f_b\left(\frac{B}{W} - \alpha_b\right)$$

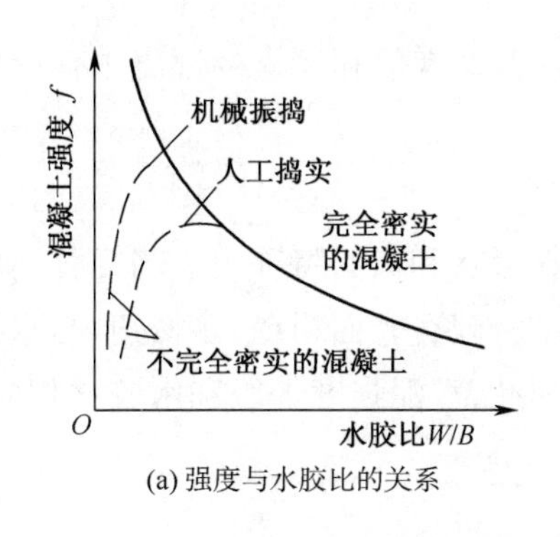

(a) 强度与水胶比的关系

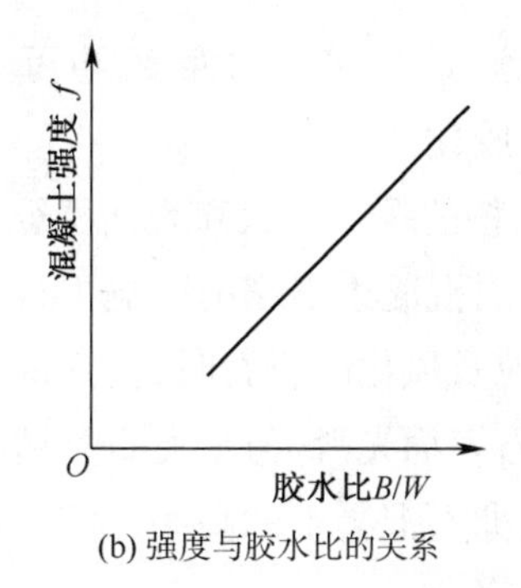

(b) 强度与胶水比的关系

图 5.8　混凝土强度与水胶比及胶水比的关系

式中　f_{cu}——混凝土 28 d 龄期的抗压强度，MPa；

f_b——胶凝材料 28 d 胶砂抗压强度实测值，MPa：当无法取得胶凝材料 28 d 胶砂抗压强度实测值时，可按 $f_b=\gamma_f\gamma_s f_{ce}$ 求得，γ_f、γ_s 为粉煤灰影响系数和粒化高炉矿渣粉影响系数，可按表 5.26 选用；

B/W——胶水比；

f_{ce}——水泥 28 d 胶抗压强度实测值（MPa）：当无实测值，可按式 $f_{ce}=\gamma_c f_{ce,g}$ 计算求得，式中 $f_{ce,g}$ 为水泥强度等级值（MPa），γ_c 为水泥强度等级值的富余系数，可按实际统计资料确定，当缺乏实际统计资料时，可按表 5.27 选用；

α_a，α_b——回归系数，应根据工程所使用的原材料，通过试验建立的水胶比与混凝土强度关系式确定，当不具备上述试验统计资料时，可按建筑工程行业建设标准《普通混凝土配合比设计规程》（JGJ 55—2011）提供的回归系数取用：对于碎石，$\alpha_a=0.53$，$\alpha_b=0.20$；对于卵石，$\alpha_a=0.49$，$\alpha_b=0.13$。

表 5.26　粉煤灰影响系数（γ_f）和粒化高炉矿渣粉影响系数（γ_s）

掺量/%	种类	
	粉煤灰影响系数 γ_f	粒化高炉矿渣粉影响系数 γ_s
0	1.00	1.00
10	0.85～0.95	1.00
20	0.75～0.85	0.95～1.00
30	0.65～0.75	0.90～1.00
40	0.55～0.65	0.80～0.90
50	—	0.70～0.85

表 5.27　水泥强度等级值的富余系数（γ_c）

水泥强度等级值	32.5	42.5	52.5
富余系数	1.12	1.16	1.10

上式称为混凝土强度公式，又称保罗米公式，一般只适用于流动性和低流动性且混凝土强度等级在 C60 以下的混凝土。利用混凝土强度公式，可根据所用的胶凝材料强度值和水

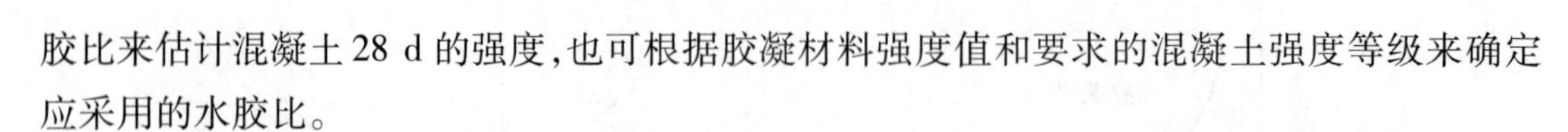

胶比来估计混凝土 28 d 的强度，也可根据胶凝材料强度值和要求的混凝土强度等级来确定应采用的水胶比。

2）粗骨料的颗粒形状和表面特征

粗骨料对混凝土强度的影响主要表现在颗粒形状和表面特征上。当粗骨料中含有大量针、片状颗粒及风化的岩石时，会降低混凝土强度。碎石表面粗糙、多棱角，与水泥石黏结力较强，而卵石表面光滑，与水泥石黏结力较弱。因此，水泥强度等级和水胶比相同时，碎石混凝土强度比卵石混凝土的高些。

3）养护条件

混凝土强度来源于胶凝材料的水化，而胶凝材料的水化只有在一定的温、湿度条件下才能进行。试验表明：保持足够湿度时，温度升高，胶凝材料水化速度加快，强度增长也快；反之，温度降低，胶凝材料水化速度迟缓，强度增长也较慢。当温度低于 0 ℃时，胶凝材料不但停止水化，而且可能因水结冰，体积膨胀，使混凝土强度降低或破坏。如果湿度不够，不仅影响混凝土强度增长，而且易引起干缩裂缝，使混凝土表面疏松，耐久性降低。因此，混凝土浇筑后，必须保持一定时间的潮湿。

国家标准《混凝土结构工程施工质量验收规范》（GB 50204—2015）规定：在混凝土浇筑完毕后，应在 12 h 内加以覆盖并保湿养护。对硅酸盐水泥、普通水泥或矿渣水泥拌制的混凝土，浇水养护时间不得少于 7 d；对掺用缓凝型外加剂或有抗渗要求的混凝土，浇水养护时间不得少于 14 d；采用塑料布覆盖养护的混凝土，其敞露的全部表面应覆盖严密，并应保持塑料布内有凝结水；当日平均气温低于 5 ℃时，不得浇水；当采用其他品种水泥时，混凝土的养护时间应根据所采用水泥的技术性能确定；混凝土表面不便浇水或使用塑料布时，宜涂刷养护剂。

混凝土强度与保持潮湿时间的关系如图 5.9 所示，温度对混凝土强度的影响如图 5.10 所示。

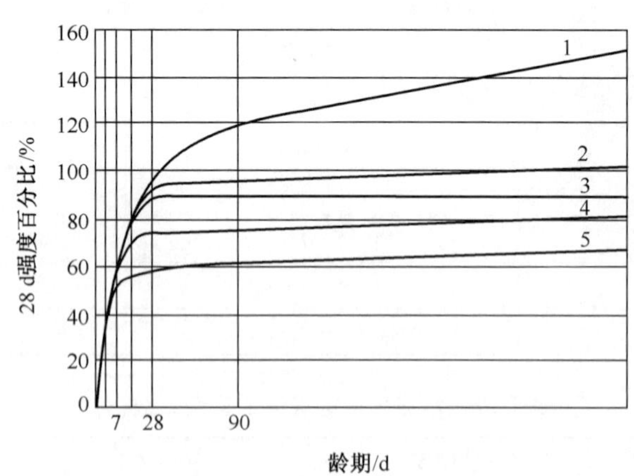

1—长期保持潮湿；2—保持潮湿 14 d；3—保持潮湿 7 d；

4—保持潮湿 3 d；5—保持潮湿 1 d。

图 5.9　混凝土强度与保持潮湿时间的关系

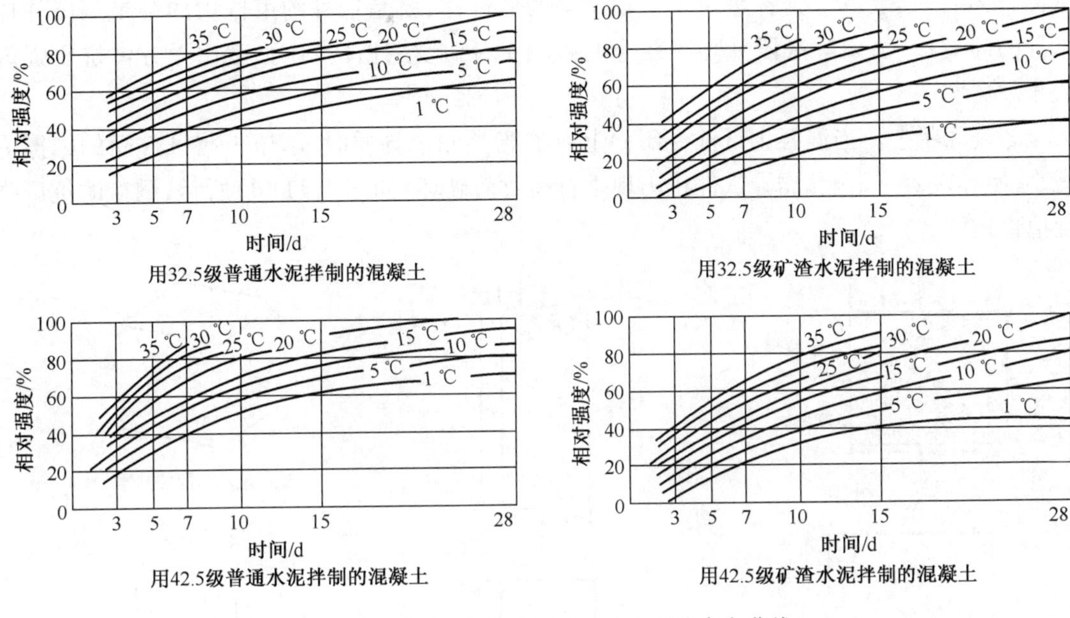

图 5. 10　湿度、龄期对混凝土强度影响参考曲线

4）龄期

混凝土在正常养护条件下，其强度随龄期增长而提高。在最初 3~7 d 内，强度增长较快，28 d 后强度增长缓慢，如图 5. 10 所示。

混凝土强度的发展大致与龄期的对数成正比关系，即

$$f_{cn} = \frac{f_{c28}}{\lg 28}\lg n$$

式中 f_{cn}——n 天龄期混凝土立方体抗压强度，MPa；

f_{c28}——28 d 龄期混凝土立方体抗压强度，MPa；

n——龄期（d），$n \geqslant 3$。

5）试验条件

试验过程中，试件的尺寸、形状、表面状态及加荷速度都会对混凝土的强度值产生一定的影响。

①试件尺寸。相同的混凝土，试件尺寸越小测得的强度越高。其主要原因是试件尺寸大时，内部缺陷出现的概率也大，导致有效受力面积减小及应力集中，从而引起强度的降低。我国标准规定，采用 150 mm × 150 mm × 150 mm 的立方体试件作为标准试件，当采用非标准试件时，应换算成标准试件的强度。换算方法是将所测得的抗压强度乘以相应的换算系数，见表 5. 25。

②试件的形状。当试件受压面积（$a \times a$）相同，而高度（h）不同时，高宽比（h/a）越大，抗压强度越小。这是由于试件受压时，受压面与承压板之间的摩擦力对试件相对于承压板的横向膨胀起着约束作用（见图 5. 11），该约束有利于强度的提高，这种作用称为环箍效应。愈接近试件的端面，这种约束作用愈大，在距端面大约 $(\sqrt{3}a)/2$ 的范围以外，约束作用消失。

试件破坏后，其上下部分各呈现一个较完整的棱锥体，就是这种约束作用的结果。棱柱体试件的高宽比大，中间区段受环箍效应的影响小，因此棱柱体抗压强度比立方体抗压强度值小。

③表面状态。当混凝土试件受压面上有油脂类润滑物质时，承压板与试件间的摩擦力减小，使环箍效应影响减弱，试件将出现垂直裂纹而破坏，如图 5. 11(d)所示，测得的抗压强度值也较低。

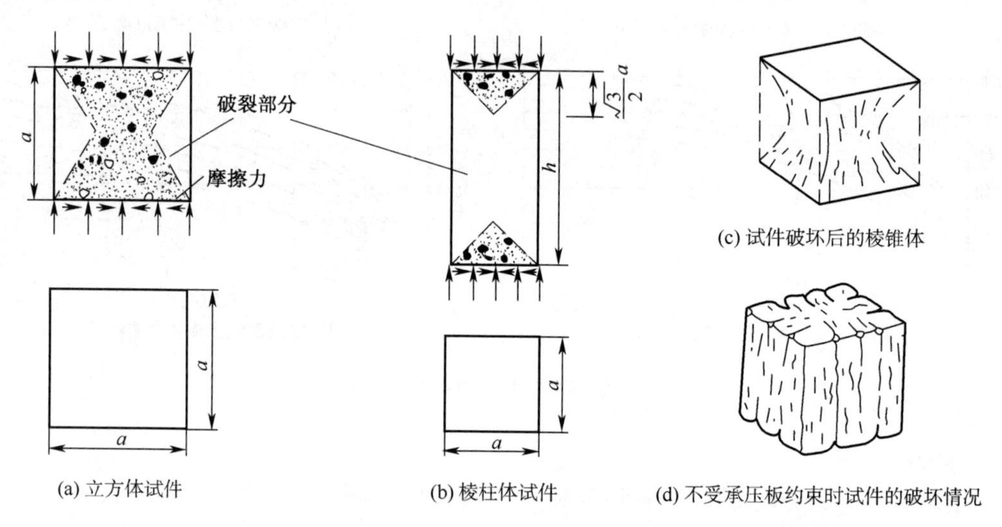

图 5. 11　混凝土试件的破坏状态

④加荷速度。试件破坏是当变形达到一定程度时才发生的，当加荷速度较快时，材料变形的增长落后于荷载的增加，故破坏时强度值偏高。当加荷速度超过 1. 0 MPa/s 时，这种趋势更加显著。因此，我国标准规定，在试验过程中应连续均匀地加荷，混凝土抗压强度的加荷速度为：混凝土强度等级小于 C30 时，取 0. 3~0. 5 MPa/s；混凝土强度等级大于或等于 C30 且小于 C60 时，取 0. 5~0. 8 MPa/s；混凝土强度等级大于或等于 C60 时，取 0. 8~1. 0 MPa/s。

4. 提高混凝土强度的措施

(1)采用高强度胶凝材料

(2)采用干硬性混凝土

干硬性混凝土水胶比小、砂率小，经强力振捣后，密实度大，因此强度高。

(3)采用蒸汽或蒸压养护

①蒸汽养护。将已浇筑好的混凝土构件放在低于 100 ℃的常压蒸汽中进行养护。采用蒸汽养护的构件，16~20 h 的强度可达标准条件下养护 28 d 强度的 70%~80%。

蒸汽养护特别适合于掺活性矿物掺合料的水泥配制的混凝土。

②蒸压养护。将已浇筑好的混凝土构件放在 175 ℃、0. 8 MPa 的密闭蒸压釜内进行养护。在高温高压下，水泥水化时析出的氢氧化钙不仅能与活性氧化硅反应，而且也能与结晶状态的氧化硅(如石英砂、石英粉等)化合，生成含水硅酸盐结晶，使水泥水化加速，硬化加

快,混凝土强度也大幅度提高。

(4)采用机械搅拌和振捣

机械搅拌不仅比人工搅拌工效高,而且搅拌得更均匀,所以有利于提高混凝土强度。同样,采用机械振捣要比人工捣实效果好得多。从图 5.12 可以看出,采用机械捣实的混凝土强度明显高于人工捣实的混凝土,且水胶比愈小,愈适合采用机械捣实。

(5)掺入减水剂或早强剂

在混凝土中掺入减水剂,可减少用水量,提高混凝土强度;掺入早强剂,可提高混凝土早期强度(详见本书第 5.3 节)。

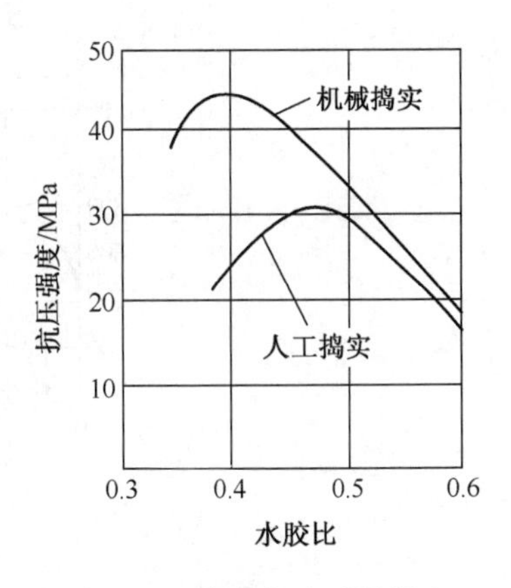

图 5.12　捣实方法对混凝土强度的影响

5.2.3　混凝土变形

混凝土在荷载或温湿度作用下产生变形,主要包括弹性变形、塑性变形、收缩和温度变形等,或者非荷载作用下的变形和荷载作用下的变形。

混凝土在短期荷载作用下的弹性变形一般用弹性模量表示。在长期荷载作用下,应力不变,应变持续增加的现象称为徐变,应变不变,应力持续减少的现象称为松弛。由于水泥水化、水泥石的碳化和失水等原因产生的体积变形称为收缩。

1. 非荷载作用下的变形

非荷载作用下的变形有化学收缩、干湿变形及温度变形等。

(1)化学收缩。它是指由于胶凝材料水化生成物的体积比反应前物质的总体积小,致使混凝土产生收缩。水泥用量过多,在混凝土内部易产生化学收缩而引起的微细裂缝。

(2)干湿变形。它是指混凝土干燥、潮湿引起的尺寸变化。其中湿胀变形量很小,一般无破坏性,但干缩对混凝土危害较大,应尽量减小。如加强早期养护、采用适宜的水泥品种、限制水泥用量、减少用水量、保证一定的骨料用量等,这些方法均可在一定程度上减小干缩值。

(3)温度变形。它是指混凝土热胀冷缩的性能。因为水泥水化放出热量,所以温度变形对大体积混凝土工程极为不利,容易引起内外膨胀不均而导致混凝土开裂。因此,对大体积混凝土工程应采用低热水泥。

2. 荷载作用下的变形

荷载作用下的变形主要是徐变。所谓徐变,是指在长期不变的荷载作用下随时间而增长的变形。图 5.13 所示为表示混凝土徐变的曲线。

从曲线上可以看出,开始加荷时,即产生瞬间应变,接着便发生缓慢增长的徐变。在荷载作用的初期,徐变变形增长得较快,后逐渐变慢,一般 2~3 年才趋于稳定。混凝土的徐变变形量可达 $3\times10^{-4}\sim15\times10^{-4}$,即 0.3~1.5 mm/m。当变形稳定后卸掉荷载,混凝土立即发生稍少于瞬时应变的恢复,称为瞬时恢复。此外,还有一个随时间而增加的应变恢复,称为

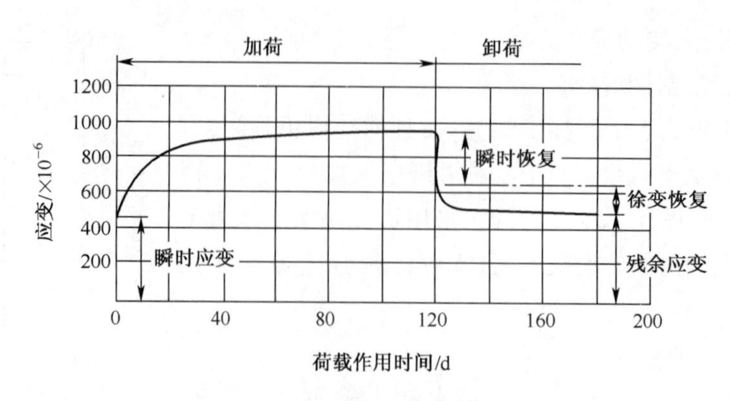

图 5.13　混凝土徐变曲线

徐变恢复。最后残留下来不能恢复的应变称为残余应变。

混凝土徐变大小与许多因素有关，如水胶比、养护条件、胶凝材料用量等均对徐变有影响。水胶比较小或在水中养护的混凝土，由于孔隙较少，故徐变小；水胶比相同时，胶凝材料用量越多的混凝土，徐变越大。此外，徐变与混凝土弹性模量也有关系，一般弹性模量大的混凝土，徐变值小。

徐变的产生有利也有弊。徐变能消除钢筋混凝土内的应力集中，使应力较均匀地重新分布；对大体积混凝土，徐变还能消除一部分由温度变形产生的破坏应力。但对预应力钢筋混凝土，徐变会使钢筋的预应力受到损失，降低结构承载力。

5.2.4　混凝土耐久性

1. 混凝土耐久性的概念

混凝土耐久性是指混凝土在实际使用条件下抵抗各种破坏因素作用，长期保持强度和外观完整性的能力。它包括混凝土的抗冻性、抗渗性、抗侵蚀性及抗碳化能力等。

（1）抗冻性

抗冻性是指混凝土在饱和水状态下，能经受多次冻融循环而不破坏，也不明显降低强度的性能，是评定混凝土耐久性的主要指标。在寒冷地区，尤其是经常与水接触、受冻的混凝土，要求具有较高的抗冻性。抗冻性好坏用抗冻等级表示。根据混凝土所能承受的反复冻融循环的次数，抗冻性分为 F10、F15、F25、F50、F100、F150、F200、F250、F300 九个等级。

混凝土的密实度、孔隙的构造特征是影响抗冻性的重要因素，对于密实的或具有封闭孔隙的混凝土，其抗冻性较好。

（2）抗渗性

抗渗性是指混凝土抵抗水、油等液体渗透的能力。抗渗性好坏用抗渗等级来表示。根据标准试件 28 d 龄期试验时所能承受的最大水压，分为 P4、P6、P8、P10 和 P12 五个等级，相应表示混凝土能抵抗 0.4 MPa、0.6 MPa、0.8 MPa、1.0 MPa、1.2 MPa 的水压而不被渗透。

混凝土水胶比对抗渗性起决定性作用。增大水胶比，由于混凝土密实度降低，导致抗渗性降低。另外,混凝土施工处理不当、振捣不密实,也会严重影响混凝土的抗渗性。渗水后的混凝土如果受冻,易引起冻融破坏。对钢筋混凝土而言,渗水还会造成钢筋的锈蚀及保护层开裂。提高混凝土抗渗性的根本措施在于增强混凝土的密实度。

(3)抗侵蚀性

如果混凝土不密实,外界侵蚀性介质就会通过孔隙或毛细管侵入硬化后的水泥石内部,引起混凝土的腐蚀而破坏。腐蚀的类型通常有淡水腐蚀、硫酸盐腐蚀、溶解性化学腐蚀、强碱腐蚀等,其腐蚀机理详见第4.1节。混凝土的抗侵蚀性与密实度有关,同时,水泥品种、混凝土内部孔隙特征对抗侵蚀性也有较大影响。当水泥品种确定后,密实或具有封闭孔隙的混凝土,其抗侵蚀性较强。

2. 提高混凝土耐久性的措施

混凝土耐久性主要取决于组成材料的质量及混凝土密实度。提高混凝土耐久性的措施主要有:

①根据工程所处环境及要求,合理选择水泥品种。

②设计使用年限为50年的混凝土结构。

③改善粗细骨料的颗粒级配。

④掺加外加剂,以改善抗冻、抗渗性能。

⑤加强浇捣和养护,以提高混凝土强度及密实度,避免出现裂缝、蜂窝等现象。

⑥采用浸渍处理或用有机材料作防护涂层。

5.3 混凝土外加剂

混凝土外加剂是指在拌制混凝土过程中掺入用以改善混凝土性能的物质。外加剂的掺量不大于胶凝材料质量的5%(特殊情况除外)。

外加剂的掺量很小,却能显著地改善混凝土的性能,提高技术经济效果,且使用方便,因此受到国内外的重视。目前,外加剂已成为混凝土中除胶凝材料、砂、石、水以外的第五组分。我国现已生产百余种外加剂产品,应用于建筑、水工、港口等工程中,取得了良好的效果。

5.3.1 外加剂的分类

国家标准《混凝土外加剂术语》(GB/T 8075—2017)中,按外加剂的主要功能将混凝土外加剂分为四类:

①改善混凝土拌合物流变性能的外加剂,包括各种减水剂、引气剂和泵送剂等。

②调节混凝土凝结时间、硬化性能的外加剂,包括缓凝剂、早强剂和速凝剂等。

③改善混凝土耐久性的外加剂,包括引气剂、防水剂和阻锈剂等。

④改善混凝土其他性能的外加剂,包括膨胀剂、防冻剂、着色剂等。

因此,外加剂种类繁多,这里仅介绍常用的几类外加剂。

5.3.2 常用的外加剂

1. 减水剂

减水剂是指能保持混凝土的和易性，且显著减少其拌和用水量的外加剂。由于拌合物中加入减水剂后，如果不改变单位用水量，可明显地改善其和易性，因此减水剂又称塑化剂。

(1)减水剂的减水作用

水泥加水拌和后，水泥颗粒间会相互吸引，形成许多絮状物[见图5.14(a)]。在絮状结构中，包裹了许多拌和水，使这些水不能起到增加浆体流动性的作用，当加入减水剂后，减水剂能拆散这些絮状结构，把包裹的游离水释放出来[见图5.14(b)]，从而提高了拌合物的流动性。这时，如果仍需保持原混凝土的和易性不变，则可显著地减少拌和用水，起到减水作用，故称为减水剂。如果保持原强度不变，可在减水的同时减少水泥用量，以达到节约水泥的目的。

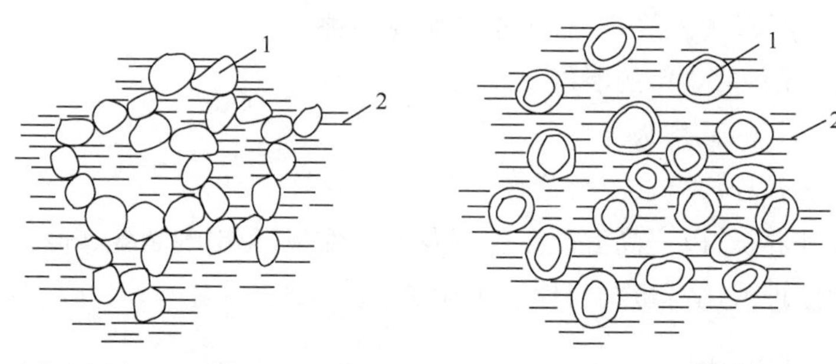

(a) 未掺减水剂时的水泥浆体中絮状结构　　(b) 掺减水剂的水泥浆结构

1—水泥颗粒；2—游离水。

图5.14　水泥浆结构

(2)使用减水剂的技术经济效果

①在保持和易性不变且不减少水泥用量时，可减少拌和水量5%~25%或更多。由于减少拌和水量使水胶比减小，则可使强度提高15%~20%，特别是早期强度提高更为显著。

②在保持原配合比不变的情况下，可使拌合物的坍落度大幅度提高(可增大100~200 mm)，使之便于施工，也可满足泵送混凝土施工要求。

③若保持强度及和易性不变，可节省胶凝材料10%~20%。

④由于拌和水量减少，拌合物的泌水、离析现象得到改善，可提高混凝土的抗冻性、抗渗性，使混凝土的耐久性得到提高。

(3)常用的减水剂

目前，减水剂主要有木质素系、萘系、树脂系、糖蜜系和腐殖酸等几类，各类可按主要功能分为普通减水剂、高效减水剂、早强减水剂、缓凝减水剂、引气减水剂等。现将常用品种简要介绍如下：

①木质素系减水剂。它的主要品种是木质素磺酸钙，简称木钙粉或M减水剂，是一种棕黄色粉状物，适宜掺量为水泥质量的0.2%~0.3%。其减水率为10%左右，混凝土28 d强

度提高10%~20%；若不减水，可增加坍落度100 mm左右；若保持混凝土的抗压强度和坍落度不变，可节约水泥用量10%左右。这种减水剂对钢筋无锈蚀危害，对混凝土的抗冻、抗渗等耐久性有明显改善。由于有缓凝作用，可降低水泥早期水化热，有利于水工大体积混凝土工程施工。

木质素系减水剂除木钙粉外，还有MY减水剂，CH减水剂，CF-G、WN-I型木钠减水剂等产品。

②萘系减水剂。这类减水剂的主要成分是萘及萘的同系物的磺酸盐与甲醛的缩合物，一般为棕色粉状物。萘系减水剂对水泥有强烈的分散作用，其减水、增强、提高耐久性等效果均优于木质素系，属高效减水剂，适宜掺量为水泥质量的0.1%~1%。一般减水率为15%~25%，可使早期强度提高30%~40%；若保持混凝土强度和坍落度不变，可节约水泥10%~20%。这类减水剂的品种较多，主要有NNO、FDN、UNF、NF、MF、JN、建-I、AF等。

萘系减水剂适于所有混凝土工程，更适合配制高强、早强混凝土及流态混凝土。

2. 早强剂

加速混凝土早期强度发展的外加剂称为早强剂。这类外加剂能加速水泥的水化过程，提高混凝土的早期强度并对后期强度无显著影响。目前，常用的早强剂有氯盐早强剂、硫酸盐早强剂、三乙醇胺及以它们为基础的复合早强剂。

(1)氯盐早强剂

常用的氯盐早强剂主要是氯化钙($CaCl_2$)与氯化钠($NaCl$)。氯盐外加剂可明显地提高混凝土的早期强度。由于氯盐对钢筋有加速锈蚀的作用，因此通常控制其掺量，使用时应对混凝土加强捣实，保证足够的钢筋保护层厚度，并宜与亚硝酸钠($NaNO_2$)阻锈剂同时使用，$NaNO_2$与氯盐的质量比为1.3∶1。

(2)硫酸盐早强剂

常用的硫酸盐早强剂主要有元明粉(Na_2SO_4)、芒硝($Na_2SO_4 \cdot 10H_2O$)、二水石膏($CaSO_4 \cdot 2H_2O$)和海波(硫代硫酸钠，$Na_2S_2O_3 \cdot 5H_2O$)。它们均为白色粉状物，在混凝土中能与水泥水化生成的水化铝酸钙反应生成水化硫铝酸钙晶体，加速混凝土的硬化，适宜掺量为水泥质量的0.5%~2%。

(3)三乙醇胺

三乙醇胺$N(C_2H_4OH)_3$是一种有机物，为无色或淡黄色油状液体，能溶于水，呈强碱性，有加速水泥水化的作用，适宜掺量为水泥质量的0.03%~0.05%，若超量会引起强度明显降低。

(4)复合早强剂

上述三类早强剂均可单独使用，但复合使用效果更佳。常用的复合配方是：三乙醇胺为0.05%，$NaCl$为0.5%，$NaNO_2$为0.5%；或三乙醇胺为0.05%，$NaNO_2$为1.0%，$CaSO_4 \cdot 2H_2O$为2.0%。

3. 引气剂

在搅拌混凝土的过程中，能引入大量均匀分布、稳定而封闭的微小气泡的外加剂称为引气剂。

引气剂可在混凝土拌合物中引入直径0.05~1.25 mm 的气泡，改善混凝土的和易性，提高混凝土的抗冻性、抗渗性等耐久性，适用于港口、土工、地下防水混凝土等工程，常用的产品有松香热聚物、松香皂等，适宜掺量为水泥质量的0.005%~0.020%。此外，引气剂还有烷基磺酸钠及烷基苯磺酸钠等。掺入引气剂后，混凝土强度将有所降低。

4. 缓凝剂

延长混凝土凝结时间的外加剂称为缓凝剂。在混凝土施工中，为了防止在气温较高、运距较长等情况下混凝土拌合物过早凝结影响浇筑质量，或者延长大体积混凝土放热时间或防止分层浇筑的混凝土出现施工缝，常在混凝土中掺入缓凝剂。常用的缓凝剂有无机盐类，如硼砂（$Na_2B_4O_7 \cdot 10H_2O$），其掺量为胶凝材料质量的0.1%~0.2%；磷酸三钠（$Na_3PO_4 \cdot 12H_2O$），其掺量为胶凝材料质量的0.1%~1%等。还有有机物羟基羟酸盐类，如酒石酸，其掺量为0.2%~0.3%；柠檬酸，其掺量为0.05%~0.1%；以及使用较多的糖蜜类缓凝剂，其掺量为0.1%~0.5%。

5. 防冻剂

能使混凝土在负温下硬化，并在规定时间内达到足够防冻强度的外加剂称为防冻剂。在负温度条件下施工的混凝土工程须掺入防冻剂。一般，防冻剂除能降低冰点外，还有促凝、早强、减水等作用，所以多为复合防冻剂。常用的复合防冻剂有 NON-F 型、NC-3 型、MN-F 型、FW2、FW3、AN-4 等。

5.3.3 常用外加剂的选择

1. 外加剂品种的选择

外加剂品种很多，效果各异。选择外加剂时，应根据工程需要、现场条件及产品说明书进行全面考虑，最好在使用前进行试验验证。

2. 外加剂掺量的选择

外加剂品种选定后，还要认真确定外加剂的掺量。掺量过小往往达不到预期效果，掺量过大则会影响混凝土质量，甚至造成严重事故。在没有可靠的资料依据时，务必通过实地试验来确定最佳掺量。

3. 外加剂的掺入方法

一般外加剂不能直接加入混凝土搅拌机内；对溶于水的外加剂，应先配成合适浓度的溶液，使用时按所需掺量加入拌和水中，再连同拌和水一起加入搅拌机内；对不溶于水的外加剂（如铝粉），可在室内预先称好，再与适量的水泥、砂子混合均匀后加入搅拌机中。

5.4 普通混凝土配合比设计（重点）

混凝土配合比设计是根据材料的技术性能、工程要求、结构形式和施工条件来确定混凝土各组成材料之间的配合比例。配合比通常有两种表示方式：一种是以每立方米混凝土中各种材料的用量来表示，如水泥 247 kg、粉煤灰 106 kg、水 172 kg、砂 770 kg、石子 1 087 kg、外加剂 3.53 kg；另一种是以各种材料相互间质量比表示（以水泥质量为 1），如水泥：粉煤灰：砂子：石子 =1：0.43：3.12：4.40，水胶比为 0.49。

5.4.1 混凝土配合比设计的基本要求和主要参数

1. 混凝土配合比设计的基本要求

①满足设计要求的强度。

②满足施工要求的和易性。

③满足与环境相适应的耐久性。

④在保证质量的前提下，应尽量节约水泥，降低成本。

2. 混凝土配合比设计的主要参数

在混凝土配合比中，水胶比、单位用水量及砂率值直接影响混凝土的技术性能和经济效益，是混凝土配合比的三个重要参数。混凝土配合比设计就是要正确地确定这三个参数。

5.4.2 混凝土配合比设计的方法、步骤及实例

混凝土配合比可以通过计算法确定，也可查表选取或用配合比计算尺。用计算法确定配合比时，首先按照已选择的原材料性能及混凝土的技术要求进行初步计算，得出“初步配合比”；再经过实验室试拌调整，得出“基准配合比”；然后，经过强度检验（如有抗渗、抗冻等其他性能要求，应当进行相应的检验），定出满足设计和施工要求并比较经济的“实验室配合比”（也称设计配合比）；最后根据现场砂、石的实际含水率，对实验室配合比进行调整，求出“施工配合比”。

1. 计算初步配合比

(1) 确定配制强度 $f_{cu,0}$

根据国家标准《混凝土强度检验评定标准》（GB/T 50107—2010）规定，混凝土立方体抗压强度应具有 95% 的保证率。为保证混凝土达到设计要求的强度等级，在进行配合比设计时，必须使混凝土的配制强度 $f_{cu,0}$ 高于设计要求的强度标准值。当混凝土的设计强度等级小于 C60 时，配制强度按下式计算：

$$f_{cu,0} \geqslant f_{cu,k} + 1.645\sigma$$

式中 $f_{cu,0}$——混凝土的配制强度，MPa；

$f_{cu,k}$——设计要求的混凝土强度等级所对应的立方体抗压强度标准值，MPa；

1.645——达到 95% 强度保证率时的系数；

σ——混凝土强度标准差，MPa。

当施工单位具有近 1~3 个月的同一品种、同一强度等级混凝土的强度资料，且试件组数不小于 30 时，其混凝土强度标准差 σ 按下式计算：

$$\sigma = \sqrt{\frac{\sum_{i=1}^{n} f_{cu,i}^2 - n m_{f_{cu}}^2}{n-1}}$$

式中 $f_{cu,i}$——第 i 组试件的强度值，MPa；

$m_{f_{cu}}$——n 组试件的强度平均值，MPa；

n——试件组数。

①当混凝土强度等级不大于 C30 时，如果计算得到的 σ 小于 3.0 MPa，则取 σ = 3.0 MPa；当混凝土强度等级大于 C30 且小于 C60 时，如果计算得到的 σ 小于 4.0 MPa，则取 σ = 4.0 MPa 。

②当施工单位不具有近期的同一品种、同一强度等级混凝土强度资料时，其混凝土强度标差 σ 可按表 5.28 选用。

表 5.28　混凝土强度标准差 σ 取值（JGJ 55—2011）

混凝土强度等级	≤C20	C25～C45	C50～C55
σ 值/MPa	4.0	5.0	6.0

当混凝土的设计强度等级不小于 C60 时，配制强度应按下式确定：

$$f_{cu,0} \geqslant 1.15 f_{cu,k}$$

（2）确定水胶比值 W/B

混凝土强度等级小于 C60 时，按混凝土强度经验公式计算水胶比。

$$f_{cu,0} = \alpha_a f_b \left(\frac{B}{W} - \alpha_b \right)$$

则

$$\frac{W}{B} = \frac{\alpha_a f_b}{f_{cu,0} + \alpha_a \alpha_b f_b}$$

（3）选择单位用水量

混凝土单位用水量是控制混凝土拌合物流动性的主要因素。单位用水量的确定，应根据施工要求的流动性以及骨料的品种、级配、最大粒径和外加剂的种类、掺量等因素选择，一般是根据本单位所用材料按经验选用。如果无经验，应按建筑工程行业建设标准《普通混凝土配合比设计规程》（JGJ 55—2011）的规定选用。

①干硬性和塑性混凝土用水量的确定。

a. 水胶比为 0.40~0.80 时，根据粗骨料的品种、粒径及施工要求的混凝土拌合物稠度，其用水量可按表 5.29 和表 5.30 选取。

表 5.29　干硬性混凝土的用水量　　单位：mm

拌合物稠度		卵石最大公称粒径			碎石最大公称粒径		
项目	指标	10.0	20.0	40.0	16.0	20.0	40.0
维勃稠度/s	16～20	175	160	145	180	170	155
	11～15	180	165	150	185	175	160
	3～10	185	170	155	190	180	165

表 5.30　塑性混凝土的用水量　　　单位：mm

拌合物稠度		卵石最大公称粒径				碎石最大公称粒径			
项目	指标	10.0	20.0	31.5	40.0	16.0	20.0	31.5	40.0
坍落度/mm	10～30	190	170	160	150	200	185	175	165
	35～50	200	180	170	160	210	195	185	175
	55～70	210	190	180	170	220	205	195	185
	75～90	215	195	185	175	230	215	205	195

注：1. 本表用水量是采用中砂时的取值，采用细砂时，每立方米混凝土用水量可增加 5～10 kg，采用粗砂时，可减少 5～10 kg。
2. 掺用矿物掺和料和外加剂时，用水量应相应调整。

b. 水胶比小于 0.40 的混凝土以及采用特殊成型工艺的混凝土用水量，应通过试验确定。

②流动性和大流动性混凝土用水量的确定。

a. 以表 5.30 中坍落度 90 mm 的用水量为基础，按坍落度每增大 20 mm 用水量增加 50 kg，计算出未掺外加剂时的混凝土的用水量。

b. 掺外加剂时混凝土的用水量可按下式计算：

$$m_{w0} = m'_{w0}(1-\beta)$$

式中　m_{w0}——掺外加剂时每立方米混凝土的用水量，kg；

m'_{w0}——未掺外加剂时每立方米混凝土的用水量，kg；

β——外加剂的减水率(%)，β 值按试验确定。

(4)确定胶凝材料、矿物掺合料、水泥用量和外加剂用量

①每立方米混凝土的胶凝材料用量 m_{b0}。

每立方米混凝土的胶凝材料用量 m_{b0}，根据已确定的单位用水量 m_{w0} 和水胶比 W/B，按下式计算：

$$m_{b0} = \frac{m_{w0}}{\frac{W}{B}}$$

②每立方米混凝土的矿物掺合料用量 m_{f0}。

每立方米混凝土的矿物掺合料用量 m_{f0} 应按下式计算：

$$m_{f0} = m_{b0}\beta_f$$

式中　β_f——矿物掺合料掺量(kg)，应通过试验确定。

当采用硅酸盐水泥或普通硅酸盐水泥时，钢筋混凝土中矿物掺合料最大掺量应符合表 5.31 的规定。对基础大体积混凝土，粉煤灰、粒化高炉矿渣粉和复合掺合料的最大掺量可增加 5%。

表 5.31 钢筋混凝土中矿物掺合料最大掺量

矿物掺合料种类	水胶比	最大掺量/%	
		采用硅酸盐水泥时	采用普通硅酸盐水泥时
粉煤灰	≤0.40	45	35
	>0.40	40	30
粒化高炉矿渣粉	≤0.40	65	55
	>0.40	55	45
钢渣粉	—	30	20
磷渣粉	—	30	20
硅灰	—	10	10
复合掺合料	≤0.40	65	55
	>0.40	55	45

注：1. 采用其他通用硅酸盐水泥时，宜将水泥混合材料掺量20%以上的混合材料计入矿物掺合料。
2. 复合掺合料各组分的掺量不宜超过单掺时的最大掺量。

③每立方米混凝土的水泥用量 m_{c0}。

每立方米混凝土的水泥用量 m_{c0} 应按下式计算：

$$m_{c0} = m_{b0} - m_{f0}$$

④每立方米混凝土的外加剂用量 m_{a0}。

每立方米混凝土的外加剂用量 m_{a0} 应按下式计算：

$$m_{a0} = m_{b0}\beta_a$$

式中 β_a ——外加剂掺量(%)，应通过试验确定。

(5)选取合理砂率 β_s

砂率值应根据骨料的技术指标、混凝土拌合物性能和施工要求，参考既有历史资料确定；如无历史资料，可按下列规定执行：

①坍落度小于10 mm的混凝土，其砂率应经试验确定；

②坍落度为10~60 mm的混凝土，其砂率可根据混凝土骨料品种及最大公称粒径按表5.24选取；

③坍落度大于60 mm的混凝土，其砂率可经试验确定，也可在表5.30的基础上，按坍落度每增大20 mm、砂率增大1%的幅度予以调整。

(6)确定1 m^3混凝土的砂、石用量 m_{s0}、m_{g0}

砂、石用量的确定可采用体积法或质量法求得。

①体积法。体积法是将混凝土拌合物的体积看成是各组成材料绝对体积加上拌合物中所含空气的体积之和，据此可列出下列方程组，解得 m_{s0}、m_{g0}。

$$\begin{cases}\dfrac{m_{c0}}{\rho_c}+\dfrac{m_{f0}}{\rho_f}+\dfrac{m_{s0}}{\rho_{0s}}+\dfrac{m_{g0}}{\rho_{0g}}+\dfrac{m_{w0}}{\rho_w}+0.01\alpha=1\\ \beta_s=\dfrac{m_{s0}}{m_{s0}+m_{g0}}\times 100\%\end{cases}$$

式中　ρ_c,ρ_f,ρ_w——水泥、矿物掺合料、水的密度,kg/m³;

ρ_{0s},ρ_{0g}——砂、石的表观密度,kg/m³;

α——混凝土的含气量百分数,在不用引气剂或引气型外加剂时,α 可取 1;

β_s——砂率,%。

②质量法。根据经验,如果原材料比较稳定时,所配制的混凝土拌合物的表观密度将接近一个固定值。因此,可假定 1 m³ 混凝土拌合物的质量为 $m_{c\rho}$,由以下方程组解出 m_{s0}、m_{g0}。

$$\begin{cases} m_{c0}+m_{f0}+m_{s0}+m_{g0}+m_{w0}=m_{c\rho} \\ \beta_s=\dfrac{m_{s0}}{m_{s0}+m_{g0}}\times 100\% \end{cases}$$

$m_{c\rho}$ 可根据积累的试验资料确定,在无资料时,其值可取 2 350~2 450 kg/m³。

通过以上 6 个步骤,水泥、矿物掺合料、砂、石、水的用量全部求出,即得到初步配合比。

2. 确定实验室配合比

初步配合比是根据经验公式计算而得,或是查表选取的结果,因而不一定符合要求,应通过试验进行调整。调整的目的:一是使混凝土拌合物的和易性满足施工需要;二是使水胶比符合混凝土强度及耐久性要求。

(1)和易性调整

按初步配合比称取表 5.32 规定体积的各组成材料的用量,搅拌均匀后测定其坍落度,同时观察其黏聚性和保水性。

表 5.32　混凝土试配时最小拌和量

骨料最大粒径/mm	拌合物体积/L
31.5 以下	20
40	25

注:当采用机械搅拌时,其搅拌量不应小于搅拌机额定搅拌量的 1/4。

如坍落度过小,应在保持水胶比不变的情况下,适当增加水泥及水用量(每调整 10 mm 坍落度,增加 2%~5% 水泥浆用量);坍落度过大时,可保持砂率不变,适当增加砂石用量。如果拌合物显得砂浆不足,黏聚性及保水性不良,可单独加一些砂子,即适当增大砂率;如果拌合物显得砂浆过多,可单独加一些石子,即适当减小砂率。每次调整后再试拌,直到符合要求为止。

(2)强度复核

试拌调整后的混凝土,和易性满足了要求,但水胶比不一定选用恰当,导致强度不一定符合要求,所以还应对强度进行复核。方法是采用调整后的配合比制成 3 组不同水胶比的混凝土试块:一组采用基准配合比;另外两组配合比的水胶比,宜较基准配合比的水胶比分别增加和减少 0.05,用水量应与基准配合比相同,砂率可分别增加和减少 1%。当不同水胶比的混凝土拌合物坍落度与要求值的差超过允许偏差时,可通过增减用水量进行调整。制作混凝土强度试验试件时,应检验混凝土拌合物的坍落度或维勃稠度、黏聚性、保水性及拌合物的表观密度，并以此结果作为代表相应配合比的混凝土拌合物的性能。

分别将3组试件标准养护28 d，进行抗压强度试验，根据测得的强度值与相对应的胶水比 B/W 关系，用作图法或计算法求出与混凝土配制强度 $f_{cu,0}$ 相对应的胶水比，如图5.15所示，并根据此胶水比确定每立方米混凝土的材料用量。

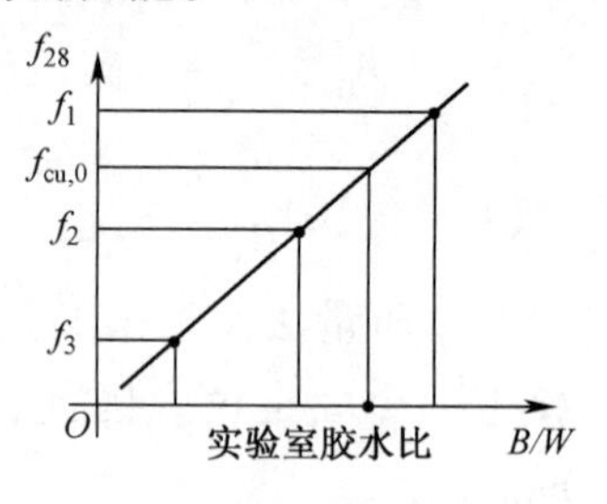

图5.15　实验室胶水比的确定

3. 计算施工配合比（重点、难点）

实验室配合比是以干燥材料为基准得出的。现场施工所用的骨料，一般都含有一些水分，所以现场材料的称量应按工地上砂、石的含水情况随时进行修正，修正后的配合比称为施工配合比。

假定工地上测出砂的含水率为 $a\%$ 、石子的含水率为 $b\%$，则将上述实验室配合比换算为施工配合比，其材料称量为

水泥　$m_c' = m_c$

矿物掺合料　$m_f' = m_f$

砂子　$m_s' = m_s(1 + a\%)$

石子　$m_g' = m_g(1 + b\%)$

水　$m_w' = m_w - m_s \cdot a\% - m_g \cdot b\%$

【例5.2】　某室内现浇钢筋混凝土梁，混凝土设计强度等级为C30，泵送施工，要求施工时混凝土拌合物坍落度为180 mm，混凝土搅拌单位无历史统计资料，试进行混凝土初步配合比设计。

该工程所用原材料技术指标如下：

水泥：42.5级的普通硅酸盐水泥，密度 $\rho_c = 3\,100\ kg/m^3$，28 d强度实测值 $f_{ce} = 48.0$ MPa；

粉煤灰：Ⅱ级，表观密度 $\rho_f = 2\,200\ kg/m^3$；

中砂：级配合格，表观密度 $\rho_{os} = 2\,650\ kg/m^3$；

碎石：5~31.5 mm连续级配，表观密度 $\rho_{og} = 2\,700\ kg/m^3$；

外加剂：萘系高效减水剂，减水率为24%；

水：自来水。

【解】　①确定配制强度。

混凝土搅拌单位无历史统计资料，查表5.28，取 $\sigma = 5.0$ MPa

$$f_{cu,0} = f_{cu,k} + 1.645\sigma = 30 + 1.645 \times 5.0 = 38.2\ \text{MPa}$$

②确定水胶比 W/B。选取粉煤灰的掺量为30%，其影响系数查表5.26，取 $\gamma_f = 0.70$，则

$$f_b = \gamma_f f_{ce} = 0.7 \times 48.0 = 33.6\ \text{MPa}$$

本工程采用碎石，回归系数 $\alpha_a = 0.53$，$\alpha_b = 0.20$，利用强度经验公式计算水胶比 W/B

$$\frac{W}{B} = \frac{\alpha_a f_b}{f_{cu,0} + \alpha_a \alpha_b f_b} = \frac{0.53 \times 33.6}{38.2 + 0.53 \times 0.20 \times 33.6} = 0.43$$

③确定单位用水量 m_{w0}。

a. 查表5.30，坍落度为90 mm不掺外加剂时混凝土用水量为205 kg，按每增加20 mm坍

落度增加 5 kg 水，求出未掺加剂时的用水量为

$$m'_{w0} = 205 + \frac{180 - 90}{20} \times 5 = 227.5\ \text{kg}$$

b. 确定掺减水率为 24% 的高效减水剂后，混凝土拌合物坍落度达到 180 mm 时的用水量为

$$m_{w0} = m'_{w0}(1 - \beta) = 227.5 \times (1 - 0.24) = 173\ \text{kg}$$

④计算胶凝材料用量 m_{b0}，粉煤灰用量 m_{f0}，水泥用量 m_{c0}。

a. 计算胶凝材料用量 m_{b0}

$$m_{b0} = \frac{m_{w0}}{W/B} = \frac{173}{0.43} = 402\ \text{kg}$$

b. 计算粉煤灰用量 m_{f0}（查表 5.31）

$$m_{f0} = m_{b0}\beta_f = 402 \times 0.30 = 121\ \text{kg}$$

c. 计算水泥用量 m_{c0}

$$m_{c0} = m_{b0} - m_{f0} = 402 - 121 = 281\ \text{kg}$$

⑤确定砂率 β_s。本例采用泵送混凝土，要求施工时混凝土拌合物坍落度为 180 mm。查表 5.24 并计算，得砂率为 $\beta_s = 38\%$。

⑥计算砂石用量 m_{s0}，m_{g0}。

a. 体积法

$$\begin{cases} \dfrac{281}{3\,100} + \dfrac{121}{2\,200} + \dfrac{m_{s0}}{2\,650} + \dfrac{m_{g0}}{2\,700} + \dfrac{173}{1\,000} + 0.01 = 1 \\ \dfrac{m_{s0}}{m_{s0} + m_{g0}} = 0.38 \end{cases}$$

解得 $m_{s0} = 648$ kg，$m_{g0} = 1\,116$ kg。

初步配合比为 $m_{c0} = 281$ kg，$m_{f0} = 121$ kg，$m_{s0} = 684$ kg，$m_{g0} = 1\,116$ kg，$m_{w0} = 173$ kg。

b. 质量法

假定混凝土拌合物的表观密度为 2 400 kg/m^3，则

$$\begin{cases} 281 + 121 + m_{s0} + m_{g0} + 173 = 2\,400 \\ \dfrac{m_{g0}}{m_{s0} + m_{g0}} = 0.38 \end{cases}$$

解得 $m_{sb} = 693$ kg，$m_{g0} = 1\,131$ kg。

初步配合比为 $m_{c0} = 281$ kg，$m_{f0} = 121$ kg，$m_{s0} = 693$ kg，$m_{g0} = 1\,131$ kg，$m_{w0} = 173$ kg。

5.5 轻混凝土

重点：轻混凝土的性能。

凡表观密度小于 1 950 kg/m^3 的混凝土统称为轻混凝土。按其组成成分可分为轻骨料混凝土、多孔混凝土（如加气混凝土）和大孔混凝土（如无砂大孔混凝土）三种类型。下面重点介绍轻骨料混凝土。

用轻质粗骨料、轻质细骨料（或普通砂）、水泥和水配制而成的，其干表观密度不大于

1 950 kg/m³的混凝土称为轻骨料混凝土。轻骨料混凝土是一种轻质、高强、多功能的新型建筑材料，具有表观密度小、保温性好、抗震性强等优点。用轻质骨料配制的钢筋混凝土，可使其结构自重降低30%~35%，并可明显降低工程造价。

随着建筑物不断向高层及大跨度方向发展，建筑业的工业化、机械化和装配化程度不断提高。因此，轻骨料混凝土越来越被人们所重视，并得以快速发展。

1. 轻骨料的分类及技术性能

(1)轻骨料的分类

轻骨料分轻的粗骨料和轻的细骨料两种。凡粒径大于5 mm，堆积密度小于1 000 kg/m³的骨料，称为轻的粗骨料；粒径不大于5 mm，堆积密度小于1 200 kg/m³的骨料，称为轻的细骨料(或轻砂)。

轻骨料按其来源可分为三类：

①天然轻骨料。它是以天然形成的多孔岩石经加工而成的轻骨料，如浮石、火山渣及轻砂。

②人造轻骨料。它是以地方材料为原料经加工制成的轻骨料，如页岩陶粒、黏土陶粒、膨胀珍珠岩等

③工业废料。它是以工业废料为原料，经加工而成，如粉煤灰陶粒、膨胀矿渣珠、煤渣等。

轻骨料按其粒型又分圆球型、普通型及碎石型三种类型。

(2)轻骨料的技术性能

轻骨料的技术性能主要包括堆积密度、强度、颗粒级配和最大粒径、吸水率、有害杂质含量及其他性能。此外，对耐久性、安定性、有害杂质含量也提出了要求。

①堆积密度。轻骨料堆积密度的大小将影响轻骨料混凝土的表观密度和性能。根据堆积密度大小，轻骨料可划分为若干密度等级(见表5.33)。

表5.33 轻骨料密度等级

密度等级		堆积密度范围/(kg/m³)
轻粗骨料	轻砂	
300	—	210~300
400	—	310~400
500	500	410~500
600	600	510~600
700	700	610~700
800	800	710~800
900	900	810~900
1 000	1 000	910~1 000
—	1 100	1 010~1 100
—	1 200	1 110~1 200

②强度。轻骨料强度是衡量轻骨料混凝土质量的重要指标，用筒压强度及强度等级表示。

轻骨料的筒压强度以筒压法测定。其强度等级是指该粗骨料按规定方法(即测定规定配合比的轻砂混凝土和其砂浆组分的抗压强度)所得的“混凝土合理强度值”,是用来评定混凝土中轻粗骨料的真实强度。

轻粗骨料的筒压强度及强度等级应不低于表5.34的规定。

表5.34　轻粗骨料筒压强度及强度等级

密度等级	筒压强度 f_a/MPa		强度等级 f_{ak}/MPa	
	碎石型	普通型和圆球型	普通型	圆球型
300	0.2/0.3	0.3	3.5	3.5
400	0.4/0.5	0.5	5.0	5.0
500	0.6/1.0	1.0	7.5	7.5
600	0.8/1.5	2.0	10	15
700	1.0/2.0	3.0	15	20
800	1.2/2.5	4.0	20	25
900	1.5/3.0	5.0	25	30
1 000	1.8/4.0	6.5	30	40

注:碎石型天然轻骨料取斜线以左值,其他碎石型轻骨料取斜线以右值。

③轻骨料颗粒级配和最大粒径。轻骨料的级配规定只控制最大、最小和中间粒级的含量及其空隙率(自然级配的空隙率应不大于50%),其指标详见表5.35。

表5.35　轻骨料级配

筛孔尺寸		d_{min}	$\frac{1}{2}d_{max}$	d_{max}	$2d_{max}$
圆球型及单一粒级	累计筛余(按质量计)/%	≥90	不规定	≤10	0
普通型混合级配		≥90	30~70	≥10	0
碎石型混合级配		≥90	40~60	≤10	0

将轻粗骨料累计筛余小于10%筛孔尺寸定为该轻粗骨料的最大粒径。对保温及结构保温轻骨料混凝土,其粗骨料最大粒径不宜大于40 mm;结构轻骨料混凝土,其轻粗骨料最大粒径不宜大于20 mm。

④吸水率。轻骨料是多孔结构,1 h内吸水极快,24 h后几乎不再吸水。由于吸水,将会影响混凝土拌合物的水胶比、和易性等性能。因此,应测定轻骨料1 h吸水率。在设计轻骨料混凝土配合比时,如果采用干燥骨料,则必须根据骨料吸水率大小,再多加一部分被骨料吸收的附加水量。规程规定:轻砂和天然轻粗骨料的吸水率不作规定;其他轻粗骨料的吸水率不应大于22%。

⑤有害杂质含量及其他性能。轻骨料中严禁混入煅烧过的石灰石、白云石和硫酸盐、氯化物等。轻骨料的有害杂质含量和其他性能指标应不大于表5.36的规定。

表 5.36　轻骨料有害物质含量及其他性能指标

项 目 名 称	指　标
抗冻性(F15,质量损失)/%	≤5
安定性(沸煮法,质量损失)/%	≤5
烧失量[①],轻粗骨料(质量损失)/%	<4
轻砂(质量损失)/%	<5
硫酸盐含量(按 SO_3 计)/%	<0.5
氯盐含量(以 Cl_2 计)/%	<0.02
含泥量[②](质量)/%	<3
有机杂质(用比色法检验)	不深于标准色

注:①煤渣烧失量可放宽至15%。
　②不宜含有黏土块。

2. 轻骨料混凝土的技术性能与分类

(1)轻骨料混凝土的技术性能

①和易性。为了便于施工,轻骨料混凝土应具有良好的和易性。其流动性大小主要取决于用水量。由于轻骨料吸水率较大,易导致拌合物和易性迅速改变,所以拌和后应在15~30 s内测定完毕。

②强度与强度等级。轻骨料属多孔状结构,一般强度较低,但制成的轻骨料混凝土强度要比轻骨料高好几倍。这是因为“筒压法”测定轻骨料强度时,荷载通过骨料间的接触点传递,产生应力集中。而在混凝土中,轻骨料被砂浆紧紧包裹,在骨料周围形成坚硬的水泥浆外壳,使轻骨料处于三向受力状态,约束了骨料的横向变形。加上轻骨料表面粗糙,与水泥浆黏结力较好(轻骨料混凝土破坏裂缝一般不是从界面发生),致使一些轻骨料混凝土强度较高。

建筑工程行业建设标准《轻骨料混凝土技术标准》(JGJ/T 12—2019)规定,根据立方体抗压强度标准值,可将轻骨料混凝土划分为 13 个强度等级:LC5.0、LC7.5、LC10、LC15、LC20、LC25、LC30、LC35、LC40、LC45、LC50、LC55、LC60。

③表观密度。轻骨料混凝土按干燥状态下的表观密度划分为600~1 900,共 14 个密度等级,一般为 560~1 950 kg/m^3。某一密度等级轻骨料混凝土的密度标准值,可取该密度等级干表观密度变化范围的上限值。轻骨料混凝土的性能主要用抗压强度和表观密度两大指标衡量。如果密度较小而强度较高,说明这种混凝土性能优良。

④收缩与徐变。轻骨料混凝土收缩与徐变比普通混凝土大得多,对结构性能影响也很大。

⑤保温性能。轻骨料混凝土具有较好的保温性能,表观密度为 1 000 kg/m^3、1 400 kg/m^3、1 800 kg/m^3 的轻骨料混凝土导热系数分别为 0.28 W/(m·K)、0.49 W/(m·K)、0.87 W/(m·K)。

(2)轻骨料混凝土的分类

①按粗骨料种类不同,轻骨料混凝土可分为天然轻骨料混凝土(如浮石混凝土、火山渣混凝土等)、人造轻骨料混凝土(如黏土陶粒混凝土、页岩陶粒混凝土等)和工业废料轻骨料

混凝土(如粉煤灰陶粒混凝土、自然煤矸石混凝土等)三种。

②按有无细骨料或细骨料的品种不同,轻骨料混凝土分为全轻混凝土(由轻砂做细骨料配制而成的轻骨料混凝土)、砂轻混凝土(由普通砂或部分轻砂做细骨料配制而成的轻骨料混凝土)和大孔径骨料混凝土(用轻粗骨料、水泥和水配制而成的无砂或少砂混凝土)三种。

③按用途不同,轻骨料混凝土分保温轻骨料混凝土、结构保温轻骨料混凝土及结构轻骨料混凝土三种。

3. 轻骨料混凝土的施工

轻骨料混凝土的施工与普通混凝土基本相同,但因轻骨料具有表观密度小、吸水能力强等性能,故施工中应注意以下几个问题:

①应对轻粗骨料的含水率及其堆积密度进行测定。

②必须采用强制式搅拌机搅拌,防止轻骨料上浮或搅拌不均。

③拌合物在运输中应采取措施减少坍落度损失和防止离析。当产生拌合物稠度损失或离析较严重时,浇筑前应采用二次拌和,但不得二次加水。拌合物从搅拌机卸料起到浇入模内止的延续时间不宜超过 45 min。

④轻骨料混凝土拌合物应采用机械振捣成型。对流动性大、能满足强度要求的塑性拌合物以及结构保温类和保温类轻骨料混凝土拌合物,可采用插捣成型。干硬性轻骨料混凝土拌合物浇筑构件,应采用振动台或表面加压成型。浇筑上表面积较大的构件,当厚度小于或等于 200 mm 时,宜采用表面振动成型;当厚度大于 200 mm 时,宜先用插入式振捣器振捣密实后,再表面振捣。用插入式振捣器振捣时,插入间距不应大于棒的振动作用半径的 1 倍。连续多层浇筑时,插入式振捣器应插入下层拌合物约 50 mm。振捣延续时间应以拌合物捣实和避免轻骨料上浮为原则。振捣时间应根据拌合物稠度和振捣部位确定,宜为 10~30 s。

⑤轻骨料混凝土浇筑成型后应及时覆盖和喷水养护。采用自然养护时,用普通水泥、硅酸盐水泥、矿渣水泥拌制的轻骨料混凝土,湿养护时间不应少于 7 d;用粉煤灰水泥、火山灰水泥拌制的轻骨料混凝土及在施工中掺缓凝型外加剂的混凝土,湿养护时间不应少于14 d。轻骨料混凝土构件用塑料薄膜覆盖养护时,全部表面应覆盖严密,保持膜内有凝结水。

5.6 其他品种混凝土

重点:其他品种混凝土性质及用途。

普通混凝土和轻混凝土以其良好的技术性能被广泛应用于建筑工程。但随着科学技术的发展及工程的需要,各种新品种混凝土不断涌现。这些品种的混凝土都有其特殊的性能及施工方法,适用于某些特殊领域,它们的出现大大扩大了混凝土的使用范围。现将一些常见的特种混凝土简要介绍如下。

5.6.1 掺粉煤灰混凝土

粉煤灰是火力发电厂的工业废料，属常用的活性混合材料。在混凝土中掺加一定量粉煤灰，可以改善混凝土性能、节约水泥、提高产品质量及降低产品成本。

粉煤灰按其质量分为Ⅰ、Ⅱ、Ⅲ级三个等级。Ⅰ级粉煤灰品位最高，细度较细，可用于后张预应力钢筋混凝土构件及跨度小于6 m的先张预应力钢筋混凝土构件。Ⅱ级粉煤灰是我国多数电厂的排出物，数量较大，粒度也稍粗。掺加Ⅱ级粉煤灰的混凝土强度比掺加Ⅰ级的低一些，但其他性能均有改善，所以Ⅱ级粉煤灰主要用于普通钢筋混凝土结构和轻骨料钢筋混凝土结构。Ⅲ级粉煤灰是指电厂排出的原状干灰和湿灰，颗粒较粗，炭粒较多，掺入混凝土中，会使强度和减水的效果都变差。因此Ⅲ级粉煤灰主要用于无筋混凝土和砂浆中，替代部分水泥，并改善混凝土和易性，技术经济效益十分显著。

掺粉煤灰的混凝土早期强度会降低（但后期强度较普通混凝土高些），因此，使用掺粉煤灰的混凝土时，最好同时掺加减水剂或早强剂，这样既可提高混凝土的早期强度，又可进一步节约水泥。

5.6.2 防水混凝土

防水混凝土分为普通防水混凝土、膨胀水泥防水混凝土和外加剂防水混凝土三种。

普通防水混凝土是以调整配合比的方法来提高自身密实度和抗渗性的一种混凝土，是在普通混凝土的基础上发展起来的。它与普通混凝土的不同点在于：后者是根据所需的强度进行配制的，而前者是根据工程所需的抗渗要求进行配制的，其中石子的骨架作用减弱，水泥砂浆除满足填充和黏结作用外，还要求能在粗骨料周围形成一定厚度的、良好的砂浆包裹层，以提高混凝土的抗渗性。因此，选择普通防水混凝土配合比时，应符合以下技术规定：

①粗骨料最大粒径不宜大于40 mm。

②水泥用量不少于320 kg/m^3。

③砂率不小于35%。

④灰砂比不小于1∶2.5（以1∶2~1∶2.5为宜）。

⑤水胶比不大于0.60。

⑥坍落度不大于50 mm（以30~50 mm为宜）。

膨胀水泥防水混凝土主要是利用膨胀水泥在水化过程中形成大量体积增大的水化硫铝酸钙，在有约束的条件下，能改善混凝土的孔结构，使总孔隙率减少，孔径减小，从而提高混凝土抗渗性。

外加剂防水混凝土种类较多，常见的有引气剂防水混凝土、密实剂防水混凝土及三乙醇胺防水混凝土等。近年来，人们利用防水剂配制高抗渗防水混凝土，不仅大幅度提高了混凝土抗渗强度等级，而且对混凝土的抗压强度及劈裂抗拉强度也有明显的增强作用。

为了开发利用工业废料，用粉煤灰配制的防水混凝土已取得了良好的技术经济效益。

5.6.3 高强、超高强混凝土

混凝土强度类别在不同时代和不同国家有不同的概念和划分。目前许多国家工程技术人员习惯上把 C10~C50 强度等级的混凝土称为普通强度混凝土，C60~C90 的混凝土称为高强混凝土，C100 以上的混凝土称为超高强混凝土。

高强、超高强混凝土的特点是强度高、耐久性好、变形小，能适应现代工程结构向大跨度、重载、高耸发展和承受恶劣环境条件的需要。使用高强混凝土可获得明显的工程效益和经济效益。

目前，国际上配制高强、超高强混凝土时用的技术是高品质通用水泥加高性能外加剂加特殊掺合料。配制高强、超高强混凝土时，应选用质量稳定、强度等级不低于 42.5 级的硅酸盐水泥或普通硅酸盐水泥。应掺用活性较好的矿物掺合料，且宜复合使用矿物掺合料。应掺用高效减水剂或缓凝高效减水剂。对强度等级为 C60 级的混凝土，其粗骨料的最大粒径不应大于 31.5 mm，对强度等级高于 C60 级的混凝土，其粗骨料的最大粒径不应大于25 mm；其中，针、片状颗粒含量不宜大于 5.0%，泥块含量不宜大于 0.2%；其他质量指标应符合国家标准《建设用卵石、碎石》（GB/T 14685—2022）的规定。细骨料的细度模数宜大于 2.6，含泥量不应大于 2.0%，泥块含量不应大于 0.5%，其他质量指标也应符合国家标准《建设用砂》（GB/T 14684—2022）的规定。

高强、超高强混凝土配合比的计算方法和步骤与普通混凝土基本相同，但应注意以下几点：

①基准配合比的水胶比，不宜用普通混凝土水胶比公式计算。C60 以上的混凝土一般按经验选取基准配合比的水胶比，试配时选用的水胶比宜为 0.02~0.03。

②外加剂和掺合料的掺量及其对混凝土性能的影响，应通过试验确定。

③配合比中砂率可通过试验建立“坍落度-砂率”关系曲线，以确定合理的砂率值。

④混凝土中胶凝材料用量不宜超过 600 kg/m³。

5.6.4 流态混凝土

流态混凝土就是在预拌的坍落度为 8~150 mm 的塑性混凝土拌合物中加入流化剂，经过搅拌得到的易于流动、不易离析、坍落度为 180~220 mm 的混凝土，其自身能像水一样流动。

流态混凝土的发展是与泵送混凝土施工的发展密切联系的。流态混凝土的主要特点是：流动性好，能自流填满模型或钢筋间隙，适宜泵送，施工方便；由于使用流化剂，可大幅度降低水胶比而不需多用水泥，避免了水泥浆多带来的缺点；可制得高强、耐久、不渗水的优质混凝土，一般有早强和高强效果；流动度大，但无离析和泌水现象。

流态混凝土的配制关键之一是选择合适的流化剂。流化剂又称塑化剂，通常是高减水性、低引气性、无缓凝性的高效减水剂。目前，常用的流化剂主要有三类：萘磺酸盐甲醛缩合物系、改性木质素磺酸盐甲醛缩合物系和三聚氰胺磺酸盐甲醛缩合物系。加流化剂的方法有同时添加法和后添加法。

流态混凝土的坍落度随时间延长损失较大。一般认为流化剂后添加法是克服坍落度损失的一种有效措施。

流态混凝土主要适用于高层建筑、大型工业与公共建筑的基础、楼板、墙板及地下工程，尤其适用于配筋密、浇筑振捣困难的工程部位。随着流化剂的不断改进和成本降低，流态混凝土必将愈来愈广泛地应用于泵送、现浇和密筋的各种混凝土建筑中。

5.6.5 耐腐蚀混凝土

1. 水玻璃耐酸混凝土

水玻璃耐酸混凝土由水玻璃、耐酸粉料、耐酸粗细骨料和氟硅酸钠组成，是一种能抵抗绝大部分酸类（除氢氟酸、氟硅酸和热磷酸外）侵蚀作用的混凝土，特别是对具有强氧化性的浓硫酸、硝酸等有足够的耐酸稳定性。在1 000 ℃的高温条件下，水玻璃混凝土仍具有良好的耐酸性能和较高的机械强度。由于材料资源丰富、成本低廉，水玻璃耐酸混凝土是一种优良的应用较广的耐酸材料。其主要缺点是耐水性差、施工较复杂、养护期长。

水玻璃作为混凝土的胶结剂，其模数和密度对耐酸混凝土的性能影响较大，在技术规范中规定水玻璃的模数以2.6~2.8为佳，水玻璃密度应为1.36~1.42 g/cm^3。氟硅酸钠为白色、浅灰色或黄色粉末，它是水玻璃耐酸混凝土的促硬剂，其适宜的用量为水玻璃质量的15%左右，用量过多时耐酸性将下降。耐酸粉料常用的有辉绿岩粉（铸石粉）、石英粉、69号耐酸粉、瓷粉等，其中以辉绿岩粉最好。细骨料常用石英砂，粗骨料常用石英岩、玄武岩、安山岩、花岗岩、耐酸砖块等。

2. 耐碱混凝土

碱性介质混凝土的腐蚀有三种情况：①以物理腐蚀为主；②以化学腐蚀为主；③物理和化学两种腐蚀同时存在。

物理腐蚀是指碱性介质渗入混凝土表层与空气中的二氧化碳和水化合生成新的结晶物，由于体积膨胀而造成混凝土的破坏。在一般条件下，物理腐蚀的可能性比较大，当混凝土局部处于碱溶液中，碱液从毛细孔渗入，或者受碱液的干湿交替作用时都会发生这种腐蚀。化学腐蚀是指溶液中的强碱与混凝土中的水泥水化物发生化学反应，生成易溶的新化合物，从而破坏了水泥石的结构，使混凝土解体。化学腐蚀只是在温度较高、浓度较大和介质碱性较强的情况下才易发生。

从上述两种腐蚀特点可知，如果能提高混凝土的密实度，物理腐蚀是可以防止的，这可以用严格控制骨料级配、降低水胶比或掺外加剂等方法达到；而为防止化学腐蚀，则要选择耐碱性的骨料和磨细掺料，特别是提高水泥的耐碱性来达到。

耐碱混凝土最好采用硅酸盐水泥。耐碱骨料常用的有石灰岩、白云岩和大理石，对于碱性不强的腐蚀介质，亦可采用密实的花岗岩、辉绿岩和石英岩。由于对耐碱混凝土的密实性要求较高，故对其骨料颗粒级配的要求也比较严格。磨细粉料主要是用来填充混凝土的空隙，提高耐碱混凝土的密实性，磨细粉料也必须是耐碱的，一般采用磨细的石灰石粉。

5.6.6 纤维混凝土

纤维混凝土是在混凝土中掺入纤维而形成的复合材料。它具有普通钢筋混凝土所没有的许多优良品质,在抗拉强度、抗弯强度、抗裂强度和冲击韧性等方面较普通混凝土有明显的改善。

常用的纤维材料有钢纤维、玻璃纤维、石棉纤维、碳纤维和合成纤维等。所用的纤维必须具有耐碱、耐海水、耐气候变化的特性。国内外研究和应用钢纤维较多,因为钢纤维对抑制混凝土裂缝的形成、提高混凝土抗拉和抗弯强度、增加韧性效果最佳。在纤维混凝土中,纤维的含量、几何形状以及分布情况对混凝土性能有重要影响。以钢纤维为例,为了便于搅拌,一般控制钢纤维的长径比为60~100,掺量为0. 5%~1. 3%(体积比),选用直径细、形状非圆形的钢纤维效果较佳,钢纤维混凝土一般可提高抗拉强度2倍左右,提高抗冲击强度5倍以上。

纤维混凝土目前主要用于非承重结构、对抗冲击性要求高的工程,如机场跑道、高速公路、桥面面层、管道等。随着各类纤维性能的改善和纤维混凝土技术的提高,纤维混凝土在建筑工程中的应用将会越来越广泛。

5.6.7 沥青混凝土

沥青混凝土亦称沥青混合料,是由沥青、粗细集料和矿粉按一定比例拌和而成的一种复合材料。沥青混合料具有良好的力学性能、噪声小、良好的抗滑性、经济耐久、排水性良好、可分期加厚路面等优点。其缺点是易老化、感温性大。

用沥青混合料铺筑的路面具有晴天无尘土,雨天不泥泞,行车平稳而柔软,晴天、雨天畅通无阻的优点,因而广泛应用在各级道路、公路上。

5.6.8 高性能混凝土

对高性能混凝土的定义,不同的学者提出的观点也不尽相同。综合国内外有关文献,其定义主要包括以下几个方面:

①高强度。许多学者认为高性能混凝土首先必须是高强的,甚至具体提出强度不应低于50 MPa或60 MPa。但也有学者认为,高性能混凝土未必需要界定一个过高的强度下限,而应该根据具体的工程要求,允许向中等强度的混凝土(30~40 MPa)适当延伸。

②高耐久性。具有优异的抗渗与抗介质侵蚀的能力。

③高尺寸稳定性。具有高弹性模量、低收缩、低徐变和低温度应变。

④高抗裂性。要求限制混凝土的水化热温升以降低热裂的危险。

⑤高工作性。许多学者认为高性能混凝土应该具有高的流动性,可泵或自流、免振。甚至有人具体提出坍落度不应小于某一数值(如120 mm或180 mm),不离析,不泌水,流动性保持能力好。但也有学者认为,流动度应根据具体的工程结构以及具体的施工机具与施工方法而定,而不能认为流动度小于某一数值的混凝土就不属于高性能混凝土。

⑥经济合理性。认为高性能混凝土除了确保所需要的性能之外，应考虑节约资源、能源与环境保护，使其朝着绿色环保的方向发展。

有关高性能混凝土的定义：高性能混凝土是一种新型高技术混凝土，是在大幅度提高普通混凝土性能的基础上，采用现代混凝土技术，选用优质材料，在严格的质量管理的条件下制成的。除了水泥、水、骨料以外，必须掺加足够数量的细掺料与高效外加剂。高性能混凝土重点保证下列诸性能：耐久性、工作性、各种力学性能、适用性、体积稳定性以及经济合理性。

要获得高性能混凝土就必须从原材料品质、配合比优化、施工工艺与质量控制等方面综合考虑。首先，必须选择优质原材料，如优质水泥与粉煤灰、超细矿渣与矿粉、与所选水泥具有良好适应性的优质高效减水剂、具有优异的力学性能且级配良好的骨料等。在配合比设计方面，应在满足设计要求的情况下，尽可能降低水泥用量并限制水泥浆体的体积，根据工程的具体情况掺用一种以上矿物掺合料，在满足流动度要求的前提下，通过优选高效减水剂的品种与剂量，尽可能降低混凝土的水胶比。正确选择施工方法，合理设计施工工艺并强化质量控制意识与措施，是高性能混凝土由实验室配合比转变为满足实际工程结构需求的重要保证。

实训四　混凝土性能检测

一、实训目的和任务

1. 熟悉混凝土材料的技术要求。
2. 掌握混凝土材料实验仪器的性能和操作方法。
3. 掌握混凝土各项性能指标的试验技术。
4. 完成混凝土拌合物的制备、检测混凝土拌合物和易性、表观密度、制作混凝土拌合物强度试件、检测混凝土抗压强度。

要求每位同学根据实训指导书在老师的指导下独立、全面、规范地完成实验，并填好实验报告，做好记录；按要求处理数据，得出正确结论。

二、实训预备知识

复习混凝土材料组成、和易性、强度等有关知识，认真阅读实训指导书，明确试验目的、基本原理及操作要点，并应对混凝土实验所用的仪器、设备、材料有基本了解。

三、主要仪器设备

本次实训所用仪器设备详见表 5. 37。

表 5.37　实验仪器设备清单表

序号	仪器名称	用　途	备注
1	混凝土搅拌机、磅秤、电子天平、拌板等	完成砂浆拌合物的制备	每组一套
2	坍落筒、捣棒、金属直尺等	混凝土拌合物坍落度检测	每组一套
3	量筒、拌板、磅秤、电子天平等	混凝土拌合物表观密度检测	每组一套
4	混凝土搅拌机、振动台、刮尺等	混凝土拌合物强度试件的成型	每组一套
5	混凝土抗压试验机等	混凝土抗压强度检测	共用4台

四、实训组织管理

课前、课后点名考勤；实验以小组为单位进行，每个小组人员为________人；仪器、设备使用完成后要清洗干净，物归原位，借用、归还要登记；着装整齐，方便实验操作，女生不得穿裙子；不迟到不早退，积极参与实验。本次实验内容安排详见表 5.38。

表 5.38　实验进程安排表

序号	实验单项名称	具体内容（知识点）	学时数	备注
1	混凝土拌合物的制备	采用模拟施工条件下所有混凝土原材料，所用材料用量以质量计，采用机械搅拌	2	分____组
2	混凝土拌合物和易性检测	采用坍落度测定法，将混凝土试样分三次装入坍落筒中，每层插捣 25 次，检测坍落度和保水性、黏聚性		
3	混凝土拌合物表观密度检测	用规定量筒测定混凝土拌合物捣实后的单位体积质量，应插捣密实，注意避免内部空洞		
4	混凝土拌合物强度试件的成型	将机械搅拌的混凝土试件装入试模，经振动台振动密实，用刮尺刮去试模表面多余混凝土		
5	混凝土抗压强度检测	混凝土试模进行养护，达到龄期后拆模，将试件进行强度检测	2	分____组

五、实训中实验项目简介、操作步骤指导与注意事项

1. 实训项目简介

（1）混凝土拌合物的制备

将模拟施工条件下所有混凝土原材料进行机械拌和，为检测混凝土和易性和强度检测提供试件。

（2）混凝土拌合物和易性检测

检测采用坍落度法，确定混凝土拌合物和易性是否满足施工要求，此法适用于骨粒最大粒径不大于 10 mm，坍落度值不小于 40 mm 的混凝土拌合物。

（3）混凝土拌合物表观密度检测

测定混凝土拌合物捣实后单位体积的质量，以修正和核实混凝土配合比计算中的材料用量。

（4）混凝土拌合物强度试件的成型

将和易性满足要求的混凝土试件装入混凝土试模，按标准养护，为进行混凝土强度检测

作准备。

(5)混凝土抗压强度检测

混凝土标准养护28 d后,为控制混凝土工程或构件质量均应做混凝土立方体抗压强度试验。

2. 实验操作步骤

(1)混凝土拌合物的制备

①预拌,拌前先用少量水泥砂浆进行涮膛,然后倒出多余砂浆。

②拌和,向搅拌机内依次加入石子、砂子、水泥,启动搅拌机,在拌和过程中徐徐加水,搅动2~3 min。

③将拌合物从搅拌机中卸出,倒在拌和钢板上,人工翻拌1~2 min。

(2)混凝土拌合物和易性检测

①润湿坍落度筒及其用具,将筒放在铁板上,然后用脚踩紧两边的脚踏板。

②把拌和好的混凝土拌合物用小铲分三层均匀地装入筒内,使捣实后每层高度为筒高的三分之一左右。每层用捣棒插捣25次,插捣应沿螺旋方向由外向中心进行,各次插捣应在截面上均匀分布。插捣筒边混凝土时,捣棒可稍倾斜。插捣底层时,捣棒应贯穿整个深度,插捣第二层时,捣棒应插透本层至下一层的表面。

③浇灌顶层时,混凝土拌合物应高出筒口。插捣过程中,如拌合物沉落到低于筒口,则应随时添加,当顶层插捣完毕后,刮出多余的拌合物,并用抹刀抹平。

④清除筒边底板上的拌合料后,垂直平稳地提起坍落度筒。从装料到提起坍落度筒整个过程应在150 s内完成。

⑤提起坍落度筒后,量测筒顶与坍落后混凝土拌合物最高点之间的垂直距离(以mm计,精确至1 mm),即为该混凝土拌合物的坍落度值。

⑥坍落度筒提起后,如混凝土拌合物发生崩坍或一边剪坏现象,则应重新取样另行测定。如第二次试验仍出现上述现象,则表示该混凝土拌合物和易性不好,应记录。

⑦观察坍落后的混凝土拌合物的黏聚性。黏聚性的检查方法是用捣棒在已坍落的混凝土拌合物锥体侧面轻轻敲打,此时如果锥体逐渐下沉,则表示黏聚性良好;如果锥体倒塌、部分崩裂或出现离析现象,则表示黏聚性不好。

⑧观察坍落后的混凝土拌合物的保水性,保水性以混凝土拌合物中稀浆析出的程度来评定。坍落度筒提起后如有较多的稀浆从底部析出,锥体部分的混凝土拌合物也因失浆而骨料外露,则表明此混凝土拌合物的保水性能不好,如坍落度筒提起后无稀浆或仅有少量稀浆自底部析出,则表示此混凝土拌合物保水性良好。试验结果记入表中。

(3)混凝土拌合物表观密度检测

①用湿布将金属容量筒内外擦干净,称筒质量m_1,精确至50 g。

②装料及捣实方法:当混凝土拌合物坍落度不大于70 mm时,宜用振动台振实,当坍落度大于70 mm时,可用捣棒捣实。

采用捣棒捣实时,按容量筒大小决定分层与插捣次数,用5 L容量筒时,混凝土拌合物应分两层装入,每层插捣25次。用大于5 L的容量筒时,每层混凝土的高度不应大于

100 mm,每层插捣次数应按每 10 000 mm^2 截面不小于 12 次计算。各次插捣应由边缘向中心均匀地插捣,每层捣完后,用橡皮锤轻轻沿外壁敲打 5~10 次。

③用刮尺齐筒口将多余拌合物刮去,将容量筒外壁擦净,称出混凝土拌合物与容量筒总质量 m_2,精确至 50 g。

④混凝土拌合物表观密度 ρ_{0h} 按下式计算,精确至 10 kg/m^3。

$$\rho_{0h} = \frac{m_2 - m_1}{V_0} \times 1\ 000$$

(4)混凝土拌合物强度试件的成型

①制作试件前应检查试模,拧紧螺栓并清刷干净,在其内壁涂上一薄层矿物油脂。一般以 3 个试件为一组。

②坍落度大于 70 mm 的混凝土拌合物采用人工捣实成型。将搅拌好的混凝土拌合物分两层装入试模,每层装料的厚度大约相同。插捣时用钢制捣棒按螺旋方向从边缘向中心均匀进行。插捣底层时,捣棒应达到试模底面;插捣上层时,捣棒应贯穿下层深度约 20~30 mm。并用镘刀沿试模内侧插捣数次。每层的插捣次数应根据试件的截面而定,一般为每 100 cm^2 截面积不应少于 12 次。捣实后,刮去多余的混凝土,并用镘刀抹平。

③坍落度小于 70 mm 的混凝土拌合物采用振动台成型。将搅拌好的混凝土拌合物一次装入试模,装料时用镘刀沿试模内壁略加插捣并使混凝土拌合物稍有富余,然后将试模放到振动台上,振动时应防止试模在振动台上自由跳动,直至混凝土表面出浆为止,刮去多余的混凝土,并用镘刀抹平。

(5)混凝土抗压强度检测

①试件从养护地点取出后,应尽快进行试验,以免试件内部的温湿度发生显著变化。

②先将试件擦拭干净,测量尺寸,并检查外观,试件尺寸测量精确到 1 mm,并据此计算试件的承压面积。

③将试件安放在试验机的下压板上,试件的承压面应与成型时的顶面垂直。试件的中心应与试验机下压板中心对准。开动试验机,当上板与试件接近时,调整球座,使接触均衡。

④混凝土强度等级低于 C30 时,其加荷速度为 0.3~0.5 MPa/s;若混凝土强度等级高于 C30 小于 C60 时,则为 0.5~0.8 MPa/s;强度等级高于 C60 时,则为 0.8~1.0 MPa/s。当试件接近破坏而开始迅速变形时,停止调整试验机油门,直到试件破坏,并记录破坏荷载。

⑤混凝土立方体试件抗压强度按下式计算,精确至 0.1 MPa。

$$f_{cu} = \frac{P}{A}$$

式中 P——荷载,kg;

A——受力面积,cm^2。

⑥以 3 个试件测值的算术平均值作为该组试件的抗压强度值。如 3 个测值中最大值或最小值中有一个与中间值的差值超过中间值的 15% 时,则把最大或最小值舍去,取中间值作

为该组试件的抗压强度值。如最大值和最小值与中间值的差均超过中间值的15%,则该组试件的试验结果作废。

3. 操作注意事项

(1)混凝土拌合物的制备

涮膛所用砂浆的水灰比及砂灰比,应与正式的混凝土配合比相同。

(2)混凝土拌合物和易性检测

①每次往坍落度筒中加入混凝土时均需按要求振捣密实。

②提升坍落度筒的过程中要始终保持垂直平稳。

③混凝土拌合物的坍落度值,测量精确至1 mm,结果表达约至5 mm。

(3)混凝土拌合物表观密度检测

①混凝土必须振捣密实。

②刮下混凝土时,容量筒壁要刮干净。

(4)混凝土拌合物强度试件的成型

①采用振动台振实,不得过振。

②试模刷油时不能过多也不能过少,太多会影响强度,太少会影响拆模。

(5)混凝土抗压强度检测

施加荷载时要均匀加载。

六、考核标准

本次实训满分100分,考核内容、考核标准、评分标准详见表5.39。

表5.39　考核评分标准表

序号	考核内容(100分)	考核标准	评分标准	考核形式
1	仪器、设备是否检查(10分)	仪器、设备使用前检查、校核	检查,校核准确	实验完成后每人提交实验报告一份
2	实验操作(40分)	混凝土各组成材料取样	取样方法科学、正确	
		操作方法	操作方法规范	
		操作时间	按规定时间完成操作	
		试样装模	装模方法正确	
3	结果处理(40分)	数据记录、计算	数据记录、计算正确	
4		表格绘制	表格绘制完整、正确	
5		填写实验结论	实验结论填写正确无误	
6	结束工作(5分)	收拾仪具,清洁现场	收拾仪具并清洁现场	
7	安全文明操作(5分)	仪器损伤	无仪器损伤	

七、实训报告

完成《土木工程材料与实训指导书》相应实验的实训报告表格。

思考题

一、填空题

1. 普通混凝土由__________、__________、__________、__________以及必要时掺入的__________组成。

2. 普通混凝土用细骨料是指__________的岩石颗粒。细骨料砂有天然砂和__________两类,天然砂按产源不同分为__________、__________和__________。

3. 石子的压碎指标值越大,则石子的强度越__________。

4. 混凝土拌合物的和易性包括__________、__________和__________三个方面的含义。测定方法是塑性混凝土采用__________法,干硬性混凝土采用__________法;采取直观经验评定__________和__________。

5. 混凝土的立方体抗压强度是以边长为__________mm的立方体试件,在温度为__________℃,相对湿度为__________以上的潮湿条件下养护__________d,用标准试验方法测定的抗压极限强度,用符号__________表示,单位为__________。

6. 混凝土拌合物的耐久性主要包括__________、__________、__________、__________和__________五个方面。

7. 混凝土中掺入减水剂,在混凝土流动性不变的情况下,可以减少__________,提高混凝土的__________;在用水量及水灰比一定时,混凝土的__________增大;在流动性和水灰比一定时,可以__________。

二、单项选择题

1. 混凝土配合比设计中,水灰比的值是根据混凝土的__________要求来确定的。

A. 强度及耐久性　B. 强度　C. 耐久性　D. 和易性与强度

2. 混凝土的__________强度最大。

A. 抗拉　B. 抗压　C. 抗弯　D. 抗剪

3. 防止混凝土中钢筋腐蚀的主要措施有__________。

A. 提高混凝土的密实度　B. 钢筋表面刷漆

C. 钢筋表面用碱处理　D. 混凝土中加阻锈剂

4. 选择混凝土骨料时,应使其__________。

A. 总表面积大,空隙率大　B. 总表面积小,空隙率大

C. 总表面积小,空隙率小　D. 总表面积大,空隙率小

5. 普通混凝土立方体强度测试,采用100 mm×100 mm×100 mm的试件,其强度换算系数为__________。

A. 0.90　B. 0.95　C. 1.05　D. 1.00

6. 在原材料质量不变的情况下,决定混凝土强度的主要因素是__________。

A. 水泥用量　B. 砂率　C. 单位用水量　D. 水灰比

7. 厚大体积混凝土工程适宜选用＿＿＿＿＿＿。

A. 高铝水泥　　B. 矿渣水泥　　C. 硅酸盐水泥　　D. 普通硅酸盐水泥

8. 混凝土施工质量验收规范规定,粗集料的最大粒径不得大于钢筋最小间距的＿＿＿＿＿＿。

A. 1/2　　B. 1/3　　C. 3/4　　D. 1/4

9. 水下混凝土工程中不宜使用＿＿＿＿＿＿。

A. 矿渣硅酸盐水泥　　B. 粉煤灰硅酸盐水泥

C. 硅酸盐水泥　　D. 火山灰质硅酸盐水泥

10. 混凝土拌合物的黏聚性较差,改善方法可采用＿＿＿＿＿＿。

A. 增大砂率　　B. 减少砂率

C. 增加水灰比　　D. 增大用水量

11. 配置钢筋最小净距为48 mm和截面尺寸为200 mm×300 mm的混凝土构件(C30以下)时,所选用的石子的粒级为＿＿＿＿＿＿。

A. 5~16 mm　　B. 5~31.5 mm

C. 5~40 mm　　D. 20~40 mm

三、判断题

1. 在拌制混凝土中砂越细越好。（　）

2. 在混凝土拌合物中水泥浆越多和易性就越好。（　）

3. 混凝土中掺入引气剂后,会引起强度降低。（　）

4. 级配好的集料空隙率小,其总表面积也小。（　）

5. 混凝土强度随水灰比的增大而降低,呈直线关系。（　）

6. 用高强度等级水泥配制混凝土时,混凝土的强度能得到保证,但混凝土的和易性不好。（　）

7. 混凝土强度试验,试件尺寸愈大,强度愈低。（　）

8. 当采用合理砂率时,能使混凝土获得所要求的流动性,良好的黏聚性和保水性,而水泥用量最大。（　）

四、名词解释

1. 颗粒级配和粗细程度
2. 石子最大粒径
3. 石子间断级配
4. 混凝土拌合物和易性
5. 混凝土砂率
6. 混凝土减水剂
7. 混凝土配合比
8. 徐变
9. 碱-骨料反应

五、问答题

1. 什么是混凝土及普通混凝土？混凝土为什么能在工程中得到广泛应用？

2. 普通混凝土的各组成材料在混凝土中起什么作用？

3. 影响混凝土抗压强度的主要因素有哪些？分析论述如何提高混凝土强度的措施？

4. 提高混凝土耐久性的措施有哪些？

5. 普通混凝土的主要组成材料有哪些？各组成材料在硬化前后的作用如何？

6. 什么是轻骨料混凝土？与普通混凝土相比，轻骨料混凝土具有什么特点？

六、计算题

1. 某砂做筛分试验，分别称取各筛两次筛余量的平均值见表 5.40。

表 5.40 分筛试验结果

筛孔尺寸/mm	4.75	2.36	1.18	0.60	0.30	0.15	<0.15	合计
筛余量/g	25	70	80	100	115	100	10	500
分计筛余百分率/%								
累计筛余百分率/%								

计算各号筛的分计筛余率、累计筛余率、细度模数，并评定该砂的颗粒级配和粗细程度。

2. 采用普通水泥、卵石和天然砂配制混凝土，水灰比为 0.52，制作一组尺寸为 150 mm × 150 mm × 150 mm 的试件，标准养护 28 d，测得的抗压破坏荷载分别为 510 kN，520 kN 和 650 kN。计算：(1)该组混凝土试件的立方体抗压强度；(2)计算该混凝土所用水泥的实际抗压强度。

3. 某工程现浇室内钢筋混凝土梁，混凝土设计强度等级为 C30，施工采用机械拌和和振捣，坍落度为 30~50 mm。所用原材料如下：

水泥：普通水泥 42.5 MPa，$\rho_c = 3\ 100\ \mathrm{kg/m^3}$；砂：中砂，级配 2 区合格，$\rho_s' = 2\ 650\ \mathrm{kg/m^3}$；石子：卵石 5~40 mm，$\rho_g' = 2\ 650\ \mathrm{kg/m^3}$；水：自来水（未掺外加剂），$\rho_w = 1\ 000\ \mathrm{kg/m^3}$。（取水泥的强度富余系数为 $\gamma_c = 1.13$）

采用体积法计算该混凝土的初步配合比。

4. 某混凝土，其试验室配合比为 $m_c : m_s : m_g = 1 : 2.10 : 4.68$，$m_w / m_c = 0.52$。现场砂、石子的含水率分别为 2% 和 1%，堆积密度分别为 $\rho'_{s0} = 1\ 600\ \mathrm{kg/m^3}$ 和 $\rho'_{g0} = 1\ 500\ \mathrm{kg/m^3}$。1 $\mathrm{m^3}$ 混凝土的用水量为 $m_w = 160$ kg。

计算：(1)该混凝土的施工配合比；

(2)1 袋水泥(50 kg)拌制混凝土时其他材料的用量；

(3)500 $\mathrm{m^3}$ 混凝土需要砂、石子各多少立方米？水泥多少吨？

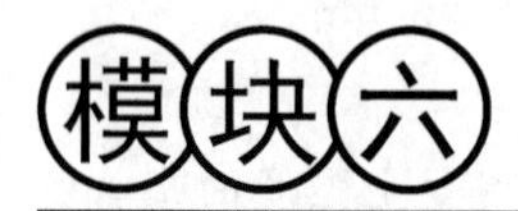

建筑砂浆

学习目标

1. 掌握建筑砂浆的分类、作用、组成材料；
2. 掌握砌筑砂浆的技术性质、应用，熟悉砌筑砂浆配合比设计的方法；
3. 熟悉抹灰砂浆的技术性质、施工要求和选用，了解抹灰砂浆配合比设计的方法；
4. 了解装饰砂浆和特种砂浆的品种、特性及应用；
5. 能够进行砂浆拌合物性能检测、抗压强度检测，并对检测结果判定；
6. 能够解决或解释工程中相关问题。

建筑砂浆是由胶凝材料、细骨料、掺合料和水按适当比例配制而成，是建筑工程中一项用量大、用途广的建筑材料。在结构工程中，砂浆把单块的砖、石或砌块等胶结成砌体；地面、墙面及梁、柱结构的表面都要用砂浆抹面，起到保护和装饰作用；镶贴天然石材、人造石材、陶瓷面砖、锦砖等大都使用砂浆作黏结和嵌缝材料。另外，用于建筑饰面的装饰砂浆应用也很广泛。

建筑砂浆的分类如图 6.1 所示。

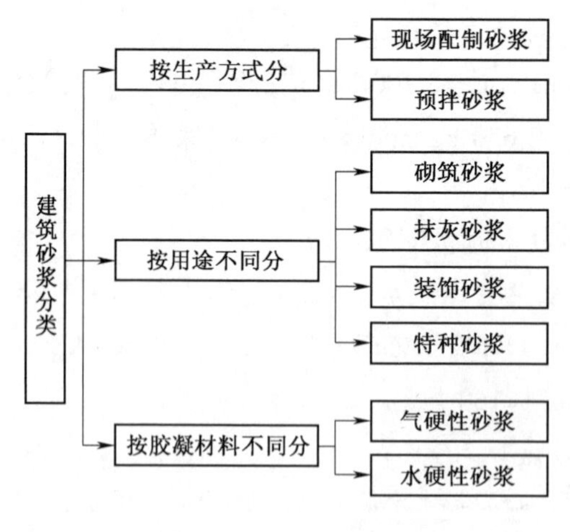

图 6.1　建筑砂浆的分类

6.1　砌筑砂浆

重点：砂浆的性质。

将砖、石、砌块等黏结成砌体的砂浆称为砌筑砂浆。其作用主要是把块状材料胶结成为一个坚固的整体,从而提高砌体的强度、稳定性,并使上层块状材料所承受的荷载能均匀地传递到下层。同时,砌筑砂浆填充块状材料之间的缝隙,提高建筑物保温、隔音、防潮等性能。

砌筑砂浆分为现场配制砂浆(分为水泥砂浆和水泥混合砂浆)和预拌砂浆(专业生产厂生产的湿拌砂浆或干混砂浆)。

6.1.1 砌筑砂浆的组成材料

1. 胶凝材料

砌筑砂浆用水泥宜采用通用硅酸盐水泥或砌筑水泥。水泥强度等级应根据砂浆品种及强度等级的要求进行选择。M15 及以下强度等级的砌筑砂浆宜选用 32.5 级通用硅酸盐水泥或砌筑水泥;M15 以上强度等级的砌筑砂浆宜选用 42.5 级通用硅酸盐水泥。

2. 砂(细骨料)

砂宜选用中砂,并应符合建筑工程行业建设标准《普通混凝土用砂、石质量及检验方法标准》(JGJ 52—2006)的规定,且应全部通过 4.75 mm 的筛孔。

3. 水

砂浆拌和用水应符合建筑工程行业建设标准《混凝土用水标准》(JGJ 63—2006)的规定,应选用不含有害杂质的洁净水来拌制砂浆。

4. 掺合料及外加剂

为了改善砂浆的和易性并节约水泥,可在砂浆中加入一些无机掺合料,如石灰膏、电石膏、粉煤灰等,掺合料应符合下列规定:

①生石灰熟化成石灰膏时,宜用孔径不大于 3 mm×3 mm 的网过滤,熟化时间不得少于 7 d;磨细生石灰粉的熟化时间不得少于 2 d。沉淀池中储存的石灰膏,应采取防止干燥冻结和污染的措施,严禁使用脱水硬化的石灰膏。

②制作电石膏的电石渣宜用孔径不大于 3 mm×3 mm 的网过滤,检验时应加热至 70 ℃并保持 20 min,没有乙炔气味后方可使用。

③消石灰粉不得直接用于砌筑砂浆中。

④石灰膏和电石膏试配时的稠度应为(120±5)mm。

⑤粉煤灰、粒化高炉矿渣粉、硅灰、天然沸石粉应分别符合国家现行标准的规定。当采用其他品种矿物掺合料时,应有可靠的技术依据,并应在使用前进行试验验证。

⑥采用保水增稠材料时,应在使用前进行试验验证,并应有完整的型式检验报告。

⑦外加剂应符合国家现行有关标准的规定,引气型外加剂还应有完整的型式检验报告。

6.1.2 砌筑砂浆的性质

1. 砂浆拌合物的性质

砂浆拌合物硬化前应具有良好的和易性。和易性好的砂浆,不仅在运输和施工过程中不易产生分层、离析,而且能在粗糙的砖面上铺成均匀的薄层,与底面保持良好的黏结,便于施工操作。这种砂浆胶结后的强度、密实度和耐久性均很好。砂浆的和易性包括流动性和保水性两个方面。

（1）流动性

流动性（又称稠度）是指砂浆在自重或外力作用下产生流动的性能。流动性的大小用“稠度”表示，通常用砂浆稠度测定仪测定。稠度过大，说明砂浆太稀，过稀的砂浆不仅铺砌困难，而且硬化后强度降低；稠度过小，砂浆太稠，难以铺平。砂浆稠度的选择与砌体种类、施工方法及天气情况有关。一般情况下用于多孔吸水的砌体材料或干热的天气，稠度应选得大些；用于密实不吸水的材料或湿冷的天气，稠度应选得小些。适宜的稠度可参考表 6.1 选用。

表 6.1　砌筑砂浆的施工稠度　　单位：mm

砌体种类	砂浆稠度
烧结普通砖砌体、粉煤灰砖砌体	70～90
混凝土砖砌体、普通混凝土小型空心砌块砌体、灰砂砖砌体	50～70
烧结多孔砖砌体、烧结空心砖砌体、轻集料混凝土小型空心砌块砌体、蒸压加气混凝土砌块砌体	60～80
石砌体	30～50

（2）保水性

新拌砂浆保持其内部水分不泌出流失的能力称为保水性。保水性好的砂浆在存放、运输和使用过程中，能很好地保持水分不致很快流失，各组分不易分离，在砌筑过程中容易铺成均匀密实的砂浆层，能使胶结材料正常水化，最终保持砌体工程的质量。砌筑砂浆的保水性用“保水率”表示，砌筑砂浆的保水率应符合表 6.2 的规定。

表 6.2　砌筑砂浆的保水率　　单位：%

砂浆种类	保水率
水泥砂浆	≥80
水泥混合砂浆	≥84
预拌砌筑砂浆	≥88

2. 砌筑砂浆的强度及强度等级

砂浆的强度等级是以边长为 70.7 mm×70.7 mm×70.7 mm 的 3 个立方体试块，按规定方法成型养护至 28 d 测定的抗压强度平均值（MPa）确定的。水泥砂浆及预拌砌筑砂浆的强度等级可分为 M5、M7.5、M10、M15、M20、M25、M30；水泥混合砂浆的强度等级可分为 M5、M7.5、M10、M15。

3. 砂浆的黏结力

砌筑砂浆必须有足够的黏结力，以便将砌体黏结成为坚固的整体。一般来说，砂浆的抗压强度越高，其黏结力越强。砌筑前，保持基层材料有一定的润湿程度（如红砖含水率在15%为宜），也有利于黏结力的提高。此外，黏结力大小还与砖石表面清洁程度及养护条件等因素有关。粗糙、洁净、湿润的表面黏结力较好。

4. 变形性

砂浆在承受荷载、温度变化或湿度变化时，均会产生变形。如果变形过大或不均匀，则会降低砌体的质量，引起沉陷或裂缝。轻骨料配制的砂浆，其收缩变形要比普通砂浆大。

5. 砂浆的抗冻性

有抗冻性要求的砌体工程，砌筑砂浆应进行冻融试验。砌筑砂浆的抗冻性应符合表 6.3 的规定，且当设计对抗冻性有明确要求时，应符合设计规定。

表 6.3　砌筑砂浆的抗冻性

使用条件	抗冻指标	质量损失率/%	强度损失率/%
夏热冬暖地区	F15	≤5	≤25
夏热冬冷地区	F25		
寒冷地区	F35		
严寒地区	F50		

6.1.3　砌筑砂浆的配合比设计

砌筑砂浆应根据工程类别及砌体部位的设计要求，选择砂浆的强度等级，再根据所选强度等级确定其配合比。

1. 水泥混合砂浆配合比设计

(1)计算试配强度

$$f_{m,0} = kf_2$$

式中　$f_{m,0}$——砂浆的试配强度(MPa)，精确至 0.1 MPa；

f_2——砂浆强度等级值(MPa)，精确至 0.1 MPa；

k——系数，按表 6.4 取值。

表 6.4　*k* 值

施工水平	k
优良	1.15
一般	1.20
较差	1.25

(2)每立方米砂浆中的水泥用量

$$Q_C = \frac{1\,000(f_{m,0} - \beta)}{\alpha \cdot f_{ce}}$$

式中　Q_C——每立方米砂浆的水泥用量，kg；

$f_{m,0}$——砂浆的试配强度，MPa；

f_{ce}——水泥的实测强度，MPa；

α、β——砂浆的特征系数，其中 $\alpha = 3.03$，$\beta = -15.09$。

注：各地区也可用本地区试验资料确定 α、β 值，统计用的试验组数不得少于 30 组。

在无法取得水泥的实测强度值时，可按下式计算：

$$f_{ce} = \gamma_c f_{ce,k}$$

式中 $f_{ce,k}$——水泥强度等级对应的强度值，MPa；

γ_c——水泥强度等级值的富余系数，该值应按实际统计资料确定，无统计资料时可取1.0。

(3)每立方米水泥混合砂浆的石灰膏用量

$$Q_D = Q_A - Q_C$$

式中 Q_D——每立方米砂浆的石灰膏用量(kg)，石灰膏使用时的稠度为(120 ±5)mm；

Q_A——每立方米砂浆中水泥和石灰膏的总量(kg)，可为350 kg；

Q_C——每立方米砂浆的水泥用量，kg。

(4)每立方米砂浆中的砂子用量，应按干燥状态(含水率小于0.5%)的堆积密度值作为计算值，kg。

(5)每立方米砂浆中的用水量，根据砂浆稠度等要求可选用210~300 kg。

注：①混合砂浆中的用水量，不包括石灰膏中的水；

②当采用细砂或粗砂时，用水量分别取上限或下限；

③稠度小于70 mm时，用水量可小于下限；

④施工现场气候炎热或干燥季节，可酌量增加用水量。

2. 水泥砂浆配合比选用

水泥砂浆材料用量可按表6.5选用。

表6.5 每立方米水泥砂浆材料用量 单位：kg/m³

强度等级	水泥	砂	用水量
M5	200~230	砂的堆积密度值	270~330
M7.5	230~260		
M10	260~290		
M15	290~330		
M20	340~400		
M25	360~410		
M30	430~480		

注：1. M15及以下强度等级水泥砂浆，水泥强度等级为32.5；M15级以上强度等级水泥砂浆，水泥强度等级为42.5级。

2. 当采用细砂或粗砂时，用水量分别取上限或下限。
3. 稠度小于70 mm时，用水量可小于下限。
4. 施工现场气候炎热或干燥季节，可酌量增加用水量。

3. 水泥粉煤灰砂浆配合比选用

水泥粉煤灰砂浆材料用量可按表6.6选用。

表 6.6　每立方米粉煤灰砂浆材料用量　　单位：kg/m^3

强度等级	水泥和粉煤灰总量	粉煤灰	砂	用水量
M5	210～240	粉煤灰掺量可占胶凝材料总量的15%～25%	砂的堆积密度值	270～330
M7.5	240～270			
M10	270～300			
M15	300～330			

注：1. 表中水泥强度等级为 32.5 级。
2. 当采用细砂或粗砂时，用水量分别取上限或下限。
3. 稠度小于 70 mm 时，用水量可小于下限。
4. 施工现场气候炎热或干燥季节，可酌量增加用水量。

4. 试配与调整

按计算或查表所得配合比进行试拌时，应测定其拌合物的稠度和保水率；当不能满足要求时，应调整材料用量，直到符合要求为止。然后确定为试配时的砂浆基准配合比。试配时至少应采用 3 个不同的配合比，其中一个为基准配合比，其他配合比的水泥用量应按基准配合比分别增加和减少 10%。在保证稠度、保水率合格的条件下，可将用水量、石灰膏、保水增稠材料或粉煤灰等活性掺合料用量作相应调整。分别按规定成型试件测定砂浆强度，并选用符合试配强度及和易性要求且水泥用量最低的配合比作为砂浆配合比。

【例 6.1】 要求设计用于砌筑砖墙的水泥混合砂浆配合比。设计强度等级为 M7.5，稠度为 70～90 mm。原材料的主要参数，水泥：32.5 级矿渣水泥；干砂：中砂，堆积密度为 1 450 kg/m^3；石灰膏：稠度 120 mm；施工水平：一般。

【解】 ①计算试配强度 $f_{m,0}$。

$$f_{m,0} = kf_2$$

已知 $f_2 = 7.5$ MPa，由表 6.4 查得 $k = 1.20$，则

$$f_{m,0} = 1.20 \times 7.5 = 9.0 \text{ MPa}$$

②计算水泥用量 Q_C。

$$Q_C = \frac{1\,000(f_{m,0} - \beta)}{\alpha \cdot f_{ce}}$$

式中，$\alpha = 3.03$，$\beta = -15.09$，$f_{ce} = 32.5$ MPa，则

$$Q_C = \frac{1\,000 \times (9.0 + 15.09)}{3.03 \times 32.5} = 245 \text{ kg/m}^3$$

③计算石灰膏用量 Q_D。

$$Q_D = Q_A - Q_C$$

式中，$Q_A = 350$ kg/m^3，则 $Q_D = 350 - 245 = 105$ kg/m^3

④砂子用量 Q_S。

$$Q_S = 1\,450 \text{ kg/m}^3$$

⑤根据砂浆稠度要求，选择用水量 $Q_W = 300$ kg/m^3。

砂浆试配时各材料的用量比例为

$$水泥:石灰膏:砂=245:105:1\,450=1:0.43:5.92$$

【例 6.2】要求设计用于砌筑砖墙的水泥砂浆，设计强度为 M10，稠度 70~90 mm。原材料的主要参数，水泥:32.5 级矿渣水泥；干砂：中砂，堆积密度为 1 400 kg/m³；施工水平：一般。

【解】 ①根据表 6.5 选取水泥用量 280 kg/m³。

②砂子用量 Q_S。

$$Q_S = 1\,400\ \text{kg/m}^3$$

③根据表 6.5 选取用水量为 300 kg/m³。

④砂浆试配时各材料的用量比例为水泥：砂 = 280 : 1 400 = 1 : 5.00。

6.2 抹灰砂浆

重点：抹灰砂浆的性质。

一般抹灰工程用砂浆也称抹灰砂浆，是指大面积涂抹于建筑物墙、顶棚、柱等表面的砂浆，包括水泥抹灰砂浆、水泥粉煤灰抹灰砂浆、水泥石灰抹灰砂浆、掺塑化剂水泥抹灰砂浆、聚合物水泥抹灰砂浆及石膏抹灰砂浆等。抹灰砂浆可以保护墙体不受风雨、潮气等侵蚀，提高墙体的耐久性；同时也使建筑物表面平整、光滑、清洁美观。

6.2.1 抹灰砂浆的组成材料

1. 胶凝材料

配制强度等级不大于 M20 的抹灰砂浆，宜用 32.5 级通用硅酸盐水泥或砌筑水泥；配制强度等级大于 M20 的抹灰砂浆，宜用强度等级不低于 42.5 级的通用硅酸盐水泥。通用硅酸盐水泥宜采用散装的。

通用硅酸盐水泥和砌筑水泥应分别符合相应的国家标准，不同品种、不同等级、不同厂家的水泥，不得混合使用。

2. 砂（细骨料）

抹灰砂浆宜用中砂。不得含有有害杂质，砂的含泥量不应超过 5%，且不应含有 4.75 mm 以上粒径的颗粒，并应符合建筑工程行业建设标准《普通混凝土用砂、石质量及检验方法标准》（JGJ 52—2006）的规定。人工砂、山砂及细砂应经试配试验证明能满足抹灰砂浆要求后再使用。

3. 水

抹灰砂浆的拌和用水应符合建筑工程行业建设标准《混凝土用水标准》（JGJ 63—2006）的规定。

4. 掺和料

用通用硅酸盐水泥拌制抹灰砂浆时，可掺入适量的石灰膏、粉煤灰、粒化高炉矿渣粉、沸石粉等，不应掺入消石灰粉。用砌筑水泥拌制抹灰砂浆时，不得再掺加粉煤灰等矿物掺合料。

(1)石灰膏应符合下列规定:

①石灰膏应在储灰池中熟化,熟化时间不应少于 15 d,且用于罩面抹灰砂浆时不应少于 30 d,并应用孔径不大于 3 mm×3 mm 的网过滤。

②磨细生石灰粉熟化时间不应少于 3 d,并应用孔径不大于 3 mm×3 mm 的网过滤。

③沉淀池中储存的石灰膏,应采取防止干燥、冻结和污染的措施。

④脱水硬化的石灰膏不得使用;未熟化的生石灰粉及消石灰粉不得直接使用。

(2)粉煤灰、磨细生石灰粉均应符合相应现行行业标准。建筑石膏宜采用半水石膏,并应符合现行国家标准规定。

(3)纤维、聚合物、缓凝剂等应具有产品合格证书、产品性能检测报告。

(4)拌制抹灰砂浆时,可根据需要掺入改善砂浆性能的添加剂。

6.2.2 抹灰砂浆的主要技术性质

1. 抹灰砂浆的和易性

抹灰砂浆的施工稠度宜按表 6.7 选取。聚合物水泥抹灰砂浆的施工稠度宜为 50~60 mm,石膏抹灰砂浆的施工稠度宜为 50~70 mm。

为了提高抹灰砂浆的黏结力,且易于操作,其和易性要优于砌筑砂浆,抹灰砂浆的分层度宜为 10~20 mm。对于预拌抹灰砂浆,可按其行业标准要求控制保水率。

表 6.7 抹灰砂浆的施工稠度

抹灰层	施工稠度/mm
底层	90~110
中层	70~90
面层	70~80

2. 抹灰砂浆的强度

水泥抹灰砂浆强度等级应为 M15、M20、M25、M30;水泥粉煤灰抹灰砂浆强度等级应为 M5、M10、M15;水泥石灰抹灰砂浆强度等级应为 M2.5、M5、M7.5、M10;掺塑化剂水泥抹灰砂浆强度等级应为 M5、M10、M15;聚合物水泥抹灰砂浆抗压强度等级不应小于 M5.0;石膏抹灰砂浆抗压强度不应小于 4.0 MPa。

抹灰砂浆的强度等级应满足设计要求。抹灰砂浆强度不宜比基体强度高出两个及以上强度等级,并应符合下列规定:

(1)对于无粘贴饰面砖的外墙,底层抹灰砂浆宜比基体材料高一个强度等级或等于基体材料强度。

(2)对于无粘贴饰面砖的内墙,底层抹灰砂浆宜比基体材料低一个强度等级。

(3)对于有粘贴饰面砖的内墙和外墙,中层抹灰砂浆宜比基体材料高一个强度等级且不宜低于 M15,并宜选用水泥抹灰砂浆。

（4）孔洞填补和窗台、阳台抹面等宜采用 M15 或 M20 水泥抹灰砂浆。

6.2.3 抹灰砂浆的配合比设计

1. 一般规定

为加强抹灰工程质量管理，提高工程质量，抹灰砂浆在施工前需要进行配合比设计。

①砂浆的试配抗压强度

$$f_{m,0} = kf_2$$

式中 $f_{m,0}$——砂浆的试配抗压强度，精确至 0.1 MPa；

f_2——砂浆抗压强度等级值，精确至 0.1 MPa；

k——砂浆生产（拌制）质量水平系数，取值见表 6.4。

②抹灰砂浆配合比应采取质量计量。

③抹灰砂浆的分层度宜为 10~20 mm。

④抹灰砂浆中可加入纤维，掺量应经试验确定。

⑤用于外墙的抹灰砂浆的抗冻性应满足设计要求。

具体每种抹灰砂浆的配合比设计应符合建筑工程行业建设标准《抹灰砂浆技术规程》（JGJ/T 220—2010）的规定。

2. 试配、调整与确定

①抹灰砂浆试配时，应考虑工程实际需求，搅拌应符合建筑工程行业建设标准《砌筑砂浆配合比设计规程》（JGJ/T 98—2010）的规定。

②选取抹灰砂浆配合比后，应先进行试拌，测定拌合物的稠度和分层度（或保水率）；当不能满足要求时，应调整材料用量，直到满足要求为止。

③抹灰砂浆试配时，至少应采用 3 个不同的配合比，其中一个为基准配合比，其余两个配合比的水泥用量按基准配合比分别增加和减少 10%。在保证稠度、分层度（或保水率）满足要求的条件下，可将用水量或石灰膏、粉煤灰等矿物掺合料用量作相应调整。

④抹灰砂浆的试配稠度应满足施工要求，分别测定不同配合比砂浆的抗压强度、分层度（或保水率）及拉伸黏结强度。符合要求且水泥用量最低的作为抹灰砂浆的配合比。

6.2.4 抹灰砂浆的施工和养护

（1）抹灰砂浆施工应在主体结构质量验收合格后进行。

（2）抹灰层的平均厚度宜符合下列规定：

①内墙：普通抹灰的平均厚度不宜大于 20 mm，高级抹灰的平均厚度不宜大于 25 mm。

②外墙：墙面抹灰的平均厚度不宜大于 20 mm，勒脚抹灰的平均厚度不宜大于 25 mm。

③顶棚：现浇混凝土抹灰的平均厚度不宜大于 5 mm，条板、预制混凝土抹灰的平均厚度不宜大于 10 mm。

④蒸压加气混凝土砌块基层抹灰平均厚度宜控制在 15 mm 以内；当采用聚合物水泥砂浆抹灰时，平均厚度宜控制在 5 mm 以内；采用石膏砂浆抹灰时，平均厚度宜控制在 10 mm 以内。

(3)抹灰应分层进行,水泥抹灰砂浆每层厚度宜为 5~7 mm,水泥石灰抹灰砂浆层宜为7~9 mm,并应待前一层达到六七成干后再涂抹后一层。

(4)强度高的水泥抹灰砂浆不应涂抹在强度低的水泥抹灰砂浆基层上。

(5)当抹灰层厚度大于 35 mm 时,应采取与基体黏结的加强措施。不同材料的基体交接处应设加强网,加强网与各基体的搭接宽度不应小于 100 mm。

(6)各层抹灰砂浆在凝结硬化前,应防止暴晒、淋雨、水冲、撞击、振动。水泥抹灰砂浆、水泥粉煤灰抹灰砂浆和掺塑化剂水泥抹灰砂浆宜在润湿的条件下养护。

6.2.5 抹灰砂浆的选用

抹灰砂浆的品种宜根据使用部位或基体种类按表 6.8 选用。

表 6.8 抹灰砂浆的品种选用

使用部位或基体种类	抹灰砂浆品种
内墙	水泥抹灰砂浆、水泥石灰抹灰砂浆、水泥粉煤灰抹灰砂浆、掺塑化剂水泥抹灰砂浆、聚合物水泥抹灰砂浆、石膏抹灰砂浆
外墙、门窗洞口外侧壁	水泥抹灰砂浆、水泥粉煤灰抹灰砂浆
温(湿)度较高的车间和房屋、地下室、屋檐、勒脚等	水泥抹灰砂浆、水泥粉煤灰抹灰砂浆
混凝土板和墙	水泥抹灰砂浆、水泥石灰抹灰砂浆、聚合物水泥抹灰砂浆、石膏抹灰砂浆
混凝土顶棚、条板	聚合物水泥抹灰砂浆、石膏抹灰砂浆
加气混凝土砌块(板)	水泥石灰抹灰砂浆、水泥粉煤灰抹灰砂浆、掺塑化剂水泥抹灰砂浆、聚合物水泥抹灰砂浆、石膏抹灰砂浆

6.3 装饰砂浆

重点:装饰砂浆的用途。

涂抹在建筑物内外墙表面,以增加建筑物美观效果的砂浆称为装饰砂浆。装饰砂浆与抹灰砂浆的主要区别在面层,装饰砂浆的面层应选用具有一定颜色的胶凝材料和骨料并采用特殊的施工操作方法,以使表面呈现出各种不同的色彩、线条和花纹等装饰效果。

装饰砂浆所采用的胶凝材料有普通水泥、矿渣水泥、火山灰水泥、白水泥、彩色水泥以及石灰、石膏等。骨料常用大理石、花岗石等带颜色的细石碴或玻璃、陶瓷碎粒等。

几种常用装饰砂浆的施工操作方法如下:

(1)拉毛

先用水泥砂浆或水泥混合砂浆做底层,再用水泥石灰砂浆或水泥纸筋灰浆做面层,在面层灰浆尚未凝结之前用铁抹子等工具将表面轻压后顺势轻轻拉起,形成凹凸感较强的饰面层。要求表面拉毛花纹、斑点分布均匀,颜色一致,同一平面上不显接槎。拉毛同时具有装饰和吸声作用,多用于外墙面及影剧院等公共建筑的室内墙壁和天棚的饰面,也常用于阳台栏板或围墙等外饰面。

(2)弹涂

弹涂是在墙体表面涂刷一层聚合物水泥色浆后,用电动弹力器分几遍将各种水泥色浆弹到墙面上,形成直径为1~3 mm、颜色不同、互相交错的圆形色点,深浅色点互相衬托,构成彩色的装饰面层,最后再刷一道树脂罩面层,起防护作用。弹涂适用于建筑物内外墙面,也可用于顶棚饰面。

(3)喷涂

喷涂多用于外墙饰面,是用砂浆泵或喷斗将掺有聚合物的水泥砂浆喷涂在墙面基层或底灰上,形成饰面层,最后在表面再喷一层甲基硅醇钠或甲基硅树脂疏水剂,以提高饰面层的耐久性和减少墙面污染。

(4)水刷石

水刷石是将水泥和粒径为6 mm左右的石碴按比例混合,配制成水泥石碴砂浆,涂抹成型,待水泥浆初凝后,以硬毛刷蘸水刷洗,或喷水冲刷,将表面水泥浆冲走,使石碴半露出来,达到装饰效果。水刷石饰面具有石料饰面的质感效果,主要用于外墙饰面,另外檐口、腰线、窗套、阳台、雨篷、勒脚及花台等部位也常使用。

(5)干黏石

干黏石是在素水泥浆或聚合物水泥砂浆黏结层上将彩色石碴、石子等直接黏在砂浆层上,再拍平压实的一种装饰抹灰做法,分为人工甩黏和机械喷黏两种。要求石子黏结牢固、不脱落、不露浆,石粒的2/3应压入砂浆中。装饰效果与水刷石相同,而且避免了湿作业,提高了施工效率,又节约材料,应用广泛。

(6)水磨石

水磨石是用普通水泥、白水泥或彩色水泥和有色石碴或白色大理石碎粒及水按适当比例配合,需要时掺入适量颜料,经拌匀、浇筑捣实、养护、硬化、表面打磨、洒草酸冲洗、干燥后上蜡等工序制成。水磨石分预制和现制两种。它不仅美观而且有较好的防水、耐磨性能,多用于室内地面的装饰等。

(7)斩假石

斩假石又称剁斧石,是在水泥砂浆基层上涂抹水泥石碴浆或水泥石屑浆,待其硬化且具有一定强度时,用钝斧及各种凿子等工具在表层上剁斩出纹理。斩假石既有石材的质感,又有精工制作的特点,给人以朴实、自然、素雅、庄重的感觉。斩假石饰面一般多用于局部小面积装饰,如勒脚、台阶、柱面、扶手等。

6.4 特种砂浆

重点:特种砂浆的用途。

建筑工程中,用于满足某些特殊功能要求的砂浆称为特种砂浆。常用的有以下几种:

1. 防水砂浆

防水砂浆是指用于制作防水层的抗渗性较高的砂浆。砂浆防水层又称刚性防水层,适用于不受振动和具有一定刚度的混凝土或砖、石砌体工程,用于水塔、水池等的防水。防水砂浆可用普通水泥砂浆制作,也可在水泥砂浆中掺入防水剂制得。防水砂浆的配合比:水泥与砂的质量比一般不宜大于1∶2.5,水灰比宜控制在0.50~0.60,稠度不应大于80 mm。水泥宜选用32.5级以上的普通硅酸盐水泥,砂宜选用级配良好的中砂。

在水泥中掺入防水剂,可促使砂浆结构密实,或堵塞毛细孔,提高抗渗能力。常用的防水剂有水玻璃类防水剂、金属皂类防水剂和氯化物金属盐类防水剂。

防水砂浆的施工方法有两种:一种是喷浆法,即利用高压喷枪将砂浆高速喷至建筑物表面,砂浆被高压空气强烈压实,密实度大,抗渗性好。另一种是人工多层抹压,一般分4~5层抹压,每层厚度为5 mm左右。每层在初凝前用木抹子压实一遍,最后一层要压光。抹完后应加强养护。另外,还可以用膨胀水泥或无收缩水泥来配制防水砂浆。

2. 保温砂浆

保温砂浆是以水泥、石灰、石膏等胶凝材料与膨胀珍珠岩、膨胀蛭石、火山渣或浮石砂、陶砂等轻质多孔骨料按一定比例配制成的砂浆,具有轻质和良好的保温性能,其导热系数为0.07~0.1 W/(m·K)。保温砂浆可用于平屋顶保温层及顶棚、内墙抹灰及供热管道的保温防护。

3. 吸音砂浆

由轻骨料配制成的保温砂浆,一般均具有良好的吸声性能,故也可用作吸音砂浆。另外,还可用水泥、石膏、砂、锯末(体积比为1∶1∶3∶5)配制吸声砂浆,或在石灰、石膏砂浆中掺入玻璃纤维、矿棉等松软纤维材料,也能获得一定的吸音效果。吸音砂浆用于室内墙壁、顶棚的吸音处理。

4. 预拌砂浆(干混砂浆)

预拌砂浆是由专业生产厂生产的湿拌砂浆或干混砂浆。预拌砂浆具有产品质量高,品种全,生产效率高、使用方便、对环境污染小等优点,可大量利用粉煤灰等工业废渣,并可促进推广应用散装水泥。推广使用预拌砂浆,是提高散装水泥使用量的一项重要举措,也是保证建筑工程质量、提高建筑施工现代化水平、实现资源综合利用的一项重要技术手段。目前国家提倡施工现场采用预拌砂浆。

干混砂浆又称为干粉料、干混料或干粉砂浆,它是由胶凝材料、细骨料、外加剂(有时根据需要加入一定量的掺合料)等固体材料组成,经工厂准确配料和均匀混合而制成的砂浆半成品。干混砂浆不含拌和水,拌和水在施工现场拌和时加入。干混砂浆分为普通干混砂浆和特种干混砂浆。普通干混砂浆分为砌筑工程用的干混砌筑砂浆、抹灰工程用的干混抹灰砂浆、地面工程用的干混地面砂浆;特种干混砂浆指有特殊要求的专用建筑装饰类干混砂浆,包括瓷砖黏结砂浆、聚苯板(EPS)黏结砂浆、外保温抹面砂浆等。

干混砂浆的特点是集中生产,性能优良,质量稳定,品种多样,运输、储存和使用方便,储存期可达3个月至半年。

干混砂浆的使用有利于提高砌筑、抹灰、装饰、修补工程的施工质量,改善砂浆现场施工条件。

6.5 专用砌筑砂浆

重点:专用砌筑砂浆的用途。

用砂浆砌筑混凝土小型空心砌块与砌筑实心砖有明显的差异：混凝土小型空心砌块吸水率小、吸水速度迟缓，所以规定混凝土小型空心砌块在常温条件下砌筑前不宜浇水，只有在天气炎热干燥条件下可在砌筑前稍洒水湿润；而实心砖在常温条件下，砌筑前应浇水；混凝土小型空心砌块的壁、肋厚度小，黏结砂浆面积小；实心砖黏结砂浆面积大。因此，与实心砖的砌筑砂浆相比，混凝土小型空心砌块的砌筑砂浆应采用砌块专用砂浆。

此砂浆可使空心砌块砌体灰缝饱满，黏结性能好，可减少墙体开裂和渗漏，提高墙体砌筑质量。

混凝土小型空心砌块专用砌筑砂浆由水泥、砂、水以及根据需要掺入的掺合料和外加剂等组分，按一定比例，采用机械搅拌制成。其中由水泥、钙质消石灰粉、砂、掺合料以及外加剂按一定比例干混合制成的混合物称为干拌砂浆。

干拌砂浆在施工现场加水经机械拌和成为专用砌筑砂浆。专用砌筑砂浆不用 M 标记，而用 Mb 标记。参照国内外有关资料及砌筑砂浆的研究成果和应用经验，可将砌筑砂浆划分为 Mb5.0、Mb7.5、Mb10.0、Mb15.0、Mb20.0、Mb25.0 和 Mb30.0 七个强度等级。

专用砌筑砂浆的原材料是满足技术要求和砂浆性能的最优化组合。其中水泥是砌筑砂浆强度和耐久性的主要胶结材料，一般宜采用普通硅酸盐水泥或矿渣硅酸盐水泥，配置 Mb5.0~Mb20.0 的砌筑砂浆用 32.5 强度等级的水泥，配置 Mb25.0 以上的砌筑砂浆用 42.5 强度等级的水泥。

砂宜用中砂，并应严格控制含泥量，含泥量过大，不但会增加砌筑砂浆的水泥用量，还可能使砂浆的收缩值增加，耐火性降低，影响砌筑质量。

消石灰粉能改善砂浆的和易性和保水性。采用生石灰熟化的石灰膏时，要用孔径不大于 3 mm×3 mm 的网过滤，熟化时间不少于 3 d。沉淀池中储存的石灰膏，应采取防干燥、防冻结和防污染措施，严禁使用脱水硬化的石灰膏。

粉煤灰掺合料也能改善其和易性，但粉煤灰不得含有影响砂浆性能的有害物质，粉煤灰结块时，应过 3 mm 的方孔筛。

如采用其他掺合料，使用前需进行试验验证，能满足砂浆和砌体性能时方可使用。而且外加剂的选择、掺量可能影响砌筑砂浆的物理和化学性能。因此，外加剂应模拟现场条件，在实验室中验证合格后才能应用于施工工地。

实训五　砂浆性能检测

一、实训目的与任务

1. 熟悉砂浆材料的技术要求。
2. 掌握砂浆材料实验仪器的性能和操作方法。
3. 掌握砂浆各项性能指标的基本试验技术。

4. 完成砂浆拌合物制备、砂浆表观密度、稠度、保水性检测，砂浆试件的成型制作、抗压强度检测。

要求每位同学根据实训指导书在老师的指导下独立、全面、规范地完成实验，并填好实验报告，做好记录；按要求处理数据，得出正确结论。

二、实训预备知识

复习教材砂浆材料组成、和易性、强度等有关知识，认真阅读实训指导书，明确试验目的、基本原理及操作要点，并应对砂浆实验所用的仪器、设备、材料有基本了解。

三、主要仪器设备

本次实训所用仪器设备详见表6.9。

表6.9　实验仪器设备清单表

序号	仪器名称	用　途	备注
1	砂浆搅拌机、电子秤等	完成砂浆拌合物的制备	每组一套
2	砂浆分层度筒、砂浆稠度测定仪等	完成砂浆保水性、稠度检测	每组一套
3	砂浆密度仪等	完成砂浆表观密度检测	每组一套
4	砂浆试模等	完成砂浆强度试件的成型制作	每组一套
5	砂浆抗压试验机等	完成砂浆抗压强度检测	共用4台

四、实训组织管理

课前、课后点名考勤；实验以小组为单位进行，每个小组人员为________人；仪器、设备使用完后要清洗干净，物归原位，借用、归还要登记；着装整齐，方便实验操作，女生不得穿裙子；不迟到不早退，积极参与实验。本次实验内容安排详见表6.10。

表6.10　实验进程安排表

序号	实验单项名称	具体内容（知识点）	学时数	备注
1	砂浆拌合物的制备	将按配合比称量好的水泥、砂、混合料拌和均匀，逐次加水拌和均匀	2	分____组
2	砂浆稠度检测	将拌合物装入砂浆稠度测定仪，进行稠度测定，取两次平均值		
3	砂浆保水性检测	将拌合物装入砂浆分层度筒，待定时间后进行分层，检测分层度		
4	砂浆表观密度检测	将拌合物装入砂浆密度仪，进行表观密度检测		
5	砂浆强度试件的成形制作	将拌合物装入砂浆试模，采用人工振捣成形，确保镘刀插捣次数		
6	砂浆抗压强度检测	砂浆试模进行养护，达到龄期后拆模，将试件进行强度检测	2	分____组

五、实训中实验项目简介、实验步骤指导与注意事项

1. 实验项目简介

(1)砂浆拌合物的制备

采用模拟施工条件下所有砂浆原材料进行人工搅拌，为检测砂浆保水性、稠度、强度检测提供试件。

(2)砂浆稠度检测

通过稠度检测，可以测得达到设计稠度时的加水量，或在施工期间控制稠度以保证施工质量。

(3)砂浆保水性检测

测定砂浆的保水性，并依此判断砂浆在运输、停放及使用时的保水能力，从而控制砂浆的工作性及砌体的质量。

(4)砂浆表观密度检测

测定砂浆拌合物捣实后单位体积的质量，以修正和核实砂浆配合比计算中的材料用量。

(5)砂浆强度试件的成型

将保水性、稠度满足要求的砂浆试件装入砂浆试模，按标准养护后，进行砂浆强度检测。

(6)砂浆抗压强度检测

检验砂浆的实际强度，依此确定砂浆的强度等级，并判断是否达到设计要求。

2. 实验步骤指导

(1)砂浆拌合物的制备

将称量好的砂子倒在拌板上，然后加入水泥，用拌铲拌和至混合物颜色均匀为止；将拌匀的混合物集中成圆锥形，在锥顶上作一凹坑，将称好的石灰膏或黏土膏倒入坑凹中，再加入适量的水将石灰膏或黏土膏稀释，然后与水泥、砂共同拌和，并用量筒逐次加水，仔细拌和，直至拌合物色泽一致。水泥砂浆每翻拌一次，需用铁铲将全部砂浆压切一次，拌和时间一般需要 5 min；观察拌合物颜色，要求拌合物色泽一致，和易性符合要求即可。

(2)砂浆稠度检测

①将拌好的砂浆装入圆锥筒内，一次性装至筒口下约 10 mm，用捣棒插捣 25 次，然后轻轻敲击 5~6 下，使之表面平整。

②再移置于砂浆稠度仪台座上，放松固定螺丝，使圆锥体的尖端和砂浆表面接触，并对准中心，拧紧固定螺丝。将齿条测杆的下端与滑杆的上端接触，并将刻度盘指针对准零点。

③拧开制动螺丝，使圆锥体自由沉入砂浆中，同时计时，待 10 s 时立即拧紧制动螺丝，并将齿条测杆的下端接触滑杆的上端，从刻度盘上读出下沉的深度，即为砂浆的稠度值，精确至 1 mm。

④以两次测定结果的算术平均值作为砂浆稠度的最终试验结果，并精确至 1 mm。如两次测定值之差大于 10 mm，则应另取砂浆拌和后重新测定。

(3)砂浆保水性检测

①将拌和好的砂浆拌合物按砂浆稠度试验方法测出砂浆稠度值 K_1,精确至 1 mm。

②将砂浆拌合物重新拌匀,一次装满分层度测定仪,并用木槌在容器周围距离大致相等的四个不同地方轻轻敲击 1~2 下,用镘刀抹平。

③静置 30 min 后,去掉上层 200 mm 砂浆,然后取出底层 100 mm 砂浆重新拌合均匀,再测定砂浆稠度值是 K_2(mm),精确至 1 mm。

④两次砂浆稠度值的差值($K_1 - K_2$),即为砂浆的分层度。

(4)砂浆表观密度检测

①应先用湿布擦净容量筒的内表面,再称量容量筒质量 m_1,精确至 5 g。

②当砂浆稠度大于 50 mm 时,宜采用人工插捣法。

③将砂浆拌合物一次装满容器筒,稍有富余,用捣棒由边缘向中心均匀地插捣 25 次,当插捣过程中砂浆沉落到低于筒口时,应随时添加砂浆,再用木槌沿容器外壁敲击 5~6 下。

④捣实或振动后,应将筒口多余的砂浆拌合物刮去,使砂浆表面平整,然后将容器筒外壁擦净,称出砂浆与容器筒总质量 m_2,精确至 5 g。

$$\rho = \frac{m_2 - m_1}{V} \times 1\,000$$

⑤计算。取两次试验结果的算术平均值作为测定值,精确至 10 kg/m^3。

(5)砂浆强度试件的成型

①试件用带底试模制作,每组试件为 3 块,试模内壁应涂刷薄层机油。

②砂浆拌好后一次装满试模内,用直径 10 mm,长 350 mm 的钢筋捣棒(其一端呈半球形)均匀插捣 25 次,然后在四侧用镘刀沿试模壁插捣数次,砂浆应高出试模顶面 6~8 mm。

③当砂浆表面开始出现麻斑状态时(约 15~30 min)将高出部分的砂浆沿试模顶面刮去抹平。

(6)砂浆抗压强度检测

①试验前,应将试件表面刷净擦干,测量尺寸,并检查其外观。试件尺寸测量精确至 1 mm,并据此计算试件的承压面积。

②将试件安放在试验机的下压板或下垫板上,以试件的侧面作受压面进行抗压强度试验。

③单个砂浆试件的抗压强度按下式计算(精确至 0.1 MPa):

$$f_m = F/A$$

式中 A——受压面积,cm^2。

④每组试件为 6 块,取 6 个试件试验结果的算术平均值(计算精确至 0.1 MPa)作为该组砂浆试件的抗压强度。当 6 个试件中的最大值或最小值与平均值的差超过 20% 时,以中间 4 个试件的平均值作为该组试件的抗压强度值。

3. 注意事项

(1)砂浆拌合物的制备

注意加料的顺序:砂→水泥→水。

（2）砂浆稠度检测

①砂浆不能装满容器。

②仪器使用前刻度盘要归零。

③圆锥筒内的砂浆，只允许测定一次稠度，重复测定时，应重新取样测定。

（3）砂浆保水性检测

以两次测定结果的算术平均值作为砂浆分层度测定结果，如两次测定值之差大于10 mm，应重新配砂浆测定。

（4）砂浆表观密度检测

容量筒使用前按以下方法校正。

①选择一块能覆盖住容量筒顶面的玻璃板，称出玻璃板和容量筒质量。

②向容量筒中灌入温度为（20±5）℃的饮用水，灌到接近上口时，一边不断加水，一边把玻璃板沿筒口徐徐推入盖严。玻璃板下不得存在气泡。

③擦净玻璃板面及筒壁外的水分，称量容器筒、水和玻璃板质量（精确至5 g）。两次质量之差（以kg计）即为容器筒的容积（L）。

（5）砂浆强度试件的成型

试验室拌制砂浆时，材料用量应以质量计量。称量的精确度：水泥、水为±0.5%；砂为±1%。

（6）砂浆抗压强度检测

①试件的承压面应与成型时的顶面垂直。

②试验时，加荷速度必须均匀，加荷速度为0.5~1.5 kN/s。

六、考核标准

本次实训满分100分，考核内容、考核标准、评分标准详见表6.11。

表6.11　考核评分标准表

序号	考核内容（100分）	考核标准	评分标准	考核形式
1	仪器、设备是否检查（10分）	仪器、设备使用前检查、校核	检查，校核准确	实验完成后每人提交实验报告一份
2	实验操作（40分）	砂浆取样	取样方法科学、正确	
		操作方法	操作方法规范	
		操作时间	按规定时间完成操作	
3	结果处理（40分）	数据记录、计算	数据记录、计算正确	
4		表格绘制	表格绘制完整、正确	
5		填写实验结论	实验结论填写正确无误	
6	结束工作（5分）	收拾仪具，清洁现场	收拾仪具并清洁现场	
7	安全文明操作（5分）	仪器损伤	无仪器损伤	

七、实训报告

完成《土木工程材料与实训指导书》相应实验的实训报告表格。

思考题

一、填空题

1. 混凝土的流动性大小用__________指标来表示,砂浆的流动性大小用__________指标来表示。

2. 混合砂浆的基本组成材料包括__________、__________、__________和__________。

3. 抹面砂浆一般分底层、中层和面层三层进行施工,其中底层起着__________的作用,中层起着__________的作用,面层起着__________的作用。

二、多项选择题

1. 新拌砂浆应具备的技术性质是__________。

A. 流动性　　B. 保水性　　C. 变形性　　D. 强度

2. 砌筑砂浆为改善其和易性和节约水泥用量,常掺入__________。

A. 石灰膏　　B. 麻刀　　C. 石膏　　D. 黏土膏

3. 用于砌筑砖砌体的砂浆强度主要取决于__________。

A. 水泥用量　　B. 砂子用量　　C. 水灰比　　D. 水泥强度等级

4. 用于石砌体的砂浆强度主要决定于__________。

A. 水泥用量　　B. 砂子用量　　C. 水灰比　　D. 水泥强度等级

三、判断题

1. 分层度愈小,砂浆的保水性愈差。　　(　　)
2. 砂浆的和易性内容与混凝土的完全相同。　　(　　)
3. 混合砂浆的强度比水泥砂浆的强度大。　　(　　)
4. 防水砂浆属于刚性防水。　　(　　)

四、计算题

某房屋建筑工程砌砖墙,需要制备M10的水泥石灰混合砂浆。现材料供应如下。水泥:42.5级强度等级的普通硅酸盐水泥;砂:粒径小于2.5 mm,含水率3%,紧密堆积密度1 600 kg/m^3;石灰膏:表观密度1 300 kg/m^3。求1 m^{3}砂浆各材料的用量。

模块七

墙体与屋面材料

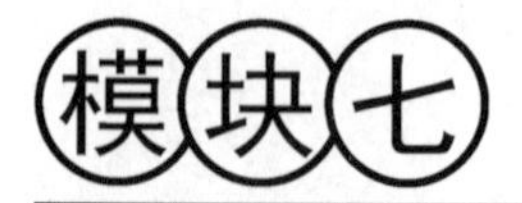

1. 掌握烧结普通砖、烧结多孔砖和烧结空心砖的技术性质、特点及应用(重点);
2. 熟悉非烧结砖、常用墙用砌块的类型、技术性质及应用;
3. 了解常用墙体板材的类型、特点及应用;
4. 了解新型墙体材料的发展与革新;
5. 了解屋面材料的种类、特点及应用;
6. 能够进行砖尺寸偏差、外观质量检测,能够进行砖抗压强度检测,并对检测结果判定;
7. 能够判定常用墙体材料的节能性,能够合理选用墙体材料,能够解决或解释工程中的相关问题。

7.1 砌墙砖

凡是由黏土、工业废料或其他地方资源为主要原料,以不同的工艺制成的在建筑物中用于承重墙和非承重墙的砖统称为砌墙砖。

砖是一种常用的砌筑材料,尤其是黏土砖的生产和使用在我国有着悠久的历史,可上溯至两千多年前的周秦时代,在我国传统的墙体材料中曾扮演着重要的角色。但是,随着建筑业的迅猛发展,传统黏土砖的弊端日益突出,黏土砖的生产毁田取土量大、能耗高、自重大,施工中工人劳动强度大、工效低等。为保护土地资源和生产环境,有效节约能源,自 2003 年 6 月 1 日起,全国 170 个城市取缔烧结黏土砖的使用,并于 2005 年全面禁止生产、经营、使用黏土砖,取而代之的是利用工业废料制成的新型墙体材料。

砌墙砖按照孔洞率大小分为实心砖、多孔砖和空心砖。实心砖是没有孔洞或孔洞率小于 25% 的砖;孔洞率大于或等于 25%,孔的尺寸小而数量多的砖称为多孔砖;而孔洞率大于或等于 40%,孔的尺寸大而数量少的砖称为空心砖。按照生产工艺分为烧结砖和非烧结砖。烧结砖是经焙烧而制成的砖,常结合主要原料命名,如烧结页岩砖、烧结煤矸石砖等;非烧结砖是通过非烧结工艺制成的,如碳化砖、蒸养砖等。图 7.1 所示为秦汉建筑(砖瓦)。

图 7.1　秦汉建筑(砖瓦)

7.1.1 烧结普通砖

1. 烧结普通砖的定义及分类

烧结普通砖是以黏土、页岩、煤矸石、粉煤灰为主要原料，经焙烧而成的普通砖。根据国家标准《烧结普通砖》(GB/T 5101—2017)规定，烧结普通砖按主要原料分为黏土砖(N)、页岩砖(Y)、煤矸石砖(M)、粉煤灰砖(F)、建筑渣土砖(Z)、淤泥砖(U)、污泥砖(W)、固体废弃物砖(G)。

烧结黏土砖是以黏土为主要原料，经配料、制坯、干燥、焙烧而成的烧结普通砖，简称为黏土砖。黏土中所含铁的化合物成分，在焙烧过程中氧化成红色的高价氧化铁(Fe_2O_3)，烧成的砖为红色。如果砖坯先在氧化气氛中烧成，然后减少窑内空气的供给，同时加入少量水分，使坯体继续在还原气氛中焙烧，此时高价氧化铁还原成青灰色的低价氧化铁(FeO 或 Fe_3O_4)，即制得青砖。一般认为，青砖较红砖耐久性好，但青砖只能在土窑中制得，价格较贵。

烧结页岩砖是页岩经破碎、粉磨、配料、成型、干燥和焙烧等工艺制成的砖。因为页岩磨细的程度不及黏土，成型所需的用水量比黏土少，所以砖坯干燥的速度快，制品收缩小。烧结页岩砖的颜色和性能与烧结黏土砖基本相同。

烧结粉煤灰砖是以火力发电厂排出的粉煤灰，掺入适量黏土经搅拌成型、干燥和焙烧而成的承重砌体材料。粉煤灰与黏土的体积比为 1 : 1.00~1 : 1.25。烧结粉煤灰砖为半内燃砖，颜色一般呈淡红色至深红色，可代替黏土砖用于一般的工业与民用建筑中。

烧结煤矸石砖是以采煤和洗煤时剔除的大量煤矸石为原料，经粉碎后，根据其含碳量和可塑性进行适当配料，即制砖、焙烧时基本不需外投煤。烧结煤矸石砖可以完全代替普通黏土砖用于一般工业与民用建筑中。

利用工业废渣制得的烧结煤矸石砖和烧结粉煤灰砖，利用地方材料制得的烧结页岩砖，既可变废为宝，又可以不毁或少毁农田，有效地解决了烧结普通砖的原料问题。

2. 烧结普通砖的主要技术性质

(1)尺寸偏差

烧结普通砖的外形为直角六面体，公称尺寸是 240 mm×115 mm×53 mm，如图 7.2 所示。这样，4 个砖长、8 个砖宽、16 个砖厚，加上砂浆缝的厚度都恰好为 1 m。每立方米砖砌体需用砖 512 块。砖的尺寸允许偏差应符合表 7.1 的规定。

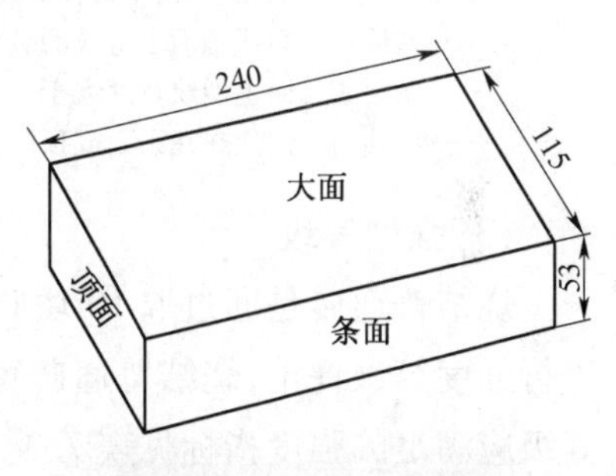

图 7.2 砖的尺寸及各部分名称(单位:mm)

表 7.1　尺寸偏差　　单位:mm

公称尺寸	指标	
	样本平均偏差	样本极差
240	±2.0	≤6.0
115	±1.5	≤5.0
53	±1.5	≤4.0

(2)外观质量

烧结普通砖的外观质量应符合表 7.2 的规定。

表 7.2　外观质量　　单位:mm

项　目	指　标
两条面高度差	≤2
弯曲	≤2
杂质凸出高度	≤2
缺棱掉角的三个破坏尺寸	不得同时大于 5
大面上宽度方向及其延伸至条面的裂纹长度	≤30
大面上宽度方向及其延伸至水平裂纹长度	≤50
完整面①	不得少于一条面和一顶面

注:为砌筑挂浆而施加的凹凸纹、槽、压花等不算作缺陷。

①凡有下列缺陷之一者,不得称为完整面:

——缺损在条面或顶面上造成的破坏面尺寸同时大于 10 mm×10 mm。

——条面或顶面上裂纹宽度大于 1 mm,其长度超过 30 mm。

——压陷、粘底、焦花在条面或顶面上的凹陷或凸出超过 2 mm,区域尺寸同时大于 10 mm×10 mm。

(3)强度等级

烧结普通砖是通过取 10 块砖样进行抗压强度试验,根据抗压强度平均值和标准值方法进行强度等级评定,烧结普通砖可分为 MU30、MU25、MU20、MU15、MU10 五个强度等级,各等级应满足的强度指标见表 7.3。

表 7.3　烧结普通砖的强度等级(GB/T 5101—2017)　　单位:MPa

强度等级	抗压强度平均值 $\overline{f}$	强度标准值 f_k
MU30	≥30.0	≥22.0
MU25	≥25.0	≥18.0
MU20	≥20.0	≥14.0
MU15	≥15.0	≥10.0
MU10	≥10.0	≥6.5

烧结普通砖中的各项指标按下式计算:

$$f_k = \overline{f} - 1.83S$$

$$S = \sqrt{\frac{1}{9}\sum_{i=1}^{10}(f_i - \overline{f})^2}$$

式中 f_k——烧结普通砖的抗压强度标准值,MPa;

$\overline{f}$——10 块试样的抗压强度平均值,MPa;

f_i——第 i 块试样的抗压强度测定值,MPa;

S——10 块试样的抗压强度标准差,MPa。

(4)泛霜和石灰爆裂

泛霜是指在新砌筑的砖砌体表面有时会出现一层白色的粉状物。出现泛霜是由于砖内含有较多可溶性盐类,这些盐类在砌筑施工时溶解于进入砖内的水中,当水分蒸发时在砖的表面结晶成霜状。这些结晶的粉状物有损建筑物的外观,而且结晶膨胀也会引起砖表层疏松甚至剥落,特别是在干湿循环区域及盐碱严重的地区,这种现象更为严重,轻则使得墙体及装饰层剥落或产生严重污染,重则会使墙体松散、风化而坍塌。因此,国家标准严格规定烧结制品中优等产品不允许出现泛霜,一等产品不允许出现中等泛霜,合格产品不允许出现严重泛霜。

石灰爆裂是指烧结砖的原料中夹杂着石灰石,焙烧时石灰石被烧成生石灰块,在使用过程中生石灰吸水熟化转变为熟石灰,固相体积增大近一倍造成制品爆裂的现象。轻的石灰爆裂会造成制品表面破坏及墙体面层脱落,严重的石灰爆裂会直接破坏制品及砌筑墙体的结构,造成制品及砌筑墙体强度损失,甚至崩溃。因此,国家标准对烧结制品严格规定了石灰爆裂破坏情况的评定指标,严格控制制品石灰爆裂的发生。

(5)抗风化性能

抗风化性能是指材料在干湿变化、温度变化、冻融变化等物理因素作用下不破坏并保持原有性质的能力。抗风化性能反映材料在大气作用下是否耐久的性质。

各地按风化指数划分为严重风化区和非严重风化区,见表 7.4。

表 7.4 风化区的划分(GB/T 5101—2017)

严重风化区		非严重风化区	
1. 黑龙江省	11. 河北省	1. 山东省	11. 福建省
2. 吉林省	12. 北京市	2. 河南省	12. 台湾省
3. 辽宁省	13. 天津市	3. 安徽省	13. 广东省
4. 内蒙古自治区	14. 西藏自治区	4. 江苏省	14. 广西壮族自治区
5. 新疆维吾尔自治区		5. 湖北省	15. 海南省
6. 宁夏回族自治区		6. 江西省	16. 云南省
7. 甘肃省		7. 浙江省	17. 上海市
8. 青海省		8. 四川省	18. 重庆市
9. 陕西省		9. 贵州省	
10. 山西省		10. 湖南省	

风化指数是指日气温从正温降至负温或从负温升至正温的每年平均天数,与每年从霜冻之日起至消失霜冻之日止,这一期间降雨总量(以 mm 计)的平均值的乘积。风化指数大于或等于 12 700 为严重风化区,风化指数小于 12 700 为非严重风化区。

烧结普通砖的抗风化性能用抗冻融试验或吸水率试验来衡量。严重风化区中的1、2、3、4、5地区的砖必须进行冻融试验，其他地区砖的抗风化性能符合表7.5规定时可不做冻融试验，否则，必须进行冻融试验。冻融试验后，每块砖样不允许出现裂纹、分层、掉皮、缺棱、掉角等冻坏现象；质量损失不得大于2%。

表7.5 烧结普通砖抗风化性能（GB/T 5101—2017）

砖种类	严重风化区				非严重风化区			
	5 h沸煮吸水率/%		饱和系数		5 h沸煮吸水率/%		饱和系数	
	平均值	单块最大值	平均值	单块最大值	平均值	单块最大值	平均值	单块最大值
黏土砖	≤18	≤20	≤0.85	≤0.87	≤19	≤20	≤0.88	≤0.90
粉煤灰砖[①]	≤21	≤23			≤23	≤25		
页岩砖	≤16	≤18	≤0.74	≤0.77	≤18	≤20	≤0.78	≤0.80
煤矸石砖								

注：①粉煤灰掺入量（体积比）小于30%时，抗风化性能指标按黏土砖规定。

(6)放射性物质

煤矸石砖、粉煤灰砖以及掺用工业废渣的砖应进行放射性物质检测。当砖产品堆垛表面γ照射量率小于或等于200 nGy/h（含本底）时，该产品使用不受限制；当砖产品堆垛表面γ照射量率大于200 nGy/h（含本底）时，必须进行放射性物质镭-226、钍-232、钾-40比活度的检测，并应符合国家标准《建筑材料放射性核素限量》（GB 6566—2010）的规定。

⑦欠火砖、酥砖和螺旋纹砖

产品中不允许有欠火砖、酥砖和螺旋纹砖。

3. 烧结普通砖的产品标记

烧结普通砖的产品标记按产品名称、类别、强度等级、质量等级和标准编号顺序编写。例如，强度等级MU15，一等品的烧结黏土砖，其标记为：烧结普通砖 N MU15 B GB2101。

4. 烧结普通砖的应用

烧结普通砖具有一定的强度，较好的耐久性，是应用最久、应用范围最为广泛的墙体材料。其中实心黏土砖由于有破坏耕地、能耗高、绝热性能差等缺点，国务院办公厅下发的《关于进一步推进墙体材料革新和推广节能建筑的通知》要求到2010年底，所有城市都要禁止使用实心黏土砖。

烧结普通砖目前可用来砌筑墙体、柱、拱、烟囱、沟道、地面及基础等；还可与轻骨料混凝土、加气混凝土、岩棉等复合砌筑成各种轻质墙体；在砌体中配制适当钢筋或钢丝网制作柱、过梁等，可代替钢筋混凝土柱、过梁使用；烧结普通砖优等品用于清水墙的砌筑，一等品、合格品可用于混水墙的砌筑。中等泛霜的砖不能用于潮湿部位。

7.1.2 烧结多孔砖和烧结空心砖

用多孔砖或空心砖代替实心砖可使建筑物自重减轻1/3左右，节约原料20%~30%，节省燃料10%~20%，且烧成率高，造价降低20%，施工效率提高40%，并能改善砖的绝热和隔声性能。在相同的热工性能要求下，用空心砖砌筑的墙体厚度可减薄半砖左右。一些较发达国家多孔砖占砖总产量的70%~90%，我国目前也正在大力推广多孔砖，而且发展很快。

生产烧结多孔砖和烧结空心砖的原料和工艺与烧结普通砖基本相同，只是对原料的可塑性要求较高，制坯时在挤泥机的出口处设有成孔心头，使坯体内形成孔洞。

1. 烧结多孔砖

烧结多孔砖是指孔洞率大于或等于25%，孔洞的尺寸小而数量多，且为竖向孔的烧结砖。烧结多孔砖的生产工艺与烧结普通砖基本相同，但对原材料的可塑性要求较高。

烧结多孔砖的技术性能应满足国家标准《烧结多孔砖和多孔砌块》(GB/T 13544—2011)的要求。其具体规定如下：

(1)规格尺寸与外观质量

多孔砖的外形为直角六面体，如图7.3所示，常用规格的长度、宽度与高度尺寸为(mm)：290、240、190、180、140、115、90。孔洞尺寸应符合：矩形孔的孔长小于或等于40 mm、孔宽小于或等于13 mm；手抓孔一般为(30~40)mm×(75~85)mm；所有孔宽应相等，孔采用单向或双向交错排列；孔洞排列上下、左右应对称，分布均匀，手抓孔的长度方向尺寸必须平行于砖的条面；孔四个角应做成过渡圆角，不得做成直尖角。其尺寸允许偏差与外观质量见表7.6。

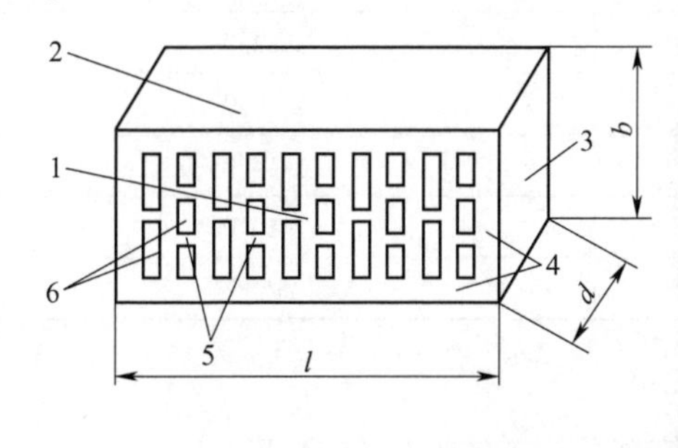

1—大面(坐浆面)；2—条面；3—顶面；4—外壁；5—肋；6—孔洞；l—长度；b—高度；d—宽度。

图7.3　烧结多孔砖外形示意图

表7.6　烧结多孔砖的尺寸偏差与外观质量(GB/T 13544—2011)　　单位：mm

项　目		指　标	
尺寸允许偏差	尺寸	样本平均偏差	样本极差
	>400	±3.0	≤10.0
	300~400	±2.5	≤9.0
	200~300	±2.5	≤8.0
	100~200	±2.0	≤7.0
	<100	±1.5	≤6.0

续表

项目		指标
外观质量	完整面	不得少于一条面和一顶面
	缺棱掉角的3个破坏尺寸	不得同时大于30
	大面(有孔面)上深入孔壁15 mm以上宽度方向及其延伸到条面的裂纹长度	≤80
	大面(有孔面)上深入孔壁15 mm以上长度方向及其延伸到顶面的裂纹长度	≤100
	条顶面上的水平裂纹长度	≤100
	杂质在砖砌块面上造成的凸出高度	≤5

注:有下列缺陷之一者,不得称为完整面:
①缺损在条面或顶面上造成的破坏面尺寸同时大于20 mm×30 mm;
②条面或顶面上裂纹宽度大于1 mm,其长度超过70 mm;
③压陷、焦花、粘底在条面或顶面上的凹陷或凸出超过2 mm,区域尺寸同时大于20 mm×30 mm。

(2)强度等级

烧结多孔砖是通过取10块砖样进行抗压强度试验,根据抗压强度平均值和标准值分为MU30、MU25、MU20、MU15、MU10五个强度等级。各等级应满足的强度指标见表7.7。

表7.7 烧结多孔砖强度等级(GB/T 13544—2011) 单位:MPa

强度等级	抗压强度平均值$\overline{f}$	强度标准值f_k
MU30	≥30.0	≥22.0
MU25	≥25.0	≥18.0
MU20	≥20.0	≥14.0
MU15	≥15.0	≥10.0
MU10	≥10.0	≥6.5

(3)密度等级

烧结多孔砖按照3块砖的干燥表观密度平均值划分为1 000、1 100、1 200、1 300四个等级。

(4)抗风化性能

风化区的划分见表7.3。严重风化区中的1、2、3、4、5地区的烧结多孔砖和其他地区以淤泥、固体废弃物为主要原料生产的烧结多孔砖必须进行冻融试验,其他地区以黏土、粉煤灰、页岩、煤矸石为主要原料生产的烧结多孔砖的抗风化性能符合表7.8规定时可不做冻融试验,否则,必须进行冻融试验。

表7.8 烧结多孔砖抗风化性能(GB 13544—2011)

砖种类	严重风化区				非严重风化区			
	5 h沸煮吸水率/%		饱和系数		5 h沸煮吸水率/%		饱和系数	
	平均值	单块最大值	平均值	单块最大值	平均值	单块最大值	平均值	单块最大值
黏土砖	≤21	≤23	≤0.85	≤0.87	≤23	≤25	≤0.88	≤0.90
粉煤灰砖	≤23	≤25			≤30	≤32		

续表

砖种类	严重风化区				非严重风化区			
	5 h 沸煮吸水率/%		饱和系数		5 h 沸煮吸水率/%		饱和系数	
	平均值	单块最大值	平均值	单块最大值	平均值	单块最大值	平均值	单块最大值
页岩砖	≤16	≤18	≤0.74	≤0.77	≤18	≤20	≤0.78	≤0.80
煤矸石砖	≤19	≤21			≤21	≤23		

注:粉煤灰掺入量(质量比)小于 30% 时按黏土砖规定判定。

15 次冻融循环试验后,每块砖样不允许出现裂纹、分层、掉皮、缺棱掉角等冻坏现象。

(5)产品标记

烧结多孔砖按产品名称、品种、规格、强度等级、密度等级和标准编号顺序编写。例如,规格尺寸 290 mm×140 mm×90 mm、强度等级为 MU25、密度等级 1 200 级的黏土烧结多孔砖,其标记为:烧结多孔砖 N 290×140×90 MU25 1 200 GB/T 13544—2011。

烧结多孔砖由于具有较好的保温性能,对黏土的消耗相对减少,是目前一些实心黏土砖的替代产品。主要用于六层以下建筑物的承重部位,砌筑时要求孔洞方向垂直于承压面。常温砌筑应提前 1~2 d 浇水湿润,砌筑时砖的含水率宜控制在 10%~15%。地面以下或室内防潮层以下的砌体不得使用多孔砖。

2. 烧结空心砖

烧结空心砖是以黏土、页岩、煤矸石、粉煤灰为主要原料,经焙烧而成的孔洞率大于或等于 40%,孔的尺寸大而数量少的砖。其孔洞垂直于顶面,砌筑时要求孔洞方向与承压面平行。因为它的孔洞大,强度低,主要用于砌筑非承重墙体或框架结构的填充墙。其外形如图 7.4 所示。

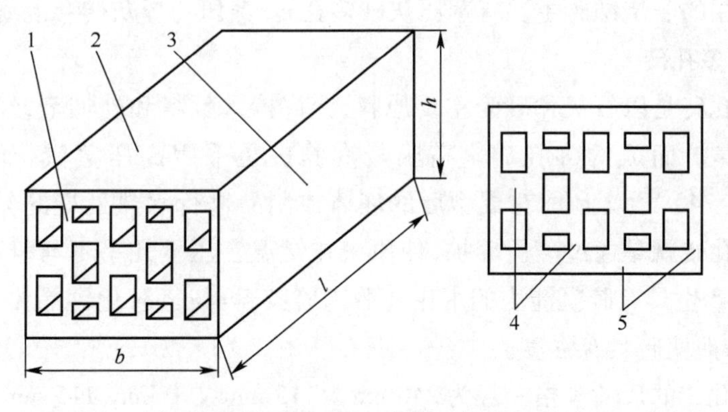

1—顶面;2—大面;3—条面;4—肋;5—壁;l—长度;b—宽度;h —高度。

图 7.4　烧结空心砖的外形

根据国家标准《烧结空心砖和空心砌块》(GB/T 13545—2014)的规定,烧结空心砖按体积密度分为 800 级、900 级、1 000 级和 1 100 级四级;按抗压强度分为 MU10.0、MU7.5、MU5.0、MU3.5、四个强度等级,各强度等级应符合表 7.9 的规定,评定方法与烧结普通砖相同。

表 7.9　烧结空心砖的强度等级(GB/T 13545—2014)

强度等级	抗压强度平均值 f/MPa	变异系数 $\delta\leqslant 0.21$	变异系数 $\delta>0.21$	密度等级范围/(kg/m³)
		强度标准值 f_k/MPa	单块最小抗压强度值 f_{min}/MPa	
MU10.0	≥10.0	≥7.0	≥8.0	≤1 100
MU7.5	≥7.5	≥5.0	≥5.8	
MU5.0	≥5.0	≥3.5	≥4.0	
MU3.5	≥3.5	≥2.5	≥2.8	

烧结空心砖的技术要求还包括泛霜、石灰爆裂、吸水率、抗风化性能和放射性物质,其规定按国家标准《烧结空心砖和空心砌块》(GB/T 13545—2014)执行。

烧结空心砖的产品标记按产品名称、类别、规格、密度等级、强度等级、质量等级和标准编号的顺序编写。例如,规格尺寸 290 mm×190 mm×90 mm、密度等级 800、强度等级 MU7.5 的页岩空心砖,其标记为

烧结空心砖 Y(290×190×90)800 MU7.5 GB/T 13545—2014

7.1.3　非烧结砖

不经焙烧而制成的砖均为非烧结砖,又称免烧砖,如蒸养蒸压砖、免烧免蒸砖、碳化砖等。目前应用较广的是蒸养蒸压砖,这类砖是以含钙材料(石灰、电石渣等)和含硅材料(砂子、粉煤灰、煤矸石、灰渣、炉渣等)与水拌和,经压制成型、常压或高压蒸汽养护而成,主要品种有灰砂砖、粉煤灰砖、炉渣砖等。这些砖的强度较高,可以替代普通烧结黏土砖使用。

国家推广应用的非烧结砖主要有蒸压灰砂多孔砖、蒸压粉煤灰砖和混凝土多孔砖。

1. 蒸压灰砂多孔砖

蒸压灰砂多孔砖是以石灰和砂为主要原料,允许掺入颜料和外加剂,经坯料制备、压制成型、高压蒸汽养护而成的多孔砖。高压蒸汽养护是采用高压蒸汽(绝对压力不低于 0.88 MPa,温度 1 740 ℃以上),对成型后的坯体或制品进行水热处理的养护方法,简称蒸压。蒸压灰砂多孔砖就是通过蒸压养护,使原来在常温常压下几乎不与氢氧化钙反应的砂(晶体二氧化硅)产生具有胶凝能力的水化硅酸钙凝胶,再与氢氧化钙晶体共同将未反应的砂粒黏结起来,从而使砖具有强度。

蒸压灰砂多孔砖的尺寸规格一般为 240 mm×115 mm×90 mm(115 mm),孔洞采用圆形或其他孔形,孔洞垂直于大面。蒸压灰砂多孔砖产品采用产品名称、规格、强度等级、产品等级、标准编号的顺序标记,如强度等级为 15 级,优等品,规格尺寸为 240 mm×115 mm×90 mm 的蒸压灰砂多孔砖标记为:蒸压灰砂多孔砖 240×115×90 15 A JC/T 637—2009。

根据建筑材料行业标准《蒸压灰砂多孔砖》(JC/T 637—2009)的规定,蒸压灰砂多孔砖按尺寸允许偏差和外观质量将产品分为优等品(A)和合格品(C)两个等级,按抗压强度分为 MU30、MU25、MU20、MU15 四个等级,各强度等级的抗压强度及抗冻性应符合

表 7.10 的规定。

表 7.10　蒸压灰砂多孔砖的强度等级(JC/T 637—2009)

强度等级	抗压强度/MPa		冻后抗压强度/MPa	单块砖的干质量损失/%
	平均值	单块最小值	平均值	
MU30	≥30.0	≥24.0	≥24.0	≤2.0
MU25	≥25.0	≥20.0	≥20.0	
MU20	≥20.0	≥16.0	≥16.0	
MU15	≥15.0	≥12.0	≥12.0	

注:冻融循环次数应符合以下规定:夏热冬暖地区 15 次,夏热冬冷地区 25 次,寒冷地区 35 次,严寒地区 50 次。

蒸压灰砂多孔砖属于国家大力发展、应用的新型墙体材料。在工程中,应结合其具有的性能,合理选择使用。其特点如下:

(1)组织致密、强度高、大气稳定性好、干缩小、外形光滑平整、尺寸偏差小、色泽淡灰,可加入矿物颜料制成各种颜色的砖,具有较好的装饰效果。可用于防潮层以上的建筑承重部位。

(2)耐热性、耐酸性差,抗水流冲刷能力差。蒸压灰砂多孔砖中的一些组分如水化硅酸钙、氢氧化钙等不耐酸,也不耐热。因此,蒸压灰砂多孔砖应避免用于长期受热高于200 ℃及承受急冷、急热或有酸性介质侵蚀的建筑部位。砖中的氢氧化钙等组分在流动水作用下会流失,所以蒸压灰砂多孔砖不能用于有水流冲刷的部位。

(3)与砂浆粘黏力差。蒸压灰砂多孔砖的表面光滑,与砂浆黏结力差。在砌筑时必须采取相应的措施,如增加结构措施,选用高黏度的专用砂浆。

2. 蒸压粉煤灰砖

蒸压粉煤灰砖是以粉煤灰、石灰或水泥为主要原料,掺加适量石膏、外加剂、颜料和集料,经坯体制备、压制成型、高压蒸汽养护而成的实心粉煤灰砖。

蒸压粉煤灰砖的尺寸规格为 240 mm×115 mm×53 mm,蒸压粉煤灰砖产品采用产品代号(AFB)、规格尺寸、强度等级、标准编号的顺序进行标记。如规格尺寸为 240×115×53,强度等级为 MU15 的砖标记为 AFB 240×115×53 MU15 JC/T 239—2014。

根据建筑材料行业标准《蒸压粉煤灰砖》(JC/T 239—2014)的规定,蒸压粉煤灰砖的强度等级分为 MU30、MU25、MU20、MU15 和 MU10 五个等级。蒸压粉煤灰砖在性能上与蒸压灰砂多孔砖相近。在工程中,应结合其具有的性能,合理选择使用。

(1)蒸压粉煤灰砖可用于工业与民用建筑的墙体和基础。但用于基础或易受冻融和干湿交替作用的建筑部位时,必须采用 MU15 及以上强度等级的砖。

(2)因砖中含有氢氧化钙,蒸压粉煤灰砖应避免用于长期受热高于 200 ℃及承受急冷、急热或有酸性介质侵蚀的建筑部位。

(3)蒸压粉煤灰砖初始吸水能力差,后期的吸水能力较大,施工时应提前湿水,保持砖的含水率在 10% 左右,以保证砌筑质量。

(4)由于蒸压粉煤灰砖出釜后收缩较大,因此,出釜一周后才能用于砌筑。

(5)用蒸压粉煤灰砖砌筑的建筑物,应适当增设圈梁及伸缩缝或其他措施,以避免或减少收缩裂缝。

3. 混凝土多孔砖

混凝土多孔砖是以水泥为胶结材料,以砂、石等为主要集料,加水搅拌、成型、养护制成的一种具有多排小孔的混凝土制品,孔洞率在30%以上。混凝土多孔砖是继普通混凝土小型空心砌块与轻集料混凝土小型空心砌块之后又一墙体材料新品种,具有生产能耗低、节土利废、施工方便和体轻、强度高、保温效果好、耐久、收缩变形小、外观规整等特点,是一种替代烧结黏土砖的理想材料。

混凝土多孔砖的外形为直角六面体,其长度、宽度、高度分别应符合下列要求(mm):290,240,190,180;240,190,115,90;115,90。矩形孔或矩形条孔(孔长与孔宽之比大于或等于3)的4个角应为半径大于8 mm的圆角,铺浆面为半盲孔。混凝土多孔砖产品采用产品名称(CPB)、强度等级、质量等级、标准编号的顺序标记。

混凝土多孔砖按其尺寸偏差、外观质量分为一等品(B)及合格品(C)两个质量等级;按其强度等级分为MU30、MU25、MU20、MU15和MU10五个等级。

混凝土多孔砖兼具黏土砖和混凝土小砌块的特点,外形特征属于烧结多孔砖,材料与混凝土小型空心砌块类同,符合砖砌体施工习惯,各项物理、力学和砌体性能均具备代替烧结黏土砖的条件,可直接替代烧结黏土砖用于各类承重、保温承重和框架填充等不同建筑墙体结构中,具有广泛的推广应用前景。

混凝土多孔砖应按规格、等级分批分别堆放,不得混堆。混凝土多孔砖在堆放、运输时,应采取防雨水措施。混凝土多孔砖装卸时严禁碰撞、扔摔,应轻码轻放,禁止翻斗倾卸。

混凝土多孔砖的应用将有助于减少和杜绝烧结黏土砖的生产使用,对于改善环境、保护土地资源和推进墙体材料革新与建筑节能,以及“禁实”工作的深入开展具有十分重要的社会和经济意义。

7.2 墙用砌块

砌块是指砌筑用的人造石材,外形多为直角六面体,也有各种异形的砌块。砌块系列中主规格的长度、宽度和高度至少有一项相应大于365 mm、240 mm和115 mm,但高度不大于长度或宽度的6倍,长度不超过高度的3倍。

砌块的分类方法很多,按用途可分为承重砌块和非承重砌块;按有无孔洞可分为实心砌块(无孔洞或空心率小于25%)和空心砌块(空心率大于或等于25%);按产品规格可分为大型砌块(高度大于980 mm)、中型砌块(高度为380~980 mm)和小型砌块(高度大于115 mm而又小于380 mm);按生产工艺可分为烧结砌块和蒸压蒸养砌块;按材质可分为轻骨料混凝土砌块、混凝土砌块、硅酸盐砌块、粉煤灰砌块、加气混凝土砌块等。

砌块是发展迅速的新型墙体材料，生产工艺简单、材料来源广泛、可充分利用地方资源和工业废料、节约耕地资源、造价低廉、制作使用方便，同时由于其尺寸大，可机械化施工，提高施工效率，改善建筑物功能，减轻建筑物自重。

目前，国家推广应用的常用砌块主要有蒸压加气混凝土砌块、石膏砌块、混凝土小型空心砌块、烧结空心砌块（以煤矸石、江河湖淤泥、建筑垃圾、页岩为原料）。烧结空心砌块的引用标准、性能及应用与烧结空心砖完全相同，本节主要介绍其他三种常用砌块。

7.2.1 蒸压加气混凝土砌块

蒸压加气混凝土砌块（代号 ACB）是以钙质材料（水泥、石灰等）、硅质材料（砂、矿渣、粉煤灰等）以及加气剂（铝粉）等，经配料、搅拌、浇筑成型、发气、切割和蒸压养护而成的多孔硅酸盐砌块。

1. 蒸压加气混凝土砌块的规格尺寸

根据国家标准《蒸压加气混凝土砌块》（GB/T 11968—2020）的规定，加气混凝土砌块的规格尺寸见表 7.11。

表 7.11 蒸压加气混凝土砌块的规格尺寸（GB/T 11968—2020） 单位：mm

长度 L	宽度 B	高度 H
600	100 120 125 150 180 200 240 250 300	200 240 250 300

注：如需要其他规格，可由供需双方协商确定

2. 蒸压加气混凝土砌块的主要技术要求

根据国家标准《蒸压加气混凝土砌块》（GB/T 11968—2020）的规定，砌块按尺寸偏差、外观质量、干密度、抗压强度和抗冻性分为优等品（A）、合格品（B）两个等级。

（1）砌块的强度等级

砌块按抗压强度分为 A1.5、A2.0、A2.5、A3.5、A5.0 五个强度级别，见表 7.12。

表 7.12 抗压强度和干密度要求

强度级别	抗压强度/MPa		干密度级别	平均干密度/(kg/m^3)
	平均值	最小值		
A1.5	≥1.5	≥1.2	B03	≤350
A2.0	≥2.0	≥1.7	B04	≤450
A2.5	≥2.5	≥2.1	B04	≤450
			B05	≤550
A3.5	≥3.5	≥3.0	B04	≤450
			B05	≤550
			B06	≤650

续表

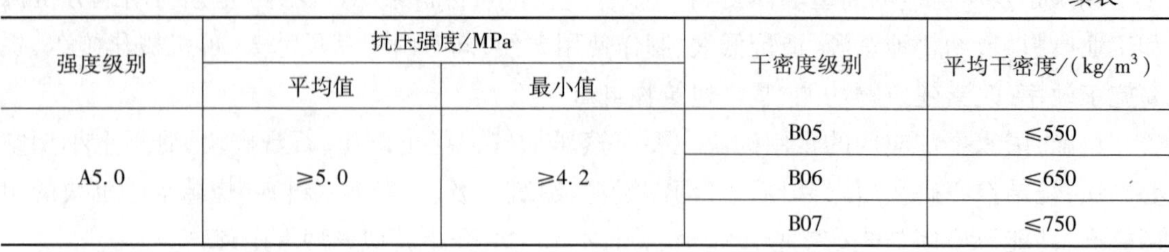

强度级别	抗压强度/MPa		干密度级别	平均干密度/(kg/m³)
	平均值	最小值		
A5.0	≥5.0	≥4.2	B05	≤550
			B06	≤650
			B07	≤750

(2)砌块的干密度

砌块按干密度分为 B03、B04、B05、B06、B07 五个级别，见表 7.12。

(3)砌块的干燥收缩、抗冻性和导热系数

砌块干燥收缩值应不大于 0.5 mm/m；应用于墙体的砌块抗冻性应符合表 7.13；导热系数应符合表 7.14。

表 7.13　抗冻性

强度级别		A2.5	A3.5	A5.0
抗冻性	冻后质量平均值损失/%	≤5.0		
	冻后强度平均值损失/%	≤20		

表 7.14　导热系数

干密度级别	B03	B04	B05	B06	B07
导热系数(干态)/[W/(m·K)]	≤0.10	≤0.12	≤0.14	≤0.16	≤0.18

3. 蒸压加气混凝土砌块的应用

蒸压加气混凝土砌块由于其多孔构造，表观密度小，只相当于黏土砖和灰砂砖的 1/4~1/3，普通混凝土的 1/5，使用这种材料可以使整个建筑的自重比普通砖混结构的自重降低 40% 以上。由于建筑自重减轻，地震破坏力小，所以大大提高建筑物的抗震能力。

蒸压加气混凝土砌块导热系数小[0.10~0.28 W/(m·k)]，具有保温隔热、隔声、加工性能好、施工方便、耐火等特点。缺点是干燥收缩大，易出现与砂浆层黏结不牢现象。

蒸压加气混凝土砌块适用于低层建筑的承重墙，多层和高层建筑的隔离墙、填充墙以及工业建筑的围护墙体和绝热材料。作为保温隔热材料也可用于复合墙板和屋面结构中。

在无可靠的防护措施时，蒸压加气混凝土砌块不得用于处于水中或高湿度和有侵蚀介质的环境中，也不得用于建筑物的基础和温度长期高于 80 ℃的建筑部位。

7.2.2　石膏砌块

石膏砌块是以建筑石膏为主要原料，经加水搅拌、浇筑成型和干燥制成的块状轻质建筑石膏制品。在生产中还可以加入各种轻集料、填充料、纤维增强材料等辅助材料，也可加入发泡剂、憎水剂。

1. 石膏砌块的分类和产品标记

按石膏砌块的结构分成空心石膏砌块和实心石膏砌块。空心石膏砌块是带有水平或垂直方向预制孔洞的砌块,代号为K;实心石膏砌块是无预制孔洞的砌块,代号为S。

按石膏砌块的防潮性能分成普通石膏砌块和防潮石膏砌块。普通石膏砌块是在成型过程中未做防潮处理的砌块,代号为P;防潮石膏砌块是在成型过程中经防潮处理,具有防潮性能的砌块,代号为F。

石膏砌块的主要品种有磷石膏空心砌块、粉煤灰石膏内墙多孔砌块、植物纤维石膏渣空心砌块等。按产品名称、类别代号、规格尺寸、标准编号的顺序进行标记。例如,规格尺寸为666 mm×500 mm×100 mm 的空心防潮石膏砌块,其标记为

石膏砌块 KF 666×500×100 JC/T 698—2010

2. 石膏砌块的现行标准与技术要求

石膏砌块的技术性能应满足建筑材料行业标准《石膏砌块》(JC/T 698—2010)的要求。石膏砌块的标准外形为长方体,纵横边缘分别设有榫头和榫槽,其推荐尺寸为长度600 mm、666 mm,高度500 mm,厚度80 mm、100 mm、120 mm、150 mm,即三块砌块组成1 m^2 墙面。

石膏砌块的外表面不应有影响使用的缺陷,其物理力学性能应符合表7.15的规定。

表7.15 石膏砌块物理力学性能(JC/T 698—2010)

项目		要求
表观密度/(kg/m^3)	实心石膏砌块	≤1 100
	空心石膏砌块	≤800
断裂荷载/N		≥2 000
软化系数		≥0.6

3. 石膏砌块的性能特点及应用

石膏砌块与混凝土相比,其耐火性能要高5倍,导热系数一般小于0.15 W/(m·k),是良好的节能墙体材料,且有良好的隔声性能,墙体轻,相当于黏土实心砖墙质量的1/4~1/3,抗震性好。石膏砌块可钉、可锯、可刨、可修补,加工处理十分方便,干法施工,施工速度快,石膏砌块配合精密,墙体光洁、平整,墙面不需抹灰;另外,石膏砌块具有呼吸水蒸气功能,提高了居住舒适度。

在生产石膏砌块的原料中可掺加相当一部分粉煤灰、炉渣,除使用天然石膏外,还可以使用化学石膏,如烟气脱硫石膏、氟石膏、磷石膏等,可以变废为宝;在生产石膏砌块的过程中,基本无三废排放;在使用过程中,不会产生对人体有害的物质。因此,石膏砌块是一种很好的保护和改善生态环境的绿色建材。

石膏砌块强度较低,耐水性较差,主要用于框架结构和其他结构建筑的非承重墙体,一般作为内隔墙用。若采用合适的固定及支撑结构,墙体还可以承受较重的荷载(如挂吊柜、热水器、厕所用具等)。掺入特殊添加剂的防潮砌块可用于浴室、厕所等空气湿度较大的场合。

7.2.3 混凝土小型空心砌块

1. 普通混凝土小型空心砌块

普通混凝土小型空心砌块(代号为 NHB)是以水泥为胶结材料,砂、碎石或卵石为骨料,加水搅拌,振动加压成型,养护而成的小型砌块。

国家标准《普通混凝土小型砌块》(GB/T 8239—2014)中规定:砌块的主规格尺寸为 390 mm×190 mm×190 mm,辅助规格尺寸可由供需双方协商,即可组成墙用砌块基本系列。主砌块各部位的名称如图 7.5 所示,其中最小外壁厚度应不小于 30 mm,最小肋厚应不小于 25 mm,空心率不小于 25%。

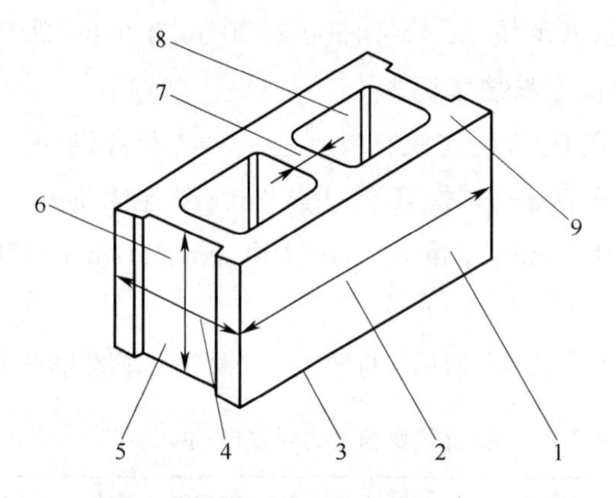

1—条面;2—长度;3—铺浆面(肋厚较大的面);4—宽度;5—顶面;
6—高度;7—肋;8—壁;9—坐浆面(肋厚较小的面)。

图 7.5 小型空心砌块各部位的名称

砌块按尺寸偏差和外观质量满足具体要求见表 7.16,则为合格品。砌块的主要技术要求包括外观质量、尺寸允许偏差、强度等级、相对含水率、抗渗性及抗冻性。

表 7.16 普通混凝土小型砌块的尺寸偏差、外观质量(GB/T 8239—2014)

<table>
<tr><th colspan="3">项　目</th><th colspan="2">技术指标</th></tr>
<tr><td colspan="3" rowspan="3">尺寸允许偏差/mm</td><td>长度</td><td>±2</td></tr>
<tr><td>宽度</td><td>±2</td></tr>
<tr><td>高度</td><td>+3、-2</td></tr>
<tr><td rowspan="4">外观质量</td><td colspan="3">弯曲/mm</td><td>≤2</td></tr>
<tr><td rowspan="2">缺棱掉角</td><td colspan="2">个数/个</td><td>≤1</td></tr>
<tr><td colspan="2">三个方向投影尺寸最大值/mm</td><td>≤20</td></tr>
<tr><td colspan="3">裂纹延伸的投影尺寸累计/mm</td><td>≤30</td></tr>
</table>

混凝土小型空心砌块的强度等级按抗压强度分为 MU5.0、MU7.5、MU10、MU15、MU20、MU25、MU30、MU35、MU40 九个强度等级,具体要求见表 7.17。砌块的相对含水率(相对含水率是制品在自然气候条件下吸入空气中水分后增加的质量与制品干燥条件下质量的比

值)规定:潮湿地区不大于45%;中等潮湿地区不大于40%;干燥地区不大于35%。用于清水墙的砌块,其抗渗性应满足规定。对于非采暖地区抗冻性不作规定,采暖地区中一般环境抗冻等级应达到D15,干湿交替环境抗冻等级应达到D25。

表7.17　普通混凝土小型空心砌块的强度等级(GB/T 8239—2014)　　单位:MPa

强度等级	抗压强度	
	平均值	单块最小值
MU5.0	≥5.0	≥4.0
MU7.5	≥7.5	≥6.0
MU10	≥10.0	≥8.0
MU15	≥15.0	≥12.0
MU20	≥20.0	≥16.0
MU25	≥25.0	≥20.0
MU30	≥30.0	≥24.0
MU35	≥35.0	≥28.0
MU40	≥40.0	≥32.0

普通水泥混凝土小型空心砌块的导热系数随混凝土材料及孔型和空心率的不同而有差异,空心率为50%时,其导热系数约为0.26 W/(m·k)。对于承重墙和外墙砌块,要求其干缩率小于0.45 mm/m;对于非承重墙和内墙砌块,要求其干缩率小于0.65 mm/m。

普通混凝土小型空心砌块一般用于地震设计烈度为8度或8度以下的建筑物墙体。在砌块的空洞内可浇筑配筋芯柱,能提高建筑物的延性。

普通混凝土小型空心砌块适用于各类低层、多层和中高层的工业与民用建筑承重墙、隔墙和围护墙,以及花坛等市政设施,也可用作室内、外装饰装修。

普通混凝土小型空心砌块在砌筑时一般不宜浇水,但在气候特别干燥、炎热时,可在砌筑前稍喷水湿润。

装饰混凝土小型空心砌块,外饰面有劈裂、磨光和条纹等面型,做清水墙时不需另作外装饰。

2. 轻集料混凝土小型空心砌块

轻集料混凝土小型空心砌块(代号LB)是由水泥、砂(轻砂或普通砂)、轻粗集料、水等经搅拌、成型而得。

根据国家标准《轻集料混凝土小型空心砌块》(GB/T 15229—2011)的规定,轻集料混凝土小型空心砌块按砌块孔的排数分为四类:单排孔(1)、双排孔(2)、三排孔(3)和四排孔(4)。按砌块密度等级分为八级:700、800、900、1 000、1 100、1 200、1 300、1 400。按砌块强度等级分为五级:MU2.5、MU3.5、MU5.0、MU7.5、MU10.0。砌块的吸水率不应大于18%,干缩率、相对含水率、抗冻性应符合标准规定。强度等级为MU3.5级以下的砌块主要用于保温墙体或非承重墙体,强度等级为MU3.5级及其以上的砌块主要用于承重保温墙体。

3. **粉煤灰混凝土小型空心砌块**

粉煤灰混凝土小型空心砌块是一种新型材料，是以粉煤灰、水泥、集料、水为主要组分（也可加入外加剂）制成的混凝土小型空心砌块，代号为 FHB。其中粉煤灰用量不应低于原材料干质量的 20%，也不高于原材料干质量的 50%，水泥用量不低于原材料质量的 10%。

粉煤灰混凝土小型空心砌块按砌块孔的排数分为单排孔（1）、双排孔（2）和多排孔（D）三类。主规格尺寸为 390 mm × 190 mm × 190 mm，其他规格尺寸可由供需双方商定。按产品名称（代号 FHB）、分类、规格尺寸、密度等级、强度等级、质量等级和标准编号的顺序进行标记。例如，规格尺寸为 390 mm × 190 mm × 190 mm、密度等级为 800 级、强度等级为 MU5 的双排孔粉煤灰混凝土小型空心砌块，其标记为

FHB2 390 mm × 190 mm × 190 mm 800 MU5 JC/T 862—2008

粉煤灰混凝土小型空心砌块的技术性能应满足建筑材料行业标准《粉煤灰混凝土小型空心砌块》（JC/T 862—2008）的要求。粉煤灰混凝土小型空心砌块按砌块密度等级分为 600、700、800、900、1 000、1 200、1 400 七个等级，按砌块抗压强度分为 MU3.5、MU5、MU7.5、MU10、MU15 和 MU20 六个等级。

粉煤灰混凝土小型空心砌块有较好的韧性，不易脆裂。抗震性能好，而且电锯切割开槽、冲击钻钻孔、人工钻凿洞时，均不易引起砌块破损，有利于装修及暗埋管线，同时运输装卸过程中不易损坏。有良好的保温性能和抗渗性，190 系列的单排孔粉煤灰小型空心砌块的保温性能超过 240 黏土砖墙。粉煤灰小型空心砌块所用的原材料中，粉煤灰和炉渣等工业废料占 80%，水泥用量比同强度的混凝土小型空心砌块少 30%，因而成本低，具有良好的社会效益和经济效益。

发展混凝土砌块可避免毁田烧砖，节约能源、保护环境，特别是可以充分利用粉煤灰、工业尾矿等工业废渣，可与我国产量巨大的水泥工业互相促进；同时又具有建厂投资省、周期短的特点，产品价格也有一定的竞争力。

7.3 墙体板材

我国目前墙体板材品种较多，大体可分为薄板、条板和轻质复合板材三类。

薄板常见品种有纸面石膏板、纤维增强硅酸钙板、水泥木屑板、水泥刨花板等。

条板类有石膏空心条板、加气混凝土空心条板和轻质空心隔墙板等。

轻质复合墙板是为了克服单一材料板材使用的局限性而制成的，一般是由强度和耐久性较好的普通混凝土板或金属板作结构层或外墙面板，采用矿棉、聚氨酯棉和聚苯乙烯泡沫塑料、加气混凝土作保温层，采用各类轻质板材作面板或内墙面板。本节介绍几种有代表性的板材。

1. **玻璃纤维增强水泥轻质多孔隔墙条板**

玻璃纤维增强水泥（简称 GRC）轻质多孔隔墙条板是以低碱水泥为胶结料，耐碱玻璃纤维其网格布为增强材料，膨胀珍珠岩为轻骨料（也可用炉渣、粉煤灰等）并配以发泡剂和防水剂等，经配料、搅拌、浇筑、振动成型、脱水、养护而成，其外形如图 7.6 所示。

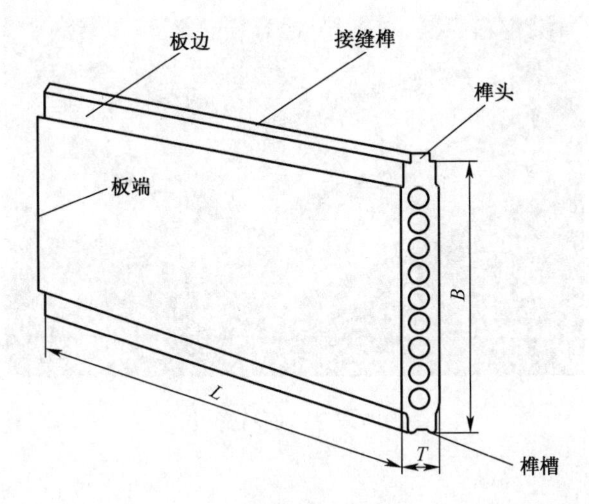

图 7.6　GRC 轻质多孔隔墙条板外形示意图

该板具有质量轻,强度高,防火性好,防水、防潮性好,抗震性好,干缩变形小,制作简便,安装快捷等特点。在建筑工程中适用于非承重的墙体部位,主要用于多层居住建筑的分室、分户墙,厨房、卫生间隔墙及阳台分户墙,公共建筑、工业厂房的内隔墙,工业建筑的围护外墙等。

2. 纤维增强低碱度水泥建筑平板

纤维增强低碱度水泥建筑平板(以下简称平板)是以温石棉、抗碱玻璃纤维等为增强材料,以低碱水泥为胶结材料,加水混合成浆,经制坯、压制、蒸养而成的薄型平板。按石棉掺入量分为掺石棉纤维增强低碱度水泥建筑平板(代号为 TK)与无石棉纤维增强低碱度水泥建筑平板(代号为 NTK)两类。

平板质量轻、强度高,防潮、防火,不易变形,可加工性好,适用于各类建筑物室内的非承重内隔墙和吊顶平板等。

3. 纸面石膏板

纸面石膏板是由石膏心材与护面纸组成,按其用途分为普通纸面石膏板、耐水纸面石膏板和耐火纸面石膏板三种。普通纸面石膏板是以建筑石膏为主要原料,掺入适量轻骨料、纤维增强材料和外加剂构成心材,并与具有一定强度的护面纸牢固地黏结在一起的建筑板材;若在心材配料中加入耐水外加剂,并与耐水护面纸牢固地黏结在一起,即可制成耐水纸面石膏板;若在心材配料中加入无机耐火纤维和阻燃剂等,并与护面纸牢固地黏结在一起,即可制成耐火纸面石膏板,如图 7.7 所示。

纸面石膏板表面平整、尺寸稳定,具有自重轻、保温隔热、隔声、防火、抗震、可调节室内湿度、加工性好、施工简便等优点,但用纸量较大、成本较高。

普通纸面石膏板可作为室内隔墙板、复合外墙板的内壁板、天花板等;耐水纸面石膏板可用于相对湿度较大(大于或等于 75%)的环境,如厕所、盥洗室等;耐火纸面石膏板主要用于对防火要求较高的房屋建筑中。

图 7.7　纸面石膏板

4. 轻型复合板

轻型复合板是以绝热材料为心材，以金属材料、非金属材料为面材，经不同方式复合而成，可分为工厂预制和现场复合两种。

目前我国生产的轻型复合板种类有：

钢丝网架水泥夹心板。因心材不同分为聚苯乙烯泡沫板、岩棉、矿渣棉、膨胀珍珠岩等，面层都以水泥砂浆抹面。此类板材包含了泰柏系列、3D 板系列、舒乐舍板钢板网等。

金属面夹心板。因心材不同分为聚苯乙烯泡沫塑料、硬质聚氨酯泡沫塑料、岩棉、矿渣棉、酚醛泡沫塑料、玻璃棉等。

轻质板材从功能上讲有一定局限性，经过复合后应用更加广泛。其主要特点是轻质、高强，集绝热、防水、装修为一体，用于大跨度公共建筑、绝热工业厂房、净化设备、宾馆饭店及轻型组合房屋的围护结构，已风靡世界建筑市场，在我国发展非常迅速。

7.4　屋面材料

作为防水、保温、隔热的屋面材料，黏土瓦是我国使用较多、历史较长的屋面材料之一。但黏土瓦同黏土砖一样破坏耕地、浪费资源，因此逐步被大型水泥类瓦材和高分子复合类瓦材取代。本节将常用的新型屋面材料的主要组成材料、主要特性及主要用途列表，见表 7.18。

表 7.18　常用屋面材料主要组成、特性及应用

品　种		主要组成材料	主要特性	主要用途
水泥类	混凝土瓦	水泥、砂或无机硬质细骨料	成本低、耐久性好、但质量大	民用建筑波形屋面防水
	纤维增强水泥瓦	水泥、增强纤维	防水、防潮、防腐、绝缘	厂房、库房、堆货棚、凉棚
	钢丝网水泥大波瓦	水泥、砂、钢丝网	尺寸和质量大	工厂散热车间、仓库、临时性围护结构

续表

品　种		主要组成材料	主要特性	主要用途
高分子复合类瓦材	玻璃钢波形瓦	不饱和聚酯树脂、玻璃纤维	轻质、高强、耐冲击、耐热、耐蚀、透光率高、制作简单	遮阳板、车站站台、售货亭、凉棚等屋面
	塑料瓦楞板	聚氯乙烯树脂、配合剂	轻质、高强、防水、耐蚀、透光率高、色彩鲜艳	凉棚、遮阳板、简易建筑屋面
	木质纤维波形瓦	木纤维、酚醛树脂防水剂	防水、耐热、耐寒	活动房屋、轻结构房屋屋面、车间、仓库、临时设施等屋面
	玻璃纤维沥青瓦	玻璃纤维薄毡、改性沥青	轻质、黏结性强、抗风化、施工方便	民用建筑波形屋面
轻型复合板材	EPS轻型板	彩色涂层钢板、自熄聚苯乙烯、热固化胶	集承重、保温、隔热、防水为一体，且施工方便	体育馆、展览厅、冷库等大跨度屋面结构
	硬质聚氨酯夹心板	镀锌彩色压型钢板、硬质聚氨酯泡沫塑料	集承重、保温、防水为一体，且耐候性极强	大型工业厂房、仓库、公共设施等大跨度屋面结构和高层建筑屋面结构

思考题

一、填空题

1. 目前所用的墙体材料有__________、__________和__________三大类。

2. 烧结普通砖具有__________、__________、__________和__________等缺点。

3. 岩石由于形成条件不同，可分为__________、__________和__________三大类。

4. 烧结普通砖的外型为直角六面体，其标准尺寸为__________。

二、不定项选择题

1. 下面__________不是加气混凝土砌块的特点。

A. 轻质　　B. 保温隔热

C. 加工性能好　　D. 韧性好

2. 利用煤矸石和粉煤灰等工业废渣烧砖，可以__________。

A. 减少环境污染　　B. 节约大片良田黏土

C. 节省大量燃料煤　　D. 大幅提高产量

3. 普通黏土砖评定强度等级的依据是__________。

A. 抗压强度的平均值　　B. 抗折强度的平均值

C. 抗压强度的单块最小值　　D. 抗折强度的单块最小值

三、判断题

1. 红砖在氧化气氛中烧得，青砖在还原气氛中烧得。（　　）

2. 白色大理石由多种造岩矿物组成。（　　）

3. 黏土质砂岩可用于水工建筑物。 （　　）

四、计算题

如何确定烧结普通砖的强度等级？某烧结普通砖的强度测定值见表7.19，试确定这批砖的强度等级。

表7.19　强度测定值

试件编号	抗压强度f_i	平均抗压强度$\overline{f}$	$(f_i-\overline{f})^2$	$\sum_{i=1}^{10}(f_i-\overline{f})^2$
1	16.6	$\overline{f}=\frac{1}{10}\sum_{i=1}^{10}f_i$		
2	18.2			
3	9.2			
4	17.6			
5	15.6			
6	20.1			
7	19.8			
8	21.0			
9	18.9			
10	19.2			
计算结果	$S=\sqrt{\frac{1}{9}\sum_{i=1}^{10}(f_i-\overline{f})^2}$ $\delta=\frac{S}{\overline{f}}$ $f_k=\overline{f}-1.8S$			
结论				

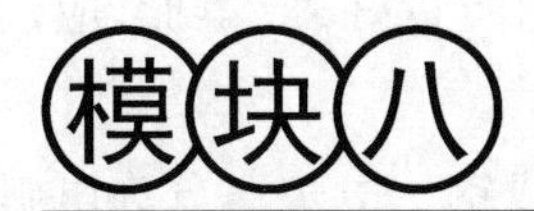

模块八 钢材

学习目标

1. 了解钢材的冶炼和分类，熟悉钢材的性能和特点；

2. 掌握钢材的力学性能、工艺性能，了解钢材的化学成分对钢材性能的影响（重点）；

3. 熟悉碳素结构钢和低合金结构钢的牌号表示方法、技术标准及选用；熟悉工程中常用的钢筋、钢丝、钢绞线并合理选用（重点）；

4. 了解钢材的锈蚀成因及防护方法；

5. 能够进行钢筋检测，并对检测结果进行判定；

6. 能够解决或解释工程中相关问题。

土木工程用钢材是一种重要的工程材料，包括各种型钢、钢板、钢管、钢筋和钢丝等。钢材是在严格的技术控制条件下生产的，品质均匀致密，抗拉、抗压、抗弯、抗剪切强度都很高。常温下能承受较大的冲击和振动荷载，有很好的韧性，加工性能良好，可以铸造、锻压、焊接、铆接和切割，便于装配，还可以通过热处理方法在很大范围内改变或控制钢材的性能。

采用各种型钢和钢板制作的钢结构，具有自重小、强度高的特点，适用于大跨度及多层结构。钢筋与混凝土组成的钢筋混凝土结构，虽然自重大，但节省钢材，且混凝土的保护作用克服了钢材易锈蚀、维护费用高的缺点。

8.1 钢的冶炼和分类

8.1.1 钢的冶炼

钢是以铁为主要元素，含碳量为0.02%~2.06%，并含有其他元素的铁碳合金。

钢的冶炼就是将熔融的生铁进行氧化，使碳的含量降低到规定范围，其他杂质含量也降低到允许范围之内。

（1）根据炼钢设备所用炉种不同，炼钢方法主要可分为平炉炼钢、氧气转炉炼钢和电炉炼钢三种。

①平炉炼钢。平炉是较早使用的炼钢炉种，它以熔融状或固体状生铁、铁矿石或废钢铁为原料，以煤气或重油为燃料，利用铁矿石中的氧或鼓入空气中的氧使杂质氧化。因为平炉的冶炼时间长，便于化学成分的控制和杂质的去除，所以平炉钢的质量较稳定，但由于炼制周期长、成本较高，此法逐渐被氧气转炉法取代。

②氧气转炉炼钢。以熔融的铁水为原料，由转炉顶部吹入高纯度氧气，能有效地去除有害杂质，并且冶炼时间短（20~40 min），生产效率高，因此氧气转炉钢质量好，成本低，应用广泛。

③电炉炼钢。以电为能源迅速将废钢、生铁等原料熔化，并精炼成钢。电炉又分为电弧炉、感应炉和电渣炉等。因为电炉熔炼温度高，便于调节控制，所以电炉钢的质量最好，主要用于冶炼优质碳素钢及特殊合金钢，但成本较高。

冶炼后的钢水中含有以 FeO 形式存在的氧，FeO 与碳作用生成 CO 气泡，并使某些元素产生偏析（分布不均匀），影响钢的质量。因此必须进行脱氧处理，方法是在钢水中加入锰铁、硅铁或铝等脱氧剂。由于锰、硅、铝与氧的结合能力大于氧与铁的结合能力，生成的 MnO、SiO_2、Al_2O_3 等氧化物成为钢渣而被排出。

（2）根据脱氧程度的不同，钢可分为沸腾钢、镇静钢和半镇静钢三种。

①沸腾钢。沸腾钢是脱氧不完全的钢。钢液注入钢锭模后，有大量 CO 气体外逸，引起钢液剧烈沸腾，故称沸腾钢。沸腾钢组织不够致密，化学元素偏析大，不均匀，所以质量较差，但成本低。

②镇静钢。镇静钢是脱氧充分的钢。钢液浇铸后平静地冷却凝固，故称镇静钢。镇静钢材质均匀致密，机械性能好、质量好，但成本较高。

③半镇静钢。半镇静钢脱氧程度和质量介于上述两者之间。

建筑钢材是将钢坯加热后经轧制而成的。热轧可使钢坯中的气孔焊合，使材质致密，提高钢材的强度和质量。

8.1.2 钢的分类

钢一般可按以下方式分类：

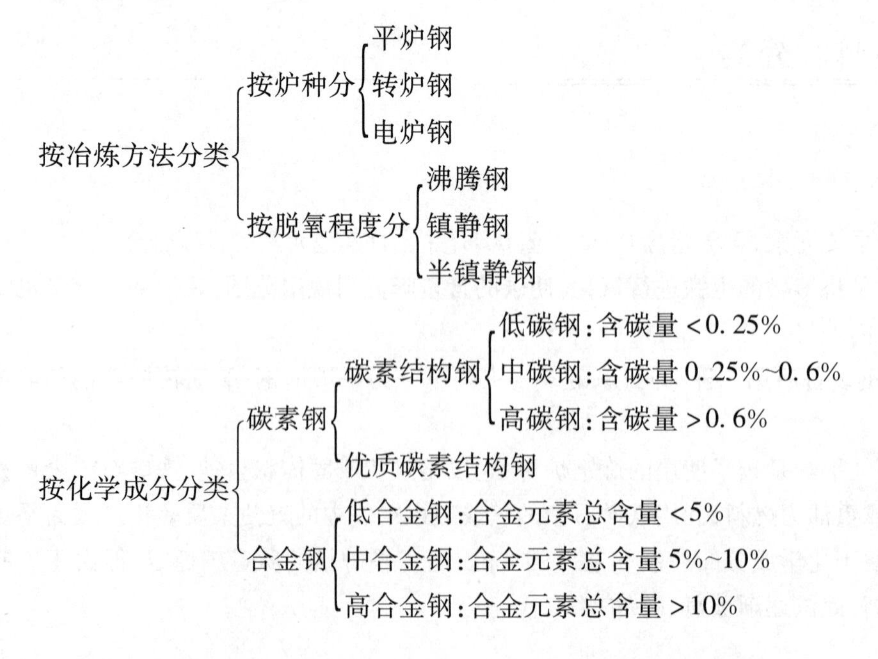

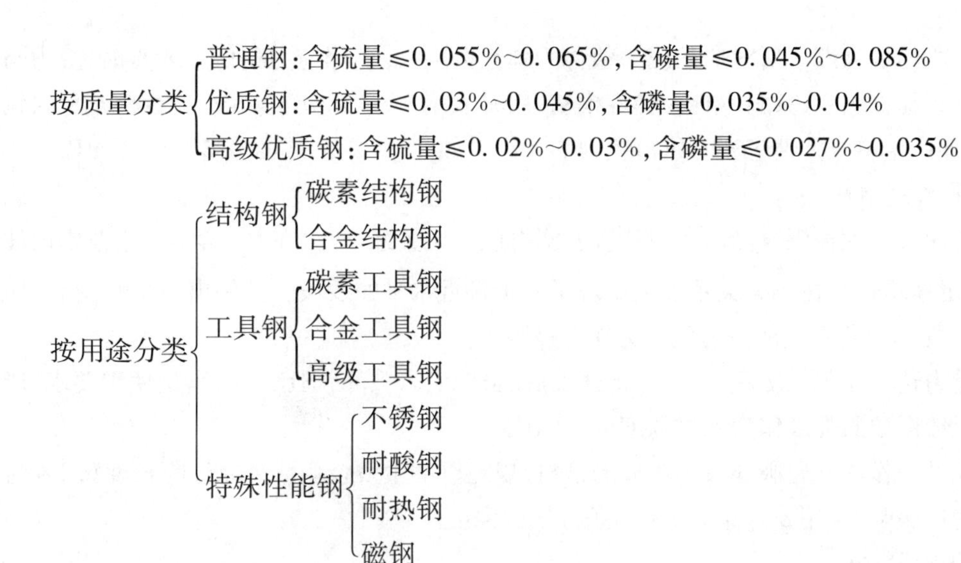

工程上所用的钢材，主要是碳素结构钢中的普通低碳钢和合金钢中的普通低合金结构钢。

8.2 钢材的主要性能

钢材的主要性能包括力学性能（抗拉性能、冲击韧性、疲劳强度、硬度等）和工艺性能（冷弯性能、冷加工性能、焊接性能等）。

8.2.1 抗拉性能

抗拉性能是建筑钢材的重要性能。由钢筋抗拉性能试验机测定的屈服强度、抗拉强度和伸长率是建筑钢材的重要技术指标。由低碳钢在拉伸过程中形成的应力-应变关系图（见图8.2）可知，低碳钢受拉过程可划分为以下四个阶段。

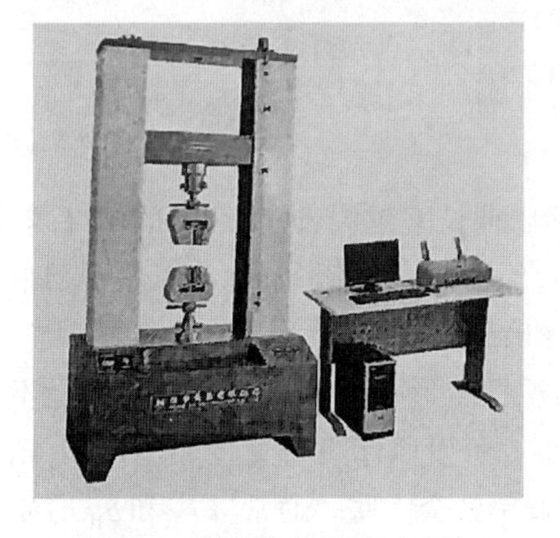

图8.1 钢筋抗拉性能试验机

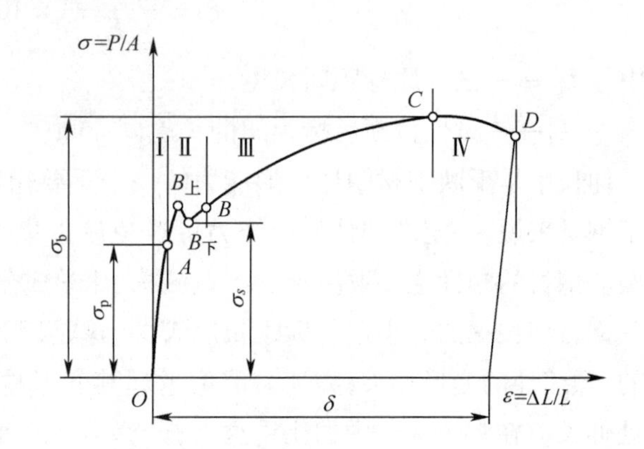

图8.2 低碳钢受拉的应力-应变图

1. 弹性阶段：*OA*

在 *OA* 范围内应力与应变成正比例关系，如果卸去外力，试件则恢复原来的形状，这个阶段称为弹性阶段。

弹性阶段的最高点 A 所对应的应力值称为弹性极限 σ_p 。当应力稍低于 A 点时，应力与应变呈线性正比例关系，其斜率称为弹性模量，用 E 表示，$E = \sigma/\varepsilon = \tan\alpha$。弹性模量反映钢材的刚度，即产生单位弹性应变时所需应力的大小。如 Q235 钢的 $E = 0.21 \times 10^6$ MPa。

2. 屈服阶段:*AB*

当应力超过弹性极限 σ_p 后，应力和应变不再成正比关系，应力在 $B_上$ 至 $B_下$ 小范围内波动，而应变迅速增长。在 σ-ε 关系图上出现了一个接近水平的线段。试件出现塑性变形，*AB* 称为屈服阶段，$B_下$ 所对应的应力值称为屈服极限 σ_s。

钢材受力达到屈服强度后，变形即迅速发展，虽然尚未破坏，但已不能满足使用要求，所以设计中一般以屈服强度作为钢材强度取值的依据。

对于在外力作用下屈服现象不明显的钢材，规定以产生残余变形为原标距长度 0.2% 时的应力作为屈服强度，用 $\sigma_{0.2}$ 表示，称为条件屈服强度。

3. 强化阶段:*BC*

当应力超过屈服强度后，由于钢材内部组织产生晶格扭曲、晶粒破碎等原因，阻止了塑性变形的进一步发展，钢材抵抗外力的能力重新提高。在 σ-ε 关系图上形成 *BC* 段的上升曲线，这一过程称为强化阶段。对应于最高点 *C* 的应力称为抗拉强度，用 σ_b 表示，它是钢材所能承受的最大应力。

钢材屈服强度与抗拉强度的比值:屈强比 σ_s/σ_b ;是评价钢材受力特征的一个参数，屈强比能反映钢材的利用率和结构安全可靠程度。屈强比 σ_s/σ_b 较小时，表示钢材的可靠性好，安全性高。但是，屈强比过小，钢材强度的利用率偏低，不够经济。合理的屈强比一般为 0.60~0.75。

4. 颈缩阶段:*CD*

当应力达到抗拉强度 σ_b 后，在试件薄弱处的断面将显著缩小，塑性变形急剧增加，产生颈缩现象并很快断裂。将断裂后的试件拼合起来，量出标距两端点间的距离，按下式计算出伸长率 δ 。

$$\delta = \frac{L_1 - L_0}{L_0} \times 100\%$$

式中　L_0 ——试件原标距间长度，mm；

　　　L_1——试件拉断后标距间的长度同，mm。

伸长率是反映钢材塑性变形能力的一个重要指标。伸长率越大，说明钢材的塑性越好。对于钢材来说，一定的塑性变形能力可避免应力集中，保证应力重新分布，从而保证钢材安全性。钢材的塑性主要取决于其组织结构、化学成分和结构缺陷等。

钢材伸长率的大小还与标距长度有关，这是因为塑性变形在试件标距内的分布是不均匀的，颈缩处的变形越大，离颈缩部位越远其变形越小。所以原标距与直径之比愈小，则颈缩处伸长值在整个标距中的比重愈大，计算出来的伸长率就会大些。通常以 δ_5 和 δ_{10} 分别表示 $L_0 = 5d_0$ 和 $L_0 = 10d_0$ 时的伸长率，d_0 为试件的直径。对于同一种钢材，δ_5 大于 δ_{10} 。

8.2.2 冲击韧性

冲击韧性是指钢材抵抗冲击荷载的能力。它是用试验机摆锤冲击带有 V 形缺口的标准试件的背面,将其折断后计算试件单位截面积上所消耗的功,作为钢材的冲击韧性指标,以 α_k 表示,单位为 J/cm^3。α_k 值越大,表明钢材的冲击韧性越好(见图 8.3)。

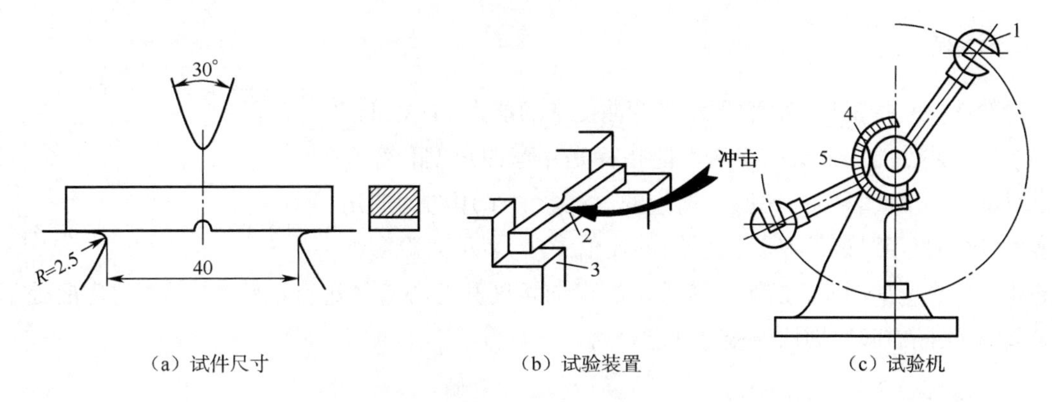

(a)试件尺寸　　(b)试验装置　　(c)试验机

1—摆锤;2—试件;3—试验台;4—刻度盘;5—指针。

图 8.3　冲击韧性试验图

影响钢材冲击韧性的因素很多,钢的化学成分、组织状态以及冶炼、轧制质量都会影响冲击韧性。如钢中磷、硫含量较高,存在偏析、非金属夹杂物和焊接中形成的微裂纹等都会使冲击韧性显著降低。

钢材冲击韧性随温度降低而下降,其规律是开始下降缓慢,当低于某一温度时则显著下降呈现脆性。这时的温度称为脆性转变温度。这个温度越低,说明钢材的低温抗冲击性能越好。所以在负温度条件下使用的结构,应当选用脆性转变温度较使用温度低的钢材。

8.2.3　疲劳强度

钢材在交变应力的反复作用下,往往在应力远小于其抗拉强度时就发生破坏,这种现象称为疲劳破坏。疲劳破坏的危险应力用疲劳极限来表示,它是指疲劳试验时试件在交变应力作用下,于规定周期基数内不发生断裂所能承受的最大应力。

钢材承受的交变应力越大,则钢材至断裂时经受的交变应力循环次数越少。当交变应力降低至某一定值时,钢材可经受交变应力循环达无限次而不发生疲劳破坏。对于钢材,通常取交变应力循环次数 1×10^7 时试件不发生破坏的最大应力作为其疲劳极限。

一般认为,钢材的疲劳破坏是由拉应力引起的,抗拉强度高,其疲劳极限也较高。钢材的疲劳极限与其内部组织和表面质量有关。设计承受交变荷载且须进行疲劳验算的结构时,应当了解所用钢材的疲劳强度。

8.2.4　硬度

硬度是指钢材抵抗较硬物体压入产生局部变形的能力。测定钢材硬度常用布氏法。

布氏法是用一直径为 D 的硬质钢球,在荷载 P(N)的作用下压入试件表面,经规定的时间后卸去荷载,用读数放大镜测出压痕直径 d,以压痕表面积(mm^2)除荷载 P,即为布氏硬度值 HB。HB 值越大，表示钢材越硬。布氏硬度测定示意图如图 8.4 所示。

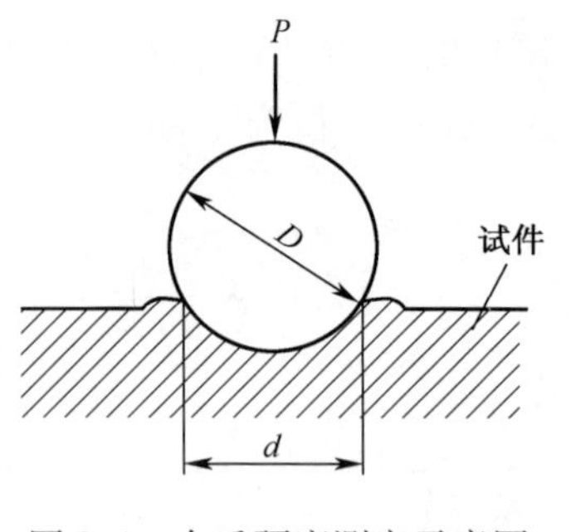

图 8.4　布氏硬度测定示意图

8.2.5　冷弯性能

冷弯性能是指钢材在常温下承受弯曲变形的能力，是建筑钢材的重要工艺性能。钢材的冷弯性能指标是用弯曲角度和弯心直径对试件厚度（直径）的比值来衡量的。试验时采用的弯曲角度愈大，弯心直径对试件厚度（直径）的比值愈小，表示对冷弯性能的要求愈高。如图 8.5 所示。按规定的弯曲角度和弯心直径进行试验时，试件的弯曲处不发生裂缝、裂断或起层即认为冷弯性能合格。

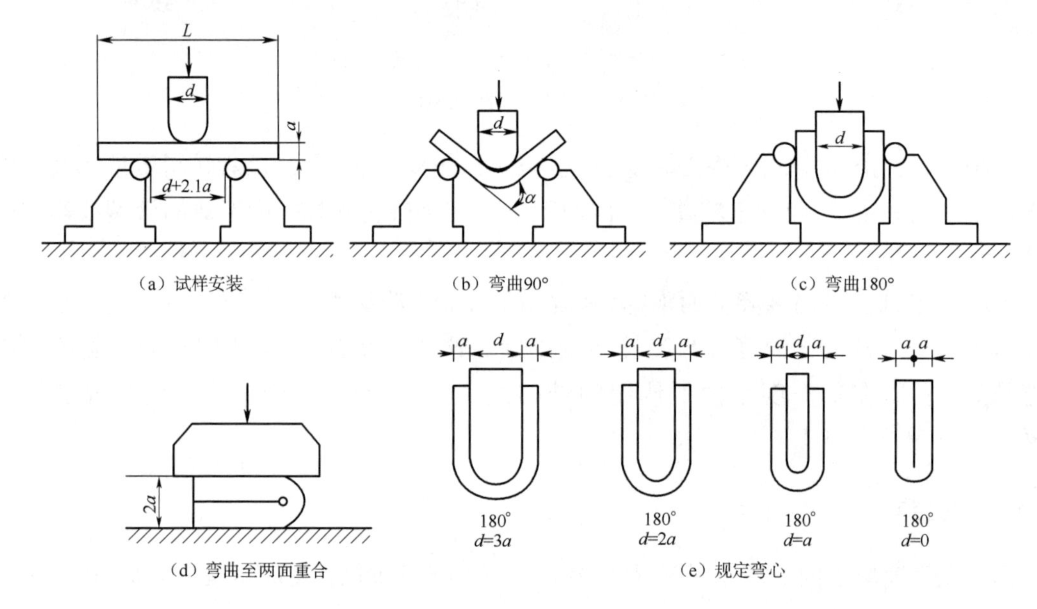

图 8.5　钢材冷弯

钢材的冷弯性能和伸长率都是塑性变形能力的反映。但伸长率是在试件轴向均匀变形条件下测定的，而冷弯性能则是在更严格条件下对钢材局部变形能力的检验，它可揭示钢材内部结构是否均匀，是否存在内应力和夹杂物等缺陷。工程中还可用冷弯试验来检验建筑钢材各种焊接接头的焊接质量。

8.2.6　钢材的冷加工

1. 钢材的冷加工及时效

钢材在常温下以超过其屈服强度但不超过抗拉强度的应力进行加工，产生一定塑性变形，屈服强度、硬度提高，而塑性、韧性及弹性模量降低，这种现象称为冷加工强化。钢材的冷加工方式有冷拉、冷拔和冷轧。

以钢筋的冷拉为例（见图 8.6），图中 $OBCD$ 为未经冷拉时的应力-应变曲线。将试件拉

至超过屈服点 B 的 K 点，然后卸去荷载，由于试件已经产生塑性变形，所以曲线沿 KO' 下降而不能回到原点。如将此试件立即重新拉伸，则新的应力-应变曲线为 $O'KCD$，即 K 点成为新的屈服点，屈服强度得到了提高。

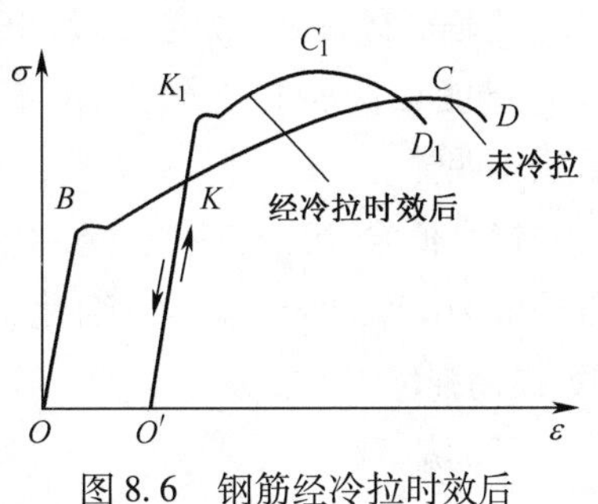

图 8.6　钢筋经冷拉时效后应力-应变图的变化

倘若从 K 点卸荷后，不立即重新拉伸，而是将试件在常温存放 15~20 d 或者加热至 100~200 ℃保持 2 h 左右，然后重新拉伸，其应力-应变曲线为 $O'KK_1C_1D_1$，钢筋屈服强度、抗拉强度及硬度都进一步提高，而塑性及韧性继续降低，弹性模量基本恢复，这种现象称为时效。前者称为自然时效，后者称为人工时效。钢材的时效是普遍而长期的过程，未经冷加工的钢材同样存在时效现象，但不如冷加工之后表现明显。

将冷加工处理后的钢筋，在常温下存放 15~20 d，或加热至 100~200 ℃后保持一定时间，其屈服强度进一步提高且抗拉强度也提高，同时塑性和韧性进一步降低，弹性模量则基本恢复，这个过程称为时效处理。

2. 冷加工在工程中的应用

工程中常采用对钢筋进行冷拉和对盘条、钢丝进行冷拔的方法，达到节约钢材的目的。钢筋冷拉后屈服强度可提高 15%~20%，冷拔后屈服强度可提高 40%~60%。

冷拔是将外形为光圆的盘条钢筋从硬质合金拔丝模孔中强行拉拔(见图 8.7)，由于模孔直径小于钢筋直径，钢筋在拔制过程中既受拉力又受挤压力，使强度大幅度提高，但塑性显著降低。

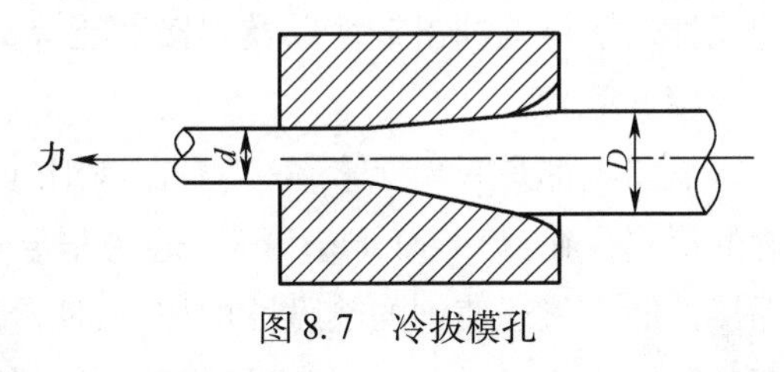

图 8.7　冷拔模孔

在建筑工程中，对于承受冲击、振动荷载的钢材，不得采用冷加工钢材。由于焊接的热影响会降低钢材的性能，因此冷加工钢材的焊接必须在冷加工前进行，不得在冷加工后进行焊接。

8.2.7　钢的化学成分对钢材性能的影响

钢中除铁、碳两种基本化学元素外，还含有一些其他的元素，它们对钢的性能和质量有一定的影响。

(1)碳

碳是决定钢材性能的主要元素。如图 8.8 所示，随着含碳量的增加，钢的强度和硬度提高，塑性和韧性下降。但当含碳量大于 1.0% 时，由于钢材变脆，强度反而下降。

钢材含碳量增高还会使焊接性能、耐锈蚀性能下降，并增加钢的冷脆性和时效敏感性。含碳量超过 0.3% 时钢的焊接性能显著降低。

(2)硅、锰

硅和锰都是炼钢时为了脱氧加入硅铁和锰铁而留在钢中的合金元素。加入硅和锰可以与钢中有害成分 FeO 和 FeS 分别形成 SiO_2、MnO 和 MnS 而随钢渣排出，起到脱氧、降硫的作用。

硅是钢的主要合金元素，其含量小于1%。硅能提高钢材的硬度，对塑性和韧性影响不明显。

锰是低合金结构钢的主要合金元素，含量一般为1%~2%。锰可以细化钢材晶体组织，提高强度。

(3)硫、磷

硫和磷是钢材中主要的有害元素。硫不熔于铁而以FeS的形式存在，FeS和Fe形成低熔点的共晶体。当钢材温度升至1 000 ℃以上进行热加工时，共晶体熔化，晶粒分离，使钢材沿晶界破裂，这种现象称为热脆性。热脆性严重降低了钢的热加工性和可焊性。

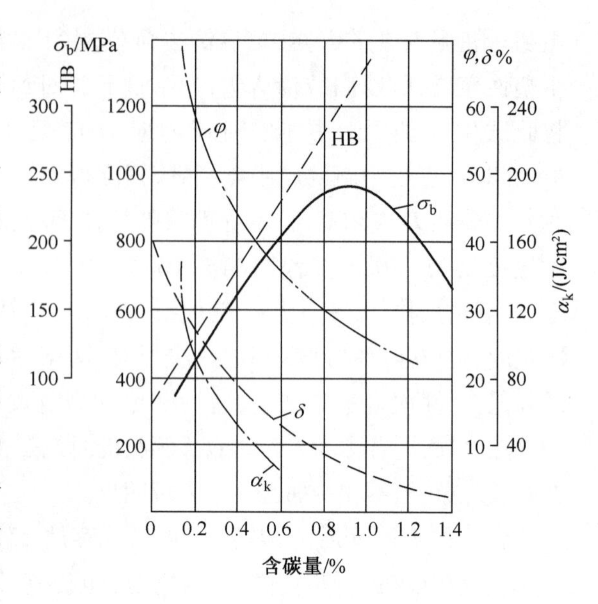

σ_b—抗拉强度；α_k—冲击韧性；

HB—硬度；δ—伸长率；φ—面积缩减率。

图8.8　含碳量对热轧碳素钢性质的影响

磷是由炼钢原料中带入的。磷能使钢的强度、硬度提高，但显著降低钢材的塑性和韧性，特别是低温状态的冲击韧性下降更为明显，使钢材容易脆裂，这种现象称为冷脆性。冷脆性使钢材的冲击韧性以及焊接性能等都下降。

(4)氧、氮

氧和氮都是有害元素，它们是在炼钢过程中进入钢液的。未除尽的氧、氮大部分以化合物的形式存在，如FeO、Fe_4N等。这些非金属化合物、夹杂物降低了钢材的强度、冷弯性能和焊接性能。氧还使钢的热脆性增加，氮使冷脆性及时效敏感性增加。当钢中存在少量的铝、铌、钒、钛等合金元素时，与氮形成氮化物，使晶粒细化，改善钢的性能，减少氮的不利影响。

(5)钛、钒、铌

钛、钒、铌是钢的合金元素，能改善钢的组织、细化晶粒、改善韧性，并显著提高强度。

8.3　钢材的技术标准及选用

土木工程中需要消耗大量的钢材。按用于不同的工程结构类型，钢材可分为：钢结构用钢，如各种型钢、钢板、钢管等；钢筋混凝土工程用钢，如各种钢筋和钢丝。按材质不同，钢材主要有普通碳素结构钢和低合金高强度结构钢，也用到优质碳素结构钢。

8.3.1　普通碳素结构钢

普通碳素结构钢简称碳素结构钢，化学成分主要是铁，其次是碳，故也称铁-碳合金。其含碳量为0.02%~2.06%，此外还含有少量的硅、锰和微量的硫、磷等元素。在各类钢中，碳素结构钢产量最大，用途最广泛。国家标准《碳素结构钢》(GB/T 700—2006)具体规定了它的牌号表示方法、技术要求、试验方法、检验规则等。

1. 碳素结构钢的牌号表示方法

碳素结构钢的牌号由代表屈服点的字母、屈服点数值、质量等级符号、脱氧程度符号四部分按顺序组成。碳素结构钢可分为 Q195、Q215、Q235 和 Q275 四个牌号。其中质量等级取决于钢内有害元素硫和磷的含量,其含量越少,钢的质量越好,其等级是随 A、B、C、D 顺序逐级提高的。其他各符号含义见表 8.1。

表 8.1　符号含义表

名　称	符　号	名　称	符　号
屈服强度	Q	镇静钢	Z
质量等级	A、B、C、D	特殊镇静钢	TZ
沸腾钢	F		

注:其中 Z 和 TZ 可省略不标。

如 Q235 AF 表示屈服强度为 235 MPa,质量等级为 A 级的沸腾钢。

2. 技术要求

碳素结构钢的化学成分、拉伸性能和冲击韧性、弯曲性能应分别符合表 8.2~表 8.4 的要求。

表 8.2　碳素结构钢的化学成分(GB/T 700—2006)

牌号	统一数字代号①	等级	厚度(或直径)/mm	脱氧方法	化学成分				
					C	Si	Mn	P	S
Q195	U11952	—	—	F、Z	0.12	0.30	0.50	0.035	0.040
Q215	U12152	A	—	F、Z	0.15	0.35	1.20	0.045	0.050
	U12155	B							0.045
Q235	U12352	A	—	F、Z	0.22	0.35	1.40	0.045	0.050
	U12355	B			0.20②				0.045
	U12358	C		Z	0.17			0.040	0.040
	U12359	D		TZ				0.035	0.035
Q275	U12752	A	—	F、Z	0.24	0.35	1.50	0.045	0.050
	U12755	B	≤40	Z	0.21			0.045	0.045
			>40		0.22				
	U12758	C	—	Z	0.20			0.040	0.040
	U12759	D		TZ				0.035	0.035

注:①表中为镇静钢、特殊镇静钢牌号的统一数字,沸腾钢牌号的统一数字代号如下:

Q195F-U11950;

Q215AF-U12150,Q215BF-U12153;

Q235AF-U12350,Q215BF-U12353;

Q275AF-U12750。

②经需方同意,Q235B 的含碳量可不大于 0.22%。

表 8.3　碳素结构钢的力学性能（GB/T 700—2006）

牌号	质量等级	拉伸试验												冲击试验（V 形缺口）	
		屈服强度①R_{eH}/(N/mm^2)						抗拉强度② R_m/(N/mm^2)	断后伸长率 A/%					温度/℃	冲击吸收功（纵向）/J
		钢材厚度（或直径）/mm							钢材厚度（或直径）/mm						
		≤16	>16~40	>40~60	>60~100	>100~150	>150~200		≤40	>40~60	>60~100	>100~150	>150~200		
Q195	—	≥195	≥185	—	—	—	—	315~430	≥33	—	—	—	—	—	—
Q215	A	≥215	≥205	≥195	≥185	≥175	≥165	335~450	≥31	≥30	≥29	≥27	≥26	—	—
	B													+20	≥27
Q235	A	≥235	≥225	≥215	≥215	≥195	≥185	370~500	≥26	≥25	≥24	≥22	≥21	—	—
	B													+20	≥27③
	C													0	
	D													-20	
Q275	A	≥275	≥265	≥255	≥245	≥225	≥215	410~540	≥22	≥21	≥20	≥18	≥17	—	—
	B													+20	≥27
	C													0	
	D													-20	

注：①Q195 的屈服强度值仅供参考，不作为交货条件。

②厚度大于 100 mm 的钢材，抗拉强度下限允许降低 20 N/mm^2。宽带钢（包括剪切钢板）抗拉强度上限不作为交货条件。

③厚度小于 25 mm 的 Q235B 级钢材，如供方能保证冲击吸收功值合格，经需方同意，可不作检验。

表 8.4　碳素结构钢的冷弯试验指标（GB/T 700—2006）

牌号	试样方向	冷弯试验 180°　$B=2a$①	
		钢材厚度（或直径）②/mm	
		≤60	>60~100
		弯心直径	
Q195	纵	0	—
	横	0.5a	
Q215	纵	0.5a	1.5a
	横	a	2a
Q235	纵	a	2a
	横	1.5a	2.5a
Q275	纵	1.5a	2.5a
	横	2a	3a

注：①B 为试样宽度，a 为试样厚度（或直径）。

②钢材厚度（或直径）大于 100 mm 时，弯曲试验由双方协商确定。

3. 碳素结构钢的选用

碳素结构钢随牌号的增大，含碳量增加，其强度和硬度提高，塑性和韧性降低，冷弯性能逐渐变差。Q195、Q215 号钢强度低，塑性和韧性较好，易于冷加工，常用于轧制薄板和盘条，制造钢钉、铆钉、螺栓及铁丝等。Q215 号钢经冷加工后可代替 Q35 号钢使用。

Q235 号钢是建筑工程中应用最广泛的钢，属低碳钢，具有较高的强度，良好的塑性、韧性及可焊性，综合性能好，能满足一般钢结构和钢筋混凝土用钢要求，且成本较低，大量被用作轧制各种型钢、钢板及钢筋。其中 Q235-A 级钢一般仅适用于承受静荷载作用的结构，Q235-C 和 Q235-D 级钢可用于重要的焊接结构，Q235-D 级钢含有足够的形成细晶粒的元素，同时对硫、磷有害元素控制严格，故其冲击韧性很好，具有较强的抗振动荷载的能力，尤其适宜在较低温度下使用。

Q275 号钢强度较高，但塑性、韧性较差，可焊性也差，不易焊接和冷弯加工，可用于轧制钢筋、作螺栓配件等，但更多用于机械零件和工具等。

受动荷载作用结构、焊接结构及低温下工作的结构，不能选用 A、B 质量等级钢及沸腾钢。

8.3.2 低合金高强度结构钢

低合金高强度结构钢是在碳素结构钢的基础上，添加少量的一种或几种合金元素（总含量小于 5%）的一种结构钢。所加元素主要有锰（Mn）、硅（Si）、钒（V）、钛（Ti）、铌（Nb）、铬（Cr）、镍（Ni）及稀土元素。低合金高强度结构钢综合性能较为理想，尤其在大跨度、承受动荷载和冲击荷载的结构中更适用，而且与使用碳素钢相比，可节约钢材 20%~30%，但成本并不很高。

国家标准《低合金高强度结构钢》（GB/T 1591—2018）规定了低合金结构钢的牌号及技术性质。

1. 低合金高强度结构钢的牌号表示方法

钢的牌号由代表屈服强度“屈”字的汉语拼音首字母 Q、规定的最小上屈服强度数值、交货状态代号、质量等级符号（B、C、D、E、F）四个部分组成。

注：1. 交货状态为热轧时，交货状态代号 AR 或 WAR 可省略；交货状态为正火或正火轧制状态时，交货状态代号均用 N 表示。

2. Q + 规定的最小上屈服强度数值 + 交货状态代号，简称为“钢级”。

示例：Q355ND。其中：

Q——钢的屈服强度的“屈”字汉语拼音的首字母；

355——规定的最小上屈服强度数值，单位为兆帕（MPa）；

N——交货状态为正火或正火轧制；

D——质量等级为 D 级。

2. 低合金高强度结构钢的技术要求

低合金高强度结构钢（热轧钢材）的化学成分应符合表 8.5 的要求，热轧钢材拉伸性能和伸长率应分别符合表 8.6 和表 8.7 的要求。

3. 低合金高强度结构钢的性能和应用

低合金高强度结构钢具有较高的强度，良好的塑性、韧性，良好的焊接性、耐蚀性和冷成形性，低的韧脆转变温度，适于冷弯和焊接。广泛用于桥梁、车辆、船舶、锅炉、高压容器和输油管等。

表 8.5　热轧钢的牌号及化学成分

<table>
<tr><th colspan="2">牌号</th><th colspan="14">化学成分(质量分数)/%</th></tr>
<tr><th rowspan="3">钢级</th><th rowspan="3">质量等级</th><th colspan="2">C①</th><th rowspan="3">Si</th><th rowspan="3">Mn</th><th rowspan="3">P③</th><th rowspan="3">S③</th><th rowspan="3">Nb④</th><th rowspan="3">V⑤</th><th rowspan="3">Ti⑤</th><th rowspan="3">Cr</th><th rowspan="3">Ni</th><th rowspan="3">Cu</th><th rowspan="3">Mo</th><th rowspan="3">N⑥</th><th rowspan="3">B</th></tr>
<tr><th colspan="2">以下公称厚度或直径/mm</th></tr>
<tr><th>≤40②</th><th>>40</th></tr>
<tr><td rowspan="3">Q355</td><td>B</td><td colspan="2">≤0. 24</td><td rowspan="3">≤0. 55</td><td rowspan="3">≤1. 60</td><td>≤0. 035</td><td>≤0. 035</td><td rowspan="3">—</td><td rowspan="3">—</td><td rowspan="3">—</td><td rowspan="3">≤0. 30</td><td rowspan="3">≤0. 30</td><td rowspan="3">≤0. 40</td><td rowspan="3">—</td><td rowspan="2">≤0. 012</td><td rowspan="3">—</td></tr>
<tr><td>C</td><td>≤0. 20</td><td>≤0. 22</td><td>≤0. 030</td><td>≤0. 030</td></tr>
<tr><td>D</td><td>≤0. 20</td><td>≤0. 22</td><td>≤0. 025</td><td>≤0. 025</td><td>—</td></tr>
<tr><td rowspan="3">Q390</td><td>B</td><td colspan="2" rowspan="3">≤0. 20</td><td rowspan="3">≤0. 55</td><td rowspan="3">≤1. 70</td><td>≤0. 035</td><td>≤0. 035</td><td rowspan="3">≤0. 05</td><td rowspan="3">≤0. 13</td><td rowspan="3">≤0. 05</td><td rowspan="3">≤0. 30</td><td rowspan="3">≤0. 50</td><td rowspan="3">≤0. 40</td><td rowspan="3">≤0. 10</td><td rowspan="3">≤0. 015</td><td rowspan="3">—</td></tr>
<tr><td>C</td><td>≤0. 030</td><td>≤0. 030</td></tr>
<tr><td>D</td><td>≤0. 025</td><td>≤0. 025</td></tr>
<tr><td rowspan="2">Q420⑦</td><td>B</td><td colspan="2" rowspan="2">≤0. 20</td><td rowspan="2">≤0. 55</td><td rowspan="2">≤1. 70</td><td>≤0. 035</td><td>≤0. 035</td><td rowspan="2">≤0. 05</td><td rowspan="2">≤0. 13</td><td rowspan="2">≤0. 05</td><td rowspan="2">≤0. 30</td><td rowspan="2">≤0. 80</td><td rowspan="2">≤0. 40</td><td rowspan="2">≤0. 20</td><td rowspan="2">≤0. 015</td><td rowspan="2">—</td></tr>
<tr><td>C</td><td>≤0. 030</td><td>≤0. 030</td></tr>
<tr><td>Q460⑦</td><td>C</td><td colspan="2">≤0. 20</td><td>≤0. 55</td><td>≤1. 80</td><td>≤0. 030</td><td>≤0. 030</td><td>≤0. 05</td><td>≤0. 13</td><td>≤0. 05</td><td>≤0. 30</td><td>≤0. 80</td><td>≤0. 40</td><td>≤0. 20</td><td>≤0. 015</td><td>≤0. 004</td></tr>
</table>

注:①公称厚度大于 100 mm 的型钢,碳含量可由供需双方协商确定。
②公称厚度大于 30 mm 的钢材,碳含量不大于 0. 22%。
③对于型钢和棒材,其磷和硫含量上限值可提高 0. 005%。
④Q390、Q420 最高可到 0. 07%,Q460 最高可到 0. 11%。
⑤最高可到 0. 20%。
⑥如果钢中酸溶铝 Als 含量不小于 0. 015% 或全铝 Alt 含量不小于 0. 020%,或添加了其他固氮合金元素,氮元素含量不作限制,固氮元素应在质量证明书中注明。
⑦仅适用于型钢和棒材。

表 8.6　热轧钢材的拉伸性能

牌号		上屈服强度 R_{eH}①/MPa									抗拉强度 R_{m}/MPa			
钢级	质量等级	公称厚度或直径/mm												
		≤16	>16～40	>40～63	>63～80	>80～100	>100～150	>150～200	>200～250	>250～400	≤100	>100～150	>150～250	>250～400
Q355	B、C	≥355	≥345	≥335	≥325	≥315	≥295	≥285	≥275	—	470～630	450～600	450～600	—
	D									≥265②				450～600②
Q390	B、C、D	≥390	≥380	≥360	≥340	≥340	≥320	—	—	—	490～650	470～620	—	—
Q420③	B、C	≥420	≥410	≥390	≥370	≥370	≥350	—	—	—	520～680	500～650	—	—
Q460③	C	≥460	≥450	≥430	≥410	≥410	≥390	—	—	—	550～720	530～700	—	—

注：①当屈服不明显时，可用规定塑性延伸强度 $R_{\mathrm{p0.2}}$ 代替上屈服强度。
②只适用于质量等级为 D 的钢板。
③只适用于型钢和棒材。

表 8.7　热轧钢材的伸长率

牌号		断后伸长率 A/%						
钢级	质量等级	公称厚度或直径/mm						
		试样方向	≤40	>40～63	>63～100	>100～150	>150～250	>250～400
Q355	B、C、D	纵向	≥22	≥21	≥20	≥18	≥17	≥17①
		横向	≥20	≥19	≥18	≥18	≥17	≥17①
Q390	B、C、D	纵向	≥21	≥20	≥20	≥19	—	—
		横向	≥20	≥19	≥19	≥18	—	—
Q420②	B、C	纵向	≥20	≥19	≥19	≥19	—	—
Q460②	C	纵向	≥18	≥17	≥17	≥17	—	—

注：①只适用于质量等级为 D 的钢板。
②只适用于型钢和棒材。

8.3.3　钢筋混凝土用钢筋、钢丝

1. 热轧钢筋

热轧钢筋按外形分为热轧光圆钢筋和热轧带肋钢筋两种。热轧光圆钢筋的横截面通常为圆形，且表面光滑；热轧带肋钢筋的横截面通常为圆形，且表面上有两条对称的纵肋和沿长度方向均匀分布的横肋。横肋的纵截面呈月牙形且与纵肋不相交的钢筋称为月牙肋钢筋，横肋的纵截面高度相等且与纵肋相交的钢筋称为等高肋钢筋，如图 8.9 所示。与光圆钢筋相比，带肋钢筋与混凝土之间的黏结力大，共同工作的性能更好。

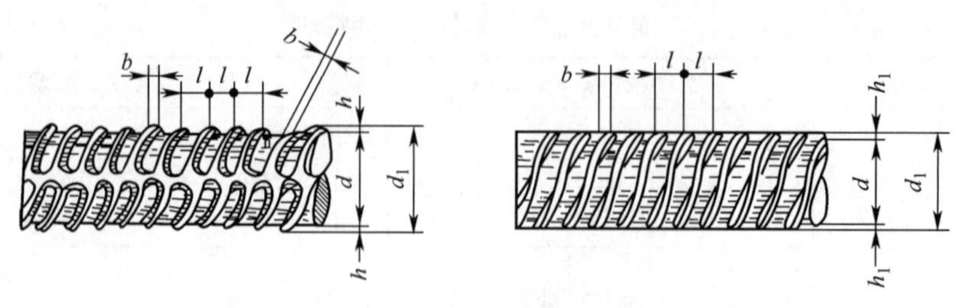

（a）等高肋钢筋

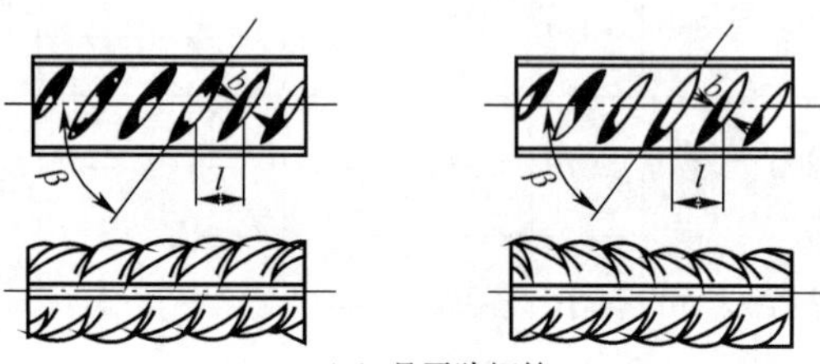

（b）月牙肋钢筋

图 8.9　热轧钢筋

热轧光圆钢筋可以是直条或盘卷，其公称直径为 6~22 mm，常用的有 6 mm、8 mm、10 mm、12 mm、16 mm、20 mm；热轧带肋钢筋通常是直条，也可以盘卷交货，每盘应是一条钢筋，钢筋的公称直径（与钢筋的公称横截面积相等的圆直径）为 6~50 mm，常用的有 6 mm、10 mm、12 mm、16 mm、20 mm、25 mm、32 mm、40 mm、50 mm。

（1）热轧钢筋的牌号和化学成分

国家标准《钢筋混凝土用钢　第 1 部分：热轧光圆钢筋》（GB/T 1499. 1—2017）及《钢筋混凝土用钢　第 2 部分：热轧带肋钢筋》（GB/T 1499. 2—2018）中规定，热轧光圆钢筋的牌号由 HPB 加屈服强度特征值构成，其中 HPB 是热轧光圆钢筋的英文 hot rolled plain bars 缩写；热轧带肋钢筋的牌号由 HRB 加屈服强度特征值构成，其中 HRB 是热轧带肋钢筋的英文 hot rolled ribbed bars 缩写；HRBF 是细晶粒热轧钢筋，F 是 fine 的英文缩写。热轧钢筋的牌号及化学成分应符合表 8. 8 的要求。

表 8. 8　热轧钢筋的化学成分

<table>
<tr><th rowspan="2">牌　号</th><th colspan="5">化学成分（质量分数）/%</th><th rowspan="2">碳当量
C_{eq}/%</th></tr>
<tr><th>C</th><th>Si</th><th>Mn</th><th>P</th><th>S</th></tr>
<tr><td>HRB400
HRBF400
HRB400E
HRBF400E</td><td rowspan="2">≤0. 25</td><td rowspan="3">≤0. 80</td><td rowspan="3">≤1. 60</td><td rowspan="3">≤0. 045</td><td rowspan="3">≤0. 045</td><td>≤0. 54</td></tr>
<tr><td>HRB500
HRBF500
HRB500E
HRBF500E</td><td>≤0. 55</td></tr>
<tr><td>HRB600</td><td>≤0. 28</td><td>≤0. 58</td></tr>
</table>

钢绞线具有强度高、与混凝土黏结好、断面面积大、使用根数少、在结构中排列布置方便、易于锚固等优点，主要用于大跨度大荷载的预应力屋架、薄腹梁等构件。

（2）热轧钢筋的力学性能和冷弯性能

热轧钢筋的力学性能和冷弯性能应符合表 8.9 的规定。其中力学性能指标包括下屈服强度 R_{eL}、抗拉强度 R_m、断后伸长率 A、最大力总伸长率 A_{gt}。冷弯性能按规定的弯心直径弯曲 180°后，钢筋受弯曲部位表面不得产生裂纹。

表 8.9　热轧钢筋的力学性能和冷弯性能

牌号	下屈服强度 R_{eL} /MPa	抗拉强度 R_m /MPa	断后伸长率 A /%	最大力总伸长率 A_{gt} /%	R_m^o/R_{eL}^o	R_{eL}^o/R_{eL}
HRB400 HRBF400	≥400	≥540	≥16	≥7.5	—	—
HRB400E HRBF400E			—	≥9.0	≥1.25	≤1.30
HRB500 HRBF500	≥500	≥630	≥15	≥7.5	—	—
HRB500E HRBF500E			—	≥9.0	≥1.25	≤1.30
HRB600	≥600	≥730	≥14	≥7.5	—	—

注：R_m^o 为钢筋实测抗拉强度；R_{eL}^o 为钢筋实测下屈服强度。

（3）热轧钢筋的应用

热轧光圆钢筋的强度较低，但塑性及焊接性能很好，便于各种冷加工，因而广泛用作普通钢筋混凝土构件的受力筋及各种钢筋混凝土结构的构造筋；HRB400 钢筋强度较高，塑性和焊接性能也较好，故广泛用作大、中型钢筋混凝土结构的受力钢筋；HRB500 钢筋强度高，但塑性和焊接性能较差，可用作预应力钢筋。

2. 冷轧带肋钢筋

冷轧带肋钢筋是低碳钢热轧圆盘条经冷轧后，在其表面带有沿长度方向均匀分布的三面或两面横肋的钢筋。

（1）冷轧带肋钢筋的牌号表示方法与技术要求

冷轧带肋钢筋的牌号由 CRB 和钢筋的抗拉强度最小值构成。C、R、B 分别为冷轧（cold rolled）、带肋（ribbed）、钢筋（bars）三个词的英文首位字母。钢筋分为 CRB550、CRB650、CRB800、CRB600H、CRB680H 和 CRB800H 六个牌号。CRB550、CRB600H 为普通钢筋混凝土用钢筋，CRB650、CRB800、CRB800H 为预应力混凝土用钢筋，CRB680H 既可作为普通钢筋混凝土用钢筋，也可作为预应力混凝土用钢筋使用。CRB550、CRB600H、CRB680H 钢筋的公称直径范围为 4~12 mm。CRB650 及以上牌号钢筋的公称直径为 4 mm、5 mm、6 mm。

冷轧带肋钢筋的力学性能和工艺性能应符合表 8.10 的规定。

表 8.10　冷轧带肋钢筋的力学性能和工艺性能(GB/T 13788—2017)

分类	牌号	规定塑性延伸强度 $R_{p0.2}$ /MPa	抗拉强度 R_m /MPa	$R_m/R_{p0.2}$	断后伸长率/%		最大力总伸长率/%	弯曲试验180°	反复弯曲次数	应力松弛初始应力应相当于公称抗拉强度的70%
					A	A_{100mm}	A_{gt}			1 000 h/%
普通钢筋混凝土用	CRB550	≥500	≥550	≥1.05	≥11.0	—	≥2.5	$D=3d$	—	—
	CRB600H	≥540	≥600	≥1.05	≥14.0	—	≥5.0	$D=3d$	—	—
	CRB680H	≥600	≥680	≥1.05	≥14.0	—	≥5.0	$D=3d$	4	≤5
预应力混凝土用	CRB650	≥585	≥650	≥1.05	—	≥4.0	≥2.5	—	3	≤8
	CRB800	≥720	≥800	≥1.05	—	≥4.0	≥2.5	—	3	≤8
	CRB800H	≥720	≥800	≥1.05	—	≥7.0	≥4.0	—	4	≤5

(2)冷轧带肋钢筋的应用

冷轧带肋钢筋既具有冷拉钢筋强度高的特点,同时又具有很强的握裹力,混凝土对冷轧带肋钢筋的握裹力是同直径冷拔低碳钢丝的3~6倍,大大提高了构件的整体强度和抗震能力。这种钢筋适用于中、小型预应力混凝土结构构件和普通钢筋混凝土结构构件。

3. 预应力混凝土用钢棒

预应力混凝土用钢棒指预应力混凝土用光圆钢棒、螺旋槽钢棒、螺旋肋钢棒、带肋钢棒四种。它是用低合金钢热轧圆盘条经冷加工后(或不经冷加工)淬火和回火所得钢棒(热轧盘条经加热到奥氏体化温度后快速冷却,然后在相变温度以下加热进行回火所得钢棒)。

根据国家标准《预应力混凝土用钢棒》(GB/T 5223.3—2017),预应力混凝土用钢棒的公称直径、横截面积、质量应符合规定,应进行拉伸试验、弯曲试验、应力松弛试验的检验。钢棒的力学性能和工艺性能见表8.11。

表 8.11　钢棒的力学性能和工艺性能

表面形状类型	公称直径 D_n/mm	抗拉强度 R_m/MPa	规定塑性延伸强度 $R_{p0.2}$/MPa	弯曲性能		应力松弛性能	
				性能要求	弯曲半径/mm	初始应力为公称抗拉强度的百分数/%	1 000 h应力松弛率 r/%
光圆	6	≥1 080	≥930	反复弯曲不小于4次	15	60	≤1.0
	7	≥1 230	≥1 080		20	70	≤2.0
	8	≥1 420	≥1 280		20	80	≤4.5
	9	≥1 570	≥1 420		25		
	10				25		
	11			弯曲160°~180°后弯曲处无裂纹	弯曲压头直径为钢棒公称直径的10倍		
	12						
	13						
	14						
	15						
	16						

续表

<table>
<tr><th rowspan="2">表面形状类型</th><th rowspan="2">公称直径 D_n/mm</th><th rowspan="2">抗拉强度 R_m/MPa</th><th rowspan="2">规定塑性延伸强度 $R_{p0.2}$/MPa</th><th colspan="2">弯曲性能</th><th colspan="2">应力松弛性能</th></tr>
<tr><th>性能要求</th><th>弯曲半径/mm</th><th>初始应力为公称抗拉强度的百分数/%</th><th>1 000 h 应力松弛率 r/%</th></tr>
<tr><td rowspan="5">螺旋槽</td><td>7.1</td><td>≥1 080</td><td>≥930</td><td rowspan="5" colspan="2">—</td><td>60</td><td>≤1.0</td></tr>
<tr><td>9.0</td><td>≥1 230</td><td>≥1 080</td><td>70</td><td>≤2.0</td></tr>
<tr><td>10.7</td><td>≥1 420</td><td>≥1 280</td><td>80</td><td>≤4.5</td></tr>
<tr><td>12.6</td><td>≥1 570</td><td>≥1 420</td><td rowspan="21"></td><td rowspan="21"></td></tr>
<tr><td>14.0</td><td></td><td></td></tr>
<tr><td rowspan="13">螺旋肋</td><td>6</td><td>≥1 080</td><td>≥930</td><td rowspan="5">反复弯曲不小于4 次/180°</td><td>15</td></tr>
<tr><td>7</td><td>≥1 230</td><td>≥1 080</td><td>20</td></tr>
<tr><td>8</td><td>≥1 420</td><td>≥1 280</td><td>20</td></tr>
<tr><td>9</td><td>≥1 570</td><td>≥1 420</td><td>25</td></tr>
<tr><td>10</td><td rowspan="5"></td><td rowspan="5"></td><td>25</td></tr>
<tr><td>11</td><td rowspan="8">弯曲160°～180°后弯曲处无裂纹</td><td rowspan="8">弯曲压头直径为钢棒公称直径的10 倍</td></tr>
<tr><td>12</td></tr>
<tr><td>13</td></tr>
<tr><td>14</td></tr>
<tr><td>16</td><td>≥1 080</td><td>≥930</td></tr>
<tr><td>18</td><td>≥1 270</td><td>≥1 140</td></tr>
<tr><td>20</td><td rowspan="2"></td><td rowspan="2"></td></tr>
<tr><td>22</td></tr>
<tr><td rowspan="6">带肋钢棒</td><td>6</td><td>≥1 080</td><td>≥930</td><td rowspan="6" colspan="2">—</td></tr>
<tr><td>8</td><td>≥1 230</td><td>≥1 080</td></tr>
<tr><td>10</td><td>≥1 420</td><td>≥1 280</td></tr>
<tr><td>12</td><td>≥1 570</td><td>≥1 420</td></tr>
<tr><td>14</td><td rowspan="2"></td><td rowspan="2"></td></tr>
<tr><td>16</td></tr>
</table>

由于预应力混凝土用钢棒具有高强度、良好的韧性、低松弛性、与混凝土握裹力强、良好的可焊接性等特点，特别适用于预应力混凝土构件，广泛用于港口、水利工程、桥梁、铁路轨枕及高层建筑管桩基础等工程。

4. 预应力混凝土用钢丝

(1)分类及代号

国家标准《预应力混凝土用钢丝》(GB/T 5223—2014)规定，预应力混凝土用钢丝按张拉状态分为冷拉钢丝(代号 WCD)和低松驰钢丝两类(WLR)。

冷拉钢丝是用盘条通过拔丝模或轧辊经冷加工而成的产品，是以盘卷供货的钢丝。低松驰钢丝是指钢丝在塑性变形下(轴应变)进行短时热处理而得到的，普通松驰钢丝是指钢丝通过矫直工序后在适当温度下进行短时热处理而得到的。

预应力混凝土用钢丝按外形分为光圆钢丝（代号为P）、螺旋肋钢丝（代号为H）和刻痕钢丝（代号为I）三种。螺旋肋钢丝表面沿着长度方向上有规则间隔的肋条，如图8.10所示。刻痕钢丝表面沿着长度方向上有规则间隔的压痕，如图8.11所示。刻痕钢丝和螺旋肋钢丝与混凝土的黏结力好。

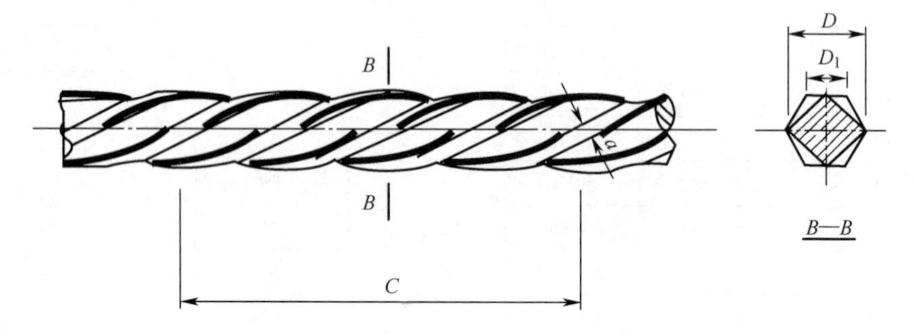

图8.10　螺旋肋钢丝外形示意图

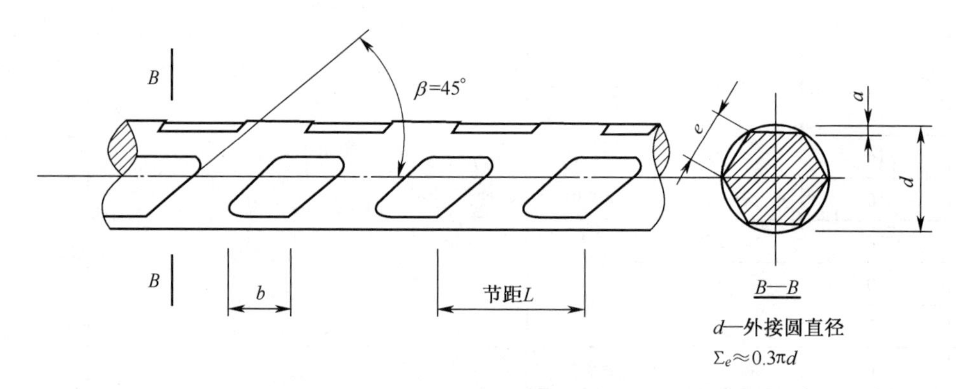

图8.11　三面刻痕钢丝外形示意图

（2）预应力混凝土用钢丝的力学性能

压力管道用冷拉钢丝的力学性能应符合表8.12的规定，消除应力的光圆、螺旋肋、刻痕钢丝的力学性能应符合表8.13的规定。

表8.12　压力管道用冷拉钢丝的力学性能

公称直径 d_n/mm	公称抗拉强度 R_m/MPa	最大力的特征值 F_m/kN	最大力的最大值 $F_{m,max}$/kN	0.2%屈服力 $F_{p0.2}$/kN	每210 mm扭矩的扭转次数 N	断面收缩率 Z/%	氢脆敏感性能负载为70%最大力时，断裂时间 t/h	应力松弛性能初始力为最大力70%时，1 000 h应力松弛率 r/%
4.00	1 470	18.48	20.99	≥13.86	≥10	≥35	≥75	≤7.5
5.00		28.86	32.79	≥21.65	≥10	≥35		
6.00		41.56	47.21	≥31.17	≥8	≥30		
7.00		56.57	64.27	≥42.42	≥8	≥30		
8.00		73.88	83.93	≥55.41	≥7	≥30		
4.00	1 570	19.73	22.24	≥14.80	≥10	≥35		

续表

公称直径 d_n/mm	公称抗拉强度 R_m/MPa	最大力的特征值 F_m/kN	最大力的最大值 $F_{m,max}$/kN	0.2% 屈服力 $F_{p0.2}$/kN	每210 mm扭矩的扭转次数 N	断面收缩率 Z/%	氢脆敏感性能负载为70%最大力时，断裂时间 t/h	应力松弛性能初始力为最大力70%时，1 000 h应力松弛率 r/%
5.00	1 570	30.82	34.75	≥23.11	≥10	≥35	≥75	≤7.5
6.00		44.38	50.03	≥33.29	≥8	≥30		
7.00		60.41	68.11	≥45.31	≥8	≥30		
8.00		78.91	88.96	≥59.18	≥7	≥30		
4.00	1 670	20.99	23.50	≥15.74	≥10	≥35		
5.00		32.78	36.71	≥24.59	≥10	≥35		
6.00		47.21	52.86	≥35.41	≥8	≥30		
7.00		64.26	71.96	≥48.20	≥8	≥30		
8.00		83.93	93.99	≥62.95	≥6	≥30		
4.00	1 770	22.25	24.76	≥16.69	≥10	≥35		
5.00		34.75	38.68	≥26.06	≥10	≥35		
6.00		50.04	55.69	≥37.53	≥8	≥30		
7.00		68.11	75.81	≥51.08	≥6	≥30		

表 8.13　消除应力光圆及螺旋肋钢丝的力学性能

公称直径 d_n/mm	公称抗拉强度 R_m/MPa	最大力的特征值 F_m/kN	最大力的最大值 $F_{m,max}$/kN	0.2% 屈服力 $F_{p0.2}$/kN	最大力总伸长率 (L_0 = 200 mm) A_{gt}/%	反复弯曲性能		应力松弛性能	
						弯曲次数/(次/180°)	弯曲半径 R/mm	初始力相当于实际最大力的百分数/%	1 000 h应力松弛率 r/%
4.00	1 470	18.48	20.99	≥16.22		≥3	10		
4.80		26.61	30.23	≥23.35		≥4	15		
5.00		28.86	32.78	≥25.32		≥4	15		
6.00		41.56	47.21	≥36.47		≥4	15		
6.25		45.10	51.24	≥39.58		≥4	20		
7.00		56.57	64.26	≥49.64		≥4	20		
7.50		64.94	73.78	≥56.99		≥4	20	70	≤2.5
8.00		73.88	83.93	≥64.84		≥4	20		
9.00		93.52	106.25	≥82.07		≥4	25	80	≤4.5
9.50		104.19	118.37	≥91.44		≥4	25		
10.00		115.45	131.16	≥101.32		≥4	25		
11.00		139.69	158.70	≥122.59		—	—		
12.00		166.26	188.88	≥145.90		—	—		
4.00	1 570	19.73	22.24	≥17.37		≥3	10		
4.80		28.41	32.03	≥25.00		≥4	15		

续表

公称直径 d_n/mm	公称抗拉强度 R_m/MPa	最大力的特征值 F_m/kN	最大力的最大值 $F_{m,max}$/kN	0.2%屈服力 $F_{p0.2}$/kN	最大力总伸长率（L_0=200 mm）A_{gt}/%	反复弯曲性能		应力松弛性能	
						弯曲次数/（次/180°）	弯曲半径 R/mm	初始力相当于实际最大力的百分数/%	1 000 h应力松弛率 r/%
5.00	1 570	30.82	34.75	≥27.12	≥3.5	≥4	15		
6.00		44.38	50.03	≥39.06		≥4	15		
6.25		48.17	54.31	≥42.39		≥4	20		
7.00		60.41	68.11	≥53.16		≥4	20		
7.50		69.36	78.20	≥61.04		≥4	20		
8.00		78.91	88.96	≥69.44		≥4	20		
9.00		99.88	112.60	≥87.89		≥4	25		
9.50		111.28	125.46	≥97.93		≥4	25		
10.00		123.31	139.02	≥108.51		≥4	25		
11.00		149.20	168.21	≥131.30		—	—		
12.00		177.57	200.19	≥156.26		—	—		
4.00	1 670	20.99	23.50	≥18.47		≥3	10	70	≤2.5
5.00		32.78	36.71	≥28.85		≥4	15		
6.00		47.21	52.86	≥41.54		≥4	15		
6.25		51.24	57.38	≥45.09		≥4	20		
7.00		64.26	71.96	≥56.55		≥4	20	80	≤4.5
7.50		73.78	82.62	≥64.93		≥4	20		
8.00		83.93	93.98	≥73.86		≥4	20		
9.00		106.25	118.97	≥93.50		≥4	25		
4.00	1 770	22.25	24.76	≥19.58		≥3	10		
5.00		34.75	38.68	≥30.58		≥4	15		
6.00		50.04	55.69	≥44.03		≥4	15		
7.00		68.11	75.81	≥59.94		≥4	20		
7.50		78.20	87.04	≥68.81		≥4	20		
4.00	1 860	23.38	25.89	≥20.57		≥3	10		
5.00		36.51	40.44	≥32.13		≥4	15		
6.00		52.58	58.23	≥46.27		≥4	15		
7.00		71.57	79.27	≥62.98		≥4	20		

（3）预应力混凝土用钢丝的应用

预应力混凝土用钢丝质量稳定、安全可靠、强度高、无接头、施工方便，主要用于大跨度的屋架、薄腹架、吊车梁或桥梁等大型预应力混凝土构件，还可用于轨枕、压力管道等预应力混凝土构件。

5. 预应力混凝土用钢绞线

预应力混凝土用钢绞线是由冷拉光圆钢丝及刻痕钢丝捻制的用于预应力混凝土结构的

钢绞线。国家标准《预应力混凝土用钢绞线》(GB/T 5224—2023)规定,钢绞线分为标准型钢绞线、刻痕钢绞线、模拔型钢绞线三种。标准型钢绞线是由冷拉光圆钢丝捻制成的钢绞线,刻痕钢绞线是由刻痕钢丝捻制成的钢绞线,模拔型钢绞线是捻制后再经冷拔制成的钢绞线。

钢绞线通用结构分为九类,其代号如下:

用两根冷拉光圆钢丝捻制成的标准型钢绞线	1×2
用三根冷拉光圆钢丝捻制成的标准型钢绞线	1×3
用三根含有刻痕钢丝捻制成的刻痕钢绞线	1×3I
用七根冷拉光圆钢丝捻制成的标准型钢绞线	1×7
用六根含有刻痕钢丝和一根冷拉光圆中心钢丝捻制成的刻痕钢绞线	1×7I
用六根含有螺旋肋钢丝和一根冷拉光圆中心钢丝捻制成的螺旋肋钢绞线	1×7H
用七根冷拉光圆钢丝捻制后再经冷拔成的模拔型钢绞线	(1×7)C
用十九根冷拉光圆钢丝捻制成的1+9+9西鲁式钢绞线	1×19S
用十九根冷拉光圆钢丝捻制成的1+6+6/6瓦林吞式钢绞线	1×19W

1×2、1×3、1×7结构钢绞线的外形如图8.12所示,钢绞线的尺寸及其允许偏差应符合国家标准《预应力混凝土用钢绞线》(GB/T 5224—2023)的规定。钢绞线按盘卷供应,盘重一般不小于1 000 kg,盘卷内径不小于750 mm,盘卷宽度为(750±50)mm或(650±50)mm。

预应力钢绞线标记包含下列内容:预应力钢绞线、结构代号、公称直径、强度级别、标准编号。如公称直径为15.20 mm,强度级别为1 860 MPa的七根冷拉光圆钢丝捻制成的标准型钢绞线,其标记为:预应力钢绞线1×7-15.20-1860-GB/T 5224—2023。

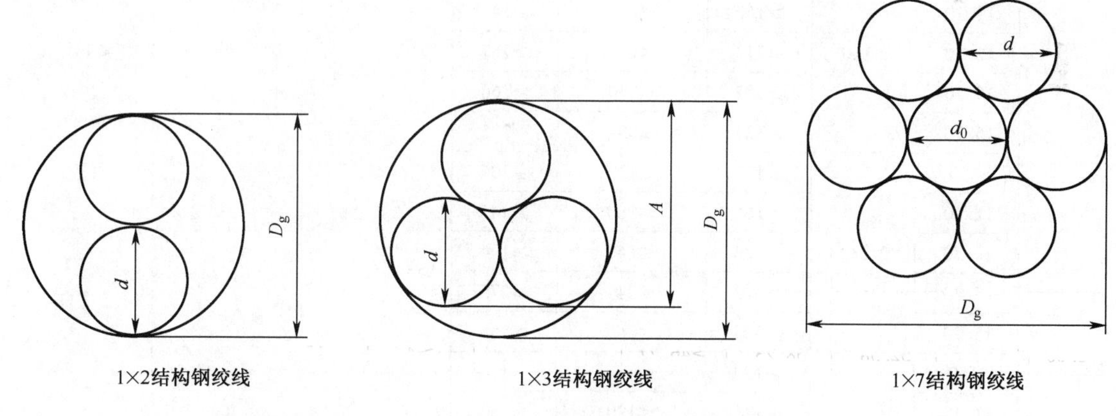

D_g—钢绞线直径(mm);d_0—中心钢丝直径(mm);d—外层钢丝直径(mm);

A—1×3结构钢绞线测量尺寸(mm)。

图8.12 预应力钢绞线截面图

钢绞线的力学性能应符合标准规定,1×7结构钢绞线力学性能见表8.14。

钢绞线具有强度高、与混凝土黏结好、断面面积大、使用根数少、在结构中排列布置方便、易于锚固等优点,主要用于大跨度大荷载的预应力屋架、薄腹梁等构件。

表 8.14　1×7 结构钢绞线力学性能（GB/T 5224—2023）

钢绞线结构	钢绞线公称直径 D_n/mm	公称抗拉强度 R_m/MPa	整根钢绞线最大力 F_m/kN	整根钢绞线最大力的最大值 $F_{m,max}$/kN	0.2% 屈服力 $F_{p0.2}$/kN	最大力总伸率（L_0≥500 mm）A_{gt}/%	应力松弛性能	
							初始负荷相当于实际最大力的百分数/%	1 000 h 应力松弛率 r/%
1×7 1×7I 1×7H	21.60	1 770	≥504	≤561	≥444	对所有直径	对所有直径	对所有直径
	9.50	1 860	≥102	≤113	≥89.8			
	11.10		≥138	≤153	≥121			
	12.70		≥184	≤203	≥162			
	15.20		≥260	≤288	≥229			
	15.70		≥279	≤309	≥246			
	17.80		≥355	≤391	≥311			
	18.90		≥409	≤453	≥360			
	21.60		≥530	≤587	≥466			
1×7	9.50	1 960	≥107	≤118	≥94.2			
	11.10		≥145	≤160	≥128			
	12.70		≥193	≤213	≥170			
	15.20		≥274	≤302	≥241			
	15.70		≥294	≤324	≥259			
	17.80		≥374	≤413	≥329			
	18.90		≥431	≤475	≥379		70	≤2.5
	21.60		≥559	≤616	≥492			
	9.50	2 160	≥118	≤129	≥104	≥3.5		
	11.10		≥160	≤175	≥141			
	12.70		≥213	≤233	≥187		80	≤4.5
	15.20		≥302	≤330	≥266			
	15.70		≥324	≤354	≥285			
	9.50	2 230	≥122	≤133	≥107			
	11.10		≥165	≤180	≥145			
	12.70		≥220	≤240	≥194			
	15.20		≥312	≤340	≥275			
	15.70		≥335	≤365	≥295			
	9.50	2 360	≥129	≤140	≥114			
	11.10		≥175	≤190	≥154			
	12.70		≥233	≤253	≥205			
	15.20		≥330	≤358	≥290			
（1×7）C	12.70	1 860	≥208	≤231	≥183			
	15.20	1 820	≥300	≤333	≥264			
	18.00	1 720	≥384	≤428	≥338			

注：0.2% 屈服力 $F_{p0.2}$ 值应为整根钢绞线实际最大力 F_{max} 的 88%～95%。

8.4 钢材的腐蚀与防护

钢材的腐蚀是指钢材的表面与周围介质发生化学作用或电化学作用遭到侵蚀而破坏的过程。腐蚀不仅造成钢材的受力截面减小、表面不平整、应力集中、降低钢材的承载能力，而且当钢材受到冲击荷载、循环交变荷载作用时，将产生腐蚀疲劳现象，使钢材疲劳强度大为降低，尤其是显著降低钢材的冲击韧性，使钢材出现脆性断裂。此外，混凝土中的钢筋腐蚀后，产生体积膨胀，使混凝土顺筋开裂。钢筋锈蚀已成为导致钢筋混凝土建筑物耐久性不足，过早破坏的主要原因，是世界普遍关注的一大灾害。为了确保钢材在工作过程中不产生腐蚀，必须采取必要的防腐措施。

8.4.1 钢材的腐蚀

根据钢材腐蚀的作用机理不同，一般把钢材的腐蚀分为化学腐蚀和电化学腐蚀两类。

(1)化学腐蚀

化学腐蚀是指钢材直接与周围介质发生化学反应而产生的腐蚀。这种腐蚀多数是氧化作用，使钢材表面形成疏松的铁氧化物。在干燥的环境下，腐蚀进展缓慢，但在温度或湿度较高的环境条件下，这种腐蚀进展加快。

(2)电化学腐蚀

电化学腐蚀是指钢材与电解质溶液相接触而产生电流，形成原电池作用而发生的腐蚀。钢材本身含有铁、碳等多种成分，由于这些成分的电极电位不同，形成原电池的两个极。在潮湿的空气中，钢材表面覆盖一层薄的水膜。在阳极区，铁被氧化成 Fe^{2+} 离子进入水膜，因为水中溶有来自空气中的氧，故在阴极区氧被还原为 OH^- 离子，Fe^{2+} 和 OH^- 离子结合成为不溶于水的 $Fe(OH)_2$，并进一步氧化成为疏松易剥落的红棕色铁锈。图 8.13 所示为钢筋在混凝土中的腐蚀过程。

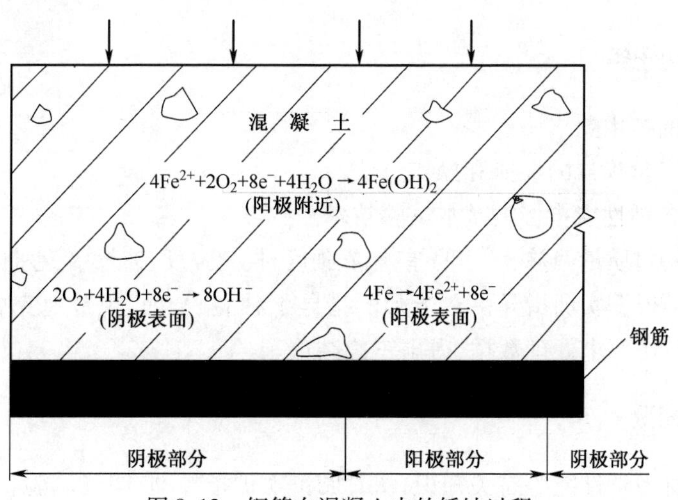

图 8.13 钢筋在混凝土中的锈蚀过程

电化学腐蚀是钢材主要的腐蚀形式。

8.4.2 钢材的防护(钢材的防腐和防火)

为确保钢材在使用中不被腐蚀,应根据钢材的使用状态及腐蚀环境采取以下措施:

(1)保护层法

利用保护层使钢材与周围介质隔离,从而避免或减缓外界腐蚀性介质对钢材的腐蚀作用。例如,在钢材的表面喷刷涂料、搪瓷、塑料等,或以金属镀层作为保护膜,如锌、锡、铬等,如图 8.14 所示。

(a)铁艺涂塑钢筋防腐

(b)环氧防腐钢筋

(c)镀锌钢管

图 8.14 钢材防腐

(2)制成合金钢

在钢中加入合金元素铬、镍、钛、铜等,制成不锈钢,可以提高钢材的耐腐蚀能力。

对于钢筋混凝土中的钢筋,防止其腐蚀的经济有效的方法是严格控制混凝土的质量,使其具有较高的密实度和碱度,施工时确保钢筋有足够的保护层,防止空气和水分进入而产生电化学腐蚀,同时严格控制氯盐外加剂的掺量。对于重要的预应力承重结构,可加入防锈剂,必要时采用钢筋镀锌、镍等方法。

实训六 钢材性能检测

一、实训目的和任务

1. 熟悉钢材的技术要求。
2. 掌握钢材实验仪器的性能和操作方法。
3. 掌握钢材各项性能指标的基本试验技术。
4. 完成建筑钢材质量偏差、尺寸偏差、屈服强度、抗拉强度、伸长率、弯曲性能的检测。

要求每位同学根据实训指导书在老师的指导下独立、全面、规范地完成实验,并填好实验报告,做好记录;按要求处理数据,得出正确结论。

二、实训预备知识

复习教材钢材力学性能等有关知识,认真阅读实训指导书,明确试验目的和任务及操作要点,并应对钢材拉伸实验和弯曲实验所用的仪器、设备、材料有基本了解。

三、主要仪器设备

本次实训所用仪器设备详见表 8.15。

表 8.15　实验仪器设备清单表

序号	仪器名称	用　　途	备注
1	钢尺、电子天平、游标卡尺、试件	完成建筑钢材尺寸偏差、质量偏差的检测	每组一套
2	万能试验机、试件	完成建筑钢材屈服强度、抗拉强度检测	每组一台
3	万能试验机、钢筋打点机、钢尺、试件	完成建筑钢材伸长率检测	每组一台
4	万能试验机、试件	完成建筑钢材弯曲性能检测	每组一台

四、实训组织管理

课前、课后点名考勤;实验以小组为单位进行,每个小组人员为________人;仪器、设备使用完后要清洗干净,物归原位,借用、归还要登记;着装整齐,方便实验操作,女生不得穿裙子;不迟到不早退,积极参与实验。本次实验内容安排详见表 8.16。

表 8.16　实验进程安排表

序号	实验单项名称	具体内容(知识点)	学时数	备注
1	完成建筑钢材尺寸偏差、质量偏差的检测	通过钢尺、电子天平、游标卡尺,测定钢材的长度与质量,来判断钢材质量好坏	2	分___组
2	完成建筑钢材屈服强度、抗拉强度实验	通过万能试验机做拉伸试验,测定建筑钢材屈服强度、抗拉强度		
3	完成建筑钢材伸长率实验	利用钢筋打点机打点后,通过万能试验机做拉伸试验,以测定建筑钢材伸长率		
4	完成建筑钢材弯曲性能实验	通过万能试验机做冷弯试验,测定建筑钢材弯曲性能		

五、实训中实验项目简介、操作步骤指导与注意事项

1. 实验项目简介

(1)建筑钢材尺寸偏差、质量偏差的检测

为了规范建筑工程钢筋使用和加工行为,加强工程使用钢筋质量管理工作,通过电子天平、游标卡尺和钢尺测量钢材的质量、长度、内径,对建筑钢材尺寸和质量偏差进行检测。

(2)建筑钢材屈服强度、抗拉强度的检测

通过万能试验机做拉伸试验,注意观察与变形之间的关系,测定建筑钢材屈服强度、抗拉强度,为检验和评定钢材的力学性能提供依据。

(3)建筑钢材伸长率的检测

通过万能试验机做拉伸试验,注意观察与变形之间的关系,测定建筑钢材伸长率,为检验和评定钢材的力学性能提供依据。

(4)建筑钢材弯曲性能的检测

通过万能试验机做拉伸试验,测定钢材弯曲性能,为检验钢材塑性和焊接质量提供依据。

2. 实验操作步骤与数据处理

(1)建筑钢材尺寸偏差、质量偏差的检测

①试样制备,从不同根数钢筋上截取,数量不少于 5 支,每支试件长度不小于 500 mm,为了方便实验操作,一般取 5 根长度为 520 mm 左右的钢筋试样,每根钢筋两端需打磨成与钢筋轴线垂直的平整面。

②先清理干净钢筋表面附着异物(混凝土、沙、泥等)。

③用游标卡尺测量光圆直径或带肋钢筋内径,并记录。

④将钢筋试样放置在已经归零的电子天平上(精确度至少 ±1%),称量总质量并记录。

⑤用钢尺逐支量取钢筋试样长度(精确到 1 mm),并记录。

实验结果计算与评定:

钢筋实际质量与理论质量的偏差(%)按下式计算:

$$质量偏差=\frac{试样实际总质量-(试样总长度\times理论质量)}{试样总长度\times理论质量}\times100\%$$

质量偏差有正负值,结果为正,表示钢筋实际质量比理论质量大,结果为负,表示实际质量比理论质量小。

(2)建筑钢材屈服强度、抗拉强度的检测

①调整试验机测力度盘的指针,使其对准零点,并拨动副指针,使副指针与主指针重叠。

②将试件固定在试验机夹头内,开动试验机进行拉伸。拉伸速度为:屈服前,应力增加速度每秒钟为 10 MPa;屈服后,试验机活动夹头在荷载下的移动速度为不大于 $0.5L_0$/min,L_0 为原始标距长度(不经车削试件 $L_0=l_0+2h_1$,其中 h_1 为试件的长度)。

③拉伸中,测力度盘的指针停止转动时的恒定荷载,或不计初始瞬时效应时的最小荷载,即为所求的屈服点荷载 P_s。

④向试件连续施荷直至拉断,并由测力度盘读出最大荷载,即为所求的抗拉极限荷载 P_b。

实验结果计算与评定:

①屈服强度按下式计算:

$$\sigma_s=\frac{P_s}{A_0}$$

式中 A_0——试件的公称面积,mm^2。

②抗拉强度按下式计算:

$$\sigma_b=\frac{P_b}{A_0}$$

③当试验结果有一项不合格时,应另取双倍数量的试样重做试验,如仍有不合格项目,则该批钢材判定为拉伸性能不合格。

(3)建筑钢材伸长率的检测

①试件制备。抗拉试验用钢筋试件一般不经过车削加工,可以用两个或一系列等分小冲点或细划线标出原始标距(标记不应影响试样断裂,图 8.15 所示为钢筋标距打点机),取样及标记如图 8.16 所示。

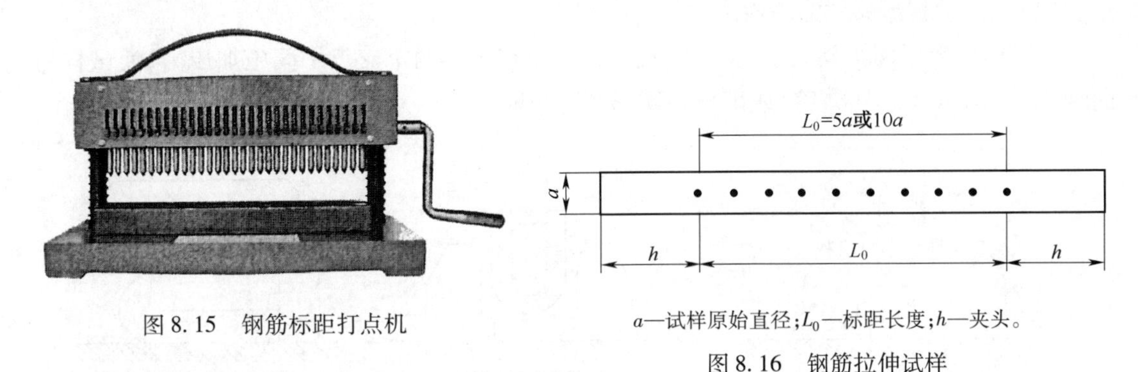

图 8.15 钢筋标距打点机

a—试样原始直径;L_0—标距长度;h—夹头。

图 8.16 钢筋拉伸试样

②试件原始尺寸的测定。

A. 测量标距长度 L_0,精确到 0.1 mm。

B. 圆形试件横断面直径应在标距的两端及中间处两个相互垂直的方向上各测一次,取其算术平均值,选用三处测得的横截面积中最小值,横截面积按下式计算:

$$A_0 = \frac{1}{4}\pi \cdot L_0^2$$

③将试件固定在试验机夹头内,开动试验机进行拉伸,直到拉断。

④将已拉断试件的两端在断裂处对齐,尽量使其轴线位于一条直线上。如拉断处由于各种原因形成缝隙,则此缝隙应计入试件拉断后的标距部分长度内。

⑤如拉断处到临近标距端点的距离大于 $1/3L_0$ 时,可用卡尺直接量出已被拉长的标距长度 L_1(mm)。

⑥如拉断处到临近标距端点的距离小于或等于 $1/3L_0$ 时,可按图 8.17 所示的移位法计算标距 L_1(mm)。

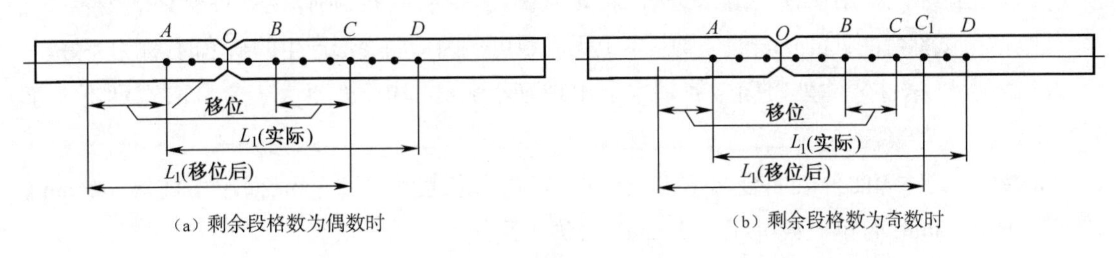

(a) 剩余段格数为偶数时

(b) 剩余段格数为奇数时

图 8.17 用移位法计算标距

⑦如试件在标距端点上或标距处断裂,则试验结果无效,应重新试验。

实验结果计算与评定:

①伸长率按下式计算(精确至 1%):

$$\delta_5(\text{或}\ \delta_{10}) = \frac{L_1 - L_0}{L_0} \times 100\%$$

②当试验结果有一项不合格时，应另取双倍数量的试样重做试验，如仍有不合格项目，则该批钢材判定为拉伸性能不合格。

(4)建筑钢材弯曲性能的检测

①试样放置于两个支点上，将一定直径的弯心在试样两个支点中间施加压力，使试样弯曲到规定的角度(见图 8.18)或出现裂纹、裂缝、裂断为止。

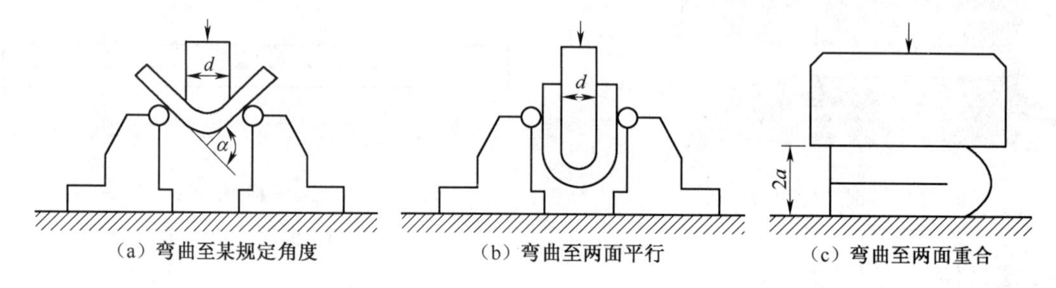

图 8.18 钢材冷弯试验的几种弯曲程度

②试样在两个支点上按一定弯心直径弯曲至两臂平行时，可一次完成试验，亦可先弯曲45°，然后放置在试验机平板之间继续施加压力，压至试样两臂平行。此时可以加与弯心直径相同尺寸的衬垫进行试验。

③当试样需要弯曲至两臂接触时，首先将试样弯曲到两臂平行，然后放置在两平板间继续施加压力，直至两臂接触为止。

④试验时应在平稳压力作用下，缓慢施加试验力。

⑤弯心直径必须符合有关标准的规定，弯心宽度必须大于试样的宽度或直径。两支辊间距离为$(d+2.5a)\pm0.5a$，并且在试验过程中不允许有变化。

⑥试验应在 10~35 ℃下进行。在控制条件下，试验在(23 ±5)℃下进行。

实验结果计算与评定：

按以下五种试验结果评定方法进行，若无裂纹、裂缝或裂断，则评定试件合格。

①完好：试件弯曲处的外表面金属基本上无肉眼可见因弯曲变形产生的缺陷时，称为完好。

②微裂纹：试件弯曲外表面金属基本上出现细小裂纹，其长度不大于 2 mm，宽度不大于 0.2 mm 时，称为微裂纹。

③裂纹：试件弯曲外表面金属基本上出现裂纹，其长度大于 2 mm，而小于或等于5 mm，宽度大于 0.2 mm，而小于或等于 0.5 mm 时，称为裂纹。

④裂缝：试件弯曲外表面金属基本上出现明显开裂，其长度大于 5 mm，宽度大于0.5 mm 时，称为裂缝。

⑤裂断：试件弯曲外表面出现沿宽度贯穿的开裂，其深度超过试件厚度的 1/3 时，称为裂断。

注：在微裂纹、裂纹、裂缝中规定的长度和宽度，只要有一项达到某规定范围，即应按该级评定。

3. 操作注意事项

(1)建筑钢材尺寸偏差、质量偏差的检测。

将5支试样逐支用钢尺(500 mm以上)测量长度,精确到1 mm,测量试样总质量时,质量精确到不大于总质量的1%。

(2)建筑钢材屈服强度、抗拉强度的检测。

①试验机、引伸计及测量工具或仪器必须由计量部门定期进行检定。

②根据估计的试验中要加的最大载荷,并由此选择合适的测力量程,同时调整好自动记录装置。

③将试样安装在试验机上,启动试验机进行缓慢匀速加载。加载速度应根据材料性质和试验目的确定。

(3)建筑钢材伸长率的检测。

①试验机、引伸计及测量工具或仪器必须由计量部门定期进行检定。

②根据估计试验中要加的最大载荷,并由此选择合适的测力量程,同时调整好自动记录装置。

③将试样安装在试验机上,启动试验机进行缓慢匀速加载。加载速度应根据材料性质和试验目的确定。

(4)建筑钢材弯曲性能的检测。

①做实验时,应清楚试样的标识(材料牌号、炉号)。

②试样的形状及尺寸。

六、考核标准

本次实训满分100分,考核内容、考核标准、评分标准详见表8.17。

表8.17　考核评分标准表

<table>
<tr><th>序号</th><th>考核内容(100分)</th><th>考核标准</th><th>评分标准</th><th>考核形式</th></tr>
<tr><td>1</td><td>仪器、设备是否检查(10分)</td><td>仪器、设备使用前检查、校核</td><td>检查,校核准确</td><td rowspan="9">实验完成后每人提交实验报告一份</td></tr>
<tr><td rowspan="3">2</td><td rowspan="3">实验操作(40分)</td><td>钢材取样</td><td>制备的试样科学、规范</td></tr>
<tr><td>操作方法</td><td>操作方法规范</td></tr>
<tr><td>操作时间</td><td>按规定时间完成操作</td></tr>
<tr><td>3</td><td rowspan="3">结果处理(40分)</td><td>数据记录、计算</td><td>数据记录、计算正确</td></tr>
<tr><td>4</td><td>表格绘制</td><td>表格绘制完整、正确</td></tr>
<tr><td>5</td><td>填写实验结论</td><td>实验结论填写正确无误</td></tr>
<tr><td>6</td><td>结束工作(5分)</td><td>收拾仪具,清洁现场</td><td>收拾仪具并清洁现场</td></tr>
<tr><td>7</td><td>安全文明操作(5分)</td><td>仪器损伤</td><td>无仪器损伤</td></tr>
</table>

七、实训报告

完成《土木工程材料与实训指导书》相应实验的实训报告表格。

思考题

一、填空题

1. ________和________是衡量钢材强度的两个重要指标。

2. 按冶炼时脱氧程度分类钢可以分成________、________、________和特殊镇静钢。

3. 冷弯检验是:按规定的________和________进行弯曲后,检查试件弯曲处外面及侧面不发生断裂、裂缝或起层,即认为冷弯性能合格。

4. 钢筋经冷拉后,其屈服点________,塑性________和韧性______,弹性模量______,冷加工钢筋经时效后,可进一步提高__________强度。

5. 普通碳素结构钢,按________强度不同,分为________个钢号,随着钢号的增大,其________和________提高,________和________降低。

6. 碳素结构钢钢号的含义:前面数字表示平均含碳量的________,其后元素称为________所加,最后如附有b表示________,否则为________。

7. 已知某钢材的成分为:含碳0.35%,含硅1.5%~2.5%;含锰<1.5%,含钛<1.5%,此钢的钢号为________,它属于________钢(钢种)。

二、单项选择题

1. 钢材抵抗冲击荷载的能力称为________。
   A. 塑性　　B. 冲击韧性　　C. 弹性　　D. 硬度

2. 钢的含碳量为________。
   A. 小于2.06%　　B. 大于3.0%　　C. 大于2.06%　　D. 小于1.26%

3. 伸长率是衡量钢材的________指标。
   A. 弹性　　B. 塑性　　C. 脆性　　D. 耐磨性

4. 普通碳素结构钢随钢号的增加,钢材的________。
   A. 强度增加、塑性增加　　B. 强度降低、塑性增加
   C. 强度降低、塑性降低　　D. 强度增加、塑性降低

5. 在低碳钢的应力应变图中,有线性关系的是________阶段。
   A. 弹性阶段　　B. 屈服阶段　　C. 强化阶段　　D. 颈缩阶段

三、判断题

1. 一般来说,钢材硬度愈高,强度也愈大。（　　）

2. 屈强比愈小,钢材受力超过屈服点工作时的可靠性愈大,结构的安全性愈高。（　　）

3. 一般来说,钢材的含碳量增加,其塑性也增加。（　　）

4. 钢筋混凝土结构主要是利用混凝土受拉、钢筋受压的特点。（　　）

5. δ_5是表示钢筋拉伸至变形达5%时的伸长率。（　　）

6. 同种钢筋取样作拉伸试验时,其伸长率$\delta_{10} > \delta_5$。（　　）

7. 钢材屈强比越大,表示结构使用安全度越高。（　　）

8. 钢筋进行冷拉处理，是为了提高其加工性能。（　）

9. 钢材腐蚀主要是化学腐蚀，其结果使钢材表面生成氧化铁或硫化铁等而失去金属光泽。（　）

四、计算题

1. 两根直径为 16 mm、原标距部分长为 80 mm 的热轧钢筋试件，做拉伸试验时，达到屈服点时的荷载分别为 72.4 kN、72.2 kN，达到极限抗拉强度时的荷载分别为 105.6 kN、107.4 kN。拉断后，测得标距部分长度分别为 95.8 mm、94.7 mm。问该钢筋是哪个牌号？

2. 有一批公称直径为 16 mm 的螺纹钢，抽样进行拉伸试验，测得弹性极限荷载，屈服荷载，极限荷载分别为 68.5 kN、77.5 kN、116.5 kN，试求相应的强度，并在应力应变图中标明相应的位置。

模块九

木材

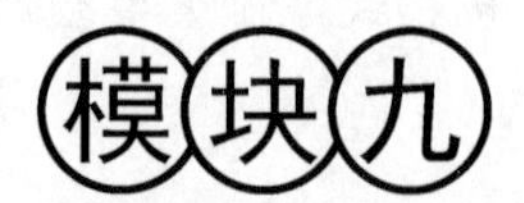

1. 了解木材的分类及木材的构造；
2. 熟悉木材的物理性质和力学性能；
3. 掌握木材在建筑工程中的用途及其利用途径(重点)；
4. 能够解决或解释工程中的相关问题。

木材是重要的建筑材料之一,在土木工程中具有广泛的用途。

9.1 木材的分类及构造

重点:木材的构造。

木材是由树木加工而成的,树木分为针叶树和阔叶树两大类,见表9.1。土木工程中应用最多的是针叶树。

表9.1 树木的分类和特点

种类	特 点	用 途	树 种
针叶树	树叶细长,呈针状,多为常绿树； 纹理顺直,木质较软,强度较高,表现密度小； 耐腐蚀性较强,胀缩变形小	是建筑工程中主要使用的树种,多用作承重构件、门窗等	松树、杉树、柏树等
阔叶树	树叶宽大,叶脉呈网状,大多为落叶树； 木质较硬,加工较难； 表观密度大,胀缩变形大	常用作内部装饰、次要的承重构件和胶合板等	榆树、桦树、水曲柳等

木材的构造是决定木材性质的主要因素,一般对木材的研究可以从宏观和微观两方面进行。原木如图9.1所示。

图9.1 原木

9.1.1 宏观构造

用肉眼或低倍放大镜所看到的木材组织称为宏观构造,为便于了解木材的构造,将树干切成三个不同的切面,如图9.2所示。

横切面——垂直于树轴的切面；

径切面——通过树轴的切面；

弦切面——和树轴平行与年轮相切的切面。

在宏观构造中，树木可分为树皮、木质部和髓心三个部分。而木材主要使用木质部。

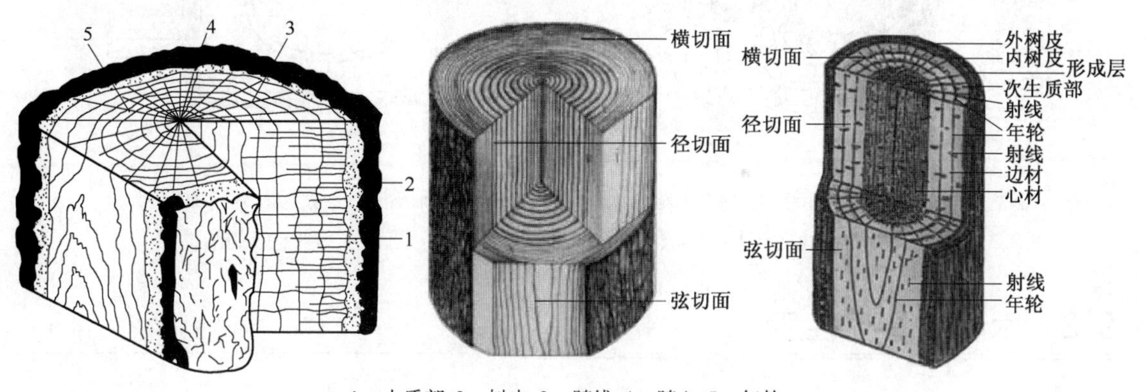

1—木质部；2—树皮；3—髓线；4—髓心；5—年轮。

图 9.2　树干的三个切面

1. 木质部的构造特征

(1)边材、心材

在木质部中，靠近髓心的部分颜色较深，称为心材。心材含水量较少，不易翘曲变形，抗蚀性较强。外面部分颜色较浅，称为边材。边材含水量高，易干燥，也易被湿润，所以容易翘曲变形，抗蚀性也不如心材。

(2)年轮、春材、夏材

横切面上可以看到深浅相间的同心圆，称为年轮。年轮中浅色部分是树木在春季生长的，由于生长快，细胞大而排列疏松，细胞壁较薄，颜色较浅，称为春材(早材)；深色部分是树木在夏季生长的，由于生长迟缓，细胞小，细胞壁较厚，组织紧密坚实，颜色较深，称为夏材(晚材)。每一年轮内就是树木一年的生长部分。年轮中夏材所占的比例越大，木材的强度越高。

2. 髓心、髓线

第一年轮组成的初生木质部分称为髓心(树心)。从髓心呈放射状横穿过年轮的条纹，称为髓线。髓心材质松软，强度低，易腐朽开裂。髓线与周围细胞联结软弱，在干燥过程中，木材易沿髓线开裂。

9.1.2 微观构造

在显微镜下所看到的木材组织，称为木材的微观构造(见图 9.3 和图 9.4)。在显微镜下，可以看到木材是由无数管状细胞紧密结合而成，细胞横断面呈四角略圆的正方形。每个细胞分为细胞壁和细胞腔两个部分，细胞壁由若干层纤维组成。细胞之间纵向联结比横向联结牢固，造成细胞纵向强度高，横向强度低。细胞之间有极小的空隙，能吸附和渗透水分。

细胞壁的成分和组织构造决定了木材的物理性质和力学性能。细胞壁厚、腔小，木材就密实、强度高。

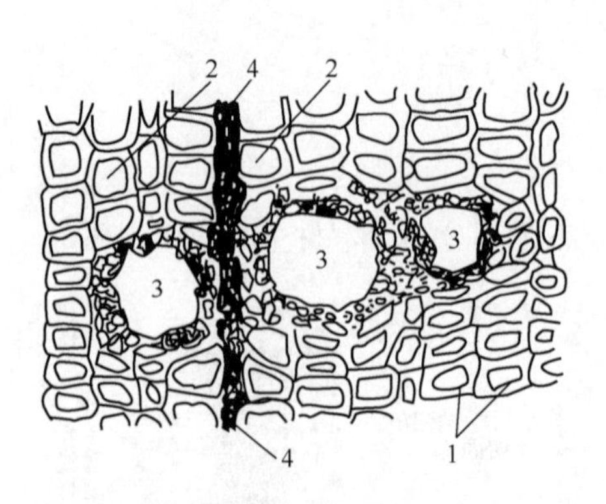

1—细胞壁；2—细胞腔；3—树脂流出孔；4—木髓线。

图 9.3 显微镜下松木的横切片示意图

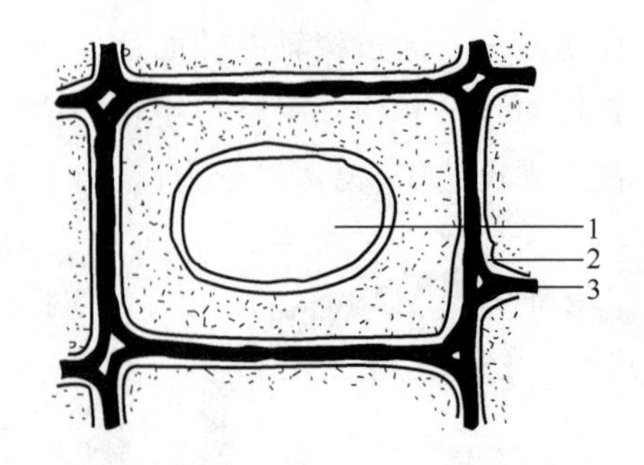

1—细胞腔；2—初生层；3—细胞间层。

图 9.4 细胞壁的结构

9.2 木材的主要性质

木材的性质包括物理性质和力学性能。

9.2.1 木材的物理性质

1. 木材的含水率

木材的含水率是指木材中所含水的质量占干燥木材质量的百分数。

(1)木材中的水分

木材中的水分可分为：

①自由水：存在于木材细胞腔和细胞间隙中的水分。

②吸附水：吸附在细胞壁内细纤维之间的水分。

③结合水：形成细胞化学成分的化合水。

(2)木材的纤维饱和点

木材受潮时，首先形成吸附水，吸附水饱和后，多余的水成为自由水；木材干燥时，首先失去自由水，然后才失去吸附水。当吸附水处于饱和状态而无自由水存在时，此时对应的含水率称为木材的纤维饱和点。纤维饱和点随树种而异，一般为23%~33%，平均为30%。木材的纤维饱和点是木材物理性质、力学性能的转折点。

(3)木材的平衡含水率

木材的含水率是随着环境温度和湿度的变化而改变的。当木材长期处于一定温度和湿度下，其含水率趋于一个定值，表明木材表面的蒸汽压与周围空气的压力达到平衡，此时的含水率称为平衡含水率。它与周围空气的温度、相对湿度的关系如图 9.5 所示。根据周围空气的温度和相对湿度可求出木材的平衡含水率。

2. 湿胀干缩

木材细胞壁内吸附水的变化引起木材的变形，即湿胀干缩。木材含水率大于纤维饱和点时，表示木材的含水量除吸附水达到饱和外，还有一定数量的自由水，此时木材如受潮或变干，只是自由水在改变，它不影响木材的变形；但在纤维饱和点以下时，水分都吸附在细胞壁的纤维上,此时含水率的增减将引起木材体积的增减。即只有吸附水的改变才会引起木材的变形。图 9.6 所示是木材含水率与胀缩变形的关系。

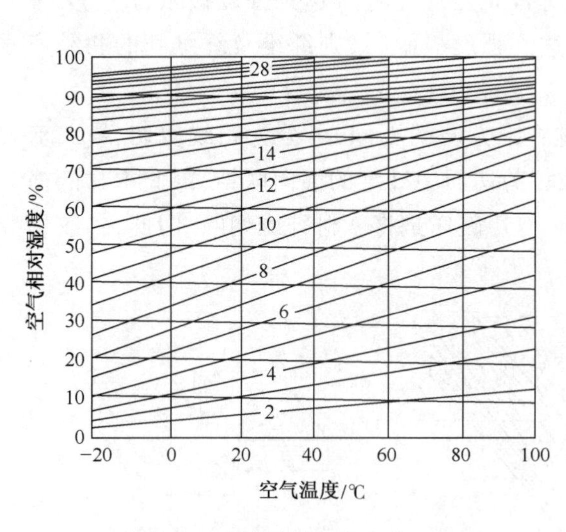

图 9.5　木材的平衡含水率/%

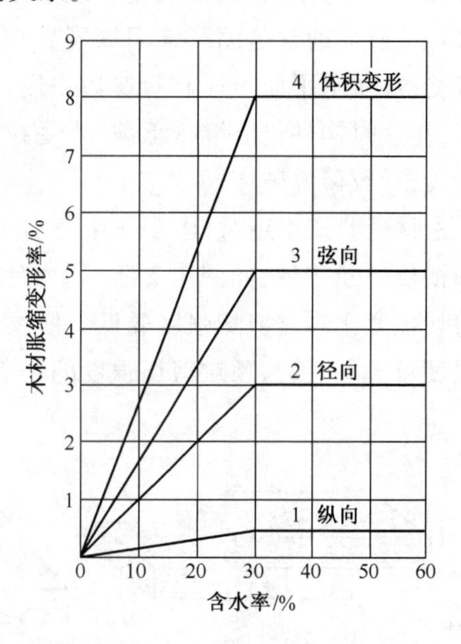

图 9.6　木材含水率与胀缩变形的关系

由于木材构造的不均匀性,在不同的方向干缩值不同。顺纹方向(纤维方向)干缩值最小,平均为 0.1%~0.35%;径向较大,平均为 3%~6%;弦向最大,平均为 6%~12%。木材的湿胀干缩严重影响了木材的正常使用,干缩会造成木结构拼缝不严、翘曲开裂等,而湿胀又会使木材产生凸起变形。为了避免这种不利的影响,在木材加工制作前将其进行干燥处理,使木材干燥至其含水率与木材使用时的环境湿度相适合的平衡含水率。

另外,木材的湿胀干缩性随树种而异,一般来讲,表观密度大、夏材含量多的木材,湿胀变形较大。

3. 表观密度

由于木材的分子结构基本相同,因此木材的密度相差很小,一般为 1.48~1.56 g/cm^3,平均约为 1.55 g/cm^3。但木材的表观密度有较大差异,较大的如麻栎的表观密度为 980 kg/m^3,较小的如泡桐的表观密度为 280 kg/m^3,平均值约为 500 kg/m^3。木材的表观密度与树种、构造、含水量及取材部位等有关。

9.2.2　木材的力学性能

1. 木材的强度

按受力状态,木材的强度分为抗拉、抗压、抗弯和抗剪四种强度。由于木材构造的特点,使木材的各种力学性能具有明显的方向性,在顺纹方向(作用力与木材纵向纤维平行的方向)木材的抗拉和抗压强度都比横纹方向(作用力与木材纵向纤维垂直的方向)高得多。

木材的强度检验是采用无疵病的木材制成标准试件,按国家标准《无疵小试样木材物理力学性质试验方法　第 2 部分:取样方法和一般要求》(GB/T 1927.2—2021)进行测定。

试验时木材受不同外力的破坏情况各不相同,其中顺纹受压破坏是因细胞壁失去稳定所致,而非纤维断裂;横纹受压破坏是因为木材受力压紧后产生显著变形而造成破坏;顺纹抗拉破坏通常是因纤维间撕裂后拉断所致。木材受弯时其上部为顺纹受压,下部为顺纹受拉,在水平面内还有剪切力作用,破坏时首先是受压纤维达到强度极限,产生大量变形,但这时构件仍能继续承载,当受拉区也达到强度极限时,则纤维及纤维间的联结产生断裂,导致最终破坏。

木材受剪切作用时,由于作用力对于木材纤维方向的不同,可分为顺纹剪切、横纹剪切和横纹切断三种,如图 9.7 所示。剪切是破坏剪切面中纤维的横向联结,因此木材的横纹剪切强度比顺纹剪切强度要低。横纹切断时剪切破坏是将木材纤维切断,因此,横纹切断强度较大,一般为顺纹剪切强度的 4~5 倍。

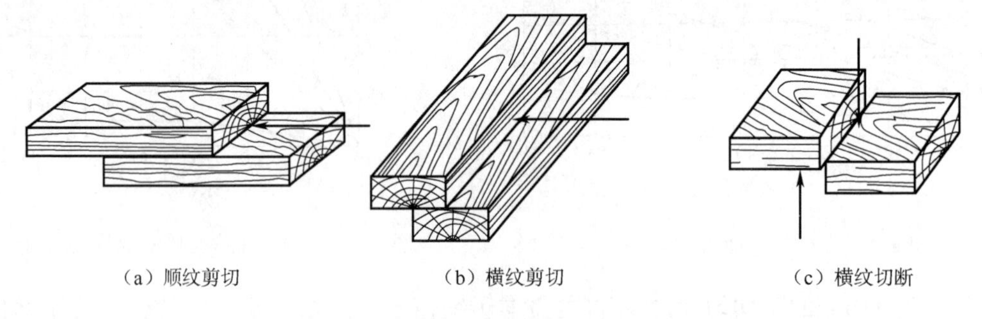

（a）顺纹剪切　　（b）横纹剪切　　（c）横纹切断

图 9.7　木材的剪切

当以木材的顺纹抗压强度为 1 时,木材理论上各强度大小关系见表 9.2。

表 9.2　木材各种强度间的关系

抗压		抗拉		抗弯	抗剪	
顺纹	横纹	顺纹	横纹		顺纹	横纹
1	1/10～1/3	2～3	1/2～1	1.5～2	1/7～2	1/2～1

2. 影响木材强度的因素

(1)含水率

木材的含水率对木材强度的影响规律是:当含水率在纤维饱和点以上变化时,仅仅是自由水的增减,对木材强度没有影响;当含水率在纤维饱和点以下变化时,随含水率的降低,即吸附水减少,细胞壁趋于紧密,木材强度增加;反之,木材强度减小。试验证明,木材含水率的变化对木材各强度的影响程度是不同的,对抗弯和顺纹抗压影响较大,对顺纹抗剪影响较小,而对顺纹抗拉几乎没有影响,如图 9.8 所示。

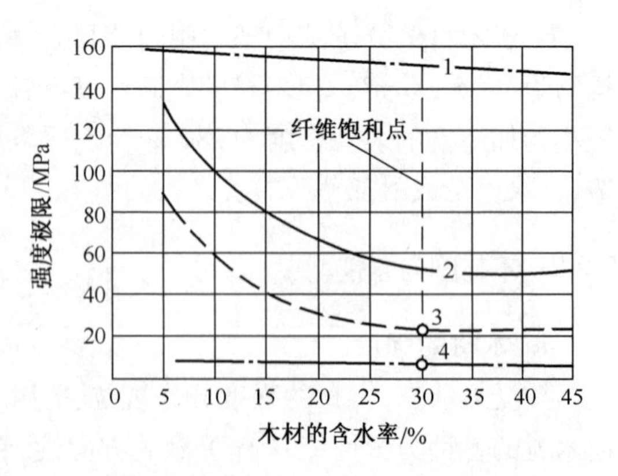

1—顺纹抗拉;2—抗弯;3—顺纹抗压;
4—顺纹抗剪。

图 9.8　含水率对木材强度的影响

为了便于比较,我国木材试验标准规定,

以标准含水率(即含水率12%)时的强度为标准值,其他含水率时的强度可按下式换算成标准含水率时的强度。

$$\sigma_{12} = \sigma_W[1 + \alpha(W - 12)]$$

式中 σ_{12}——含水率为12%时的木材强度,MPa;

σ_W——含水率为W%时的木材强度,MPa;

W——试验时的木材含水率,%;

α——木材含水率校正系数。

α随树的种类和力的作用方式而异。顺纹抗压$\alpha = 0.05$,横纹抗压$\alpha = 0.045$;顺纹抗拉:阔叶树$\alpha = 0.015$,针叶树$\alpha = 0$;顺纹抗弯$\alpha = 0.04$;顺纹抗剪$\alpha = 0.03$。

(2)负荷时间

木材在长期荷载作用下,只有当其应力远低于强度极限的某一范围时,才可避免木材因长期负荷而破坏。这是由于木材在较大外力作用下产生等速蠕滑,经过长时间作用后,最后达到急剧产生大量连续变形而导致破坏。

木材在长期荷载作用下不致引起破坏的最大强度,称为持久强度。木材的持久强度比其极限强度小得多,一般为极限强度的50%~60%,如图9.9所示。木结构设计时,应考虑负荷时间对木材强度的影响。

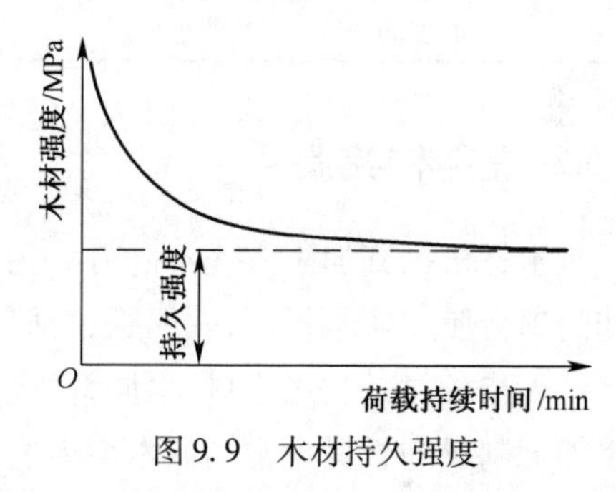

图9.9 木材持久强度

(3)环境温度

温度对木材强度有直接影响。当温度由25 ℃升至50 ℃时,将因木纤维和其间的胶体软化等原因,使木材抗压强度降低20%~40%,抗拉和抗剪强度降低12%~20%;当温度在100 ℃以上时,木材中部分组织会分解、挥发,木材变黑,强度明显下降。因此,长期处于高温环境下的建筑物不宜采用木结构。

(4)木材的缺陷

①节子。节子破坏了木材构造的均匀性和完整性,因此会降低顺纹抗拉强度,对顺纹抗压强度影响较小。节子能提高横纹抗压和顺纹抗剪强度。

②腐朽。木材受腐朽菌侵蚀后,不仅颜色改变,结构也变得松软、易碎,呈筛孔和粉末状形态。腐朽严重地降低了木材的硬度和强度,甚至使木材完全失去使用价值。

③裂纹。木纤维间由于受外力和温度、湿度的影响,产生分离所形成的裂隙称为裂纹。裂纹会降低木材的强度,特别是顺纹抗剪强度。而且缝内容易积水,加速木材的腐烂。

④构造缺陷。木纤维排列不正常,如斜纹、涡纹、扭转纹以及髓心偏心或双髓心,均会降低木材的强度,特别是抗拉及抗弯强度。

9.3 木材的应用

重点:常用木材的用途。

树木的生长周期长，我国木材资源十分缺乏，而木材又是不可或缺的宝贵资源。因此，在建筑工程的施工中，必须科学合理地使用木材，节约木材，提高木材的耐久性和利用率。

9.3.1 木材产品

木材按供应形式和用途可分为原条、原木、板材和方材，见表9.3。

表9.3 木材产品的分类

分类名称	说明	主要用途
原条	指除去皮、根、树梢、枝杈的木料，但尚未按一定尺寸加工成规定的木料	脚手架、建筑用材、家具等
原木	原条按一定尺寸加工而成的规定直径和长度的木料	直接在建筑工程中作屋架、檩条、椽木、木桩、搁栅、楼梯等；或者用于胶合板等一般加工用材
板材	原木经锯解加工而成的木材，宽度为厚度的3倍或3倍以上	建筑工程、桥梁、家具、造船、车辆、包装箱等
方材	原木经锯解加工而成的木材，宽度不足厚度的3倍	建筑工程、桥梁、家具、造船、车辆、包装箱等

9.3.2 常用木材制品

木材根据其加工方式不同可分为实木板、人造板两大类。目前在建筑工程中除了地板和门扇会使用实木板外，一般板材都是人工加工的人造板。

人造板材是利用木材、木质纤维、木质碎料或其他植物纤维为原料，加入胶黏剂和其他添加剂制成的板材。常用的木质人造板有胶合板、纤维板、刨花板、木屑板、木丝板等。人造板材幅面宽、表面平整光滑、不翘曲不开裂，经加工处理后还具有防水、防火、防腐、耐酸等性能。不少人造板材存在游离甲醛释放的问题，国家标准《室内装饰装修材料 人造板及其制品中甲醛释放限量》（GB 18580—2017）对此作出了规定，以防止室内环境受到污染。图9.10所示为实木板和胶合板。

图9.10 实木板、胶合板

1. 实木板

顾名思义，实木板就是采用完整的木材制成的木板材。这些板材坚固耐用、纹路自然，是装修时优中之选。但由于此类板材造价高，而且施工工艺要求高，在装修中使用并不多。

2. 胶合板

胶合板是由三层或多层单板或薄板胶贴热压而成,压制时按照相邻各层木纤维互相垂直重叠,层数一般为奇数,少数也有偶数,是目前制作家具最为常用的材料。根据国家标准《普通胶合板》(GB/T 9846—2015)的规定,胶合板按使用环境分为干燥条件下使用、潮湿条件下使用和室外条件下使用;按表面加工状况分为未砂光板和砂光板。胶合板的幅面尺寸应符合表 9.4 要求;胶合板的厚度尺寸由供需双方协商确定。

表 9.4 胶合板的幅面尺寸 单位:mm

宽　度	长　度				
915	915	1 220	1 830	2 135	—
1 220	—	1 220	1 830	2 135	2 440

注:特殊尺寸由供需双方协议。

胶合板材质均匀、强度高、不翘曲不开裂、木纹美丽、色泽自然、幅面大、平整易加工、使用方便、装饰性好,广泛应用于装饰装修工程中。

3. 纤维板

纤维板是将树皮、刨花、树枝等木材加工的下脚碎料经破碎浸泡、研磨成木浆,加入一定胶黏剂经热压成型、干燥处理而成的人造板材。纤维板具有材质均匀、纵横强度差小、不易开裂、表面适于粉刷各种涂料或粘贴装裱等优点,用途广泛。制造 1 m^3 纤维板约需 2.5~3 m^3 的木材,可代替 3 m^3 锯材或 5 m^3 原木。发展纤维板生产是木材资源综合利用的有效途径。

纤维板通常按产品表观密度分非压缩型和压缩型两大类。非压缩型产品为软质纤维板,表观密度小于 400 kg/m^3;压缩型产品有中密度纤维板(也称半硬质纤维板,表观密度为 400~800 kg/m^3)和硬质纤维板(密度大于 800 kg/m^3)。

软质纤维板质轻,孔隙率大,有良好的隔热性和吸声性,多用作公共建筑物内部的覆盖材料。经特殊处理可得到孔隙更多的轻质纤维板,具有吸附性能,可用于净化空气。

中密度纤维板结构均匀,密度和强度适中,有较好的再加工性。产品厚度范围较宽,具有多种用途,如家具用材、电视机的壳体材料等。中密度纤维板还常制成带有一定图形的盲孔板,表面施以白色涂料,这种板兼具吸声和装饰作用,多用作会议室、报告厅等室内顶棚材料。

硬质纤维板产品厚度范围较小,为 3~8 mm。强度较高,3~4 mm 厚度的硬质纤维板可代替 9~10 mm 锯材薄板材使用。多用于建筑、船舶、车辆等。

4. 刨花板、木丝板、木屑板

刨花板、木丝板、木屑板是用木材加工时产生的刨花、木屑和短小废料刨制的木丝等碎渣,经干燥后拌入胶料,再经热压成型而制成的人造板材。所用胶结料可为合成树脂胶,也可用水泥、菱苦土等无机胶结料。这类板材表观密度小,强度较低,主要用作绝热和吸声材料。有的表层做了饰面处理如粘贴塑料贴面后,可用作装饰或家具等材料。

9.3.3 木材的防腐

1. 木材的腐朽

木材的腐朽为真菌侵害所致。真菌分霉菌、变色菌和腐朽菌三种，前两种真菌对木材质量影响较小，但腐朽菌影响很大。腐朽菌寄生在木材的细胞壁中，它能分泌出一种酵素，把细胞壁物质分解成简单的养分，供自身摄取生存，从而致使木材产生腐朽，并遭彻底破坏。但真菌在木材中生存和繁殖必须具备三个条件，即适当的水分、足够的空气和适宜的温度。当空气相对湿度在90%以上，木材的含水率为35%~50%，环境温度为25~30 ℃时，适宜真菌繁殖，木材最易腐朽。

此外，木材还易受到白蚁、天牛等昆虫的蛀蚀，使木材形成很多孔眼或沟道，甚至蛀穴，破坏木质结构的完整性而使强度严重降低。

2. 木材的防腐

木材防腐的基本原理在于破坏真菌及虫类生存和繁殖的条件，常用方法有以下两种：

（1）结构预防法

在结构和施工中，使木结构不受潮，要有良好的通风条件；在木材与其他材料之间用防潮垫；不将支点或其他任何木结构封闭在墙内；木地板下设通风洞；木屋架设老虎窗等。从而根除菌类生存条件，达到防腐要求。

（2）防腐剂法

这种方法是通过涂刷或浸渍水溶性防腐剂（如氯化钠、氧化锌、氟化钠、硫酸铜）、油溶性防腐剂（如林丹五氯酚合剂）、乳剂防腐剂（如氟化钠、沥青膏）等，使木材成为有毒物质，达到防腐要求。

思考题

一、填空题

1. 木材在长期荷载作用下不致引起破坏的最大强度称为________。

2. 木材随环境温度的升高其强度会________。

二、多项选择题

1. 木材含水率变化对以下哪两种强度影响较大？________

A. 顺纹抗压强度　　B. 顺纹抗拉强度　　C. 抗弯强度　　D. 顺纹抗剪强度

2. 木材的疵病主要有________。

A. 木节　　B. 腐朽　　C. 斜纹　　D. 虫害

三、判断题

1. 木材的持久强度等于其极限强度。（　　）

2. 真菌在木材中生存和繁殖，必须具备适当的水分、空气和温度等条件。（　　）

3. 针叶树材强度较高，表观密度和胀缩变形较小。（　　）

模块十

防水材料

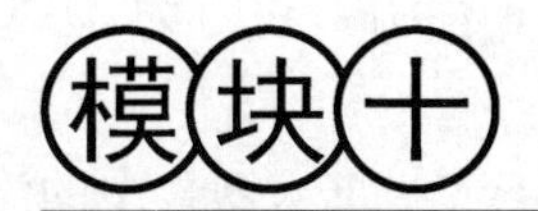

1. 了解石油沥青的主要技术性质、技术标准、应用及沥青的改性;
2. 掌握常用防水卷材的分类、品种、性能及应用(重点);
3. 熟悉常用防水涂料的分类、品种、性能及应用;
4. 熟悉密封材料的品种及应用。

10.1 沥　　青

重点:沥青的性质及应用。

沥青是一种有机胶凝材料,是有机化合物的复杂混合物。沥青溶于二硫化碳、四氯化碳、苯及其他有机溶剂,根据其内部组成比例的不同,在常温下呈固体、半固体或液体形态,颜色呈亮褐色以至黑色。沥青具有良好的黏结性、塑性、不透水性及耐化学侵蚀性,并能抵抗大气的风化作用。在建筑工程上主要用于屋面及地下室防水、车间耐腐蚀地面及道路路面等。图 10.1 所示为沥青施工现场。

图 10.1　沥青施工现场

此外,还可用来制造防水卷材。防水涂料、油膏、胶结剂及防腐涂料等。一般用于建筑工程的主要是石油沥青及少量的煤沥青。

10.1.1　石油沥青的主要技术性质及应用

1. 主要技术性质

沥青的主要技术性质有黏滞性、塑性、温度敏感性、大气稳定性。另外,它的闪点和燃点以及溶解度、水分等对它的应用都有影响。

(1)黏滞性

黏滞性是沥青在外力作用下抵抗发生形变的性能指标。沥青黏滞性的大小主要由它的组分和温度来确定,一般沥青质含量增大,其黏滞性增大;温度升高,其黏滞性降低。

液态沥青的黏滞性用黏滞度表示;半固体或固体沥青的黏滞性用针入度表示。

①黏滞度是液态沥青在一定温度下，经规定直径的孔洞漏下 50 mL 所需要的时间(s)。黏滞度常用符号 C_t^d 表示。其中 d 为孔洞直径，常为 3.5 mm 或 10 mm；t 为温度，常为 25 ℃或 60 ℃。黏滞度越大，表示液态沥青在流动时的内部阻力越大。

②针入度是指在温度为 25 ℃的条件下，以质量 100 g 的标准针，经 5 s 沉入沥青中的深度，每沉入 0.1 mm 称为 1 度。针入度值越大，表征半固态或固态沥青的相对黏度越小。

沥青的牌号划分主要是依据针入度的大小确定的。建筑石油沥青牌号有 40 号、30 号和 10 号。

(2)塑性

塑性是指沥青在外力作用下产生变形而不被破坏的能力。沥青之所以能被制造成性能良好的柔性防水材料，很大程度上取决于它的塑性。沥青塑性的大小与它的组分、温度及拉伸速度等因素有关。树脂含量越多，塑性越大；温度升高，塑性增大；拉伸速度越快，塑性越大。

沥青的塑性用延伸度来表示。延伸度是指将沥青标准试件在规定温度(25 ℃)下，在沥青延伸仪上以规定速度(5 cm/min)拉伸，当试件被拉断时的伸长值(单位为 cm)。沥青的延伸度越大，沥青的塑性越好。

(3)温度敏感性

温度敏感性是指石油沥青的黏滞性和塑性随温度升降而变化的性能。随温度的升高，沥青的黏滞性降低，塑性增加，这样变化的程度越大则表示沥青的温度敏感性越大。温度敏感性大的沥青，低温时会变成脆硬固体，易破碎；高温时则会变为液体而流淌，因此温度敏感性是沥青的重要质量指标之一，常用软化点表示。

软化点是指沥青材料由固体状态转变为具有一定流动性膏体时的温度。软化点可通过环球法试验测定。将沥青试样装入规定尺寸的铜环中，上置规定尺寸和质量的钢球，放在水或甘油中，以每分钟升高的速度加热至沥青软化下垂达 25.4 mm 时的温度(℃)，即为沥青软化点。

(4)大气稳定性(抗老化性)

大气稳定性是指沥青长期在阳光、空气、温度等的综合作用下，性能稳定的程度。沥青在大气因素的长期综合作用下，逐渐失去黏滞性、塑性而变硬变脆的现象称为沥青的老化。大气稳定性可以用沥青的蒸发损失量及针入度变化来表示，即试样在 160 ℃的温度下加热 5 h 后的质量损失百分率和蒸发前后的针入度比。蒸发损失率越小，针入度比越大，则表示沥青的大气稳定性越好。

(5)闪点和燃点

闪点是指沥青达到软化点后再继续加热，则会发生热分解而产生挥发性的气体，当与空气混合，在一定条件下与火焰接触，初次产生蓝色闪光时的沥青温度。

燃点又称着火点。当沥青温度达到闪点，温度如再上升，与火接触而产生的火焰能持续燃烧 5 s 以上时，这个开始燃烧的温度即为燃点。

各种沥青的最高加热温度都必须低于其闪点和燃点。施工现场在熬制沥青时，应特别注意加热温度。当超过最高加热温度时，由于油分的挥发，可能发生沥青锅起火、爆炸、烫伤人等事故。

(6)溶解度

沥青的溶解度是指沥青在溶剂中(苯或二硫化碳)溶解的百分率,用于确定沥青中有害杂质含量的。

沥青中有害杂质含量高,主要会降低沥青的黏滞性。一般石油沥青溶解度高达98%以上,而天然沥青因含不溶性矿物质,溶解度低。

(7)水分

沥青几乎不溶于水,具有良好的防水性能。但沥青材料也不是绝对不含水的。水在纯沥青中的溶解度为0.001%~0.01%。沥青吸收水分的多少取决于所含能溶于水的盐分的多少,沥青含盐分越多,水作用时间越长,吸收水分就越多。

由于沥青中含有水分,施工前要进行加热熬制。沥青在加热过程中水分形成泡沫,并随温度的升高而增多,易发生溢锅现象,可能引起火灾。所以在加热过程中应加快搅拌,促使水分蒸发,并降低加热温度,而且锅内沥青不能装得过多。

2. 沥青的技术标准

沥青的主要技术标准以针入度、延伸度、软化点等指标表示,见表10.1。

表10.1 重交通道路石油沥青技术要求

项　目	质量指标						试验方法
	AH-130	AH-110	AH-90	AH-70	AH-50	AH-30	
针入度(25 ℃,100 g,5 s)/(1/10 mm)	120~140	100~120	80~100	60~80	40~60	20~40	GB/T 4509
延度(15 ℃)/cm	≥100	≥100	≥100	≥100	≥80	报告①	GB/T 4508
软化点/℃	38~51	40~53	42~55	44~57	45~58	50~65	GB/T 4507
溶解度/%	≥99.0	≥99.0	≥99.0	≥99.0	≥99.0	≥99.0	GB/T 11148
闪点/℃	≥230					≥260	GB/T 267
密度(25 ℃)/(kg/m^3)	报告①						GB/T 8928
蜡含量/%	≤3.0	≤3.0	≤3.0	≤3.0	≤3.0	≤3.0	SH/T 0425
薄膜烘箱试验(163 ℃,5 h)							GB/T 5304
质量变化/%	≤1.3	≤1.2	≤1.0	≤0.8	≤0.6	≤0.5	GB/T 5304
针入度比/%	≥45	≥48	≥50	≥55	≥58	≥60	GB/T 4509
延度(15 ℃)/cm	≥100	≥50	≥40	≥30	报告①	报告①	GB/T 4508

注:①报告应为实测值。

3. 石油沥青的应用

建筑石油沥青主要用于屋面、地下防水及沟槽防水、防腐蚀等工程。道路石油沥青主要用于沥青混凝土或沥青砂浆,用于道路路面或工业厂房地面等工程。根据工程需要还可以将建筑石油沥青与道路石油沥青掺和使用。

一般屋面用的沥青,软化点应比本地区屋面可能达到的最高温度高20~25 ℃,以避免夏季流淌。图10.2所示为屋面沥青涂刷。

图10.2 屋面沥青涂刷

当采用普通石油沥青作为黏结材料时，随着时间增长，沥青黏结层的耐热和黏结能力会降低。因此，在建筑中一般不宜采用普通石油沥青作为黏结材料，否则必须加以适当的改性处理。

10.1.2 沥青的改性

通常，沥青材料本身不能完全满足建筑工程的要求，通过对沥青进行改性处理，使其具备较好的综合性能，如在高温条件下有足够的强度和稳定性，在低温条件下有良好的弹性和塑性，在加工和使用条件下具有抗老化能力，与各种矿物填充料和结构表面有较强的黏附力，对基层变形有一定的适应性和耐疲劳性等。

1. 矿物填充料改性

在沥青中加入一定量的矿物填充料，可以提高沥青的黏滞性和耐热性，减小沥青的温度敏感性，同时也可以减少沥青的用量。常用的矿物填充料有粉状和纤维状两类。矿物填充料的掺量一般为20%~40%。

粉状填充料易被沥青润湿，可直接混入沥青中，以提高沥青的大气稳定性和降低温度敏感性，常用来生产具有耐酸、耐碱、耐热和绝缘性能较好的沥青制品。粉状填充料有滑石粉、石灰石粉、白云石粉、粉煤灰、硅藻土和云母粉等。

纤维状填充料呈纤维状，富有弹性，具有耐酸、耐碱、耐热性能，是热和电的不良导体，内部有很多微孔，吸油（沥青）量大，故可提高沥青的抗拉强度和热稳定性。纤维状填充料有石棉绒、石棉粉等。

2. 树脂改性

用树脂改性石油沥青可以改善沥青的强度、塑性、耐热性、耐寒性、黏结性和抗老化性等。树脂改性沥青主要有无规聚丙烯（APP）、聚氯乙烯（PVC）、聚乙烯（PE）、古马隆树脂等。

3. 橡胶改性

沥青与橡胶相溶性较好，改性后的沥青高温时变形小，低温时具有一定的塑性，可提高材料的强度、延伸率和耐老化性。橡胶改性沥青主要有以下品种：

（1）丁基橡胶改性沥青。具有优异的耐分解性，并具有较好的耐热性和低温抗裂性。多用于道路路面工程及制作密封材料和涂料等。

（2）氯丁橡胶改性沥青。可以使沥青的气密性、低温柔韧性、耐化学腐蚀性、耐光性、耐臭氧性、耐候性和耐燃烧性大大改善。

（3）再生橡胶改性沥青。具有一定的弹性、塑性、耐光性、耐臭氧性、良好的黏结性、气密性、低温柔韧性和抗老化等性能，而且价格低廉。主要用于制作防水卷材、片材、密封材料、胶粘剂和涂料等。

（4）SBS改性沥青。具有塑性好、抗老化性能好、热不黏冷不脆等特性。SBS的掺量一般为5%~10%，主要用于制作防水卷材，也可用于密封材料或防水涂料等，是目前世界上应用最广的改性沥青材料之一。

4. 橡胶和树脂改性

橡胶和树脂用于沥青改性,使沥青同时具有橡胶和树脂的特性,且橡胶和树脂的混溶性较好,故改性效果良好。

橡胶和树脂共混改性沥青采用不同的原料品种、配比、制作工艺,可以得到不同性能的产品,常用的有氯化聚乙烯-橡胶共混改性沥青和聚氯乙烯-橡胶共混改性沥青等,主要用于防水卷材、片材、密封材料和涂料等。

10.2 防水卷材

重点:SBS 防水卷材的性质。

防水卷材(见图 10.3)是建筑工程重要的防水材料之一。根据其主要防水组成材料分为沥青防水卷材、高聚物改性沥青防水卷材和合成高分子防水卷材三大类。沥青防水卷材是传统的防水材料,但其胎体材料已有很大的发展,在我国目前仍广泛应用于地下、水工、工业及其他建筑物和构筑物中,特别是被普遍应用于屋面工程中。高聚物改性沥青防水卷材和合成高分子防水卷材性能优异,代表了新型防水卷材的发展方向。

图 10.3 防水卷材

10.2.1 沥青防水卷材

沥青资源丰富,价格低廉,具有良好的防水性能,广泛用于地下、水工、工业及其他建筑和构筑物中。沥青防水卷材的应用在我国占据主导地位。

国家标准《防水沥青与防水卷材术语》(GB/T 18378—2008)中定义,以沥青为主要浸涂材料所制成的卷材,分为有胎卷材和无胎卷材两大类。有胎沥青防水卷材是以原纸、纤维毡、纤维布、金属箔、塑料膜等材料中的一种或数种复合为胎基,浸涂沥青、改性沥青或改性焦油,并用隔离材料覆盖其表面所制成的防水卷材。无胎沥青防水卷材是以橡胶或树脂、沥青、各种配合剂和填料为原料,经热熔混合后成型而制成的无胎基的防水卷材。

1. 石油沥青纸胎油毡

石油沥青纸胎油毡(简称油毡)是指以石油沥青浸渍原纸,再涂盖其两面,表面涂或撒隔离材料所制成的卷材。油毡幅宽为 1 000 mm,其他规格可由供需双方商定。每卷油毡的总面积为(20 ±0.3)m^2。

油毡按产品名称、类型和标准号顺序标记。如Ⅱ型石油沥青纸胎油毡标记为

油毡Ⅱ型 GB 326—2007

油毡按卷重和物理性能分为Ⅰ型、Ⅱ型和Ⅲ型三类。Ⅰ型、Ⅱ型油毡适用于辅助防水、保护隔离层、临时性建筑防水、防潮及包装等;Ⅲ型油毡适用于屋面工程的多层防水。

每卷油毡的卷重应符合表 10.2 的规定。

表 10.2　油毡的卷重

类型	Ⅰ型	Ⅱ型	Ⅲ型
卷重/(kg/卷)	≥17.5	≥22.5	≥28.5

油毡的物理性能应符合表 10.3 的规定。

表 10.3　油毡的物理性能

项　目		指　标		
		Ⅰ型	Ⅱ型	Ⅲ型
单位面积浸涂材料总量/(g/m²)		≥600	≥750	≥1 000
不透水性	压力/MPa	≥0.02	≥0.02	≥0.10
	保持时间/min	≥20	≥30	≥30
吸水率/%		≤3.0	≤2.0	≤1.0
耐热度		(85±2)℃,2 h 涂盖层无滑动、流淌和集中性气泡		
拉力(纵向)/(N/50 mm)		≥240	≥270	≥340
柔度		(18±2)℃,绕 ϕ20 mm 棒或弯板无裂纹		

注:本标准Ⅲ型产品物理性能要求为强制性的,其余为推荐性的。

2. 高聚物改性沥青防水卷材

高聚物改性沥青防水卷材是指以合成高分子聚合物改性沥青为涂盖层,以纤维织物、纤维毡或塑料薄膜为胎体,以粉状、粒状、片状或薄膜材料为防粘隔离层制成的防水卷材。

高聚物改性沥青防水卷材克服了沥青防水卷材的温度稳定性差、延伸率小、难以适应基层开裂及伸缩的缺点,具有高温不流淌、低温不脆裂、拉伸强度较高、延伸率较大等优异性能。

3. 弹性体改性沥青防水卷材

国家标准《弹性体改性沥青防水卷材》(GB 18242—2008)中定义,弹性体改性沥青防水卷材(SBS)是以聚酯毡、玻纤毡、玻纤增强聚酯毡为胎基,以苯乙烯-丁二烯-苯乙烯(SBS)热塑性弹性体作改性剂,两面覆以隔离材料所制成的建筑防水卷材,简称 SBS 卷材。

SBS 卷材按胎基分为聚酯毡(PY)、玻纤毡(G)、玻纤增强聚酯毡(PYG);按上表面隔离材料分为聚乙烯膜(PE)、细砂(S)、矿物粒料(M),下表面隔离材料为细砂(S)、聚乙烯膜(PE);按材料性能分为Ⅰ型和Ⅱ型。

SBS 卷材公称宽为 1 000 mm;聚酯胎卷材公称厚度为 3 mm、4 mm 和 5 mm;玻纤胎卷材公称厚度为3 mm 和 4 mm。每卷卷材公称面积有 7.5 m²、10 m²、15 m² 三种。

SBS 卷材具有较高的弹性、延伸率、耐疲劳性和低温柔韧性,适用于工业与民用建筑的屋面及地下防水工程,尤其适用于较低气温环境的建筑防水。它可用冷法施工或热熔铺贴,适于单层铺设或复合使用。

SBS 卷材的物理力学性能应符合表 10.4 的规定。

表 10.4　SBS 卷材物理力学性能（GB 18242—2008）

序号	项目		指标				
			Ⅰ		Ⅱ		
			PY	G	PY	G	PYG
1	可溶物含量/（g/m²）	3 mm	≥2 100				—
		4 mm	≥2 900				—
		5 mm	≥3 500				
		试验现象	—	胎基不燃	—	胎基不燃	—
2	耐热性	℃	90		105		
		（mm）	≤2				
		试验现象	无流淌、滴落				
3	低温柔性/℃		-20		-25		
			无裂缝				
4	不透水性 30 min		0.3 MPa	0.2 MPa	0.3 MPa		
5	拉力	最大峰拉力/（N/50 mm）	≥500	≥350	≥800	≥500	≥900
		次高峰拉力/（N/50 mm）	—	—	—	—	≥800
		试验现象	拉伸过程中，试件中部无沥青涂盖层开裂或与胎基分离现象				
6	延伸率	最大峰时延伸率/%	≥30	—	≥40	—	—
		第二峰时延伸率/%	—		—		≥15
7	人工气候加速老化	外观	无滑动、流淌、滴落				
		拉力保持率/%	≥80				
		低温柔性/℃	-15		-20		
			无裂缝				

4. 塑性体改性沥青防水卷材

国家标准《塑性体改性沥青防水卷材》（GB 18243—2008）中定义，塑性体改性沥青防水卷材是以聚酯毡、玻纤毡、玻纤增强聚酯毡为胎基，以无规聚丙烯（APP）或聚烯烃类聚合物（APAO、APO 等）作石油沥青改性剂，两面覆以隔离材料制成的防水卷材，简称 APP 卷材。

APP 卷材按胎基分为聚酯毡（PY）、玻纤毡（G）、玻纤增强聚酯毡（PYG）；按上表面隔离材料分为聚乙烯膜（PE）、细砂（S）、矿物粒料（M），下表面隔离材料为细砂（S）、聚乙烯膜（PE）；按材料性能分为Ⅰ型和Ⅱ型。

APP 卷材耐热性能优异，耐水性、耐腐蚀性较好，适用于工业与民用建筑的屋面和地下防水工程以及道路、桥梁等建筑物的防水，尤其适用于较高气温环境的建筑防水。其物理力学性能应符合表 10.5 的规定。

表 10.5 **APP 卷材物理力学性能**(GB 18243—2008)

序号	项目		指标				
			I		II		
			PY	G	PY	G	PYG
1	可溶物含量/(g/m^2)	3 mm	≥2 100				—
		4 mm	≥2 900				—
		5 mm	≥3 500				
		试验现象	—	胎基不燃	—	胎基不燃	—
2	耐热性	℃	110		130		
		(mm)	≤2				
		试验现象	无流淌、滴落				
3	低温柔性/℃		-7		-15		
			无裂缝				
4	不透水性 30 min		0.3 MPa	0.2 MPa	0.3 MPa		
5	拉力	最大峰拉力/(N/50 mm)	≥500	≥350	≥800	≥500	≥900
		次高峰拉力/(N/50 mm)	—	—	—	—	≥800
		试验现象	拉伸过程中,试件中部无沥青涂盖层开裂或与胎基分离现象				
6	延伸率	最大峰时延伸率/%	≥25	—	≥40	—	—
		第二峰时延伸率/%	—		—		≥15
7	人工气候加速老化	外观	无滑动、流淌、滴落				
		拉力保持率/%	≥80				
		低温柔性/℃	-2		-10		
			无裂缝				

10.2.2 高分子防水卷材

高分子防水卷材是以合成橡胶、合成树脂或两者的共混体为基料,加入适量的助剂和填充料等,经过特定工序制成的。高分子防水卷材具有拉伸强度高、断裂伸长率大、抗撕裂强度高、耐热性能好、低温柔性好、耐腐蚀、耐老化以及可以冷施工等一系列优异性能,是我国大力发展的新型高档防水卷材。

1. 高分子防水卷材的分类

高分子防水卷材可以分为均质片(卷材)、复合片(卷材)和点粘片(卷材)三种。

均质片(卷材)是以同一种或一组高分子材料为主要材料,各部位截面材质均匀一致的防水片(卷)材。

复合片(卷材)是以高分子合成材料为主要材料,复合织物等为保护层或增强层,以改变其尺寸稳定性和力学特性,各部位截面结构一致的片(卷)材。

点粘片(卷材)是均质片材与织物等保护层多点粘接在一起,粘接点在规定区域内均匀分布，利用粘接点的间距，使其具有切向排水功能的防水片材。

国家标准《高分子防水材料　第1部分：片材》（GB 18173.1—2012）规定，高分子防水卷材分类见表10.6。

表10.6　高分子防水材料片材的分类

分类		代号	主要原材料
均质片	硫化橡胶类	JL1	三元乙丙橡胶
		JL2	橡塑共混
		JL3	氯丁橡胶、氯磺化聚乙烯、氯化聚乙烯等
	非硫化橡胶类	JF1	三元乙丙橡胶
		JF2	橡塑共混
		JF3	氯化聚乙烯
	树脂类	JS1	聚氯乙烯等
		JS2	乙烯醋酸乙烯共聚物、聚乙烯等
		JS3	乙烯醋酸乙烯共聚物与改性沥青共混等
复合片	硫化橡胶类	FL	（三元乙丙、丁基、氯丁橡胶、氯磺化聚乙烯等）/织物
	非硫化橡胶类	FF	（氯化聚乙烯、三元乙丙、丁基、氯丁橡胶、氯磺化聚乙烯等）/织物
	树脂类	FS1	聚氯乙烯/织物
		FS2	（聚乙烯、乙烯醋酸乙烯共聚物等）/织物
自粘片	硫化橡胶类	ZJL1	三元乙丙/自粘料
		ZJL2	橡塑共混/自粘料
		ZJL3	（氯丁橡胶、氯磺化聚乙烯、氯化聚乙烯等）/自粘料
		ZFL	（三元乙丙、丁基、氯丁橡胶、氯磺化聚乙烯等）/织物/自粘料
	非硫化橡胶类	ZJF1	三元乙丙/自粘料
		ZJF2	橡塑共混/自粘料
		ZJF3	氯化聚乙烯/自粘料
		ZFF	（氯化聚乙烯、三元乙丙、丁基、氯丁橡胶、氯磺化聚乙烯等）/织物/自粘料
	树脂类	ZJS1	聚氯乙烯/自粘料
		ZJS2	（乙烯醋酸乙烯共聚物、聚乙烯等）/自粘料
		ZJS3	乙烯醋酸乙烯共聚物与改性沥青共混等/自粘料
		ZFS1	聚氯乙烯/织物/自粘料
		ZFS2	（聚乙烯、乙烯醋酸乙烯共聚物等）/织物/自粘料
异形片	树脂类（防排水保护板）	YS	高密度聚乙烯，改性聚丙烯，高抗冲聚苯乙烯等
点（条）粘片	树脂类	DS1/TS1	聚氯乙烯/织物
		DS2/TS2	（乙烯醋酸乙烯共聚物、聚乙烯等）/织物
		DS3/TS3	乙烯醋酸乙烯共聚物与改性沥青共混物等/织物

2. 高分子防水卷材的规格

国家标准《高分子防水材料　第 1 部分：片材》（GB 18173.1—2012）规定，高分子防水卷材规格见表 10.7。

表 10.7　高分子防水材料片材的规格尺寸（GB 18173.1—2012）

项目	厚度/mm	宽度/m	长度/m
橡胶类	1.0,1.2,1.5,1.8,2.0	1.0,1.1,1.2	≥20
树脂类	>0.5	1.0,1.2,1.5,2.0,2.5,3.0,4.0,6.0	

注：橡胶类片材在每卷 20 m 长度中允许有一处接头，且最小块长度不小于 3 m，并应加长 15 cm 备作搭接；树脂类片材在每卷至少 20 m 长度内不允许有接头；自粘片材及异型片型每卷 10 m 长度内不允许有接头。

3. 外观质量

（1）片材表面应平整，不能有影响使用性能的杂质、机械损伤、折痕及异常黏着等缺陷。

（2）在不影响使用的条件下，片材表面缺陷应符合下列规定：

①凹痕，深度不得超过片材厚度的 30%，树脂类片材不得超过 5%。

②气泡，深度不得超过片材厚度的 30%，每平方米内不得超过 7 mm^2，树脂类片材不允许有气泡。

4. 高分子防水卷材的物理性能

均质片的物理性能应符合表 10.8 的规定，复合片的物理性能应符合表 10.9 的规定。

表 10.8　均质片的物理性能（GB 18173.1—2012）

项　目		指　标								
		硫化橡胶类			非硫化橡胶类			树脂类		
		JL1	JL2	JL3	JF1	JF2	JF3	JS1	JS2	JS3
断裂拉伸强度/MPa	常温（23 ℃）	≥7.5	≥6.0	≥6.0	≥4.0	≥3.0	≥5.0	≥10	≥16	≥14
	高温（60 ℃）	≥2.3	≥2.1	≥1.8	≥0.8	≥0.4	≥1.0	≥4	≥6	≥5
扯断伸长率/%	常温（23 ℃）	≥450	≥400	≥300	≥400	≥200	≥200	≥200	≥550	≥500
	低温（-20 ℃）	≥200	≥200	≥170	≥200	≥100	≥100	—	≥350	≥300
撕裂强度/（kN/m）		≥25	≥24	≥23	≥18	≥10	≥10	≥40	≥60	≥60
不透水性（30 min 无渗漏）/MPa		0.3		0.2	0.3	0.2		0.3		
低温弯折（无裂纹）		-40 ℃	-30 ℃	-30 ℃	-30 ℃	-20 ℃	-20 ℃	-20 ℃	-35 ℃	-35 ℃
加热伸缩量/mm	延伸	≤2	≤2	≤2	≤2	≤4	≤4	≤2	≤2	≤2
	收缩	≤4	≤4	≤4	≤4	≤6	≤10	≤6	≤6	≤6
热空气老化（80 ℃，168 h）	断裂拉伸强度保持率/%	≥80	≥80	≥80	≥90	≥60	≥80	≥80	≥80	≥80
	拉断伸长率保持率/%	≥70								

续表

项　　目		指　　标								
		硫化橡胶类			非硫化橡胶类			树脂类		
		JL1	JL2	JL3	JF1	JF2	JF3	JS1	JS2	JS3
耐碱性[饱和 $Ca(OH)_2$ 溶液,23 ℃,168 h]	断裂拉伸强度保持率/%	≥80	≥80	≥80	≥80	≥70	≥70	≥80	≥80	≥80
	拉断伸长率保持率/%	≥80	≥80	≥80	≥90	≥80	≥70	≥80	≥90	≥90
臭氧老化(40 ℃,168 h)	伸长率 40%,500×10^{-8}	无裂纹	—	—	无裂纹	—	—	—	—	—
	伸长率 20%,200×10^{-8}	—	无裂纹	—	—	—	—	—	—	—
	伸长率 20%,100×10^{-8}	—	—	无裂纹	—	无裂纹	无裂纹	—	—	—
人工气候老化	断裂拉伸强度保持率/%	≥80	≥80	≥80	≥80	≥70	≥80	≥80	≥80	≥80
	拉断伸长率保持率/%	≥70								
粘结剥离强度(片材与片材)	标准试验条件/(N/mm)	≥1.5								
	浸水保持率(23 ℃,168 h)/%	≥70								

注:1. 人工气候老化和黏合剥离强度为推荐项目。

2. 非外露使用可以不考核臭氧老化、人工气候老化、加热伸缩量、60 ℃断裂拉伸强度性能。

表 10.9　复合片的物理性能(GB 18173.1—2012)

项　　目		指　　标			
		硫化橡胶类	非硫化橡胶类	树脂类	
		FL	FF	FS1	FS2
断裂拉伸强度/(N/cm)	常温(23 ℃)	≥80	≥60	≥100	≥60
	高温(60 ℃)	≥30	≥20	≥40	≥30
扯断伸长率/%	常温(23 ℃)	≥300	≥250	≥150	≥400
	低温(-20 ℃)	≥150	≥50	—	≥300
撕裂强度/(kN/m)		≥40	≥20	≥20	≥50
不透水性(0.3 MPa,30 min)		无渗漏			
低温弯折(无裂纹)		-35 ℃	-20 ℃	-30 ℃	-20 ℃
加热伸缩量/mm	延伸	≤2	≤2	≤2	≤2
	收缩	≤4	≤4	≤2	≤4
热空气老化(80 ℃,168 h)	断裂拉伸强度保持率/%	≥80			
	拉断伸长率保持率/%	≥70			
耐碱性[饱和 $Ca(OH)_2$ 溶液,23 ℃,168 h]	断裂拉伸强度保持率/%	≥80	≥60	≥80	≥80
	拉断伸长率保持率/%	≥80	≥60	≥80	≥80
臭氧老化(40 ℃,168 h),200×10^{-8},伸长率 20%		无裂纹	无裂纹	—	—
人工气候老化	断裂拉伸强度保持率/%	≥80	≥70	≥80	≥80
	拉断伸长率保持率/%	≥70			

续表

项目		指标			
		硫化橡胶类	非硫化橡胶类	树脂类	
		FL	FF	FS1	FS2
粘结剥离强度（片材与片材）	标准试验条件/(N/mm)	≥1.5			
	浸水保持率(23 ℃,168 h)/%	≥70			
复合强度(FS2 增强层与芯层)/(N/cm)		—	—	—	≥0.8

注：1. 人工气候老化和黏合剥离强度为推荐项目。

2. 非外露使用可以不考核臭氧老化、人工气候老化、加热伸缩量、高温(60 ℃)断裂拉伸强度性能。

5. 三元乙丙橡胶防水卷材

三元乙丙橡胶防水卷材是以乙烯、丙烯和少量双环戊二烯三种单体共聚合成的以三元乙丙橡胶为主体，掺入适量的丁基橡胶、硫化剂、促进剂、软化剂、补强剂和填充料等，经密炼、压延或挤出成型、硫化和分卷包装等工序而制成的一种高弹性的防水卷材。

三元乙丙橡胶防水卷材具有优良的耐候性、耐臭氧性和耐热性，还具有抗老化性好、质量轻、抗拉强度高、断裂伸长率大、低温柔韧性好及耐酸碱腐蚀等优点，使用寿命达 20 年以上。它可用于防水要求高、耐久年限长的各类防水工程。

6. 聚氯乙烯防水卷材

聚氯乙烯防水卷材是以聚氯乙烯为主要原料制成的防水卷材，包括无复合层、用纤维单面复合及织物内增强的聚氯乙烯卷材。按产品的组成分为均质卷材（代号 H）、带纤维背衬卷材（代号 L）、织物内增强卷材（代号 P）、玻璃纤维内增强卷材（代号 G）、玻璃纤维内增强带纤维背衬卷材（代号 GL）。

聚氯乙烯防水卷材长度规格为：15 m、20 m、25 m；厚度规格为：1.2 mm、1.5 mm、1.8 mm、2.0 mm。其他长度、厚度规格可由供需双方商定，厚度规格不得小于 1.2 mm。

标记按产品名称（代号 PVC 卷材）、外露或非外露使用、类型、厚度、长×宽和标准顺序标记。如长度 20 m、宽度 1.2 m、厚度 1.5 mm、L 类外露使用聚氯乙烯防水卷材标记为

PVC 卷材外露 L 1.5/20×1.2 GB 12952—2011

聚氯乙烯防水卷材具有抗拉强度高、断裂伸长率大、低温柔韧性好、使用寿命长及尺寸稳定性、耐热性、耐腐蚀性等较好的特性。它适用于新建和翻修工程的屋面防水，也适用于水池、堤坝等防水工程。

材料性能应符合表 10.10 的规定。

表 10.10　材料性能指标

序号	项目		指标				
			H	L	P	G	GL
1	中间胎基上面树脂层厚度/mm		—		≥0.40		
2	拉伸性能	最大拉力/(N/cm)	—	≥120	≥250	—	≥120
		拉伸强度/MPa	≥10.0	—	—	≥10.0	—
		最大拉力时伸长率/%	—	—	≥15	—	—
		断裂伸长率/%	≥200	≥150	—	≥200	≥100

续表

序号	项目		指标 H	L	P	G	GL
3	热处理尺寸变化率/%		≤2.0	≤1.0	≤0.5	≤0.1	≤0.1
4	低温弯折性		-25 ℃无裂纹				
5	不透水性		0.3 MPa,2 h不透水				
6	抗冲击性能		0.5 kg·m,不渗水				
7	抗静态荷载①		—	—	20 kg不渗水		
8	接缝剥离强度/(N/mm)		≥4.0或卷材破坏		≥3.0		
9	直角撕裂强度/(N/mm)		≥50	—	—	≥50	—
10	梯形撕裂强度/N		—	≥150	≥250	—	≥220
11	吸水率(70 ℃,168 h)/%	浸水后	≤4.0				
		晾置后	≥-0.40				
12	热老化(80 ℃)	时间/h	672				
		外观	无起泡、裂纹、分层、粘结和孔洞				
		最大拉力保持率/%	—	≥85	≥85	—	≥85
		拉伸强度保持率/%	≥85	—	—	≥85	—
		最大拉力时伸长率保持率/%	—	—	≥80	—	—
		断裂伸长率保持率/%	≥80	≥80	—	≥80	≥80
		低温弯折性	-20 ℃无裂纹				
13	耐化学性	外观	无起泡、裂纹、分层、粘结和孔洞				
		最大拉力保持率/%	—	≥85	≥85	—	≥85
		拉伸强度保持率/%	≥85	—	—	≥85	—
		最大拉力时伸长率保持率/%	—	—	≥80	—	—
		断裂伸长率保持率/%	≥80	≥80	—	≥80	≥80
		低温弯折性	-20 ℃无裂纹				
14	人工气候加速老化③	时间/h	1 500②				
		外观	无起泡、裂纹、分层、粘结和孔洞				
		最大拉力保持率/%	—	≥85	≥85	—	≥85
		拉伸强度保持率/%	≥85	—	—	≥85	—
		最大拉力时伸长率保持率/%	—	—	≥80	—	—
		断裂伸长率保持率/%	≥80	≥80	—	≥80	≥80
		低温弯折性	-20℃无裂纹				

注:①抗静态荷载仅对用于压铺屋面的卷材要求。

②单层卷材屋面使用产品的人工气候加速老化时间为2 500 h。

③非外露使用的卷材不要求测定人工气候加速老化。

10.3 防水涂料

重点:各防水涂料的性能及应用。

防水涂料是指常温下呈黏稠状态,涂布在结构物表面,经溶剂或水分挥发,或各组分间的化学反应,形成具有一定弹性的连续、坚韧的薄膜,使基层表面与水隔绝,起到防水和防潮作用的物质。它广泛应用于工业与民用建筑的屋面防水工程、地下混凝土工程的防潮防渗等。

防水涂料按成膜物质的主要成分分为沥青类防水涂料、高聚物改性沥青防水涂料和合成高分子防水涂料三类;按涂料的介质不同,可分为溶剂型、乳液型和反应型三类;按涂层厚度又可分为薄质防水涂料和厚质防水涂料两类。

10.3.1 沥青类防水涂料

1. 沥青胶

沥青胶又称玛脂,是在沥青中加入滑石粉、云母粉、石棉粉、粉煤灰等填充料加工而成。它分冷用和热用两种,分别称为冷沥青胶(冷玛脂)和热沥青胶(热玛脂),两者又都可以分为石油沥青胶及煤沥青胶两类。石油沥青胶适用于粘贴石油沥青类卷材,煤沥青胶适用于粘贴煤沥青类卷材。加入填充料是为了提高耐热性、增加韧性、降低低温脆性及减少沥青的用量,通常掺量为10%~30%。

沥青胶的标号以耐热度表示,如:S-60 指石油沥青胶的耐热度为 60 ℃;J-60 指煤沥青胶的耐热度为 60 ℃。

2. 冷底子油

冷底子油是用建筑石油沥青加入溶剂配制而成的一种沥青溶液。冷底子油黏度小,涂刷后能很快渗入混凝土、砂浆或木材等材料的毛细孔隙中,溶剂挥发后,沥青颗粒则留在基底的微孔中,与基底表面牢固结合,并使基底具有一定的憎水性,为粘贴同类防水卷材创造有利条件。若在冷底子油层上铺热沥青胶粘贴卷材时,可使防水层与基层粘贴牢固。冷底子油由于形成的涂膜较薄,一般不单独作为防水材料使用,往往仅作为某些防水材料的配套材料使用,如图 10.4 所示。

图 10.4 屋面冷底子油涂刷

3. 水乳型沥青防水涂料

水乳型沥青防水涂料是指以水为介质,采用化学乳化剂或矿物乳化剂制得的沥青基防水涂料。

水乳型沥青防水涂料按物理力学性能分为 H 型(高标准)和 L 型(低标准)两种。水乳型沥青防水涂料按产品类型和标准号顺序标记。如 H 型水乳型沥青防水涂料标记为:水乳型沥青防水涂料 H JC/T 408—2005。

水乳型沥青防水涂料要求样品搅拌后均匀无色差、无凝胶、无结块,无明显沥青丝。其物理力学性能应满足表 10.11 的要求。

表 10.11　水乳型沥青防水涂料物理力学性能(JC/T 408—2005)

项　目		L 型	H 型
固体含量/%		≥45	
耐热度/℃		80 ±2	110 ±2
		无流淌,滑动,滴落	
不透水性		0.10 MPa,30 min 无渗水	
黏结强度/MPa		≥0.30	
表干时间/h		≤8	
实干时间/h		≤24	
低温柔度/℃	标准条件	-15	0
	碱处理	-10	5
	热处理		
	紫外线处理		
断裂伸长率/%	标准条件	≥600	
	碱处理		
	热处理		
	紫外线处理		

注:供需双方可以商定温度更低的低温柔度指标。

10.3.2　高聚物改性沥青防水涂料

高聚物改性沥青防水涂料是以高聚合物改性沥青为基料制成的水乳型或溶剂型防水涂料,其品种有再生橡胶改性沥青防水涂料、水乳型氯丁橡胶沥青防水涂料和丁基橡胶沥青防水涂料等。这类涂料由于用橡胶进行改性,所以在柔韧性、抗裂性、拉伸强度、耐高低温性能、使用寿命等方面比沥青基涂料都有很大改善,具有成膜快、强度高、耐候性和抗裂性好、难燃、无毒等优点,适用于Ⅱ级以下及防水等级的屋面、地面、地下室和卫生间等部位的防水工程。

1. 氯丁橡胶沥青防水涂料

氯丁橡胶沥青防水涂料分为溶剂型和水乳型两种。溶剂型氯丁橡胶沥青防水涂料是氯丁橡胶和石油沥青溶于甲基苯或二甲苯而形成的一种混合胶体溶液,主要成膜物质是氯丁橡胶和石油沥青。

水乳型氯丁橡胶沥青防水涂料是以阳离子型氯丁胶乳与阳离子型石油沥青乳液混合,稳定分散在水中而制成的一种乳液型防水涂料,具有成膜快、强度高、耐候性好、抗裂性好、难燃、无毒等优点。

2. 水乳型再生橡胶防水涂料

水乳型再生橡胶防水涂料(简称 JG-2 防水冷胶料)是水乳型双组分(A 液、B 液)防水冷胶结料。A 液为乳化橡胶,B 液为阴离子型乳化沥青,两液分别包装,现场配制使用。涂料为黑色黏稠液体,无毒。水乳型再生橡胶防水涂料经涂刷或喷涂后形成具有弹性的防水薄膜,温度稳定性好,耐老化性及其他各项技术性能均优于纯沥青和玛脂;可以冷操作,加衬中碱玻璃布或无纺布作防水层,能提高抗裂性能。它适用于屋面、墙体、地面、地下室、冷库的防水防潮,也可用于嵌缝及防腐工程等。

10.3.3 高分子防水涂料

高分子防水涂料是以合成橡胶或合成树脂为主要成膜物质制成的单组分或多组分的防水涂料。它比沥青基防水涂料及改性沥青基防水涂料具有更好的弹性和塑性、耐久性及耐高低温性能。高分子防水涂料的品种有聚氨酯防水涂料、石油沥青聚氨酯防水涂料、硅橡胶防水涂料和丙烯酸酯防水涂料等。

1. 聚氨酯防水涂料

聚氨酯防水涂料按组分分为单组分(S)、多组分(M)两种;按基本性能分为Ⅰ型、Ⅱ型和Ⅲ型。

聚氨酯防水涂料外观为均匀黏稠体,无凝胶、结块。聚氨酯防水涂料基本性能应符合表 10.12的规定,可选功能应符合表 10.13 的规定。

表 10.12 聚氨酯防水涂料基本性能(GB/T 19250—2013)

序号	项目		技术指标		
			Ⅰ	Ⅱ	Ⅲ
1	固体含量/%	单组分	≥85.0		
		多组分	≥92.0		
2	表干时间/h		≤12		
3	实干时间/h		≤24		
4	流平性①		20 min 时,无明显齿痕		
5	拉伸强度/MPa		≥2.00	≥6.00	≥12.0
6	断裂伸长率/%		≥500	≥450	≥250
7	撕裂强度/(N/mm)		≥15	≥30	≥40
8	低温弯折性		-35 ℃,无裂纹		
9	不透水性		0.3 MPa,120 min,不透水		
10	加热伸缩率/%		-4.0～+1.0		
11	粘结强度/MPa		≥1.0		
12	吸水率/%		≤5.0		
13	定伸时老化	加热老化	无裂纹及变形		
		人工气候老化②	无裂纹及变形		

续表

序号	项目		技术指标		
			Ⅰ	Ⅱ	Ⅲ
14	热处理 (80 ℃,168 h)	拉伸强度保持率/%	80～150		
		断裂伸长率/%	≥450	≥400	≥200
		低温弯折性	-30 ℃,无裂纹		
15	碱处理 [0.1% NaOH+饱和 $Ca(OH)_2$ 溶液,168 h]	拉伸强度保持率/%	80～150		
		断裂伸长率/%	≥450	≥400	≥200
		低温弯折性	-30 ℃,无裂纹		
16	酸处理 (2% H_2SO_4 溶液,168 h)	拉伸强度保持率/%	80～150		
		断裂伸长率/%	≥450	≥400	≥200
		低温弯折性	-30 ℃,无裂纹		
17	人工气候老化② (1 000 h)	拉伸强度保持率/%	80～150		
		断裂伸长率/%	≥450	≥400	≥200
		低温弯折性	-30 ℃,无裂纹		
18	燃烧性能		B_2-E(点火 15 s,燃烧 20 s,Fs≤150 mm,无燃烧滴落物引燃滤纸)		

注:①该项性能不适用于单组分和喷涂施工的产品。流平性时间也可根据工程要求和施工环境由供需双方商定并在订货合同与产品包装上明示。

②仅外露产品要求测定。

表 10.13　聚氨酯防水涂料可选性能(GB/T 19250—2013)

序号	项　目	技术指标	应用的工程条件
1	硬度(邵 AM)	≥60	上人屋面,停车场等外露通行部位
2	耐磨性(750 g,500 r)/mg	≤50	上人屋面,停车场等外露通行部位
3	耐冲击性/(kg · m)	≥1.0	上人屋面,停车场等外露通行部位
4	接缝动态变形能力/10 000 次	无裂纹	桥梁、桥面等动态变形部位

聚氨酯防水涂料涂膜有透明、彩色、黑色等颜色,防水、延伸及温度适应性能优异,施工简便,并具有耐磨、装饰、阻燃等性能,故在中、高级公用建筑的卫生间、水池等防水工程及地下室和有保护层的屋面防水工程中得到广泛应用。

2. 硅橡胶防水涂料

硅橡胶防水涂料是以硅橡胶乳液为基本材料,和其他合成高分子乳液,掺入无机填料和各种助剂配制而成的乳液型防水涂料。

硅橡胶防水涂料可形成抗渗性较好的防水膜;以水为分散介质,无毒、无味、不燃、安全性好;可在潮湿基层上施工,成膜速度快;耐候性好;涂膜无色透明,可配成各种颜色;具有优良的耐水性、延伸性、耐高低温性能,耐化学、微生物腐蚀性,可以冷施工。它适用于地下工程、输水和储水构筑物的防水、防潮;厨房、厕所、卫生间及楼地面的防水;防水等级为Ⅲ、Ⅳ级的屋面防水,也可用作Ⅰ、Ⅱ级屋面多道防水设防中的一道防水层。其主要技术性能见表 10.14。

表 10.14 硅橡胶防水涂料主要技术性能

项　目	性　能
pH 值	8
固体含量	1 号:41.8%;2 号:66.0%
表干时间	<45 min
黏度(涂-4 杯)	1 号:1 min 08 s;2 号:3 min 54 s
抗渗性	迎水面 1.1～1.5 MPa,恒压一周无变化;背水面 0.3～0.5 MPa
抗裂性	4.5～6 mm(涂膜厚 0.4～0.5 mm)
延伸率	640%～1 000%
低温柔性	−30 ℃冰冻 10 d 后绕 ϕ3 mm 棒不裂
黏结强度	0.57 MPa
耐热	(100 ±1)℃,6 h 不起鼓、不脱落
耐老化	人工老化 168 h,不起鼓、不起皱、无脱落,延伸率仍达 530%

10.4 密封材料

重点:建筑密封胶的性能及应用。

密封材料(又称嵌缝材料)是指能够承受接缝位移以达到气密、水密目的而嵌入建筑接缝中的材料。密封材料具有良好的黏结性、耐老化性和温度适应性,并具有一定的强度、弹塑性,能够长期经受被黏构件的收缩与振动而不破坏。

建筑密封材料分为预制密封材料(预先成型的,具有一定形状和尺寸的密封材料)和密封胶(也称密封膏,是指以非成型状态嵌入接缝中,通过与接缝表面黏结而密封接缝的材料)两种。

常用的密封材料有以下几种:

1. 建筑防水沥青嵌缝油膏

建筑防水沥青嵌缝油膏是以石油沥青为基料,加入改性材料、稀释剂、填料等配制而成的黑色膏状嵌缝材料。它具有黏结性好、延伸率高及良好的防水防潮性能。建筑防水沥青嵌缝油膏可用作预制大型屋面板四周及槽形板、空心板、端头、缝等处的嵌缝材料;可作屋面板、空心板和墙板的嵌缝密封材料以及混凝土跑道、车道、桥梁和各种构筑物伸缩缝、施工缝、沉降缝等处的嵌填材料。其性能应符合建筑材料行业标准《建筑防水沥青嵌缝油膏》(JC/T 207—2011)的规定。

2. 聚硫建筑密封膏

聚硫建筑密封膏(双组分)是以液态聚硫橡胶为基料,加入硫化剂、增塑剂、填充料等配制而成的均匀膏状体。

聚硫建筑密封膏按流动性分为非下垂型(N)和自流平型(L)两个类型;按位移能力分为25、20 两个级别;按拉伸模量分为高模量(HM)和低模量(LM)两个次级别。

聚硫建筑密封膏产品按下列顺序标记:名称、类型、级别、次级别、标准号。如 25 级低模量非下垂型聚硫建筑密封膏的标记为:聚硫建筑密封膏 N 25 LM JC/T 483—2022。

聚硫建筑密封膏产品应为均匀膏状物、无结皮结块,组分间颜色应有明显差别。产品的颜色与供需双方商定的样品相比,不得有明显差异。

聚硫建筑密封膏的理化性能应符合表 10.15 的规定。

表 10.15 聚硫建筑密封胶的理化性能(JC/T 483—2022)

序号	项目		技术指标					
			50LM	35LM	25LM	25HM	20LM	20HM
1	密度/(g/cm³)		规定值 ±0.1					
2	流动性①	下垂度(N 型)/mm	≤3					
		流平性(L 型)	光滑平整					
3	表干时间/h		≤24					
4	适用期②/h		≥2					
5	拉伸模量/MPa	23℃	≤0.4 和	≤0.4 和	≤0.4 和	>0.4 或	≤0.4 和	>0.4 或
		-20 ℃	≤0.6	≤0.6	≤0.6	>0.6	≤0.6	>0.6
6	弹性恢复率/%		≥80					
7	定伸粘结性		无破坏					
8	浸水后定伸粘结性		无破坏					
9	冷拉-热压后粘结性		无破坏					
10	质量损失率/%		≤5					
11	28 d 浸水后定伸粘结性③		无破坏				—	
12	低温柔性(-40 ℃)		无裂纹					

注:①允许采用各方商定的其他指标值。
②允许采用各方商定的其他指标值。
③仅适用于长期浸水环境的产品。

聚硫建筑密封膏具有黏结力强、抗撕裂性、耐候性、耐水性、低温柔韧性良好、适应温度范围宽等优点。聚硫建筑密封膏适用于各类工业与民用建筑的防水密封,特别适用于长期浸泡在水中的工程、严寒地区的工程及受疲劳荷载作用的工程,施工性良好,价格适中,是一种应用非常广泛的密封材料。

3. 硅酮建筑密封胶

硅酮建筑密封胶是以聚硅氧烷为主要成分,加入适量的硫化剂、硫化促进剂以及填料等在室温下固化的单组分密封胶。

硅酮建筑密封胶按固化机理分为 A 型-脱酸(酸性)和 B 型-脱酸(酸性)两类;按用途分为建筑接缝用(F 类)和镶装玻璃用(G 类)两类。硅酮建筑密封胶按位移能力分为 20、25 两个级别;按拉伸模量分为高模量(HM)和低模量(LM)两个次级别。

硅酮建筑密封胶产品按下列顺序标记:名称、类型、类别、级别、次级别、标准号。如镶装玻璃用 25 级高模量酸性硅酮建筑密封胶标记为

硅酮建筑密封胶 A G 25 HM GB/T 14683—2017

硅酮建筑密封胶应为细腻、均匀膏状物,不应有气泡、结皮和凝胶。颜色与供需双方商定的样品相比,不得有明显差异。理化性能应符合表10.16的规定。

表10.16　硅酮建筑密封胶的理化性能

序号	项　目		技术指标	
			50/35/25/20HM	50/35/25/20LM
1	密度/(g/cm³)		规定值±0.1	
2	下垂度/mm	垂直	≤3	
		水平	无变形	
3	表干时间/h		≤3	
4	挤出性/(mL/min)		≥150	
5	弹性恢复率/%		≥80	
6	拉伸模量/MPa	23 ℃	>0.4或>0.6	≤0.4和≤0.6
		-20 ℃		
7	定伸粘结性		无破坏	
8	紫外线辐照后粘结性		无破坏	
9	冷拉-热压后粘结性		无破坏	
10	浸水后定伸粘结性		无破坏	
11	质量损失率/%		≤8	

硅酮建筑密封胶具有优异的耐热性、耐寒性、耐候性和耐水性,耐拉压疲劳性强,与各种材料都有较好的粘结性能。其中,F类适用于预制混凝土墙板、水泥板、大理石板的外墙接缝,混凝土和金属框架的黏结,卫生间和公路接缝的防水密封等;G类适用于镶嵌玻璃和建筑门、窗的密封,不适用建筑幕墙和中空玻璃。

4. 聚氨酯建筑密封胶

聚氨酯建筑密封胶是以氨基甲酸酯聚合物为主要成分的建筑密封胶。

聚氨酯建筑密封胶按包装形式分为单组分(Ⅰ)和多组分(Ⅱ)两个品种;按流动性分为非下垂型(N)和自流平型(L)两个类型;按位移能力分为20、25两个级别;按拉伸模量分为高模量(HM)和低模量(LM)两个次级别。

聚氨酯建筑密封胶产品按下列顺序标记:名称、品种、类型、级别、次级别、标准号。如25级低模量单组分非下垂型聚氨酯建筑密封胶标记为

聚氨酯建筑密封胶 I N 25 LM JC/T 482—2022

聚氨酯建筑密封胶应为细腻、均匀膏状物或黏稠液,不应有气泡。多组分产品各组分的颜色间应有明显差异。产品的颜色与供需双方商定的样品相比,不得有明显差异。其物理力学性能应符合表10.17的规定。

聚氨酯建筑密封胶具有模量低、延伸率大、弹性高、黏结性好、耐低温、耐水、耐酸碱、抗疲劳、使用年限长等优点。它广泛应用于屋面板、外墙板、混凝土建筑物沉降缝、伸缩缝的密封,阳台、窗框、卫生间等的防水密封以及排水管道、蓄水池、游泳池、道路桥梁等工程的接缝

密封与渗漏修补。

表 10.17　聚氨酯建筑密封胶的物理力学性能(JC/T 482—2022)

序号	项目		技术指标							
			50LM	50HM	35LM	35HM	25LM	25HM	20LM	20HM
1	密度/(g/cm^3)		规定值±0.1							
2	流动性[1]	下垂度(N型)/mm	≤3							
		流平性(L型)	光滑平整							
3	表干时间/h		≤24							
4	挤出性[2]/(mL/min)		≥150							
5	适用期[3]/h		≥0.5							
6	拉伸模量/MPa	23℃ -20℃	≤0.4 和 ≤0.6	≤0.4 或 >0.6	≤0.4 和 ≤0.6	>0.4 或 >0.6	≤0.4 和 ≤0.6	>0.4 或 >0.6	≤0.4 和 ≤0.6	>0.4 或 >0.6
7	弹性恢复率/%		≥70							
8	定伸粘结性		无破坏							
9	浸水后定伸粘结性		无破坏							
10	冷拉-热压后粘结性		无破坏							
11	质量损失率/%		≤5							
12	人工气候老化后粘结性[4]		无破坏							

注:①允许采用各方商定的其他指标值。

②仅适用于单组分产品。

③仅适用于多组分产品;允许采用各方商定的其他指标值。

④仅适用于户外且直接暴露在阳光下的接缝产品。

实训七　沥青材料性能检测

一、实训目的和任务

1. 熟悉沥青材料的技术要求。
2. 掌握沥青材料实验仪器的性能和操作方法。
3. 掌握沥青材料各项性能指标的基本试验技术。
4. 完成沥青针入度、延度、软化点测定。

要求每位同学根据实训指导书在老师的指导下独立、全面、规范地完成实验,并填好实验报告,做好记录;按要求处理数据,得出正确结论。

二、实训预备知识

复习教材沥青针入度、延度、软化点等有关知识,认真阅读实训指导书,明确试验目的、基本原理及操作要点,并应对沥青实验所用的仪器、设备、材料有基本了解。

三、主要仪器设备

本次实训所用仪器设备详见表 10.18。

表 10.18　实验仪器设备清单表

序号	仪器名称	用　途	备注
1	针入度仪、标准针、试样皿、平底玻璃皿、计时器、温度计等	完成沥青针入度性能检测	每组一套
2	延度仪、延度模具、水浴、温度计等	完成沥青延度性能检测	每组一套
3	铜环、钢球定位器、支架、浴槽、温度计等	完成沥青软化点性能检测	每组一套

四、实训组织管理

课前、课后点名考勤；实验以小组为单位进行，每个小组人员为________人；仪器、设备使用完后要清洗干净，物归原位，借用、归还要登记；着装整齐，女生不得穿裙子；不迟到不早退，积极参与实验。本次实验内容安排详见表 10.19。

表 10.19　实验进程安排表

序号	实验单项名称	具体内容（知识点）	学时数
1	沥青针入度性能检测	测定标准针在一定荷载、时间及温度条件下垂直贯入沥青试样的深度	2
2	沥青延度性能检测	沥青试样在一定温度下以一定速度拉伸至断裂时的长度	
3	沥青软化点性能检测	采用环球法测定软化点在 30～157 ℃的沥青试样，软化点为当试样软化到使两个放在沥青上的钢球下落 25 mm 距离时的温度平均值	

五、实训中实验项目简介、操作步骤指导与注意事项

1. 实验项目简介

（1）沥青针入度性能检测

针入度是表示沥青黏性的指标，根据它来确定石油沥青的牌号。

（2）沥青延度性能检测

延伸度是表示石油沥青塑性的指标，它也是评定石油沥青牌号的指标之一。

（3）沥青软化点性能检测

软化点是表示石油沥青温度敏感性的指标，也是评定石油沥青牌号的指标之一。

2. 实验操作步骤

（1）沥青针入度实验

①调平针入度仪三脚底座。

②将盛样皿从恒温水浴取出，移入严格控制温度为（25 ± 0.1）℃的保温皿中，试样表面水层厚应不小于 10 mm。

③将保温皿置于底座上的圆形平台上。调节标准针，使针尖正好与试样表面接触。拉下活杆，使其下端与连杆顶端接触。并将指针指到刻度盘上的"0"位上或记录初始值。

④压下按钮，同时启动秒表。标准针自由落下穿入试样达 5 s 时，立刻放松按钮，使标准针停止下落。

⑤拉下活杆与连杆顶端接触。记录刻度盘上所指数值（或与初始读值之差），准确至 0.1 mm，即为试样的针入度值。

⑥同一试样进行平行测定不少于三次。每次重复测定之前，应将标准针用浸有煤油、苯或汽油的布擦净，再用干布擦干。

⑦以同一试样的三次测定值的算术平均值为该试样的针入度值。

（2）沥青延度实验

①将试样连同试模及玻璃板（或金属板）浸入恒温水浴或延度仪水槽中，水温保持（25 ±0.5）℃，沥青试件上表面水层高度不低于 25 mm。

②待试件在水槽中恒温 1 h 后，便将试模自玻璃上取下，将端模顶端小孔，分别套在延度仪的支板与滑板的销钉上，取下两侧模。

③启动电动机，观察沥青受拉伸情况。若沥青与水的密度相差较大时（观察拉伸后沥青丝在水中沉浮情况即可确定密度相差的大小），可加入酒精或食盐调整水的密度，使沥青丝保持水平。

④试件被拉断时，指针在标尺上所指示的数值（以 cm 表示），即为试样的延度。

⑤取三个试件平行检测的算术平均值作为检测结果。

（3）沥青软化点实验

①将铜环水平放置在架子的小孔上，中间孔穿入温度计。将架子置于烧杯中。

②烧杯中装（5 ±0.5）℃的水。如果预计软化点较高，在 80 ℃以上时，可装入（32 ±1）℃的甘油。装入水或甘油的高度应与架子上的标记相平。经 30 min 后，在铜环中沥青试样的中心各放置一枚 3.5 g 重的钢球。

③将烧杯移至放有石棉网的电炉上加热，开始加热 3 min 后升温速度应保持（5 ±0.5）℃/min，随着温度的不断升高，环内的沥青因软化而下坠，当沥青裹着钢球下坠到底板时，此时的温度即为沥青的软化点。

④每个试样至少检测两个试件，取两个试件软化点的算术平均值作为检测结果。

3. 操作注意事项

（1）沥青针入度实验

①测定期间要随时检查保温皿内水温，使其恒定。

②各次测点距离及测点与试样边缘之间的距离应不小于 10 mm。

③测定针入度大于 200 的沥青试样时，至少用 3 支标准针，每次试验后将针留在试样中，直至 3 次平行试验完成后，才能将标准针取出。

④三次读值中的最大与最小值之差，当针入度低于 50 ℃时，不大于 2 ℃；针入度为50~149 ℃时，不应大于 4 ℃；针入度为 150~249 ℃时，不应大于 12 ℃；针入度为 250~500 ℃时，

不应大于20 ℃。

(2)沥青延度实验

①沥青试模的底板和两个侧模的内侧要涂油,端模不涂油。

②检查延度仪滑板移动速度(5 cm/min),并使指针指向零点。

③水温保持(25 ±0.5)℃。

(3)沥青软化点实验

①如升温速度超出规定时,检测结果即作废。

②两个试件测定结果的差值不得大于1 ℃(软化点≥80 ℃的,不得大于2 ℃)。

六、考核标准

本次实训满分100分,考核内容、考核标准、评分标准详见表10.20。

表10.20 考核评分标准表

序号	考核内容(100分)	考核标准	评分标准	考核形式
1	仪器、设备是否检查(10分)	仪器、设备使用前检查、校核	检查,校核准确	实验完成后每人提交实验报告一份
2	实验操作(40分)	沥青取样	取样方法科学、正确	
		试样装模	装模方法正确	
		操作方法	操作方法规范	
		操作时间	按规定时间完成操作	
3	结果处理(40分)	数据记录、计算	数据记录、计算正确	
4		表格绘制	表格绘制完整、正确	
5		填写实验结论	实验结论填写正确无误	
6	结束工作(5分)	收拾仪具,清洁现场	收拾仪具并清洁现场	
7	安全文明操作(5分)	仪器损伤	无仪器损伤	

七、实训报告

完成《土木工程材料与实训指导书》相应实验的实训报告表格。

思考题

一、填空题

1. 石油沥青的组成结构为________、________和________三个主要组分。

2. 沥青混合料是指________与沥青拌和而成的混合料的总称。

3. 一般同一类石油沥青随着牌号的增加,其针入度________,延度________而软化点________。

4. 沥青的塑性指标一般用________来表示,温度感应性用________来表示。

5. 油纸按________分为200、350两个标号。

6. 沥青混凝土是由沥青和________、石子和________所组成。

二、不定项选择题

1. 沥青混合料的技术指标有________。

A. 稳定度　B. 流值　C. 空隙率　D. 沥青混合料试件的饱和度

2. 沥青的牌号是根据以下________技术指标来划分的。

A. 针入度　B. 延度　C. 软化点　D. 闪点

3. 石油沥青的组分长期在大气中将会转化,其转化顺序是________。

A. 按油分—树脂—地沥青质的顺序递变

B. 固定不变

C. 按地沥青质—树脂—油分的顺序递变

D. 不断减少

4. 常用做沥青矿物填充料的物质有________。

A. 滑石粉　B. 石灰石粉　C. 磨细纱　D. 水泥

5. 石油沥青材料属于________结构。

A. 散粒结构　B. 纤维结构　C. 胶体结构　D. 层状结构

6. 根据用途不同,沥青分为________。

A. 道路石油沥青　B. 普通石油沥青C. 建筑石油沥青D. 天然沥青

三、判断题

1. 当采用一种沥青不能满足配制沥青胶所要求的软化点时,可随意采用石油沥青与煤沥青掺配。（　）

2. 沥青本身的黏度高低直接影响着沥青混合料黏聚力的大小。（　）

3. 夏季高温时的抗剪强度不足和冬季低温时的抗变形能力过差,是引起沥青混合料铺筑的路面产生破坏的重要原因。（　）

4. 石油沥青的技术牌号愈高,其综合性能就愈好。（　）

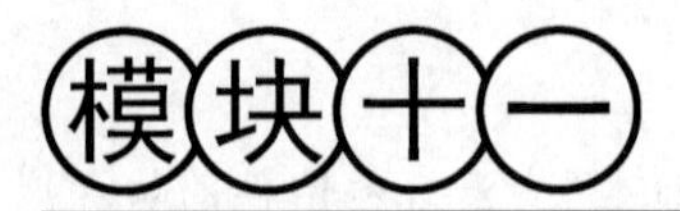

绝热与吸声材料

学习目标

1. 熟悉影响绝热材料性能的因素,掌握常用的绝热材料品种及其应用(重点);
2. 了解材料的吸声、隔声原理,了解常用的吸声、隔声材料。

11.1 绝热材料

重点:常用绝热材料的性能及应用。

建筑中,将不易传热的材料,即对热流有显著阻抗性的材料或材料复合体称为绝热材料。绝热材料是保温、隔热材料的总称。绝热材料应具有较小的传导热量的能力,主要用于建筑物的墙壁、屋面保温,热力设备及管道的保温,制冷工程的隔热。绝热材料按其成分分为无机绝热材料和有机绝热材料两大类。

11.1.1 影响材料绝热性能的因素

1. 导热系数

当材料的两个相对侧面间出现温度差时,热量会从温度高的一面向温度低的一面传导。在冬天,由于室内气温高于室外,热量会从室内经围护结构向外传出,造成热损失。夏天,室外气温高于室内,热量经围护结构传至室内,使室温升高。为了保持室内温度,房屋的围护结构材料必须具有一定的绝热性能。

由材料的导热性得知,材料导热能力的大小用导热系数 K_x 表示。导热系数是指单位厚度的材料,当两个相对侧面温差为 1 K 时,在单位时间内通过单位面积的热量。导热系数受材料的组成,孔隙率及孔隙特征,所处环境的湿度、温度及热流方向等的影响。

2. 影响材料导热系数的主要因素

(1)材料的组成

材料的导热系数受自身物质的化学组成和分子结构影响。化学组成和分子结构比较简单的物质比结构复杂的物质的导热系数大。一般情况下,金属导热系数最大,非金属次之,液体较小,气体最小。

(2)孔隙率和孔隙特征

固体物质的导热系数比空气的导热系数大得多。一般来说,材料的孔隙率越大,导热系数越小。材料的导热系数不仅与孔隙率有关，还与孔隙的大小、分布、形状及连通情况有关。

(3)湿度

材料受潮吸水导热系数会增大，若受冻结冰则导热系数会增加更多，这是由于水的导热系数比密闭空气的导热系数大许多倍，而冰的导热系数约为密闭空气导热系数的100倍，故绝热材料在使用时特别要注意防潮、防冻。

(4)温度

材料的导热系数随温度的升高而增大，这是由于温度升高，材料固体分子的热运动增强，同时材料孔隙中空气的导热和孔壁间的辐射作用也会有所增加。

(5)热流方向

对于各向异性材料，如木材等纤维质材料，当热流平行于纤维的方向时，热流受到的阻力小，导热系数大；当热流垂直于纤维方向时，热流受到的阻力大，导热系数就小。

11.1.2 常用的绝热材料

1. 无机绝热材料

(1)石棉及其制品

石棉是一种蕴藏在中性或酸性火成岩矿床中的非金属矿物，具有绝热、耐火、耐酸碱、耐热、隔声、不腐朽等优点。石棉按化学成分大致分为温石棉和角闪石石棉两类，其导热系数小于0.069 W/(m·K)。石棉常制成石棉粉、石棉灰、石棉纸、石棉板等。

石棉在施工时会对人体皮肤造成刺激，为克服这一缺点，常用沥青、酚醛树脂作胶结料，制成各种规格的板、毡、管套等，应用于建筑物、各种热力管道、设备的保温、隔热。石棉粉是将石棉矿石经机械加工、粉碎处理、除去杂质后所得的一种短纤维粉状石棉。石棉粉堆积密度不大于600 kg/m^3，导热系数小于0.082 W/(m·K)，适用于各种热工设备及管道的保温、隔热。

石棉灰有碳酸钙石棉灰、碳酸镁石棉灰、硅藻土石棉灰三类。其中碳酸镁石棉灰性能最好，其导热系数为0.046 W/(m·K)，堆积密度为140 kg/m^3，是一种优良的绝热材料。

石棉纸是由石棉纤维与黏结料制成，厚度为0.3~1.0 mm，常用于结构防火和热表面绝热。石棉板有石棉水泥板、石棉保温板等，应用于建筑物墙板、天棚、屋面的保温、隔热。

(2)矿渣棉及其制品

矿渣棉又称矿棉，是利用工业废料矿渣为主要原料，经熔化、高速离心法或喷吹法等工序制成的一种棉丝状绝热材料。一般在0.02 MPa压力下，其表观密度不大于150 kg/m^3，导热系数不大于0.044 W/(m·K)。矿棉具有质轻、不燃、防蛀、价廉、耐腐蚀、化学稳定性强、吸声性能好等特点。它不仅是绝热材料，还可作为吸声、防震材料。

(3)岩棉及其制品

岩棉是以精选的玄武岩为主要原料，经高温熔融加工制成的人造无机纤维。岩棉及其制品(各种规格的板、毡带)具有质轻、不燃、化学稳定性好、绝热性能好等特点，其表观密度小于150 kg/m^3，导热系数不大于0.044 W/(m·K)，多用于建筑物及直径较大的罐体、锅炉等的绝热。

(4)膨胀珍珠岩及其制品

膨胀珍珠岩以珍珠岩、墨曜岩或松脂岩矿石经破碎、筛分、预热，在高温下悬浮瞬间焙烧、体积骤然膨胀而成的一种白色或灰白色的松散颗粒状的材料。膨胀珍珠岩具有轻质、绝热、吸声、无毒、不燃烧、无臭味等特点，其堆积密度小于250 kg/m^3，导热系数不大于0.065 W/(m·K)，最高使用温度800 ℃，是一种高效能的绝热材料，在建筑工程中用途很广。

膨胀珍珠岩多数用作生产制品，主要有水泥膨胀珍珠岩制品、水玻璃膨胀珍珠岩制品、磷酸盐膨胀珍珠岩制品、沥青膨胀珍珠岩制品。这些制品广泛用于工业与民用建筑的围护结构、工业设备管道的保温、隔热。因为沥青膨胀珍珠岩制品具有绝热、防水双重效果，所以在屋面上应用较多。

(5)膨胀蛭石及其制品

蛭石是一种复杂的铁、镁含水铝酸盐矿物，是水铝云母类矿物中的一种矿石。由于在膨胀时很像水蛭(蚂蟥)蠕动，故名蛭石。蛭石经晾干、破碎、筛选、焙烧膨胀后，形成松散颗粒状材料。其堆积密度很小，在80~200 kg/m^{3}之间，导热系数为0.05~0.07 W/(m·K)，最高使用温度1 000~1 100 ℃，可用于填充墙壁、楼板和屋面保温。膨胀蛭石耐热、耐水，不易虫蛀、腐朽，耐碱不耐酸，不宜用于酸性侵蚀的地方。

膨胀蛭石制品主要有水泥膨胀蛭石制品、水玻璃膨胀蛭石制品。这两类制品可制成各种规格的砖、板、管套等，用于工业与民用建筑的围护结构和管道的保温、绝热。

(6)发泡黏土

将特定矿物组成的黏土(或页岩)加热到一定温度会产生部分高温液体和气体，由于气体受热体积膨胀，冷却后即得发泡黏土(或发泡页岩)轻质骨料。其堆积密度为350 kg/m^3，导热系数为0.105 W/(m·K)，可用作填充材料和混凝土轻骨料。

2. 有机绝热材料

(1)软木板

软木板是用栓树或黄菠萝树皮等为原料加工制成的一种板状材料。它耐腐蚀、耐水，能阻燃火焰；并且因为软木中含有大量微孔，所以质轻，表观密度小于260 kg/m^3，导热系数小于0.058 W/(m·K)，是一种优良的绝热、防震材料。软木板多用作天花板、隔墙板或护墙板。

(2)泡沫塑料

泡沫塑料是以各种树脂为基料，加入一定剂量的发泡剂、催化剂、稳定剂等辅助材料经加热发泡制成的一种新型轻质、保温、隔热、吸声、防震材料，常用于屋面、墙面绝热，冷库隔热。它的种类很多，均以所用树脂取名。泡沫塑料制品种类、技术性能见表11.1。

(3)蜂窝板

蜂窝板是由两块较薄的面板牢固地黏结在一层较厚的蜂窝状心材两面而制成的板材，也称蜂窝夹层结构。蜂窝状心材通常是用浸渍过合成树脂(酚醛、聚酯树脂等)的牛皮纸、玻璃布或铝片，经加工黏合成六角形空腹的整块心材，心材的厚度可根据使用要求确定。常用的面板为浸渍过树脂的牛皮纸、玻璃布或不经浸渍的胶合板、纤维板、石膏板等。

表 11.1　泡沫塑料制品的种类及技术性能

名　　称	堆积密度 /(kg/m^3)	导热系数 /[W/(m·K)]	抗压强度 /MPa	抗拉强度 /MPa	吸水率 /%	耐热性 /℃
聚苯乙烯泡沫塑料	21～51	0.031～0.047	0.144～0.358	0.13～0.14	0.004～0.016	75
聚氯乙烯泡沫塑料	≤45	≤0.043	≥0.18	≥0.40	<0.2	80
聚氨酯泡沫塑料	30～40	0.037～0.055	≥0.12	≥0.244	—	—
酚醛泡沫塑料	≤15	0.028～0.041	0.015～0.025	—	—	—

11.2　吸声材料

重点:常用吸声材料的性能及用途。

吸声材料是指能在一定程度上吸收由空气传递的声波能量的材料。它广泛用于音乐厅、影剧院、大会堂、语音室等内部的地面、天棚、墙面等部位,能改善音质,获得良好的音响效果。

11.2.1　材料的吸声原理

声音源于物体的振动,它引起邻近空气的振动而形成声波,并在空气介质中向四周传播。声音在传播过程中,一部分声能由于距离的增大而扩散,一部分声能因空气分子的吸收而减弱。当声波传入材料表面时,声能一部分被反射,一部分穿透材料,其余部分则被材料吸收。这些被吸收的声能(包括穿透部分的声能)与入射声能之比,称为吸声系数。即

$$\alpha = \frac{E_1 + E_2}{E_0}$$

式中　α——材料的吸声系数;

E_1——材料吸收的声能;

E_2——穿透材料的声能;

E_0——入射的全部声能。

材料的吸声性能除与材料本身结构、厚度及材料的表面特征有关外,还与声音的入射方向和频率有关。为了全面反映材料的吸声性能,通常采用125 Hz、250 Hz、500 Hz、1 000 Hz、2 000 Hz、4 000 Hz六个频率的吸声系数表示材料的吸声性能。任何材料均能不同程度地吸收声音,通常把六个频率的平均吸声系数大于0.2的材料称为吸声材料。

11.2.2　多孔材料吸声原理

通常使用的吸声材料为多孔材料。多孔材料具有大量内外连通的微小孔隙。当声波沿着微孔进入材料内部时,引起孔隙中空气的振动,由于摩擦和空气阻滞力,一部分声能转化成热能;另外,孔隙中的空气由于压缩放热、膨胀吸热,与纤维、孔壁之间的热交换,也使部分声能被吸收。

影响材料吸声性能的主要因素有:

(1)材料的表观密度

对同一种多孔材料,表观密度增大时,对低频的吸声效果提高,对高频的吸声效果降低。

（2）材料的厚度

增加材料的厚度，可提高对低频的吸声效果，而对高频的吸收则没有明显影响。

（3）材料的孔隙特征

材料的孔隙愈多、愈细小，吸声效果愈好。互相连通的开放的孔隙越多，材料的吸声效果越好。当多孔材料表面涂刷油漆或材料受潮时，由于材料的孔隙大多被水分或涂料堵塞，吸声效果将会大大降低，因此多孔吸声材料应注意防潮。

（4）吸声材料设置的位置

悬吊在空中的吸声材料，可以控制室内的混响时间和降低噪声。多孔材料或饰物悬吊在空中时，其吸声效果比布置在墙面或顶棚上要好，而且使用和安置也比较方便。

11.2.3　建筑上常用的吸声材料

建筑上常用的吸声材料及安装方法见表 11.2。

表 11.2　建筑上常用的吸声材料

名称		厚度/cm	各种频率下的吸声系数						安装方法
			125 Hz	250 Hz	500 Hz	1 000 Hz	2 000 Hz	4 000 Hz	
无机材料	石膏板（有花纹）	—	0.03	0.05	0.06	0.09	0.04	0.06	贴实
	水泥蛭石板	4.0	—	0.14	0.46	0.78	0.50	0.60	贴实
	石膏砂浆（掺水泥、玻璃纤维）	2.2	0.24	0.12	0.09	0.30	0.32	0.83	墙面粉刷
	水泥膨胀珍珠岩板	5.0	0.16	0.46	0.64	0.48	0.56	0.56	
	水泥砂浆	1.7	0.21	0.16	0.25	0.40	0.42	0.48	
	砖（清水墙面）	—	0.02	0.03	0.04	0.04	0.05	0.05	
有机材料	软木板	2.5	0.05	0.11	0.25	0.63	0.70	0.70	贴实，钉在木龙骨上，后面留 10 cm 或 5 cm 空气层
	木丝板	3.0	0.10	0.36	0.62	0.53	0.71	0.90	
	三夹板	0.3	0.21	0.73	0.21	0.19	0.08	0.12	
	穿孔五夹板	0.5	0.01	0.25	0.55	0.30	0.16	0.19	
	木花板	0.8	0.03	0.02	0.03	0.03	0.04	—	
	木质纤维板	1.0	0.06	0.15	0.28	0.30	0.33	0.31	
多孔材料	泡沫玻璃	4.4	0.11	0.32	0.52	0.44	0.52	0.33	贴实
	酚醛泡沫塑料	5.0	0.22	0.29	0.40	0.68	0.95	0.94	贴实
	泡沫水泥（外粉刷）	2.0	0.18	0.05	0.22	0.48	0.22	0.32	紧靠粉刷
	吸声蜂窝板	—	0.27	0.12	0.42	0.86	0.48	0.30	紧贴墙
	泡沫塑料	1.0	0.03	0.06	0.12	0.41	0.85	0.67	
纤维材料	矿棉板	3.13	0.10	0.21	0.60	0.95	0.85	0.72	贴实
	玻璃棉	5.0	0.06	0.08	0.18	0.44	0.72	0.82	贴实
	酚醛玻璃纤维板	8.0	0.25	0.55	0.80	0.92	0.98	0.95	贴实
	工业毛毡	3.0	0.10	0.28	0.55	0.60	0.60	0.56	紧靠墙面

11.2.4 隔声材料

隔声是指材料阻止声波透过的能力。隔声性能的好坏用透射系数来衡量。透射系数用透过材料的声能与材料的入射总声能的比值来表示,材料的透射系数越小,说明材料的隔声性能越好。

通常,声波在材料或结构中按照传播途径分为空气声(由于空气的振动)和固体声(由于固体的撞击或振动)两种。对于不同的声波传播途径的隔绝可采取不同的措施,选择适当的隔声材料或结构。对空气声的隔声而言,材料传声的大小主要取决于其单位面积的质量,质量越大越不易振动,隔声效果越好,故应选择密实、沉重的材料(如烧结普通砖、钢筋混凝土、钢板等)作为隔声材料。对于隔绝固体声最有效的措施是采用不连续的结构处理,即在墙壁和承重梁之间、房屋的框架和墙板之间加弹性衬垫,如毛毡、软木、橡皮等材料或楼板上加弹性地毯等。

思考题

一、填空题

1. 隔声主要是指隔绝____________声和隔绝____________声。

2. 安全玻璃主要有____________和____________等。

二、单项选择题

1. 土木工程材料的防火性能包括____________。①燃烧性能 ②耐火性能 ③燃烧时的毒性 ④发烟性 ⑤临界屈服温度。

A. ①②④⑤　　B. ①②③④　　C. ②③④⑤　　D. ①②③④⑤

2. 建筑结构中,主要起吸声作用且吸声系数不小于____________的材料称为吸声材料。

A. 0.1　　B. 0.2　　C. 0.3　　D. 0.4

三、判断题

1. 釉面砖常用于室外装饰。（　　）

2. 大理石宜用于室外装饰。（　　）

3. 三元乙丙橡胶不适合用于严寒地区的防水工程。（　　）

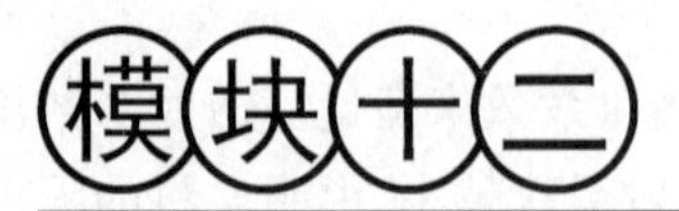

模块十二 道路与桥梁工程材料

学习目标

1. 熟悉道路工程材料的组成；
2. 掌握土工合成材料的分类及技术性质；
3. 掌握路面基层及底基层材料的分类及技术性质(重点)；
4. 掌握道路沥青混合料的组成及技术性(重点)；
5. 能够进行粗细集料常规检测、无机结合材料取样制作及检测、沥青混合料性能检测；
6. 能够进行矿质混合料组成设计,路面基层、底基层材料设计,沥青混合料配合比设计；
7. 能够解决道路施工中相关材料问题。

道路工程,按使用性质分为公路、城市道路、厂矿道路、林区道路等。公路的结构组成有路基、路面、桥梁、涵洞、隧道和交通服务设施等,路基和路面是公路的主要工程结构物。本章以公路路面工程为学习情境,在熟悉道路路面工程结构的基础上,学习路面工程材料的组成、主要技术性质及检测方法。

路面是在路基的顶面用各种材料或混合料分层铺筑而成的层状结构物,直接承受车辆荷载和自然因素的作用。为满足交通运营,路面应具有足够的强度和刚度,良好的水温稳定性、耐久性、表面平整度和抗滑性。路面结构通常是分层铺筑的,按照层位功能的不同,可由面层、基层、底基层和必要的功能层组成。

12.1 土工合成材料

重点:土工合成材料的性能。

土工合成材料,是工程建设中应用的以人工合成或天然聚合物为原料制成的工程材料的总称。在道路工程中通常将土工合成材料置于路基内部、边坡表面或者路基路面结构层之间,发挥过滤、防渗、隔离、排水、加筋和防护等作用,达到加强和保护路基路面结构功能的目的。

土工合成材料的应用和相关试验,应符合《土工合成材料应用技术规范》(GB/T 50290—2014)、《公路土工合成材料应用技术规范》(JTG/T D32—2012)、《公路工程土工合成材料试验规程》(JTG E50—2006)等标准的规定及技术要求。

12.1.1 土工合成材料分类及用途

1. 土工合成材料分类

土工合成材料可分为土工织物、土工膜、土工复合材料和土工特种材料四大类,每一大类又有若干不同亚类和品种,见表12.1。

表12.1 土工合成材料类型

	大类	亚类	典型品种
土工合成材料	土工织物	有纺(织造 woven)	机织(含编织)、针织等
		无纺(非织造 non-woven)	针刺、热粘、化粘等
	土工膜	聚合物土工膜	
	土工复合材料	复合土工膜	一布一膜,两布一膜等
		复合土工织物	
		复合防排水材料	排水板(带)、长丝热粘排水体、排水管、防水卷材、防水板等
	土工特种材料	土工格栅	塑料土工格栅(单向、双向、三向土工格栅)、经编土工格栅、粘结(焊接)土工格栅等
		土工带	塑料土工加筋带、钢塑土工加筋带等
		土工格室	有孔型、无孔型
		土工网	平面土工网、三维土工网(土工网垫)等
		土工模袋	机织模袋、针织模袋等
		超轻型合成材料	如泡沫聚苯乙烯板块(EPS)
		土工织物膨润土垫(CCL)	
		植生袋	

2. 土工合成材料的用途

土工合成材料可应用于铁路、公路路基、挡土墙、路基防排水、路基防护、路基不均匀沉降防治、路面裂缝防治、特殊土和特殊路基处治、地基处理等工程中。土工织物可用于两种介质间的隔离、路基防排水、防沙固沙、构筑物表面防腐、路面裂缝防治等场合；高强度的土工织物可用于加筋。复合土工膜可用于路基防水、盐渍土隔离等场合。土工格栅可用于路基加筋、路基不均匀沉降防治、特殊土路基处治、地基处理等场合。玻璃纤维格栅可用于路面裂缝防治。土工带可用于有面板的加筋土挡墙。土工格室可用于路基加筋、防沙固沙、路基防护等场合。土工网和植生袋可用于边坡生态防护。土工模袋可用于路基冲刷防护等场合。泡沫聚苯乙烯板块(EPS)可用于桥头或软基路段，以及需要减载的场合。

12.1.2 土工合成材料的性能指标

土工合成材料的性能指标一般包括：

(1)物理性能：材料密度、厚度(及其与法向压力的关系)、单位面积质量、等效孔径等。

(2)力学性能：拉伸、握持拉伸、撕裂、顶破、CBR 顶破、刺破、胀破等强度和直剪摩擦、拉拔摩擦等。

(3)水力学性能：垂直渗透系数(透水率)、平面渗透系数(导水率)、梯度比等。

(4)耐久性能：抗紫外线能力、化学稳定性和生物稳定性、蠕变性等。

12.1.3 土工合成材料质量检验

施工前应对拟采用的土工合成材料，根据设计文件提供的设计指标要求，委托具有相应资质的单位进行相关试验。施工过程中，当土工合成材料及其连接材料等来源发生变化时，应重新进行试验。施工单位工地试验室应配备相应的检测仪具，能进行土工合成材料基本试验，能满足现场施工质量控制和检验的需要。土工合成材料质量检查评定，应按照交通行业工程标准《公路工程质量检验评定标准　第一册　土建工程》(JTG F80/1—2017)的有关规定进行。

12.2 路面基层与底基层材料

重点：路面基层与底基层材料的性能及应用。

基层是路面结构的重要承重层，承担着由面层传来的竖向力，并将力传递到下面的垫层与路基中。基层的受力情况要求其必须具备足够的强度和刚度、抗疲劳开裂性能、足够的耐久性和水稳定性，由于该结构层使用材料比较多样化，针对不同材料与结构特点还应有各自具体的要求。

12.2.1 路面基层、底基层材料及其技术要求

1. 路面基层、底基层材料类型与适用场合

公路路面基层、底基层按材料力学行为划分为半刚性类、柔性类和刚性类；按材料组成可划分为有结合料稳定类、无黏结粒料类和再生类材料；按结合料类型分为有机结合料

（沥青）稳定类和无机结合料稳定类。我国常用的路面基层形式多为半刚性基层，是指在粉碎或原状松散的土中掺入适量石灰、水泥等无机结合料，经拌和、摊铺、压实、养护成型的具有一定板体性的基层形式。这种基层形式具有强度高、稳定性好、扩散应力的能力强、抗冻性能优越、造价低廉的特点。基层、底基层的种类在选用时应依据交通荷载等级、材料供应情况和结构层组合要求来选择，常用的基层和底基层材料类型与适用场合见表 12.2。

表 12.2　基层、底基层组成材料种类与适用场合

类　型	材料类型	适用场合
无机结合料类	水泥稳定碎石、石灰-粉煤灰稳定碎石	各交通荷载等级的基层和底基层
	贫混凝土	特重或极重交通的基层
	水泥稳定开级配碎石	多雨地区、特重或重交通的排水基层
	水泥稳定未筛分碎（砾）石、石灰-粉煤灰稳定未筛分（砾）石、石灰稳定未筛分（砾）石	轻交通的基层、各交通荷载等级的底基层
	水泥土、石灰土、石灰-粉煤灰土	轻交通的基层、中等交通和轻交通的底基层
沥青结合料类	密级配沥青碎石、半开级配沥青碎石	特重或重交通的基层
	开级配沥青碎石	多雨地区、特重或重交通的排水基层
	沥青贯入碎石	中等和轻交通的基层
粒料类	级配碎石	重交通、中等交通和轻交通的基层和底基层
	级配砾石、未筛分碎石、天然砂砾、填隙碎石	轻交通的基层、各交通荷载等级的底基层
再生类材料	厂拌热再生混合料	特重、重交通的基层
	乳化沥青冷再生混合料、泡沫沥青冷再生混合料、无机结合料冷再生混合料	各交通荷载等级的基层和底基层

2. 路面基层、底基层的技术性能

路面基层、底基层的技术性能，主要包括力学性能和路用性能两个方面。

（1）力学性能

力学性能是指材料在不同环境下，承受各种外加荷载时所表现出的力学特征。

①半刚性基层的力学性能主要用无侧限抗压强度和劈裂强度（抗弯拉强度）表征，用 7 d 龄期的无侧限抗压强度进行配合比的设计与施工质量的控制；路面结构设计时采用 90 d 或 180 d 龄期的抗压回弹模量与劈裂强度，水泥稳定类采用 90 d 龄期、石灰与二灰稳定类采用 180 d 龄期的试验结果。半刚性基层的力学性能都是在饱水 24 h 后的力学特征，因而也是水稳定性能的反映。

②水泥稳定材料的 7 d 龄期无侧限抗压强度标准值应符合表 12.3 的规定。

表 12.3　水泥稳定材料的 7 d 龄期无侧限抗压强度标准 R_d　　单位：MPa

结构层	公路等级	极重、特重交通	重交通	中、轻交通
基层	高速公路和一级公路	5.0～7.0	4.0～6.0	3.0～5.0
	二级及二级以下公路	4.0～6.0	3.0～5.0	2.0～4.0

续表

结构层	公路等级	极重、特重交通	重交通	中、轻交通
底基层	高速公路和一级公路	3.0~5.0	2.5~4.5	2.0~4.0
	二级及二级以下公路	2.5~4.5	2.0~4.0	1.0~3.0

注：1. 公路等级高、交通荷载等级高或结构安全性要求高时，推荐取上限强度标准。
2. 表中强度标准指的是 7 d 龄期无侧限抗压强度的代表值，本节以下各表同。

③石灰粉煤灰稳定材料的 7 d 龄期无侧限抗压强度标准 R_d 应符合表 12.4 的规定，其他工业废渣稳定材料宜参照此标准。

表 12.4　石灰粉煤灰稳定材料的 7 d 龄期无侧限抗压强度标准 R_d　　单位：MPa

结构层	公路等级	极重、特重交通	重交通	中、轻交通
基层	高速公路和一级公路	≥1.1	≥1.0	≥0.9
	二级及二级以下公路	≥0.9	≥0.8	≥0.7
底基层	高速公路和一级公路	≥0.8	≥0.7	≥0.6
	二级及二级以下公路	≥0.7	≥0.6	≥0.5

注：石灰粉煤灰稳定材料强度不满足上述要求时，可外加混合料质量 1%~2% 的水泥。

④水泥粉煤灰稳定材料的 7 d 龄期无侧限抗压强度标准值，应符合表 12.5 的规定。

表 12.5　水泥粉煤灰稳定材料的 7 d 龄期无侧限抗压强度标准 R_d　　单位：MPa

结构层	高速公路和一级公路	二级及二级以下公路
基层	—	≥0.8
底基层	≥0.8	0.5~0.7

⑤碾压贫混凝土 7 d 龄期无侧限抗压强度应不低于 7 MPa，且不宜高于 10 MPa。

⑥级配碎石的强度用 CBR 表示，不同公路等级、交通荷载等级和结构层位的级配碎石，CBR 强度标准应满足表 12.6 的要求。

表 12.6　级配碎石材料的 CBR 强度标准

结构层	公路等级	极重、特重交通	重交通	中、轻交通
基层	高速公路和一级公路	≥200	≥180	≥160
	二级及二级以下公路	≥160	≥140	≥120
底基层	高速公路和一级公路	≥120	≥100	≥80
	二级及二级以下公路	≥100	≥80	≥60

（2）路用性能

①收缩特性。

半刚性基层的收缩主要表现为干燥收缩和温度收缩。干燥收缩是由于半刚性基层中水分不断减少所引起的材料体积收缩现象；温度收缩是由于不同矿物颗粒所组成的固相、液相和气相等在温度变化特别是降温过程中相互作用，使得材料产生体积收缩造成的。虽然干缩和温缩发生的原因不同，但都会引起半刚性结构体积的变化，从而诱发裂缝。

半刚性基层的干、温缩特性与结合料的类型、剂量、试件的含水率和龄期等因素有关，干缩特性常用最大干缩应变与平均干缩系数表征，温缩特性多用温缩系数表征。干缩破坏主要发生在基层成型的初期，尚未被沥青面层覆盖的阶段；而温缩破坏主要是由基层在使用初期昼夜交替产生温差引起的。集料中 0. 075 mm 以下的含量对半刚性基层材料的收缩影响非常大，因此，在施工时应严格控制 0. 075 mm 以下的材料用量。收缩裂缝的危害主要表现在两个方面：外界水分通过裂缝渗入会引起面层的冲刷剥落或基层的冲刷唧泥；过小的裂缝间距破坏了路面结构的整体性，改变了受力状态。无机结合料稳定材料的干缩试验方法和温缩试验方法分别见交通行业工程标准《公路工程无机结合料稳定材料试验规程》（JTG 3441—2024）的原材料试验 T0854—2009（无机结合料稳定材料干缩试验方法）和 T0855—2009（无机结合料稳定材料温缩试验方法）。

②冲刷特性。

沥青路面开裂或水泥混凝土路面接缝的填缝料丧失，通过面层进入基层的水若不能及时排出，路表水进入基层顶面，遇水后湿软，原本非结合料联结的颗粒间联结力减弱或丧失，在高速、重载车辆的作用下产生很大的动水压力，将细料冲刷带到路表，造成唧泥和路面面层脱空。基层冲刷破坏的程度与水量和材料中细集料含量有关，水量越大、细集料含量越多，冲刷破坏越严重。

有试验研究表明，通常混合料的抗压强度越高，其抗冲刷性能越好，因此可通过适当提高抗压强度的方法来提高半刚性基层的抗冲刷性能。无机结合料稳定材料的抗冲刷性试验方法具体见交通行业工程标准《公路工程无机结合料稳定材料试验规程》（JTG 3441—2024）的原材料试验 T0860—2009（无机结合料稳定材料抗冲刷试验方法）。

③抗冻性。

半刚性基层有着比较好的抗冻性。针对这一性能，现行规范以规定龄期（28 d 或 180 d）的材料经过若干个冻融循环后的饱水无侧限抗压强度与冻前饱水无侧限抗压强度之比来表征。在抗冻性试验过程中，试件的平均质量损失率应不超过 5%。常用半刚性材料中，二灰稳定类材料的抗冻性能会随龄期的增长而增强，这是由于随着水化过程的深入，材料内水化产物含量增加，在提高材料强度的同时减少内部毛细孔隙，从而提高材料的抗冻性。水泥稳定类材料则不然，虽然水泥稳定类材料的早期强度较高，但其抗冻性能并不会随龄期的延长出现明显的增强，这是由于水泥稳定类材料中水泥用量偏少（5% 左右），材料内部孔隙较大所造成。

为减少半刚性基层的冻胀破坏，应尽量在晚春、夏初季节成型，这样在冬季来临前，材料有充分的水化时间，既能产生较多的水化产物，进行填补材料内部孔隙，又能减少基层内部水分，降低发生冻胀破坏的可行性。无机结合料稳定材料的抗冻性试验方法具体见交通行业工程标准《公路工程无机结合料稳定材料试验规程》（JTG 3441—2024）的原材料试验 T0858—2009（无机结合料稳定材料冻融试验方法）。

3. 路面基层、底基层原材料及其技术要求

基层、底基层的材料在应用前必须符合交通行业工程标准《公路路面基层施工技术细

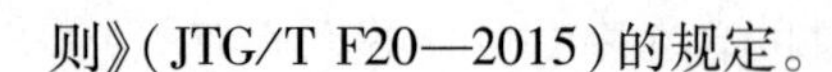

则》(JTG/T F20—2015)的规定。

(1)水泥

宜采用强度等级为32.5或42.5的水泥。普通硅酸盐水泥、矿渣硅酸盐水泥和火山灰质硅酸盐水泥都可用于稳定土。所用水泥初凝时间应大于3 h,终凝时间应大于6 h且小于10 h。

(2)石灰

①高速公路和一级公路用石灰应不低于Ⅱ级技术要求,二级公路用石灰应不低于Ⅲ级技术要求,二级以下宜不低于Ⅲ级技术要求。生石灰和消石灰的技术要求分别见表12.7和表12.8。

表12.7　生石灰的技术指标

指　标	钙质生石灰			镁质生石灰		
	Ⅰ	Ⅱ	Ⅲ	Ⅰ	Ⅱ	Ⅲ
有效钙加氧化镁含量/%	≥85	≥80	≥70	≥80	≥75	≥65
未消化残渣含量(5 mm圆孔筛的筛余,%)	≤7	≤11	≤17	≤10	≤14	≤20
钙镁石灰的分类界限,氧化镁含量/%	≤5			>5		

表12.8　消石灰的技术指标

指　标		钙质消石灰			镁质消石灰		
		Ⅰ	Ⅱ	Ⅲ	Ⅰ	Ⅱ	Ⅲ
有效钙加氧化镁含量/%		≥65	≥60	≥55	≥60	≥55	≥50
含水率/%		≤4	≤4	≤4	≤4	≤4	≤4
细度	0.6 mm方孔筛的筛余/%	0	≤1	≤1	0	≤1	≤1
	0.15 mm方孔筛的筛余/%	≤13	≤20	—	≤13	≤20	—
钙镁石灰的分类界限,氧化镁含量/%		≤4			>4		

②高速公路和一级公路的基层,宜采用磨细生石灰。

(3)粉煤灰

当粉煤灰中CaO含量为2%~6%时,称为硅铝粉煤灰;CaO含量为10%~40%时,称为高钙粉煤灰;干排或湿排的硅铝粉煤灰和高钙粉煤灰等均可用作基层或底基层的结合料。粉煤灰技术要求见表12.9。

表12.9　粉煤灰技术要求

检测项目	技术要求
SiO_2,Al_2O_3,Fe_2O_3总含量/%	>70
烧失量/%	≤20
比表面积/(cm^2/g)	>2 500
0.3 mm筛孔通过率/%	≥90
0.075 mm筛孔通过率/%	≥70
湿粉煤灰含水率/%	≤35

(4)粗集料

①用作被稳定材料的粗集料宜采用各种硬质岩石或砾石加工成的碎石,也可直接采用天然砾石。粗集料应符合表12.10中Ⅰ类规定,用作级配碎石的粗集料应符合Ⅱ类的规定。

表12.10 粗集料技术要求

指 标	层 位	高速公路和一级公路				二级及二级以下公路	
		极重、特重交通		重、中、轻交通			
		Ⅰ类	Ⅱ类	Ⅰ类	Ⅱ类	Ⅰ类	Ⅱ类
压碎值/%	基层	≤22	≤22	≤26	≤26	≤35	≤30
	底基层	≤30	≤26	≤30	≤26	≤40	≤35
针片状颗粒含量/%	基层	≤18	≤18	≤22	≤18	—	≤20
	底基层	—	≤20	—	≤20	—	≤20
0.075 mm以下粉尘含量/%	基层	≤1.2	≤1.2	≤2	≤2	—	—
	底基层	—	—	—	—	—	—
软石含量/%	基层	≤3	≤3	≤5	≤5	—	—
	底基层	—	—	—	—	—	—

②基层、底基层的粗集料规格要求宜符合表12.11的规定。

表12.11 粗集料规格要求

规格名称	工程粒径/mm	通过下列筛孔(mm)的质量百分率/%									公称粒径/mm
		53	37.5	31.5	26.5	19.0	13.2	9.5	4.75	2.36	
G1	20~40	100	90~100	—	—	0~10	0~5	—	—	—	19~37.5
G2	20~30	—	100	90~100	—	0~10	0~5	—	—	—	19~31.5
G3	20~25	—	—	100	90~100	0~10	0~5	—	—	—	19~26.5
G4	15~25	—	—	100	90~100	—	0~10	0~5	—	—	13.2~26.5
G5	10~20	—	—	—	100	90~100	0~10	0~5	—	—	13.2~19
G6	10~30	—	100	90~100	—	—	—	0~10	0~5	—	9.5~31.5
G7	10~25	—	—	100	90~100	—	—	0~10	0~5	—	9.5~26.5
G8	10~20	—	—	—	100	90~100	—	0~10	0~5	—	9.5~19
G9	10~15	—	—	—	—	100	90~100	0~10	0~5	—	9.5~13.2
G10	5~15	—	—	—	—	100	90~100	40~70	0~10	0~5	4.75~13.2
G11	5~10	—	—	—	—	—	100	90~100	0~10	0~5	4.75~9.5

③高速公路和一级公路极重、特重交通荷载等级基层的4.75 mm以上粗集料应采用单一粒径的规格料。

④高速公路、一级公路底基层和二级及二级以下公路基层、底基层被稳定材料的天然砾石材料宜满足要求,并应级配稳定、塑性指数不大于9。

⑤用作级配碎石或砾石的粗集料应采用具有一定级配的硬质石料,且不应含有黏土块、

有机物等。

⑥级配碎石或砾石用作基层时，高速公路和一级公路公称最大粒径应不大于26.5 mm，二级及二级以下公路公称最大粒径应不大于31.5 mm；用作底基层时，公称最大粒径应不大于37.5 mm。

(5)细集料

①细集料应洁净、干燥、无风化、无杂质，并有适当的颗粒级配。

②高速公路和一级公路用细集料技术要求应符合表12.12的规定。

表12.12 细集料技术要求

项 目	水泥稳定①	石灰稳定	石灰粉煤灰综合稳定	水泥粉煤灰综合稳定
颗粉分析	满足要求			
塑性指数②	≤17	适宜范围15～20	适宜范围12～20	—
有机质含量/%	<2	≤10	≤10	<2
硫酸盐含量/%	≤0.25	≤0.8	—	≤0.25

注：①水泥稳定包含水泥石灰综合稳定。
②应测定0.075 mm以下材料的塑性指数。

③细集料规格要求应符合表12.13的规定。

表12.13 细集料规格要求

规格名称	工程粒径/mm	高速公路和一级公路								公称粒径/mm
		9.5	4.75	2.36	1.18	0.6	0.3	0.15	0.075	
XG1	3～5	100	90～100	0～15	0～5	—	—	—	—	2.36～4.75
XG2	0～3	—	100	90～100	—	—	—	—	0～15	0～2.36
XG3	0～5	100	90～100	—	—	—	—	—	0～20	0～4.75

④高速公路和一级公路，细集料中小于0.075 mm的颗粒含量应不大于15%；二级及二级以下公路，细集料中小于0.075 mm的颗粒含量应不大于20%。

⑤级配碎石或砾石中的细集料可使用细筛余料或专门轧制的细碎石集料。

12.2.2 沥青混合料技术性质和技术要求

重点：沥青混合料的性质及应用。

1. 沥青混合料概述

沥青混合料是矿料（包括碎石、石屑、砂和填料）与沥青结合料经混合拌制而成的混合料的总称，其中粗细集料起骨架作用，沥青与填料起胶结填充作用。

(1)沥青混合料的分类

从不同的角度看，沥青混合料有数种不同的分类方法。

①按沥青类型分类：

石油沥青混合料：以石油沥青为结合料的沥青混合料。

焦油沥青混合料：以焦油（大多为煤焦油）为结合料的沥青混合料。

②按施工温度分类：

热拌热铺沥青混合料：沥青与矿料经加热后拌和，并在一定的温度下完成摊铺和碾压施工过程的混合料。

常温沥青混合料：乳化沥青或液态沥青在常温下与矿料拌和，并在常温下完成摊铺和碾压过程的混合料。

温拌沥青混合料：拌和、碾压时的温度比普通热拌热铺型沥青混合料降低 30 ℃上下的沥青混合料。

③按空隙率大小分类：

密实型沥青混合料：空隙率在 3%~6%，这类混合料主要有沥青混凝土（AC）、沥青稳定碎石（ATB）和沥青玛蹄脂碎石（SMA）。

多孔透水沥青混合料：空隙率往往在 18% 以上，常见的种类有排水式沥青磨耗层（OGFC）和排水式沥青碎石基层（ATPB）。

沥青碎石混合料：空隙率在 6%~12%，因这样的空隙率难以适应沥青混合料路用性能需要，目前已很少应用。以往的沥青碎石是这类混合料的代表（AM）。

④按矿质集料级配类型分类：

连续级配沥青混合料：沥青混合料中的矿料是按级配原则，从大到小各级粒径都有，按比例互相搭配组成的连续级配混合料，典型代表是粒径偏细一些的密级配沥青混凝土（AC）和粒径偏粗的沥青稳定碎石（ATB）等。

间断级配混合料：矿料级配中缺少若干粒级所形成的沥青混合料，典型代表是沥青玛蹄脂碎石混合料（SMA）。

开级配沥青混合料：级配主要由粗集料组成，细集料及填料很少。典型代表是排水式沥青磨耗层混合料（OGFC）。

⑤按矿料的最大粒径分类：

特粗式沥青混合料：矿料公称最大粒径为 37.5 mm；

粗粒式沥青混合料：矿料公称最大粒径为 26.5 mm 和 31.5 mm；

中粒式沥青混合料：矿料公称最大粒径为 16 mm 和 19 mm；

细粒式沥青混合料：矿料公称最大粒径为 9.5 mm 和 13.2 mm；

砂粒式沥青混合料：矿料公称最大粒径为 4.75 mm。

目前，我国在沥青路面中采用最多的类型是以石油沥青作为结合料，采用连续级配、空隙率在 3%~6% 的密实式热拌热铺型沥青混凝土。沥青混合料类型汇总见表 12.14。

表 12.14　热拌沥青混合料种类

混合料类型	密级配			开级配		半开级配	公称最大粒径/mm	最大粒径/mm
	连续级配		间断级配					
	沥青混凝土	沥青稳定碎石	沥青玛蹄脂碎石	排水式沥青磨耗层	排水式沥青碎石基层	沥青碎石		
特粗式	—	ATB-40	—	—	ATPB-40	—	37.5	53.0

续表

混合料类型	密级配			开级配		半开级配	公称最大粒径/mm	最大粒径/mm
	连续级配		间断级配					
	沥青混凝土	沥青稳定碎石	沥青玛蹄脂碎石	排水式沥青磨耗层	排水式沥青碎石基层	沥青碎石		
粗粒式		ATB-30	—	—	ATPB-30	—	31.5	37.5
	AC-25	ATB-25	—		ATPB-25	—	26.5	31.5
中粒式	AC-20		SMA-20		—	AM-20	19.0	26.5
	AC-16		SMA-16	OGFC-16	—	AM-16	16.0	19.5
细粒式	AC-13		SMA-13	OGFC-13	—	AM-13	13.2	16.0
	AC-10		SMA-10	OGFC-10	—	AM-10	9.5	13.2
砂粒式	AC-5	—	—	—	—	AM-5	4.75	9.5
设计空隙率/%	3～5	3～6	3～4	>18	>18	6～12	—	—

(2)沥青混合料结构类型

在以沥青作为胶结材料的沥青混合料中，由粗集料、细集料、矿粉（填料）组成一定类型的级配，其中粗集料分布在由细集料、填料和沥青组成的沥青砂浆中，而细集料又分布在沥青与填料构成的沥青胶浆中，形成具有一定内摩阻力和黏聚力的多级空间网络结构。由于各组成材料用量比例的不同，压实后沥青混合料内部的矿料颗粒分布状态、剩余空隙率也会呈现出不同的特点，形成不同的组成结构，而具有不同组成结构特点的沥青混合料在使用时则会表现出不同的性质。

①悬浮密实结构。当采用连续密级配矿料组成的沥青混合料时，形成悬浮密实结构。

在这种结构中一方面矿料的颗粒由大到小连续分布，并通过沥青胶结作用形成空隙率较低的密实体；另一方面较大一级的颗粒只有留出充足的空间才能容纳下一级较小的颗粒，因此，粒径较大的颗粒往往被较小一级的颗粒挤开，造成粗颗粒之间不能直接接触，彼此分离悬浮于较小颗粒和沥青胶浆中间。这样就形成了所谓悬浮密实结构的沥青混合料，工程中常用的AC型密级配沥青混凝土就是这种结构的典型代表。

②骨架空隙结构。当采用连续开级配矿料与沥青组成的沥青混合料时，形成骨架空隙结构。

由于矿料大多集中在较粗的粒径上，所以粗粒径的颗粒可以相互接触，彼此相互支撑，形成嵌挤的骨架；但因细颗粒数量很少，粗颗粒形成的骨架空隙无法得到填充，从而压实后在混合料中留下较多的空隙，形成所谓骨架空隙结构。工程实践中使用的透水沥青混合料（OGFC）是典型的骨架空隙型结构。

③骨架密实结构。当采用间断级配矿料与沥青组成的沥青混合料时，形成骨架密实结构。

由于矿料颗粒集中在级配范围的两端，缺少中间若干粒级的颗粒，所以一端的粗颗粒相互支撑嵌挤形成骨架，另一端较细的颗粒填充于骨架留下的空隙中间，使整个矿料结构呈现密实状态，形成所谓骨架密实结构。沥青玛蹄脂碎石混合料（SMA）是一种典型的骨架密实型结构。

三种不同结构特点的沥青混合料，在路用性能上也呈现不同的特点。悬浮密实结构的沥青混合料密实程度高，空隙率低，从而能够有效地阻止沥青混合料使用期间水的浸入，降低不利环境因素的直接影响，因此悬浮密实结构的沥青混合料具有水稳性好、低温抗裂性和耐久性好的特点。但由于该结构中粗集料颗粒处于悬浮状态，使混合料缺少粗集料颗粒的骨架支撑作用。所以在高温使用条件下，悬浮密实结构的沥青混合料因沥青结合料黏度的降低，易造成沥青混合料产生过多的变形或形成车辙，导致沥青路面高温稳定性病害的产生。

骨架空隙结构的特点与悬浮密实结构的特点正好相反。在骨架密实结构中，粗集料之间形成的骨架结构对沥青混合料的强度和稳定性(特别是高温稳定性)起着重要作用。依靠粗集料的骨架结构，能够有效地防止高温季节沥青混合料的变形，减缓沥青路面车辙的形成，因而具有较好的高温稳定性。但由于整个混合料缺少细颗粒部分，压实后留有较多的空隙，在使用过程中，水易于进入混合料中使沥青和矿料黏附性变差，不利的环境因素也会直接作用于混合料，造成沥青混合料低温开裂或引起沥青老化问题的发生，因而骨架空隙型沥青混合料会极大地影响到沥青混合料路面的耐久性。

当采用间断密级配矿料形成的骨架密实结构时，在沥青混合料中既有足够数量的粗集料形成骨架，对夏季高温防止沥青混合料变形，减缓车辙的形成起到积极的作用；同时又因具有数量合适的细集料以及沥青胶浆填充骨架空隙，形成高密实度的内部结构，不仅很好地提高了沥青混合料的抗老化性，而且在一定程度上还能减缓沥青混合料在冬季低温时的开裂现象，因而骨架密实结构兼具了上述两种结构的优点，是一种优良的路用结构类型，对保证沥青路面各项路用性能起到积极的作用。

2. 沥青混合料路用性能

沥青混合料作为路面材料，在使用过程中要承受行驶车辆荷载的反复作用，以及环境因素的长期影响，所以沥青混合料在具备一定的承载能力的同时，还必须具有良好的抵御自然气候不良影响的耐久性，也就是要表现出足够的高温环境下的稳定性、低温状况下的抗裂性、良好的水稳性、持久的抗老化性和利于安全的抗滑性等诸多技术特点，以保证沥青路面良好的服务功能。

(1)沥青混合料高温稳定性

沥青混合料是一种典型的黏-弹-塑性材料，它的承载能力或模量随着温度的变化而改变。温度升高，承载力下降，特别是在高温条件下或长时间承受荷载作用时会产生明显的变形，变形中的一些不可恢复的部分累积成为车辙，或以波浪和拥包的形式表现在路面上。所以沥青混合料的高温稳定性是指在高温条件下，沥青混合料能够抵抗车辆反复作用，不会产生显著永久变形，保证沥青路面平整的特性。

沥青混合料的高温稳定性，目前主要通过车辙试验法进行测定，以动稳定度作为评价指标。马歇尔试验和马歇尔稳定度也曾作为高温稳定性评价方法及其评价指标。

①车辙试验：采用规定试验方法，模拟车轮在路面上行驶时产生的碾压深度，对沥青混

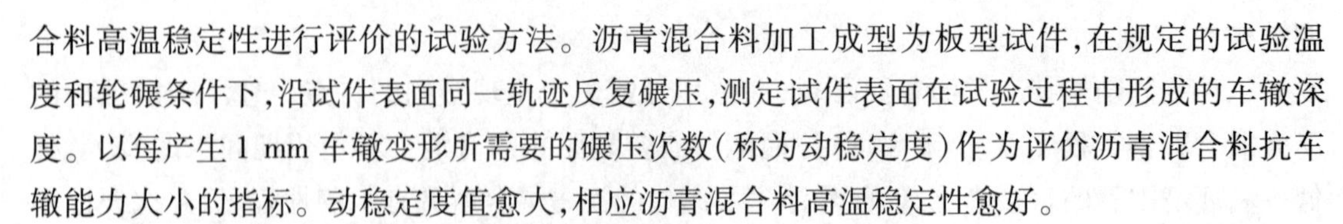

合料高温稳定性进行评价的试验方法。沥青混合料加工成型为板型试件，在规定的试验温度和轮碾条件下，沿试件表面同一轨迹反复碾压，测定试件表面在试验过程中形成的车辙深度。以每产生 1 mm 车辙变形所需要的碾压次数（称为动稳定度）作为评价沥青混合料抗车辙能力大小的指标。动稳定度值愈大，相应沥青混合料高温稳定性愈好。

②马歇尔稳定度试验：该试验通过测定沥青混合料试件在一定条件下，承受破坏荷载能力的大小和承载时变形量的多少，评价沥青混合料的性能。将沥青混合料制备成规定尺寸的圆饼形试件，试验时将试件横向置于两个半圆形的压模中，使试件受到一定的侧限。在规定的温度和加载速度下，对试件施加压力，记录试件可承受的最大承载压力和与之相对应的竖向变形，以此得出表征沥青混合料高温稳定性的马歇尔稳定度（kN）和流值（mm）两项指标。

这两种评价沥青混合料高温稳定性的方法各有特点，马歇尔试验设备简单，易于操作，是公路工程领域长期以来最主要的试验方法。然而，马歇尔试验指标评价沥青混合料的高温性能存在明显的局限性，它并不能真正反映沥青混合料永久变形产生的机理，与沥青路面的抗车辙能力相关性不好。实践证明，即使马歇尔稳定度和流值都满足技术要求，仍有相当一部分沥青路面会出现车辙。车辙试验效果在很大程度上克服了马歇尔方法的不足，其试验结果直观，重要的是试验结果与沥青路面车辙深度之间有良好的相关性，较真实地反映了沥青混合料抗车辙形成能力的大小。

影响沥青混合料的因素众多。从组成材料的内因上看，主要取决于矿料颗粒的嵌挤作用和沥青的黏滞性。首先，矿料的特点至关重要。当所用的集料具有棱角丰富、表面粗糙、形状接近立方体等特点，同时集料颗粒分布形成骨架密实结构时，将有助于集料颗粒形成有效的嵌挤结构，能够极大地促进沥青混合料的高温稳定性。另一方面，沥青高温时的黏度大，与集料的黏附性好，且具有较低的感温性，都将对沥青混合料高温稳定性带来积极的影响。同时，适当降低沥青混合料中的沥青数量，也将有利于沥青混合料的高温稳定性。

（2）沥青混合料低温抗裂性

冬季低温时沥青混合料将产生体积收缩，但在周围材料的约束下，沥青混合料不能自由收缩变形，从而在结构层内部产生温度应力。由于沥青材料具有一定的应力松弛能力，当降温速率较为缓慢时，所产生的温度应力会随时间逐渐松弛减小，不会对沥青路面产生明显的消极影响。但气温骤降时，这时产生的温度应力就来不及松弛，当沥青混合料内部的温度应力超过允许应力时，沥青混合料易被拉裂，导致沥青路面的开裂，进而造成路面的破坏。因此要求沥青混合料应具备一定的低温抗裂性能，就是要求沥青混合料具有较高的低温强度和较大的低温变形能力。

目前，用于研究和评价沥青混合料低温性能的方法可以分为三类：预估沥青混合料的开裂温度、评价沥青混合料抗断裂能力和评价沥青混合料低温变形能力或应力松弛能力。现行规范采用沥青混合料低温弯曲试验，通过梁型试件在 −10 ℃时跨中加载方式，采用破坏强度、破坏应变和破坏劲度模量等指标，评价沥青混合料的低温性能。从内因上看，沥青混合料低温性能主要取决于沥青的性能特点。针入度较大、温度敏感性较低的沥青将有助于沥青混合料低温变形能力。同时，适当增加沥青混合料中的沥青用量，也会对沥青混合料低温性能起到积极作用。

(3)沥青混合料的耐久性

耐久性是指沥青混合料在长时间使用过程中,抵抗环境不利因素以及承受行车荷载反作用的能力,主要包括沥青混合料的抗老化性、水稳性、抗疲劳性等几个方面。

沥青混合料的老化主要是指沥青受到空气中氧、水、紫外线等因素的作用,产生多种复杂的物理化学变化后,逐渐使沥青混合料变硬、发脆,最终导致沥青混合料老化,产生裂纹或裂缝的病害现象。水稳定性问题是因为水的影响,引起因沥青从集料表面剥离而降低沥青混合料的黏结强度,造成混合料松散,形成大小不一的坑槽等的水损害现象。而沥青混合料的疲劳破坏则是指沥青混合料路面在受到行车荷载的反复作用,或受到环境温度长时间交替变化产生的温度应力作用后,引起的微小且缓慢的性能劣化现象。

影响沥青混合料耐久性的因素很多,一个很重要的因素是沥青混合料的空隙率。空隙率的大小取决于矿料的级配、沥青材料的用量以及压实程度等多个方面。沥青混合料中的空隙率小,环境中易造成老化的因素介入的机会就少,所以从耐久性考虑,希望沥青混合料空隙率尽可能的小一些。但沥青混合料中还必须留有一定的空隙,以备夏季沥青材料的膨胀变形之用。另一方面,沥青含量的多少也是影响沥青混合料耐久性的一个重要因素。当沥青用量较正常用量减少时,沥青膜变薄,则混合料的延伸能力降低,脆性增加。同时因沥青用量偏少,混合料空隙率增大,沥青暴露于不利环境因素的可能性加大,加速老化,同时还增加了水浸入的机会,造成水损害。综上所述,我国现行规范通过空隙率、饱和度和残留稳定度等指标的控制,来保证沥青混合料的耐久性。

(4)沥青混合料的抗滑性

抗滑性是保障公路交通安全的一个很重要因素,特别是行驶速度很高的高速公路,确保沥青路面的抗滑性要求显得尤为重要。影响沥青路面抗滑性的因素主要取决于矿料自身特点,即矿料颗粒形状与尺寸、抗磨光性、级配形成的表面构造深度等。因此,用于沥青路面表层的粗集料应选用表面粗糙、棱角丰富且坚硬、耐磨、抗磨光值大的碎石或破碎的碎砾石。同时,沥青用量对抗滑性也有非常大的影响,沥青用量超过最佳用量的0.5%,就会使沥青路面的抗滑性指标有明显的降低,所以对沥青路面表层的沥青用量要严格控制。

(5)施工和易性

沥青混合料应具备良好的施工和易性,要求在整个施工的各个工序中,尽可能使沥青混合料的集料颗粒以设计级配要求的状态分布,集料表面被沥青膜完整覆盖,并能被压实到规定的密实程度。所以具备一定施工和易性是保证沥青混合料实现良好路用性能的必要条件。影响沥青混合料施工和易性的因素首先是材料组成。例如,当组成材料确定后,矿料级配和沥青用量都会对和易性产生一定影响。如采用间断级配的矿料,由于粗细集料颗粒尺寸相差过大,中间缺乏尺寸过渡颗粒,沥青混合料极易离析。又比如当沥青用量过少,则混合料疏松且不易压实;但当沥青用量过多时,则容易使混合料黏结成团,不易摊铺。另一影响和易性的因素是施工条件的控制。例如,施工时的温度控制,如温度不够,沥青混合料就难以拌和充分,而且不易达到所需的压实度;但温度偏高,则会引起沥青老化,严重时将会明显影响沥青混合料的路用性能。目前还没有成熟的能够直接用于评价沥青混合料施工和易性的方法和指标，通常的做法是严格控制材料的组成和配比，采用经验的方法根据现场实际状况进行调控。

3. 热拌沥青混合料的技术要求和体积参数

(1)热拌沥青混合料的技术标准

现行交通部行业标准《公路沥青路面施工技术规范》(JTG F40—2004)针对各种沥青混合料提出了不同的技术标准，表 12.15 是常用密级配沥青混凝土混合料采用马歇尔方法时的技术标准。该标准根据道路等级、交通荷载和气候状况等因素提出不同的指标，其中包括稳定度、流值、空隙率、矿料间隙率和沥青饱和度等。

表 12.15　密级配沥青混凝土混合料马歇尔试验技术标准

试验指标		高速公路、一级公路				其他等级公路	行人道路
		夏炎热区(1-1、1-2、1-3、1-4 区)		夏热区及夏凉区(2-1、2-2、2-3、2-4、3-2 区)			
		中轻交通	重载交通	中轻交通	重载交通		
击实次数(双面)		75				50	50
试件尺寸/mm		ϕ101.6×63.5					
空隙率 VV/%	深 90 mm 以内	3~5	4~6	2~4	3~5	3~6	2~4
	深 90 mm 以下	3~6		2~4	3~6	3~6	—
稳定度 MS/kN		≥8				5	3
流值 FL/mm		2~4	1.5~4	2~4.5	2~4	2~4.5	2~5
矿料间隙率 VMA/%	设计空隙率/%	相应于以下公称最大粒径(mm)的最小 VMA 和 VFA 技术要求/%					
		26.5	19	16	13.2	9.5	4.75
	2	≥10	≥11	≥11.5	≥12	≥13	≥15
	3	≥11	≥12	≥12.5	≥13	≥14	≥16
	4	≥12	≥13	≥13.5	≥14	≥15	≥17
	5	≥13	≥14	≥14.5	≥15	≥16	≥18
	6	≥14	≥15	≥15.5	≥16	≥17	≥19
沥青饱和度 VFA/%		55~70	65~75			70~85	

除上述指标以外，沥青混合料还应从高温时代表抗车辙能力的动稳定度、抵御水影响的水稳性和低温时代表低温性能的低温弯曲破坏应变等几方面进行评价。

(2)沥青混合料的体积参数

现行技术要求里除了马歇尔试验涉及的稳定度、流值(包括残留稳定度)等指标之外，还列出了诸如空隙率、饱和度及矿料间隙率等指标。这类反映压实后沥青混合料组成材料质量与体积之间关系的指标，以及有关密度等内容统称为沥青混合料的体积参数。这些参数大小、高低，取决于沥青混合料中沥青与矿料的性质、组成材料的比例、混合料成型条件等因素。体积参数与沥青混合料的路用性能有着密切关系，同时也是沥青混合料配比设计的重要参数。

①沥青混合料密度：沥青混合料的密度是指(压实)沥青混合料单位体积中的质量。针

对密度指标中涉及的质量和体积内容的不同,又有不同的密度形式。沥青混合料理论最大(相对)密度——该密度是假设沥青混合料被压实至完全密实,没有任何空隙的理想状态下的最大密度,即压实沥青混合料试件全部被矿料(包括矿料内部孔隙)和沥青所占有,且空隙率为零的(相对)密度。该参数对于普通沥青混合料可以采用真空法试验或通过计算获得,而改性沥青混合料只可采用公式计算获得。计算公式为

$$\gamma_1 = \frac{100 + P_a}{\frac{100}{\gamma_{se}} + \frac{P_a}{\gamma}}$$

$$\gamma_1 = \frac{100}{\frac{100 - P_b}{\gamma_{se}} + \frac{P_b}{\gamma}}$$

式中 γ_1——沥青混合料最大理论相对密度,无量纲;

P_a——沥青混合料油石比,%;

P_b——沥青含量,%;

γ——沥青相对密度,无量纲;

γ_{se}——矿料合成相对密度,可分别采用合成毛体积相对密度或合成表观相对密度来计算,无量纲。计算公式为

$$\gamma_{se} = \frac{100}{\frac{P_1}{\gamma_1} + \frac{P_2}{\gamma_2} + \cdots + \frac{P_n}{\gamma_n}}$$

式中 $P_1, P_2, \cdots, P_n$——不同规格集料所占比例($\sum_1^n P_i = 100$),%;

$\gamma_1, \gamma_2, \cdots, \gamma_n$——对应各规格集料的相对密度,可采用毛体积相对密度或表观相对密度,无量纲。

a. 沥青混合料试件的毛体积(相对)密度是指沥青混合料单位毛体积(包括沥青混合料实体矿物成分体积、不吸水的闭口孔隙、能吸收水分的开口孔隙所占体积之和)的干质量。

采用表干法测定毛体积(相对)密度,该方法适用于较密实且吸水很少的沥青混合料试件,计算公式为

$$\gamma_b = \frac{m_a}{m_f - m_w}$$

$$\rho_b = \frac{m_a}{m_f - m_w} \times \rho_w$$

式中 γ_b, ρ_b——沥青混合料试件的毛体积相对密度(无量纲)和密度,g/cm^3;

m_a——沥青混合料干试件在空气中的质量,g;

m_f——沥青混合料饱和面干试件在空气中的质量,g;

m_w——沥青混合料试件在水中的质量,g;

ρ_w——25 ℃时水的密度,取 0.9971 g/cm^3。

b. 沥青混合料试件的表观（相对）密度是指在规定条件下，沥青混合料试件的单位表观体积（沥青混合料实体体积与不吸水的内部闭口孔隙体积之和）的干质量。

②沥青混合料试件的空隙率指压实状态下沥青混合料内矿料与沥青体积之外的空隙（不包括矿料本身或表面已被沥青封闭的孔隙）的体积占试件总体积的百分率，相应计算公式为

$$VV=\left(1-\frac{\gamma_b}{\gamma_t}\right)\times 100$$

式中　VV——沥青混合料试件空隙率，%；

γ_b——沥青混合料试件的毛体积相对密度，无量纲；

γ_t——沥青混合料试件理论最大相对密度，无量纲。

③沥青混合料试件的矿料间隙率是指压实沥青混合料试件中矿料实体以外的空间体积占试件总体积的百分率。计算公式为

$$VMA=\left(1-\frac{\gamma_b}{\gamma_{sb}}\times P_s\right)\times 100$$

式中　VFA——沥青混合料试件的沥青饱和度，%；

VMA，VV——意义同上；

γ_{sb}——矿料合成毛体积相对密度，无量纲；

P_s——各种矿料占沥青混合料总质量的百分率之和，即 $P_s=100-P_b$，%。

④沥青混合料试件的沥青饱和度是指压实沥青混合料试件中沥青实体体积占矿料骨架实体以外的空间体积的百分率，又称沥青填隙率。计算公式为

$$VFA=\frac{VMA-VV}{VMA}\times 100$$

式中　VFA——沥青混合料试件的沥青饱和度，%；

VMA，VV——意义同上。

4. 沥青混合料的体积参数计算

例题：已知某沥青混合料理论最大相对密度是 2.500，沥青含量 5.0%。矿料由粗集料、细集料和矿粉组成，三种规格的材料分别占 40%、50%和 10%，各自对应的毛体积相对密度分别为 2.720、2.690 和 2.710。如成型一个马歇尔试件所用沥青混合料的总质量为 1 210 g，且该马歇尔试件击实后对应的水中质量是 713 g，表干质量是 1 217 g。根据上述条件求该马歇尔试件的空隙率（VV）、矿料间隙率（VMA）和沥青饱和度（VFA）分别是多少？

（1）计算马歇尔试件毛体积相对密度：

$$\gamma_{混合料毛体积}=\frac{m_{干}}{m_{表干}-m_{水中}}=\frac{1\,210}{1\,217-713}=2.401$$

（2）计算合成矿料毛体积密度：

$$\gamma_{合成矿料}\frac{100}{\frac{P_{粗}}{\gamma_{粗}}+\frac{P_{细}}{\gamma_{细}}+\frac{P_{粉}}{\gamma_{粉}}}=\frac{100}{\frac{40}{2.720}+\frac{50}{2.260}+\frac{10}{2.710}}=2.704$$

(3)计算空隙率

$$VV(\%)=\left(1-\frac{\gamma_{\text{混合料毛体积密度}}}{\gamma_{\text{混合料理论最大密度}}}\right)\times 100=\left(1-\frac{2.401}{2.500}\right)\times 100=4.0$$

(4)计算矿料间隙率

$$VMA(\%)=\left(1-\frac{\gamma_{\text{混合料毛体积}}}{\gamma_{\text{合成矿料}}}\times P_{\text{矿料总量百分数}}\right)\times 100=\left(1-\frac{2.401}{2.704}\times 95\%\right)\times 100=15.6$$

(5)计算饱和度

$$VMA(\%)=\frac{VMA-VV}{VMA}\times 100=\frac{15.6-4.0}{15.6}\times 100=74.4$$

12.2.3 沥青混合料试验检测方法

1. 沥青混合料取样

(1)试验目的

用于拌和厂及道路施工现场采集热拌沥青混合料或常温沥青混合料试样,供施工过程中的质量检验或指导施工配合比的调整,以及室内进行沥青混合料的各项物理力学指标的检测。

(2)试验仪器与材料

沥青取样器(见图12.1)、沥青取样阀(见图12.2)、铁锹、手铲、搪瓷盘或其他金属盛样容器、塑料编织袋、温度计、标签、溶剂(汽油)、棉纱等。

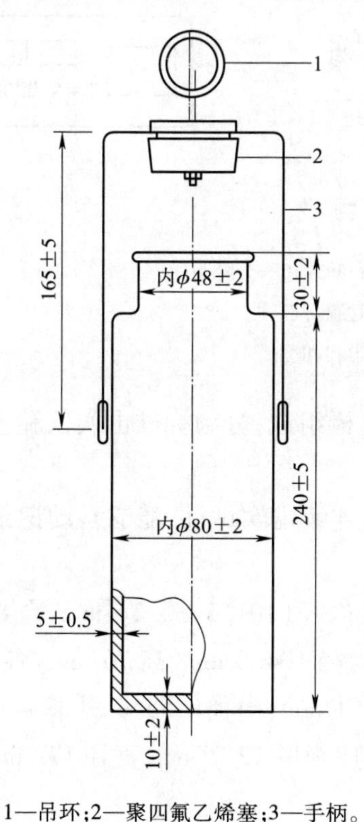

1—吊环;2—聚四氟乙烯塞;3—手柄。

图12.1 沥青取样器(尺寸单位mm)

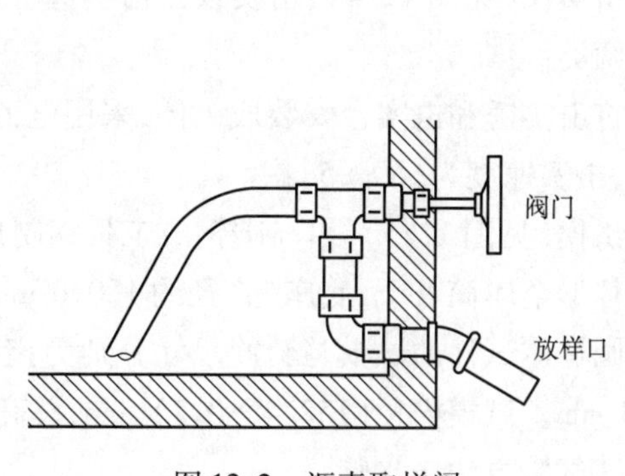

图12.2 沥青取样阀

(3)试验方法与步骤、样品的保存与处理、样品标记

详细参考交通行业程标准《公路工程沥青及沥青混合料试验规程》(JTG E20—2011)的沥青试验 T0601—2011(沥青取样法)。

2. 沥青混合料试件制作方法

(1)试验方法一:击实法

①采用标准击实法或大型击实法制作沥青混合料试件,用于进行室内马歇尔稳定度、水稳性和劈裂强度试验。

②试验仪器与材料:

试验室用沥青混合料拌和机(见图 12.3):要求能保证拌和温度并充分拌和均匀,可控制拌和时间,容量不少于 10 L。

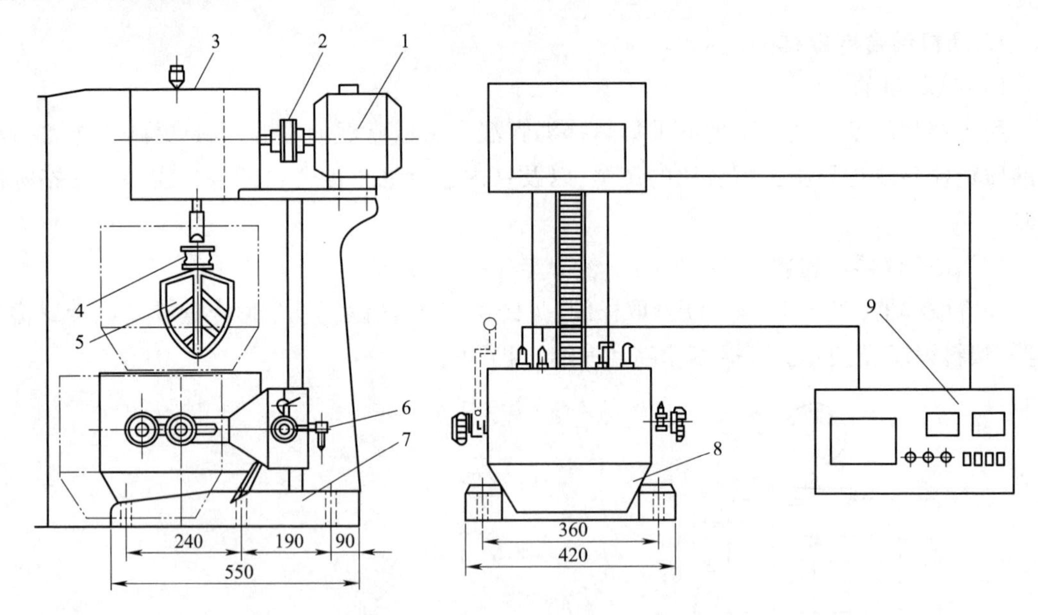

1—电动机;2—联轴器;3—变速箱;4—弹簧;5—拌和叶片;6—升降手柄;
7—底座;8—加热拌和锅;9—温度时间控制仪。

图 12.3 试验室用沥青混合料拌和机

击实仪(见图 12.4):击实仪由击实锤、击实头和导向棒组成,分为标准击实仪和重型击实仪两类:

将击实锤和击实台安装成一体,采用电力驱动击实锤连续击实试件,能够自动记录击实次数,击实速度为(60 ±5)次。

试模(见图 12.5):由高碳钢或工具钢制成,每组包括内径(101.6 ±0.2) mm,高 87 mm 的圆柱形金属筒若干,底座(直径约 120.6 mm)和套筒(内径 104.8 mm、高 70 mm)各 1 个;大型圆柱体试件的试模与套筒尺寸分别为:套筒外径 165.1 mm,内径(155.6 ±0.3) mm,总高 83 mm。试模内径(152.4 ±0.2) mm,总高 115 mm,底座板厚 12.7 mm,直径 172 mm。

③试验方法与步骤:

详细参考交通行业工程标准《公路工程沥青及沥青混合料试验规程》(JTG E20—2011)

的沥青混合料试验 T0702—2011[沥青混合料试件制作方法(击实法)]。

图 12.4　沥青击实仪

图 12.5　沥青试模

(2)试验方法二:轮碾法

①采用轮碾方式成型沥青混合料试件,常见尺寸为 300 mm×300 mm×50 mm 试件,用于室内沥青混合料车辙试验(见图 12.6)、力学以及其他试验。

②轮碾成型机(见图 12.7):轮宽 300 mm,压实线荷载 300 N/cm。

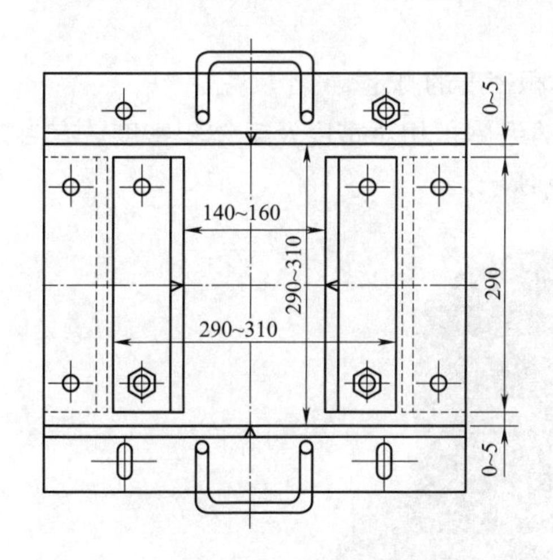

图 12.6　车辙试验模型

图 12.7　轮碾成型机

③碾压成型及试件制作方法:

详细参考交通行业工程标准《公路工程沥青及沥青混合料试验规程》(JTG E20—2011)的沥青混合料试验 T0703—2011[沥青混合料试件制作方法(轮碾法)]。

3. 压实沥青混合料密度试验

(1)试验方法一:表干法——沥青混合料毛体积密度测定

采用马歇尔试件,测定吸水率不大于 2% 的沥青混合料试件的毛体积相对密度及毛体积密度，并用于计算沥青混合料试件的空隙率、饱和度和矿料间隙率等各项体积指标，如图 12.8 所示。

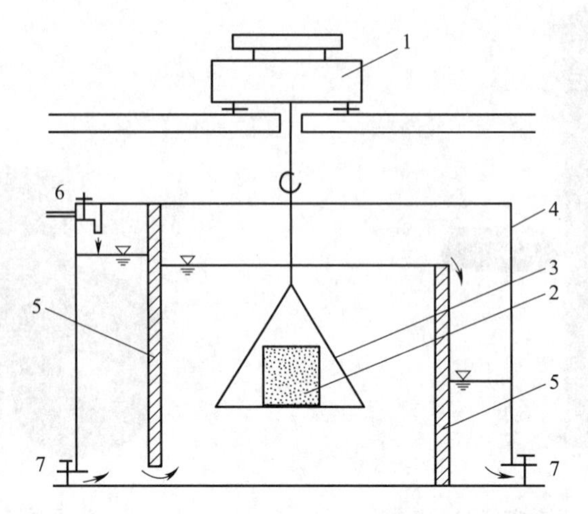

1—浸水天平或电子天平；2—试件；3—网篮；4—溢流水箱；
5—水位搁板；6—注入口；7—放水阀门。

图 12.8　溢流水箱及下挂法水中称量方法示意图

（2）试验方法二：水中重法——沥青混合料表观密度的测定

用于测定吸水率小于 0.5% 的密实沥青混合料试件的表观相对密度及表观密度。试验仪器与材料同试验方法一。

（3）试验方法三：蜡封法——沥青混合料毛体积密度的测定

用于测定吸水率大于 2% 的沥青混合料试件的毛体积相对密度及毛体积密度。有封口膜密封法和真空密封法两种。试验仪器如图 12.9 所示。

图 12.9　Corelok 真空密封装置

（4）试验方法四：体积法

用于测定空隙率很高（往往在 18% 以上），不适宜采用上述方法测定的沥青碎石混合料及大空隙透水性开级配沥青混合料（OGFC）的毛体积相对密度及毛体积密度，用于沥青混合料体积参数的计算。

以上四种沥青混合料密度测定的试验方法，详细参考交通行业工程标准《公路工程沥青及沥青混合料试验规程》(JTG E20—2011)中的沥青混合料试验、T0705—2011[压实沥青混合料密度试验(表干法)]、T0706—2011[压实沥青混合料密度试验(水中重法)]、T0707—2011[压实沥青混合料密度试验(蜡封法)]、T0708—2011[压实沥青混合料密度试验(体积法)]。

4. 沥青混合料理论最大相对密度测定(真空法)

采用真空法测定沥青混合料理论最大相对密度(见图12.10)，用于配合比设计过程中沥青混合料空隙率的计算、路况调查中的压实度计算等目的。适用于集料的吸水率不大于3%的非改性沥青混合料。

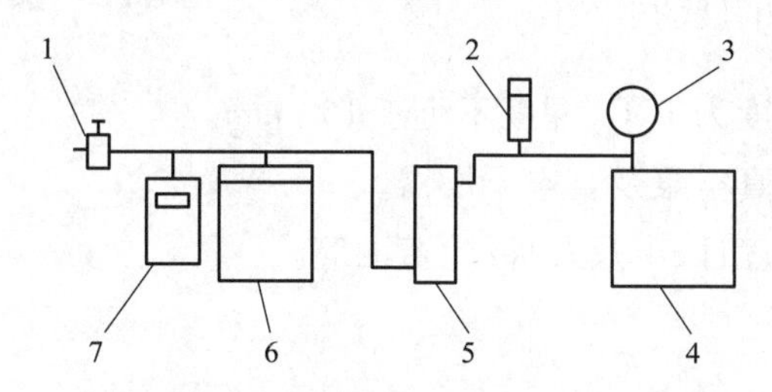

1—检查接口；2—调压装置；3—真空表；4—真空泵；
5—干燥或积水装置；6—负压容器；7—压力表。

图12.10 理论最大相对密度仪装置

真空法进行的密度测定操作，主要适用于非改性沥青混合料。由于采用改性沥青拌和的混合料黏度明显提高，难以做到充分分散，无法保证抽真空效果，导致试验结果存在明显误差。所以改性沥青混合料理论最大密度采用计算法获得。为有助于抽真空的效果，可在真空容器的水中添加少量无泡类表面活性剂。

5. 沥青混合料马歇尔稳定度试验

(1)目的与适用范围

用于马歇尔稳定度试验和浸水马歇尔稳定度试验，以进行沥青混合料的配合比设计或沥青路面施工质量检验。浸水马歇尔稳定度试验(根据需要，也可进行真空饱水马歇尔试验)供检验沥青混合料抵御水损害时的能力，并以此检验配合比设计的可行性。

(2)试验仪器与材料

沥青混合料马歇尔试验仪(见图12.11)：对用于高速公路和一级公路的沥青混合料宜采用自动马歇尔试验仪，用计算机或 x-y 记录仪记录荷载-位移曲线，并具有自动测定荷载与试件垂直变形的传感器、位移计，能自动显示或打印试验结果。对 ϕ63.5 mm的标准马歇尔试件，试验仪最大荷载不小于25 kN，读数准确度100 N，加载速率应能保持(50 ± 5) mm/min。钢球直径16 mm，上下压头曲率半径为50.8 mm。当采用 ϕ152.4 mm大型马歇尔试件时，试验仪器最大荷载不得小于50 kN，读数准确度为100 N。上下压头的曲率内径为(152.4 ± 0.2) mm，上下压头间距为(19.05 ± 0.1) mm，如图12.12所示。

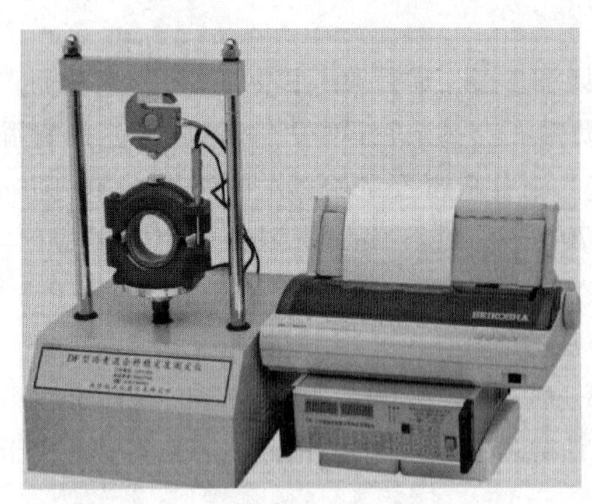
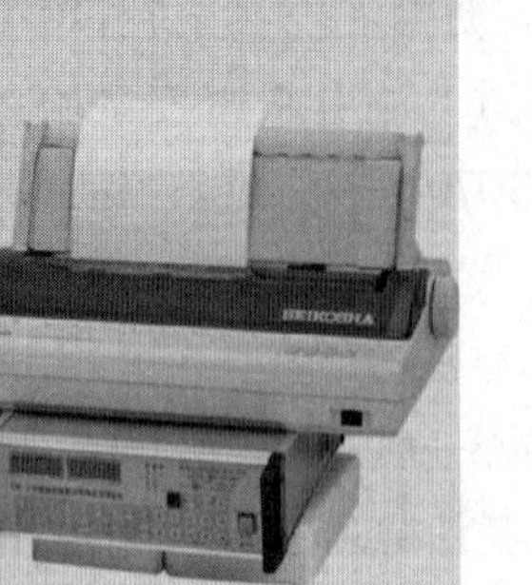

图 12.11　沥青混合料马歇尔试验仪

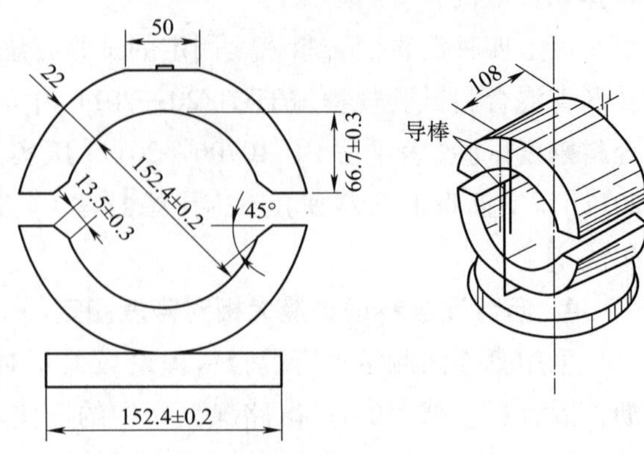

图 12.12　大型马歇尔试验压头

恒温水箱:控温准确度为 1 ℃,深度不小于 150 mm。

真空饱水容器:包括真空泵及真空干燥器。

其他:烘箱、天平、温度计、卡尺及棉纱、黄油等。

(3)试验方法与步骤

①准备工作:

a. 制备符合要求的马歇尔试件,一组试件的数量最少不得少于 4 个。

b. 量测试件的直径及高度:用卡尺测量试件中部的直径,用马歇尔试件高度测定器或用卡尺在十字对称的 4 个方向量测离试件边缘 10 mm 处的高度,准确至 0.1 mm,并以其平均值作为试件的高度。如试件高度不符合(63.5 ±1.3) mm 或(95.3 ±2.5) mm 要求或两侧高度差大于 2 mm 时,此试件应作废。

c. 将恒温水槽调节至要求的试验温度,对黏稠石油沥青或烘箱养生过的乳化沥青混合料为(60 ±1) ℃。

d. 将马歇尔试验仪的上下压头放入水槽或烘箱中达到同样温度。将上下压头从水槽或烘箱中取出擦拭干净内面。为使上下压头滑动自如,可在下压头的导棒上涂少量黄油。再将试件取出置于下压头上,盖上上压头,然后装在加载设备上。在上压头的球座上放妥钢球,并对准荷载测定装置的压头。

②试验步骤:

a. 将试件置于已达规定温度的恒温水槽中保温,保温时间对标准马歇尔试件需 30~40 min,对大型马歇尔试件需 45~60 min。试件之间应有间隔,底下应垫起,离容器底部不小于 5 cm。

b. 当采用自动马歇尔试验仪时,将自动马歇尔试验仪的压力传感器、位移传感器与计算机或 *x-y* 记录仪正确连接,调整好适宜的放大比例。压力和位移传感器调零。

c. 启动加载设备,使试件承受荷载,加载速度为(50 ±5) mm/min。计算机或 *x-y* 记录仪自动记录传感器压力和试件变形曲线,并将数据自动存入计算机。

d. 当试验荷载达到最大值的瞬间,取下流值计,同时读取压力环中百分表读数及流值计的流值读数。从恒温水箱取出试件至测出最大荷载,试验不得超过 30 s。

③浸水马歇尔试验方法:

浸水马歇尔试验方法与标准马歇尔试验方法的不同之处在于,试件在已达规定温度恒温水槽中的保温时间为 48 h,其余均与标准马歇尔试验方法相同。

(4)试验结果计算

①试件的稳定度及流值:

a. 当采用自动马歇尔试验仪时,将计算机采集的数据绘制成压力和试件变形曲线,或由 x-y 记录仪自动记录的荷载-变形曲线,按图 12. 13 所示的方法在切线方向延长曲线与横坐标相交于 O_1。将 O_1 作为修正原点,从 O_1 起量取相应于荷载最大值时的变形作为流值(FL),以 mm 计,准确至 0. 1 mm。最大荷载即为稳定度(MS),以 kN 计,准确至 0. 01 kN。

b. 采用压力环和流值计测定时,根据压力环标定曲线,将压力环中百分表的读数换算为荷载值,或者由荷载测定装置读取的最大值即为试件的稳定度(MS),以 kN 计,准确至 0. 01 kN。由流值计及位移传感器测定装置读取的试件垂直变形,即为试件的流值(FL),以 mm 计,精确至 0. 1 mm。

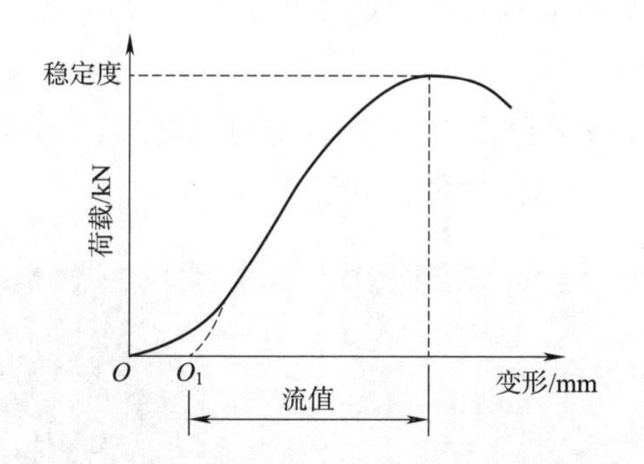

图 12. 13 马歇尔试验荷载-变形曲线及结果修正方法

②试件的马歇尔模数按下式计算:

$$T = \frac{MS}{FL}$$

式中 T——试件的马歇尔模数,kN/mm;

MS——试件的稳定度,kN;

FL——试件的流值,mm。

③试件的浸水残留稳定度按下式计算:

$$MS_0 = \frac{MS_1}{MS} \times 100$$

式中 MS_0——试件的浸水残留稳定度,%;

MS_1——试件浸水 48h 后的稳定度,kN。

(5)说明与注意问题

当马歇尔试件放入已恒温60 ℃的水箱中时,水温会下降。严格讲应从水温达到60 ℃时开始计时。为避免水温下降,可根据室温以及经验总结,将水箱中的水温适当提高若干摄氏度,使得放入马歇尔试件时的水温能够尽快达到60 ℃要求。从恒温水槽中取出试件至测出最大荷载值的时间,不得超过30 s。当一组测定值中某个测定值与平均值之差大于标准差的 k 倍时,该测定值应予舍弃,并以其余测定值的平均值作为试验结果。当试件数目 n 为3、4、5、6个时,k 值分别为1.15、1.46、1.67、1.82。由于全自动马歇尔仪自身的完善和普及,全数显马歇尔仪得到越来越广泛的应用,而这类型号仪器通常不带有荷载-形变记录功能,但如无专门的要求,则不影响试验的操作和结果。

6. 沥青路面芯样马歇尔试验

(1)试验目的与适用范围

用于从沥青路面钻取的芯样进行马歇尔试验,供评定沥青路面施工质量是否符合设计要求或进行路况调查。标准芯样钻孔试件的直径为100 mm,适用的试件高度为30~80 mm;大型钻孔试件的直径为150 mm,适用的试件高度为80~100 mm。

(2)试验仪器与材料

本方法所用的仪器与沥青混合料与马歇尔稳定度试验相同。

(3)试验方法与步骤

a. 按交通行业工程标准《公路路基路面现场测试规程》(JTG 3450—2019)的方法用钻孔机钻取压实沥青混合料路面芯样试件,如图12.14所示。

图12.14　用钻孔机钻取压实沥青混合料路面芯样试件

b. 适当整理混合料芯样表面,如果底面沾有基层泥土则应洗净,若底面凹凸不平严重,则应用锯石机将其锯平。

c. 用卡尺测定试件的直径,取两个方向的平均值。

d. 测定试件的高度,取4个对称位置的平均值,准确至0.1 mm。

e. 按标准方法进行马歇尔试验,由试验实测稳定度乘以表12.16或表12.17的试件高度修正系数 K 得到标准芯样试件的稳定度。其余内容与标准马歇尔试验方法相同。

表 12.16　现场钻取芯样试件高度修正系数(适用于 ϕ100 mm 试件)

试件高度/cm	修正系数 K	试件高度/cm	修正系数 K
2.47～2.61	5.56	5.16～5.31	1.39
2.62～2.77	5.00	5.32～5.46	1.32
2.78～2.93	4.55	5.47～5.62	1.25
2.94～3.09	4.17	5.63～5.80	1.19
3.10～3.25	3.85	5.81～5.94	1.14
3.26～3.40	3.57	5.95～6.10	1.09
3.41～3.56	3.33	6.11～6.26	1.04
3.57～3.72	3.03	6.27～6.44	1.00
3.73～3.88	2.78	6.45～6.60	0.96
3.89～4.04	2.50	6.61～6.73	0.93
4.05～4.20	2.27	6.74～6.89	0.89
4.21～4.36	2.08	6.90～7.06	0.86
4.37～4.51	1.92	7.07～7.21	0.83
4.52～4.67	1.79	7.22～7.37	0.81
4.68～4.87	1.67	7.38～7.54	0.78
4.88～4.99	1.5	7.55～7.69	0.76
5.00～5.15	1.47		

表 12.17　现场钻取芯样试件高度修正系数(适用于 ϕ150 mm 试件)

试件高度/cm	试件体积/cm³	修正系数 K	试件高度/cm	试件体积/cm³	修正系数 K
8.81～8.97	1 608～1 636	1.12	9.61～9.76	1 753～1 781	0.97
8.98～9.13	1 637～1 665	1.09	9.77～9.92	1 782～1 810	0.95
9.14～9.29	1 666～1 694	1.06	9.93～10.08	1 811～1 839	0.92
9.30～9.45	1 695～1 723	1.03	10.09～10.24	1 840～1 868	0.90
9.46～9.60	1 724～1 752	1.00			

7. 沥青混合料车辙试验

(1)试验目的与适用范围

用于测定沥青混合料的高温抗车辙能力,供沥青混合料配合比设计的高温稳定性检验使用。试验基本要求是在规定温度条件下(通常为 60 ℃),用一块碾压成型的板块试件(通常尺寸为 300 mm×300 mm×50 mm),以轮压 0.7 MPa 的实心橡胶轮胎在其上往复碾压行走,测定试件在变形稳定期时,每增加 1 mm 变形需要碾压行走的次数,以此作为沥青混合料车辙试验结果,称为动稳定度,以次/mm 表示。

(2)试验仪器与材料

①车辙试验机:示意图如图 12.15 所示,主要由以下部分组成。

a. 试件台:可牢固地安装两种规定宽度(300 mm 及 150 mm)的尺寸试件试模。

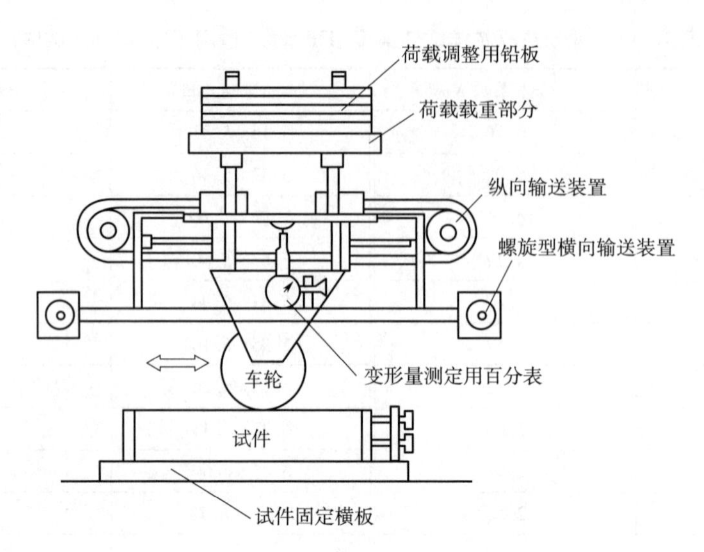

图 12.15　车辙试验机示意图

b. 试验轮：橡胶制的实心轮胎，外径 ϕ200 mm，轮宽 50 mm，橡胶层厚 15 mm。橡胶硬度（国际标准硬度）20 时为（84 ±4），60 时为（78 ±2）。试验轮行走距离为（230 ±10）mm，往返碾压速度为（42 ±1）次/min（21 次往返/min）。允许采用曲柄连杆驱动试验台运动（试验轮不移动）或链驱动试验轮运动（试验台不动）的任一种方式。

c. 加载装置：使试验轮与试件的接触压强在 60 ℃时为（0.7 ±0.05）MPa，施加的总荷重为 78 kg 左右，根据需要可以调整。

d. 试模：钢板制成，由底板及侧板组成，试模内侧尺寸长为 300 mm，宽为 300 mm，厚为 50 mm（试验室制作），亦可固定 150 mm 宽的现场切制试件。

e. 变形测量装置：自动检测车辙变形并记录曲线的装置，通常用 LVDT、电测百分表或非接触位移计。

f. 温度检测装置：能自动检测并记录试件表面温度及恒温室温度的温度传感器、温度计等，精密度 0.5 ℃。

②恒温室：车辙试验机必须整机安放在恒温室内，装有加热器、气流循环装置及自动温度控制设备，能保持恒温室温度（60 ±1）℃[试件内部温度（60 ±0.5）℃]，温度应能自动连续记录。

③台秤：称量 15 kg，感量不大于 5 g。

（3）试验方法与步骤

①准备工作：

a. 在 60 ℃下，试验轮的接地压强为（0.7 ±0.05）MPa。

b. 试件成型后，连同试模一起在常温条件下放置的时间不得少于 12 h。对于聚合物改性沥青混合料试件，放置时间以 24 h 为宜，使聚合物改性沥青充分固化后再进行车辙试验，但在室温中放置时间不得长于一周。

②试验过程：

a. 将试件连同试模一起，置于已达到试验温度的恒温室中，保温不少于5 h，也不得多于24 h。在试件的试验轮不行走的部位上，粘贴一个热电偶温度计，以检测试件温度。

b. 将试件连同试模移置于轮辙试验机的试验台上，试验轮在试件的中央部位，其行走方向须与试件碾压或行车方向一致。启动车辙变形自动记录仪，然后启动试验机，使试验轮往返行走，时间约1 h，或最大变形达到25 mm时为止。试验时，记录仪自动记录变形曲线（见图12.16）及试件温度。

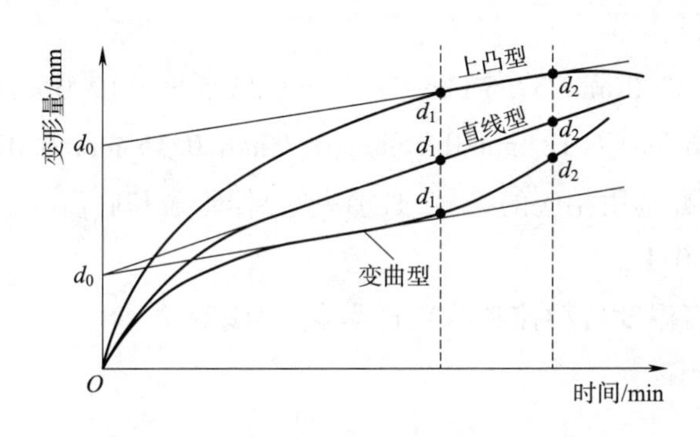

图12.16　车辙试验自动记录的变形曲线

（4）试验结果计算

①从图12.16上读取45 min（t_1）及60 min（t_2）时的车辙变形 d_1 及 d_2，准确至0.01 mm。如果变形过大，在未到60 min变形已达25 mm时，则以达到25 mm（d_2）时的时间为 t_2，将其前15 min为 t_1，此时的变形量为 d_1。

②沥青混合料试件的动稳定度按下式计算：

$$\mathrm{DS}=\frac{(t_2-t_1)\times N}{d_2-d_1}\times C_1\times C_2$$

式中　DS——沥青混合料试件的动稳定度，次/mm；

d_1——对应于时间 t_1 的变形量，mm；

d_2——对应于时间 t_2 的变形量，mm；

C_1——试验机类型修正系数，曲柄连杆驱动试件的变速行走方式为1.0，链驱动试验轮的等速方式为1.5；

C_2——试件系数，试验室制备的宽300 mm的试件为1.0，从路面切割的宽150 mm的试件为0.8；

N——试验轮每分钟往返碾压速度，通常为42次/min。

（5）说明与注意问题

由于车辙试验仪自动化程度的提高，不同时间的变形量已无须从时间与变形图上查得，直接在车辙仪配置的计算机上可读取任何时刻的变形量。同一沥青混合料或同一路段的路面，至少平行试验三个试件，当三个试件动稳定度变异系数小于20%时，取其平均值作为试验

结果。变异系数大于20%时应分析原因,并追加试验。如计算动稳定度值大于6 000 次/mm时,记作:>6 000 次/mm。试验报告应注明试验温度、试验轮接地压强、试件密度、空隙率及试件制作方法等。

8. 沥青混合料的矿料级配检验方法

(1)试验目的与适用范围

用于测定沥青路面施工过程中沥青混合料的矿料级配,供评定沥青路面的施工质量时使用。

(2)试验仪器与材料

标准筛:在尺寸为53.0 mm、37.5 mm、31.5 mm、26.5 mm、19.0 mm、16.0 mm、13.2 mm、9.5 mm、4.75 mm、2.36 mm、1.18 mm、0.6 mm、0.3 mm、0.15 mm、0.075 mm的标准筛系列中,根据沥青混合料级配选用相应的筛号,必须有密封圈、盖和底。

天平:感量不大于0.1 g。

摇筛机、烘箱(装有温度自动控制器)、样品盘、毛刷等。

(3)试验方法与步骤

①试验准备工作:

a. 按要求方法从拌和厂选取代表性样品。将分离沥青后的全部矿质混合料放入样品盘中置放,温度105 ℃ ±5 气烘干,并冷却至室温。

b. 按沥青混合料矿料级配设计要求,选用全部或部分需要筛孔的标准筛,进行施工质量检验时,至少应包括0.075 mm、2.36 mm、4.75 mm及集料公称最大粒径等5个筛孔,按大小顺序排列成套筛。

②操作步骤:

a. 将抽提后的全部矿料试样称量,准确至0.1 g。

b. 将标准筛带筛底置于摇筛机上,并将矿质混合料置于筛内,盖好筛盖后,扣紧摇筛机,启动摇筛机筛分10 min。取下套筛后,按筛孔大小顺序,在一清洁的浅盘上,再逐个进行手筛,手筛时可用手轻轻拍击筛框并经常地转动筛子,直至每分钟筛出量不超过筛上试样质量的0.1%时为止,但不允许用手将颗粒塞过筛孔,筛下的颗粒并入下一号筛,并和下一号筛中试样一起过筛。矿料的筛分方法,尤其是对最下面的0.075 mm筛,采用水筛法,或者对同一种混合料,适当进行几次干筛与湿筛的对比试验后,对0.075 mm通过率进行适当的换算或修正。

c. 称量各筛上筛余颗粒的质量,准确至0.1 g。并将沾在滤纸、棉花上的矿粉及抽提液中的矿粉计入矿料中通过0.075 mm的矿粉含量中。所有各筛的分计筛余量和底盘中剩余质量的总和与筛分前试样总质量相比,相差不得超过总质量的1%。

③试验结果计算及要求:

依据筛余量分别计算矿料的分计筛余百分率、累计筛余百分率和通过百分率。以筛孔尺寸为横坐标,各个筛孔的通过百分率为纵坐标,绘制矿料组成级配曲线,评定该试样的颗粒组成。

同一混合料至少取两个试样平行筛分别试验两次，取平均值作为每号筛上筛余量的试验结果，报告矿料级配通过百分率及级配曲线。

12.3.4　热拌沥青混合料配合比组成设计

热拌(石油)沥青混合料是目前我国修筑沥青路面最常用的混合料类型，该材料的组成配合比设计是公路施工中的一个工作重点。因此对于一名工程技术人员，必须了解和掌握沥青混合料的配合比设计。

1. 沥青路面使用性能的气候分区

沥青混合料的物理力学性质与使用环境，如气候温度和降雨量关系密切。因此，在选择沥青胶结材料、进行沥青混合料配合比设计、检验沥青混合料的使用性能时，应考虑沥青路面工程所处的环境因素，尤其是温度和雨量因素。所以，不同气候特点对沥青混合料影响有显著不同。在交通行业工程标准《公路沥青路面施工技术规范》(JTG F40—2004)中，提出沥青路面使用性能气候分区的概念。

(1)气候分区指标

①气候分区的高温指标：采用工程所在地最近30年内，每年最热月份平均日最高气温的平均值，作为反映沥青路面在高温和重载条件下出现车辙等流动变形的气候因子，并作为气候分区的一级指标。按照设计高温指标，一级区划分为三个区。

②气候分区的低温指标：采用工程所在地最近30年内的极端最低气温，作为反映沥青路面由于温度收缩产生裂缝的气候因子，并作为气候分区的二级指标。按照设计低温指标，二级区划分为四个区。

③气候分区的雨量指标：采用工程所在地最近30年内的年降雨量的平均值，作为反映沥青路面受水影响的气候因子，并作为气候分区的三级指标。按照设计雨量指标，三级区划分为四个区。

(2)气候分区的确定

沥青路面使用性能气候分区由一、二、三级区划组合而成，以综合反映该地区的气候特征。每个气候分区用三个数字表示：第一个数字代表高温分区，第二个数字代表低温分区，第三个数字代表雨量分区，每个数字越小，表示气候因素对沥青路面的影响越严重。

例如，如果某个地区气候区划为1-2-3，则表示该地区表现出夏季炎热、冬季寒冷的半干旱气候特点，因此该地区对沥青混合料的高温稳定性和低温抗裂性都有很高的要求，而对水稳性的要求则不是很高。又如某个地区气候分区是1-4-1，则说明该地区呈现冬季温暖，但夏季十分炎热且多雨的气候特征，要求此时的沥青混合料应具有较高的高温稳定性和良好的水稳性。具体气候分区划分方法见表12.18。

表 12.18　沥青路面使用性能气候分区（JTG F40—2004）

气候分区指标		气候分区			
按照高温指标	高温气候区	1	2	3	
	气候区名称	夏炎热区	夏热区	夏凉区	
	七月平均最高温度/℃	>30	20～30	<20	
按照低温指标	低温气候区	1	2	3	4
	气候区名称	冬严寒区	冬寒区	冬冷区	冬温区
	极端最低气温/℃	< -37.5	-37.5～-21.5	-21.5～-9.0	> -9.0
按照雨量指标	雨量气候区	1	2	3	4
	气候区名称	潮湿区	湿润区	半干区	干旱区
	年降雨量/mm	>1 000	1 000～500	500～250	<250

2. 沥青混合料组成材料技术要求

沥青混合料的性能表现取决于组成材料的性质、合适的组成配合比例以及合理的拌和施工工艺，其中组成材料自身质量是沥青混合料技术性质保证的基础。

（1）沥青

沥青是沥青混合料中最重要的胶结材料，其性能直接影响沥青混合料的各种技术性质。沥青路面所用沥青标号应根据气候条件和沥青混合料类型、道路等级、交通性质、路面类型、施工方法以及当地使用经验等因素，经技术论证后确定。针对气候环境特点和交通状况，选择黏稠性合适的沥青，是沥青混合料配合比设计过程中的重要一步。通常在气温较高的地区，繁重的交通情况下，使用细粒式或砂粒式的混合料时，应选用稠度较高即标号较低的沥青。同样，对于渠化交通的道路，或位于路面顶层的沥青混合料也应选择标号较低的沥青。原因在于采用标号低、黏稠度高的沥青所配制的混合料，能够在高温和重载交通条件下较好地减缓沥青路面出现车辙、推挤、拥包等问题。但另一方面如黏度过高，则沥青混合料的低温变形能力相对较差，沥青路面容易产生裂缝。反之，采用黏度较低的沥青所配制的混合料在低温时具有较好的变形能力，有益于减缓路面裂缝的形成，但夏季高温时往往会由于热稳定性不足，使沥青路面产生较大的变形。为此，在选择沥青等级时，必须综合考虑环境温度以及交通特点对沥青混合料的影响。

（2）粗集料

①粗集料的物理力学性质要求：

沥青混合料用粗集料，可以采用碎石、破碎砾石、筛选砾石、矿渣等。高速公路、一级公路、城市快速道路、主干路沥青路面表层所用粗集料应该选用坚硬、耐磨、抗冲击性好的碎石或破碎砾石，不得使用筛选砾石、矿渣及软质集料，该类粗集料应符合表 12.19 对磨光值和黏附性的要求。当坚硬石料来源缺乏时，允许掺加一定比例较小粒径的普通粗集料，掺加比例根据试验确定。在以骨架原则设计的沥青混合料中不得掺加其他粗集料。

表 12.19　粗集料磨光值及其与沥青黏附性的技术要求

技术指标		雨量气候分区			
		1(潮湿区)	2(湿润区)	3(半干区)	4(干旱区)
粗集料磨光值(PSV)		≥42	≥40	≥38	≥36
粗集料与沥青的黏附性(级)	表层	≥5	≥4	≥4	≥3
	其他层次	≥4	≥4	≥3	≥3

沥青混合料用粗集料应该洁净、干燥、表面粗糙、形状接近立方体,且无风化、不含杂质,并具有足够的强度、耐磨耗性。破碎砾石采用粒径大于 50 mm 的颗粒轧制,破碎前必须清洗,含泥量不得大于 1%。钢渣作为粗集料时,仅限于三级及三级以下公路和次干路以下的城市道路,并应经过试验论证取得许可后使用,且应有 6 个月以上的存放期。

②沥青的黏附性要求:

在高速公路、一级公路、城市快速路和主干路沥青路面中,需要使用坚硬的粗集料,当使用花岗岩、石英岩等酸性岩石轧制的粗集料时,若达不到粗集料与沥青黏附性等级的要求,必须采取抗剥落措施。工程中常用的抗剥落方法包括使用高黏度沥青,在沥青中掺加抗剥落剂,用干燥的生石灰、消石灰粉或水泥作为填料的一部分,或将粗集料用石灰浆裹覆处理后使用等。

③粗集料的粒径规格:

粗集料的粒径规格应按照表 12.20 进行生产和选用。如某一档粗集料不符合表 12.20 的规定,但确认与其他集料掺配后的合成级配符合设计级配的要求时,也可以使用。

表 12.20　沥青面层粗集料规格

规格	公称粒径/mm	通过下列筛孔(方孔筛,mm)的质量百分率/%									
		53	37.5	31.5	26.5	19	13.2	9.5	4.75	2.36	0.6
S5	20~40	100	90~100	—	—	0~15	—	0~5		—	—
S6	15~30	—	100	90~100	—	—	0~15	—	0~5	—	—
S7	10~30	—	100	90~100	—	—	—	0~15	0~5	—	—
S8	15~25	—	—	100	95~100	—	0~15	—	0~5	—	—
S9	10~20	—	—	—	100	90~100	—	0~15	0~5	—	—
S10	10~15	—	—	—	—	100	90~100	0~15	0~5	—	—
S11	5~15	—	—	—	—	100	90~100	40~70	0~15	0~5	—
S12	5~10	—	—	—	—	—	100	90~100	0~10	0~5	—
S13	3~10	—	—		—	—	100	90~100	40~70	0~20	0~5
S14	3~5	—	—	—	—	—	—	100	90~100	0~15	0~3

(3)细集料

①细集料的物理力学性能要求:

用于拌制沥青混合料的细集料,可以采用天然砂、机制砂或石屑。细集料应洁净、干燥、无风化、不含杂质,并有适当的级配范围。细集料的物理力学指标要求见表 12.21。细集料

应与沥青有良好的黏结能力，在高速公路、一级公路、城市快速路、主干路沥青面层使用与沥青黏附性较差的天然砂或用花岗岩、石英岩等酸性岩石破碎的人工砂及石屑时，应采取前述粗集料的抗剥落措施对细集料进行处理。在高速公路、一级公路、城市快速路、主干路沥青路面面层及抗滑磨耗层中，所用石屑总量不宜超过天然砂或机制砂的用量。

表 12.21 沥青混合料用细集料主要质量要求

指标	高速公路、一级公路城市快速路，主干路	其他公路与城市道路
视密度/(t/m^3)	≥2.50	≥2.45
坚固性①(＞0.3 mm 部分)/%	≤12	—
砂当量/%	≥60	≥50
含泥量/%	≤3	≤5
亚甲蓝值/(g/kg)	≤25	—

注：①坚固性试验根据需要进行。

②细集料的粒径规格：

a. 天然砂。天然砂宜采用河砂或海砂，当使用山砂时应经过清洗。天然砂的规格应符合表 12.22 规定，经筛洗法测定的砂中小于 0.075 mm 颗粒含量对于高速公路、一级公路、城市快速路、主干路不得大于 3%，其他等级道路不大于 5%。

表 12.22 沥青面层用天然砂规格

分类	通过各筛孔(mm)的质量百分率/%								细度模数
	9.5	4.75	2.36	1.18	0.6	0.3	0.15	0.075	
粗砂	100	90～100	65～95	35～65	15～30	5～20	0～10	0～5	3.7～3.1
中砂	100	90～100	75～90	50～90	30～60	8～30	0～10	0～5	3.0～2.3
细砂	100	90～100	85～100	75～100	60～84	15～45	0～10	0～5	2.2～1.6

b. 石屑。石屑是采石场破碎石料时通过 4.75 mm 或 2.36 mm 的筛下部分，它与机制砂有着本质的不同，是石料加工破碎过程中表面剥落或撞下的边角，强度一般较低，且针片状含量较高，在沥青混合料的使用过程中还会进一步细化，所以性能相对较差。生产石屑的过程中应特别注意，避免山体覆盖层或夹层的泥土混入石屑。

石屑规格应符合表 12.23 的要求。不得使用泥土、细粉、细薄碎片颗粒含量高的石屑，对于高速公路、一级公路、城市快速路、主干路，应将石屑加工成 S14(3~5 mm)和 S16(0~3 mm)两档使用，在细集料中石屑含量不宜超过总量的 50%。

表 12.23 沥青面层用机制砂或石屑规格

分类	公称粒径/mm	通过各筛孔(mm)的质量百分率/%							
		9.5	4.75	2.36	1.18	0.6	0.3	0.15	0.075
S15	0～5	100	90～100	60～90	40～75	20～55	7～40	2～20	0～10
S16	0～3	—	100	80～100	50～80	25～50	8～45	0～25	0～15

(4)填料

常用填料大多是采用石灰岩或憎水的强基性岩浆岩,加工磨细制得。填料在沥青混合料中发挥着重要的作用,通过沥青和填料之间相互作用形成的结构沥青和组成的沥青胶浆,是沥青混合料中重要的组成部分,对混合料的高温稳定性和水稳性有直接影响。填料的另一关键性能要求是必须达到一定的细度,从而保证填料与沥青之间有更高的接触程度,形成更多的结构沥青。填料相应的质量要求见表 12. 24。

表 12. 24　沥青混合料用填料的质量要求

指标		高速公路、一级公路城市快速路、主干路	其他公路与城市道路
表观密度(g/m^3)		≥2. 50	≥2. 45
含水率/%		≤1. 0	≤1. 0
粒度范围/%	<0. 6 mm	100	100
	<0. 15 mm	90~100	90~100
	<0. 075 mm	75~100	70~100
外观		无团粒结块	
亲水系数		<1. 0	

为改善沥青混合料水稳性,可以采用干燥的消石灰粉或水泥部分替代填料,其掺量控制在矿料总量的1%~2%。

3. 热拌沥青混合料配合比设计

(1)沥青混合料配合比设计内容

沥青混合料的配合比设计结果与沥青路面的使用性能、材料用量及工程造价关系密切。全过程的沥青混合料配合比设计包括三个阶段:

阶段 1:目标配合比设计;

阶段 2:生产配合比设计;

阶段 3:生产配合比验证,即试验路试铺。

只有通过三个阶段的配合比设计,才能真正提出工程上实际使用的沥青混合料组成配合比。由于后两个设计阶段是在目标配合比的基础上进行的,需借助施工单位的拌和、摊铺和碾压设备完成。下面主要针对沥青混合料的目标配合比设计过程,说明室内进行目标配合比设计的主要内容。

沥青混合料设计要点:进行矿料的级配组成设计和最佳沥青用量确定,也就是要设计出一个具有足够密实度,并具有较高内摩阻力的矿料组成,在此前提下确定相应的最佳沥青用量,从而获得一个能够满足特定交通要求、适应环境特点的沥青混合料。

(2)矿料级配组成设计

沥青路面工程混合料的类型及矿料级配由工程设计文件或招标文件根据所建工程要求、道路等级、路面类型、所处结构层层位等因素来决定,并要求沥青面层中集料的公称最大粒径应与该层压实后的结构层厚度相匹配,即要求压实厚度不宜小于集料公称最大粒径的2. 5~3 倍,对 SMA 或 OGFC 等嵌挤型混合料不宜小于公称最大粒径的 2~2. 5 倍,从而有利

于避免施工时的混合料离析现象，便于更好压实。

设计的矿料级配范围要与规范要求相一致，如密级配沥青混合料的级配范围根据交通行业工程标准《公路沥青路面施工技术规范》（JTG F40—2004），应符合表 12.25 所列范围。其他类型混合料的级配也应按照相应规范要求来确定。

表 12.25　密级配沥青混凝土混合料矿料级配范围

级配类型		通过各筛孔（mm）的质量百分率/%												
		31.5	26.5	19	16	13.2	9.5	4.75	2.36	1.18	0.6	0.3	0.15	0.075
粗粒式	AC-25	100	90~100	75~90	65~83	57~76	45~65	24~42	16~42	12~33	8~24	3~17	4~13	3~7
中粒式	AC-20		100	90~100	78~92	62~80	50~72	26~56	16~44	12~33	8~24	5~17	4~13	3~17
	AC-16			100	90~100	76~92	60~80	34~62	20~48	13~36	9~26	7~18	3~14	4~8
细粒式	AC-13				100	90~100	68~85	38~68	24~50	15~38	10~28	7-20	5~15	4~8
	AC-10					100	90~100	45~75	30~58	20~44	13~32	9~23	6~16	4~8
砂粒式	AC-5						100	90~100	55~75	35~55	20~40	12~28	7~18	5~10

实践证明，同一种矿料级配针对不同的道路等级、气候和交通特点时，适宜的级配有粗型（C 型）和细型（F 型）之分。通常对夏季气温高且高温持续时间长、重载交通多的路段，宜选用粗型密级配，并取较高的设计空隙率；对冬季温度低、持续时间长的地区，或重载交通少的路段，宜选用细型密级配，并取较低的设计空隙率。粗型和细型级配的划分和粒径要求见表 12.26。

表 12.26　粗型和细型密级配沥青混凝土的关键筛孔通过率

分类	公称粒径/mm	用以分类的关键性筛孔/mm	粗型密级配（C 型）		细型密级配（F 型）	
			名称	关键筛孔通过率/%	名称	关键筛孔通过率/%
AC-25	26.5	4.75	AC-25C	<40	AC-25F	>40
AC-20	19	4.75	AC-20C	<45	AC-20F	>45
AC-16	16	2.36	AC-16C	<38	AC-16F	>38
AC-13	13.2	2.36	AC-13C	<40	AC-13F	>40
AC-10	9.5	2.36	AC-10C	<45	AC-10F	>45

同时，为确保高温抗车辙能力，兼顾低温抗裂性能的需要，配合比设计时宜适当减少公称最大粒径附近的粗集料用量，减少 0.6 mm 以下部分细粉的用量，使中等粒径集料较多，形成 S 形级配曲线，并取中等或偏高水平的设计空隙率。

在级配类型确定之后，选取符合规范要求的不同规格的砂石材料进行级配设计。在有条件的情况下，针对高速公路和一级公路沥青路面矿料配合比设计时，宜借助计算机采用试配法进行设计。

对高速公路和一级公路，宜在工程选定的设计级配范围内计算 1~3 组粗细不同的配合比，绘制设计级配曲线，要求这些合成级配曲线分别在设计级配范围的上方、中值和下方。设计合成级配不得有太多的锯齿形交错，且在 0.3~0.6 mm 范围内不出现“驼峰”。如反复调整不能达到要求时,要更换材料重新设计,直至满足要求。

在此基础上,根据当地工程实践经验选择适宜的沥青用量,分别制作几组不同级配的马歇尔试件,测定沥青混合料矿料间隙率(VMA),根据结果选取其中满足或接近设计要求的级配作为设计级配。

(3)最佳沥青用量的确定(沥青混合料马歇尔试验)

现行规范采用马歇尔方法确定沥青混合料的最佳沥青用量(以 OAC 表示)。虽然沥青用量可以通过各种理论公式计算得到,但由于实际材料性质的差异,计算得到的最佳沥青用量仍然要通过试验进行修正。所以采用马歇尔试验方法,是整个沥青混合料配合比设计内容的基础,图 12. 17 所示为沥青电脑数控马歇尔稳定度测定仪。

图 12. 17　沥青电脑数控马歇尔稳定度测定仪

①沥青用量表示方法:

沥青含量:指沥青占沥青混合料的百分数。

油石比:指沥青与矿料质量比的百分数;在配合比设计过程中采用油石比更为方便一些。

②制备试样:

a. 马歇尔试件制备,要针对选定混合料的类型,根据经验确定沥青大致预估用量。该预估用量可以采用下式确定。

$$P_a = \frac{P_{a1} \times \gamma_{sb1}}{\gamma_{sb}} \times 100$$

$$P_b = \frac{P_a}{100 + \gamma_{sb}} \times 100$$

式中　P_a——预估的最佳油石比,%;

P_b——预估的最佳沥青含量,%;

P_{a1}——已建类似工程沥青混合料所采用的油石比,%;

γ_{sb}——集料的合成毛体积相对密度,无量纲;

γ_{sb1}——已建类似工程集料的合成毛体积相对密度，无量纲。

b. 以预估沥青用量为中值，按一定间隔（对密级配沥青混合料通常为0.5%，对SMA混合料可适当缩小间隔为0.3%~0.4%），取5个或5个以上不同的油石比分别成型马歇尔试件。每一组试件的试样数按现行规程的要求确定（通常不少于4个），对粒径较大的沥青混合料宜增加试件数量。当缺少可参考的预估沥青用量时，可以考虑以5.0%的沥青用量为基准，从两侧等间距地扩展沥青用量，直至在所选的沥青用量范围中能够确定出最佳沥青用量。

c. 最佳沥青用量的调整过程，参考交通行业工程标准《公路沥青路面施工技术规范》（JTG F40—2004）执行。

思考题

一、填空题

1. 路面结构通常是分层铺筑的，按照层位功能的不同，可由__________、__________、__________和必要的功能层组成。

2. 基层和底基层主要承受由面层传递下来的车辆荷载作用力，并向下扩散，修筑基层的材料有__________、__________、__________。

3. 土工合成材料可分为__________、__________、__________和土工特种材料四大类。

4. 公路路面基层、底基层按材料力学性质划分为__________、__________和__________三类。

5. 道路石油沥青分为__________、__________、__________三种类别。

6. 沥青混合料结构类型有__________、__________、__________三种类型。

7. 沥青混合料制件方法有__________和__________两种。

8. 沥青混合料配合比设计包括__________、____________________三个阶段。

二、多项选择题

1. 土工合成材料可应用于以下________工程中。

A. 挡土墙　　B. 路基防排水

C. 路基不均匀沉降防治　　D. 地基处理

2. 我国常用的路面基层形式多为半刚性基层，这种基层形式优点是________。

A. 强度高　　B. 稳定性好

C. 抗冻性能优越　　D. 造价高昂

3. B级道路石油沥青适用于以下________工程。

A. 高速公路下面层　　B. 二级公路面层

C. 高速公路上面层　　D. 二级公路基层

4. 沥青混合料路用性能包括________。

A. 沥青混合料高温稳定性　　B. 沥青混合料低温抗裂性

C. 沥青混合料的耐久性　　D. 沥青混合料的抗滑性

E. 施工和易性

5. 沥青混合料组成材料包括________。

A. 沥青　　B. 粗集料

C. 细集料　　D. 填料

三、案例分析题

以某高速公路为例,中面层采用 AC-25 沥青混合料配合比,根据以下工程条件,回答配合比设计相关的问题。已知该地区气候区划为 1-4-1,沥青标号选择 90 号,粗集料采用碎石,细集料采用中砂,常规试验检测指标均符合规范要求。

1. 描述该地区的气候特点。
2. 该地区对沥青混合料的性能有何要求?
3. 简述沥青混凝土料配合比设计的内容。
4. 简述沥青混合料性能的试验项目。

模拟考试卷[A]卷

模拟考试卷[B]卷

模拟考试卷[C]卷

参 考 文 献

[1]高琼英. 建筑材料[M]. 3 版. 武汉:武汉理工大学出版社,2008.
[2]符芳. 建筑材料[M]. 2 版. 南京:东南大学出版社,2001.
[3]中国建筑材料科学研究院. 绿色建材与建材绿色化[M]. 北京:化学工业出版社,2003.
[4]葛勇. 建筑装饰材料[M]. 北京:中国建材工业出版社,1998.
[5]林宝玉,吴绍章. 混凝土工程新材料设计与施工[M]. 北京:中国水利水电出版社,1998.
[6]曹文达,曹栋. 新型混凝土及其应用[M]. 北京:金盾出版社,2001.
[7]中国建筑材料联合会. 建设用砂:GB/T 14684—2022[S]. 北京:中国标准出版社,2022.
[8]中国建筑材料联合会. 建设用卵石、碎石:GB/T 14685—2022[S]. 北京:中国标准出版社,2022.
[9]张海梅. 建筑材料[M]. 北京:科学出版社,2001.
[10]国家建材局标准化所. 建筑材料标准汇编:水泥(续集)[M]. 北京:中国标准出版社,2001.

土木工程材料与实训
指 导 书

主 编◎易 斌 郭 萍
副主编◎祖雅甜 沈新福 陈 晨

中国铁道出版社有限公司
CHINA RAILWAY PUBLISHING HOUSE CO., LTD.

目　录

《土木工程材料与实训》指导书一：砂石常规检测1　实训一

适用专业		课程名称		实训课时	
编制执笔人			编制时间	年　月　日	

一、实训目的和任务

1. 熟悉砂、碎石的技术要求。
2. 掌握砂、碎石常规检测所用仪器的性能和操作方法。
3. 掌握砂、碎石的基本试验技术。
4. 完成砂、碎石的表观密度、堆积密度检测；砂的含水率检测。

要求每位同学根据实训指导书在老师的指导下独立、全面、规范地完成实训任务，并填好实训报告，做好记录；按要求处理数据，得出正确结论。

二、实训预备知识

复习教材中砂、碎石的表观密度、堆积密度、含水率等有关知识，认真阅读材料实训指导书，明确实训目的、基本原理及操作要点，并应对砂、碎石常规试验所用的仪器、设备、材料有基本了解。

1. 按技术要求分，砂可以分为哪几类？
2. 细骨料的颗粒级配和粗细程度，分别用什么指标表示？
3. 细骨料筛分试验需要计算哪两个指标？
4. 按技术要求分，粗骨料可以分为哪几类？
5. 验标对粗骨料最大粒径有何要求？

三、主要仪器设备

仪器设备清单表

序号	仪器名称	用途	备注
1	电子秤、量筒、烘箱等	完成砂表观密度检测	每组一套
2	电子秤、容量筒、砂漏斗、烘箱、浅盘等	完成砂堆积密度检测	每组一套
3	电子秤、烘箱、浅盘等	完成砂含水率检测	每组一套
4	电子秤、量筒、烘箱等	完成石表观密度检测	每组一套
5	电子秤、容量筒、砂漏斗、烘箱、浅盘等	完成石堆积密度检测	每组一套

四、实训的组织管理

课前、课后点名考勤；以小组为单位进行，每个小组人员为______人；仪器、设备使

用完后要清洗干净，物归原位，借用、归还要登记；着装整齐，方便实验操作，女生不得穿裙子；不迟到不早退，积极参与实训教学活动。

实训时间安排表

教学时间		实训单项名称（或任务名称）	具体内容（知识点）	学时数	备注
星期	节次				
		砂表观密度检测	用标准法，测定砂的表观密度	2	分组
		砂堆积密度检测	用容量筒装满砂，刮平，测定砂堆积密度		
		砂含水率检测	将湿砂用烘箱烘干，测定砂含水率		
		石表观密度检测	用简易法，测定石的表观密度		
		石堆积密度检测	容量筒装满石，刮平，测定石的堆积密度		

电子秤

量桶

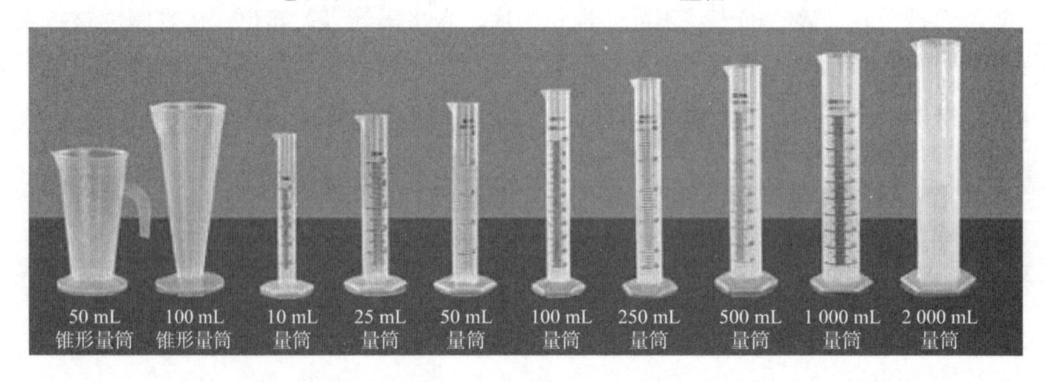

容量筒

五、实训项目简介、实验步骤指导与注意事项

1. 实训项目简介

（1）砂表观密度

通过本实验可以测定砂的表观密度值，以便于计算砂的孔隙率和密实度。

（2）砂堆积密度

通过本实验可以测定砂的堆积密度，计算材料的运输量和堆积空间。

（3）砂含水率

通过本实验可以测定砂的含水率，控制混凝土中用水量在规定的范围。

（4）石表观密度

通过本实验可以测定石的表观密度，以便于计算石的孔隙率和密实度。

（5）石堆积密度

通过本实验可以测定石的堆积密度，计算材料的运输量和堆积空间。

2. 实训操作步骤

（1）砂表观密度

①称取烘干的试样 300 g，装入盛有半瓶冷开水的容量瓶中。

②摇转容量瓶，使试样在水中充分搅动以排除气泡，塞紧瓶塞，静置 24 h 左右。然后用滴管添水，使水面与瓶颈刻度线平齐，再塞紧瓶塞，擦干瓶外水分，称其质量。

③倒出瓶中的水和试样，将瓶的内外表面洗净，再向瓶内注入与上述水温相差不超过 2 ℃的冷开水至瓶颈刻度线。塞紧瓶塞，擦干瓶外水分，称其质量。在砂的表观密度检测过程中应测量并控制水的温度。检测的各项称量可以在 15 ~ 25 ℃的温度范围内进行。从检测加水静置的最后 2 h 起直到检测结束，其温度相差不应超过 2 ℃。

④砂的表观密度按下式计算，精确至 10 kg/m^3。

$$\rho_0 = \frac{m_0}{m_0 + m_2 - m_1} \times \rho_w$$

式中 ρ_0——砂的表观密度，kg/m^3；

ρ_w——水的密度，1 000 kg/m^3；

m_0——干试样的质量，g；

m_1——试样、水及容量瓶的总质量，g；

m_2——水及容量瓶的总质量，g。

表观密度取两次试验结果的算术平均值为测定值，精确至 10 kg/m^3；如两次试验结果之差大于 20 kg/m^3，须重新试验。

（2）砂堆积密度实验

①取试样一份，用漏斗或铝制料勺，将砂徐徐装入容量筒（漏斗出料口或料勺距容量筒筒口应为 50 mm）直到试样装满并超出容量筒筒口。然后用直尺将多余的试样沿筒口中心线向两个相反方向刮平。

②堆积密度按下式计算，精确至 10 kg/m^3。

$$\rho_0' = \frac{m_2 - m_1}{V} \times 1\ 000$$

式中 m_1——容量筒的质量，kg；

m_2——容量筒和砂总质量，kg；

V——容量筒容积，L。

③空隙率按下式计算，精确至 1%。

$$p' = 1 - \frac{\rho_0'}{\rho_0} \times 100\%$$

以两次检测结果的算术平均值作为测定值。

（3）砂含水率实验

①将自然潮湿状态下的试样用四分法缩分至 1 100 g，拌匀后分为大致相等的两份备用。

②称取一份试样的质量为 m_1，精确至 0.1 g。将试样倒入已知质量的烧杯中，放在烘箱中于（105 ±5）℃下烘干至恒质量。待冷却至室温后，再称出其质量 m_2，精确至 0.1 g。

③砂的含水率按下式计算，精确至 0.1 g。

$$W_{含} = \frac{m_1 - m_2}{m_2} \times 100\%$$

式中 $W_{含}$——含水率；

m_1——烘干前试样的质量，g；

m_2——烘干后试样的质量，g。

以两次检测结果的算术平均值作为试验结果，精确至 0.1 g。如两次结果之差大于 0.2% 时，应重新试验。

（4）石表观密度实验

①按规定的数量称取试样。

表观密度试验所需试样数量

最大粒径/mm	<26.5	31.5	37.5	63.0	75.0
最小试样质量/kg	2.0	3.0	4.0	5.0	6.0

②将试样浸水饱和，然后装入广口瓶中。装试样时，广口瓶应倾斜放置，注入饮用水，用玻璃片覆盖瓶口，以上下左右摇晃的方法排除气泡。

③气泡排尽后，向瓶中添加饮用水直至水面凸出瓶口边缘，然后用玻璃片沿瓶口迅速滑行，使其紧贴瓶口水面。擦干瓶外水分后，称试样、水、瓶和玻璃片总质量 m_1。

④将瓶中的试样倒入浅盘中，放在 105 ℃的烘箱中烘干至恒重。取出，放在带盖的容器中冷却至室温后称其质量 m_0。

⑤将瓶洗净，重新注入饮用水，用玻璃片紧贴瓶口水面，擦干瓶外水分后称其质量 m_2。

⑥石子的表观密度按下式计算，精确至 10 kg/m^3。

$$\rho_0 = \frac{m_0}{m_0 + m_2 - m_1} \times \rho_w$$

式中 ρ_0——石子的表观密度，kg/m^3；

ρ_w——水的密度，1 000 kg/m^3；

m_0——烘干试样的质量，g；

m_1——试样、水、瓶及玻璃片的总质量，g；

m_2——水、瓶及玻璃片的总质量，g。

表观密度取两次试验结果的算术平均值为测定值，精确至 10 kg/m^3；如两次试验结果之差大于 20 kg/m^3，须重新试验。

（5）石堆积密度实验项目

①取试样一份，置于平整干净的地板（或钢板）上，用平头铁锹铲起试样，使石子自由落入容量筒内。此时，从铁锹的齐口至容量筒上口的距离应保持为 50 mm 左右。装满容

量筒并除去凸出筒口表面的颗粒，并以合适的颗粒填入凹陷部分，使表面稍凸起部分和凹陷部分的体积大致相等，称取试样和容量筒共重 m_2。

②堆积密度按下式计算，精确至 10 kg/m³。

$$\rho_0' = \frac{m_2 - m_1}{V} \times 1\ 000$$

式中 m_1——容量筒的质量，kg；

m_2——容量筒和石总质量，kg；

V——容量筒容积，L。

3. 操作注意事项

（1）砂表观密度检测：

①加砂后应将粘在容量瓶颈内壁冲洗进容量瓶。

②水 + 砂 + 瓶和水 + 砂两次称量，注意瓶塞。

③赶气泡时间尽量延长至 5 min 以上。

（2）砂堆积密度检测：

注意不要振动容量筒。

（3）砂含水率检测：

注意取样应采用四分法缩分。

（4）石表观密度检测：

以两次检测结果的算术平均值作为测定值，如两次结果之差大于 0.02 时，应重取样进行检测。

（5）石堆积密度检测：

以两次检测结果的算术平均值作为测定值。

六、考核标准

考核评分标准表

序号	考核内容（100 分）	考核标准	评分标准		考核形式
1	仪器、设备是否检查（10 分）	仪器、设备使用前检查、校核	检查，校核准确	10	实训报告质量 + 实训过程表现
			检查，校核不准确	7	
			未检查	0	
2	实验操作（40 分）	砂取样	取样方法科学、正确	10	
			取样方法不太规范	7	
		操作方法	操作方法规范	20	
			操作方法不太规范	15	
			操作方法错误一处扣 2 分（依此类推）	13	
		操作时间	按规定时间完成操作	10	
			每超时 1 min 扣 1 分（依此类推）	9	

续表

序号	考核内容（100 分）	考核标准	评分标准		考核形式
3	结果处理（40 分）	数据记录、计算	数据记录、计算正确	20	实训报告质量+实训过程表现
			数据记录正确，计算错误	15	
			数据记录不完整	10	
4		表格绘制	表格绘制完整、正确	5	
			表格绘制不太完整	3	
			无表格	0	
5		填写实验结论	实验结论填写正确无误	15	
			实验结论不完整	10	
	结束工作（5 分）		无实验结论或结论错误	0	
6		收拾仪具 清洁现场	收拾仪具并清洁现场	5	
			收拾仪具，清洁现场不彻底	3	
	安全文明操作（5 分）		未收拾	0	
7		仪器损伤	无仪器损伤	5	
			仪器有明显损伤	0	

七、实训报告

报告统一采用附件标准印刷版，其中实训记录（数据、图表、结论等）及数据处理按附件格式填写，其他项目按报告的要求填写。

八、附件

实 训 报 告

20 /20 学年 第 学期

课程名称					
姓 名		班 级		学 号	
实训名称	砂石常规检测			实训时间	年 月 日
实训内容	砂及碎石的表观密度、堆积密度；砂的含水率检测				
实训目的					
职业素养					
实训 预备知识					
主要 仪器设备					
实训步骤 （要点）					

数据记录及处理

任务 1　砂表观密度测定结果

试样编号	烘干的砂试样质量 m_0/g	砂试样、水、容量瓶质量 m_1/g	水、容量瓶质量 m_2/g	表观密度/(g/cm^3)	平均表观密度/(g/cm^3)
1					
2					

任务 2　砂堆积密度测定结果

试样编号		容量筒容积 V/L	容量筒的质量 m_1/kg	容量筒和试样的总质量 m_2/kg	试样的堆积密度/(kg/m^3)	试样的堆积密度平均值/(kg/m^3)
松散堆积密度	1					
	2					
紧密堆积密度	1					
	2					
砂子的孔隙率	$\rho' = 1 - \frac{\rho_0'}{\rho_0} \times 100\%$					

任务 3　砂含水率测定表

试样编号	实验前烘干试样的质量 m_1/g	实验后烘干试样的质量 m_2/g	砂的含水率 $W_{含}$/%	平均含水率 W/%
1				
2				

任务 4　石表观密度测定结果

试样编号	烘干的石试样质量 m_0/g	石试样、水、容量瓶质量 m_1/g	水、容量瓶质量 m_2/g	表观密度/(g/cm^3)	平均表观密度/(g/cm^3)
1					
2					

任务 5　石堆积密度测定结果

试样编号		容量筒容积 V/L	容量筒的质量 m_1/kg	容量筒和试样的总质量 m_2/kg	试样的堆积密度/(kg/m^3)	试样的堆积密度平均值/(kg/m^3)
松散堆积密度	1					
	2					
紧密堆积密度	1					
	2					
砂子的孔隙率	$\rho' = 1 - \frac{\rho_0'}{\rho_0} \times 100\%$					

续表

数据记录及处理

任务 6　砂的筛分析试验

粒径 > 9.5 mm 的颗粒含量/%						样品质量/g					
次数	筛孔尺寸/mm	9.5	4.75	2.36	1.18	0.60	0.30	0.15	散失/%	细度模数 M_x 单值	细度模数 M_x 平均值
1	筛余质量/g										
	分计筛余/%										
	累计筛余/%										
2	筛余质量/g										
	分计筛余/%										
	累计筛余/%										

第一次实验细度模数为：

$$M_x = \frac{(A_2 + A_3 + A_4 + A_5 + A_6) - 5A_1}{100 - A_1} =$$

第二次实验细度模数为：

$$M_x = \frac{(A_2 + A_3 + A_4 + A_5 + A_6) - 5A_1}{100 - A_1} =$$

两次细度模数差值 $|M_x - M_x| =$

平均值 $M_x =$

筛分曲线：

任务 7　碎石的筛分析试验

筛孔尺寸/mm	筛余质量		分计筛余百分率/%		累计筛余百分率/%		
	Ⅰ	Ⅱ	Ⅰ	Ⅱ	Ⅰ	Ⅱ	平均值
90.0							
75.0							
63.0							
53.0							
37.5							
31.5							
26.5							
19.0							
16.0							
9.5							
4.75							
2.36							
筛分试样总质量/kg			最大粒径/mm			散失质量/kg	
结果分析：							

续表

教师评语及实训成绩	

《土木工程材料与实训》指导书二：水泥物理性能检测 1 实训二

适用专业		课程名称		实训课时	
编制执笔人			编制时间	年 月 日	

一、实训目的和任务

1. 熟悉水泥的技术要求。
2. 掌握水泥实验仪器的性能和操作方法。
3. 掌握水泥各项性能指标的基本试验技术。
4. 完成水泥胶砂制备和细度检测。

要求每位同学根据实训指导书在老师的指导下独立、全面、规范地完成实训任务，并填好实训报告，做好记录；按要求处理数据，得出正确结论。

二、实训预备知识

复习教材中水泥主要技术指标检测相关知识，认真阅读材料实训指导书，明确实训目的和任务及操作要点，并应对水泥物理力学性能检测所用的仪器、设备、材料有基本了解。

1. 简述硅酸盐水泥的组成材料及生产工艺。
2. 通用硅酸盐水泥按混合材料的品种可分为哪几类？
3. 细度的概念。
4. 硅酸盐水泥的强度等级有哪些？
5. 简述水泥胶砂试块制备的步骤。

三、主要仪器设备

实训仪器设备清单表

序号	仪器名称	用途	备注
1	电子天平、水泥负压筛析仪	完成水泥细度检测	每组一套
2	水泥胶砂搅拌机、量筒、水泥胶砂振实台、水泥胶砂三联模、水泥标准养护箱、水泥刮刀、电子秤	完成水泥胶砂制备	每组一套

四、实训组织管理

课前、课后点名考勤；以小组为单位进行，每个小组人员为________人；仪器、设备使用完后要清洗干净，物归原位，借用、归还要登记；着装整齐，方便实验操作，女生不得穿裙子；不迟到不早退，积极参与实训教学活动。

实训时间安排表

教学时间		实训单项名称（或任务名称）	具体内容（知识点）	学时数	备注
星期	节次				
		水泥细度检测	用负压筛法检测水泥细度	2	分组
		水泥胶砂制备	按胶砂的配合比制备标准试块		

水泥净浆搅拌机

水泥细度负压筛析仪

五、实训项目简介、操作步骤指导与注意事项

1. 实训项目简介

（1）水泥细度检测

采用负压筛法，用 80 μm 筛对水泥试样进行筛析实验，用筛网上所得筛余的质量占试样原始质量的百分数来表示水泥样品的细度。

（2）水泥胶砂制备

利用实验室标准砂，按胶砂的配合比制备标准试块。

2. 实验操作步骤与数据处理

（1）水泥细度检测

①筛析试验前，应把负压筛放在筛座上，盖上筛盖，接通电源，检查控制系统，调节负压至 4 000 ~ 6 000 Pa 范围内。

②称取试样 25 g，置于洁净的负压筛中。盖上筛盖，放在筛座上，启动筛析仪连续筛析 2 min，在此期间如有试样附着筛盖上，可轻轻地敲击，使试样落下。筛毕，用天平称量筛余物质量。

③当工作负压小于 4 000 Pa 时，应清理吸尘器内水泥，使负压恢复正常。

④实验结果计算与评定：

水泥细度按试样筛余百分数（精确至 0.1%）计算。

$$F = \frac{R_s}{W} \times 100\%$$

式中 F——水泥试样的筛余百分数，%；

R_s——水泥筛余物的质量，g；

W——水泥试样的质量，g。

合格评定时，每个样品应称取两个试样分别筛析，取筛余平均值为筛析结果。

（2）水泥胶砂制备

①试验前准备：成型前将试模擦净，四周的模板与底板接触面上应涂黄油，紧密装配，防止漏浆，内壁均匀刷一薄层机油。

②胶砂制备：试验用砂采用中国 ISO 标准砂，其颗粒分布和湿含量应符合国家标准《水泥胶砂强度检验方法（ISO 法）》（GB/T 17671—2021）的要求。

a. 胶砂配合比：试体是按胶砂的质量配合比水泥：标准砂：水 =1 ∶ 3 ∶ 0.5 进行拌制的。一锅胶砂成三条试体，每锅材料需要量为：水泥（450 ±2）g；标准砂（1 350 ±5）g；水（225 ±1）mL。

b. 搅拌：每锅胶砂用搅拌机进行搅拌。可按下列程序操作：

- 胶砂搅拌时先把水加入锅里，再加水泥，把锅放在固定架上，上升至固定位置。
- 立即启动机器，低速搅拌 30 s 后，在第二个 30 s 开始的同时均匀地将砂子加入；把机器转至高速再拌 30 s。
- 停拌 90 s，在第一个 15 s 内用一胶皮刮具将叶片和锅壁上的胶砂，刮入锅中间，在高速下继续搅拌 60 s，各个搅拌阶段的时间误差应在 ±1 s 以内。

③试体成型：试件是 40 mm ×40 mm ×160 mm 的棱柱体。胶砂制备后应立即进行成型。将空试模和模套固定在振实台上，用一个适当大小的勺子直接从搅拌锅里将胶砂分两层装入试模，装第一层时，每个槽里约放 300 g 胶砂，用大播料器垂直架在模套顶部沿每一个模槽来回一次将料层播平，接着振实 60 次。再装第二层胶砂，用小播料器播平，再振实 60 次。移走模套，从振实台上取下试模，用一金属直尺以近似 90°的角度架在试模模顶的一端，然后沿试模长度方向以横向锯割动作慢慢向另一端移动，一次将超过试模部分的胶砂刮去，并用同一直尺以近乎水平的角度将试体表面抹平。

④试体的养护：将试模放入水泥标准养护箱养护，湿空气应能与试模周边接触。另外，养护时不应将试模放在其他试模上，一直养护到规定的脱模时间时取出脱模。

3. 操作注意事项

（1）水泥细度检测

①筛析实验前，应把负压筛放在筛座上，盖上筛盖，接通电源，检查控制系统，调节负压至 4 000 ~6 000 Pa 范围内。

②负压筛析工作时，应保持水平，避免外界振动和冲击。

③实验前要检查被测样品，不得受潮、结块或混有其他杂质。

④每做完一次筛析实验，应用毛刷清理一次筛网，其方法是用毛刷在试验筛的正、反两面刷几下，清理筛余物，但每个实验后在试验筛的正反面刷的次数应相同，否则会大大影响筛析结果。

（2）水泥胶砂制备

①所有实验模具必须用湿布擦干净。

②刮平时，要先用刮刀切割 10 ~12 下，要掌握刮刀的角度和力度。

六、考核标准

考核评分标准表

序号	考核内容（100分）	考核标准	评分标准		考核形式
1	仪器、设备是否检查（10分）	仪器、设备使用前检查、校核	检查，校核准确	10	实训报告质量+实训过程表现
			检查，校核不准确	7	
			未检查	0	
2	实验操作（40分）	水泥、标准砂取样	取样方法科学、正确	8	
			取样方法不太规范	5	
		操作方法	操作方法规范	16	
			操作方法不太规范	13	
			操作方法错误一处扣2分（依此类推）	11	
		操作时间	按规定时间完成操作	8	
			每超时1 min扣1分（依此类推）	7	
		试样装模	装模方法正确	8	
			方法不太规范	5	
3	结果处理（40分）	数据记录、计算	数据记录、计算正确	20	
			数据记录正确，计算错误	15	
			数据记录不完整	10	
4		表格绘制	表格绘制完整、正确	5	
			表格绘制不太完整	3	
			无表格	0	
5		填写实验结论	实验结论填写正确无误	15	
			实验结论不完整	10	
			无实验结论或结论错误	0	
6	结束工作（5分）	收拾仪具清洁现场	收拾仪具并清洁现场	5	
			收拾仪具，清洁现场不彻底	3	
			未收拾	0	
7	安全文明操作（5分）	仪器损伤	无仪器损伤	5	
			仪器有明显损伤	0	

七、实训报告

统一采用附件标准印刷版，其中实训记录（数据、图表、结论等）及数据处理按附件格式填写，其他项目按报告的要求填写。

八、附件

实　训　报　告

20　　/20　　学年　第　　学期

<table>
<tr><td>课程名称</td><td colspan="5"></td></tr>
<tr><td>姓　名</td><td></td><td>班　级</td><td></td><td>学　号</td><td></td></tr>
<tr><td>实训名称</td><td colspan="3">水泥物理性质检测 1</td><td>实训时间</td><td>年　月　日</td></tr>
<tr><td>实训内容</td><td colspan="5">水泥胶砂制备、细度检测</td></tr>
<tr><td>实训目的</td><td colspan="5"></td></tr>
<tr><td>职业素养</td><td colspan="5"></td></tr>
<tr><td>实训
预备知识</td><td colspan="5"></td></tr>
<tr><td>主要
仪器设备</td><td colspan="5"></td></tr>
<tr><td>实训步骤
（要点）</td><td colspan="5"></td></tr>
</table>

续表

<table>
<tr><td>数据记录及处理</td><td>

任务 1　水泥细度测定表

<table>
<tr><th>编号</th><th>试样质量 W/g</th><th>筛余量 R_s/g</th><th>筛余百分数 F /%</th><th>细度平均值/%</th><th>结果评定</th></tr>
<tr><td>1</td><td></td><td></td><td></td><td></td><td rowspan="2"></td></tr>
<tr><td>2</td><td></td><td></td><td></td><td></td></tr>
<tr><td colspan="6">注：</td></tr>
</table>

</td></tr>
<tr><td>教师评语及实训成绩</td><td></td></tr>
</table>

《土木工程材料与实训》指导书三：水泥物理性能检测2 实训三

适用专业		课程名称		实训课时	
编制执笔人			编制时间	年 月 日	

一、实训目的和任务

1. 熟悉水泥的技术要求。
2. 掌握水泥实验仪器的性能和操作方法。
3. 掌握水泥各项性能指标的基本试验技术。
4. 完成水泥标准稠度用水量、凝结时间、安定性检测。

要求每位同学根据实训指导书在老师的指导下独立、全面、规范地完成实训，并填好实训报告，做好记录；按要求处理数据，得出正确结论。

二、实训预备知识

复习教材中水泥主要技术指标检测相关知识，认真阅读材料实训指导书，明确实训目的和任务及操作要点，并应对水泥物理力学性能检测所用的仪器、设备、材料有基本了解。

1. 何为标准稠度用水量？
2. 国标规定，硅酸盐水泥的初凝、终凝时间各是多少？简述凝结时间对工程质量的影响。
3. 绘制水泥凝结时间示意图。
4. 工程案例分析：用标准法测定某水泥的标准稠度用水量，第一次加水 125 mL，测得试杆沉入净浆距离底板 9 mm，第二次试验加水 130 mL，测得试杆端距底板 7 mm，问该水泥的标准稠度用水量为多少？

三、主要仪器设备

实训仪器设备清单表

序号	仪器名称	用途	备注
1	水泥净浆搅拌机、维卡仪、电子秤、量筒	完成水泥标准稠度用水量检测	每组一套
2	水泥净浆搅拌机、维卡仪、水泥标准养护箱、电子秤、量筒	完成水泥凝结时间检测	每组一套
3	水泥净浆搅拌机、雷氏夹测定仪、水泥标准养护箱、沸煮箱、电子秤、量筒	完成水泥安定性检测	每组一套

四、实训组织管理

课前、课后点名考勤；以小组为单位进行，每个小组人员为______人；仪器、设备使

用完后要清洗干净，物归原位，借用、归还要登记；着装整齐，方便实验操作，女生不得穿裙子；不迟到不早退，积极参与实训教学活动。

实训时间安排表

教学时间		实训单项名称（或任务名称）	具体内容（知识点）	学时数	备注
星期	节次				
		水泥标准稠度用水量	用维卡仪检测水泥净浆标准稠度用水量	2	分组
		水泥凝结时间检测	采用维卡仪测定水泥净浆的初凝和终凝时间，以评定水泥质量		
		水泥安定性检测	采用雷氏夹测定水泥硬化后体积变化的均匀性		

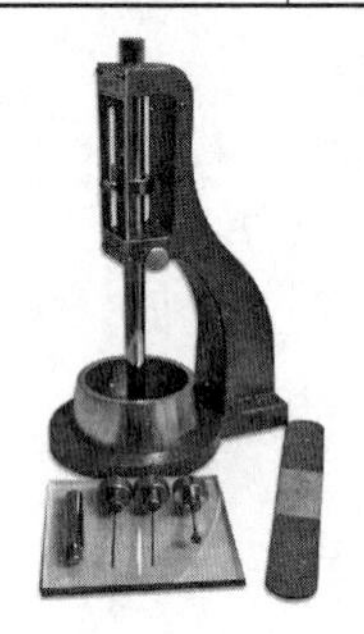
维卡仪

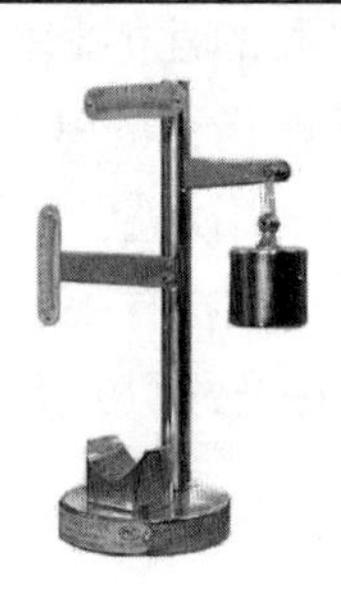
雷氏夹

五、实训项目简介、操作步骤指导与注意事项

1. 实训项目简介

（1）水泥标准稠度用水量

水泥标准稠度净浆对标准试杆的沉入具有一定阻力，通过试验不同含水量水泥净浆的穿透性，以确定水泥标准稠度净浆中所需加入的水量。

（2）水泥凝结时间检测

用维卡仪的试针沉入水泥标准稠度净浆至一定深度所需要的时间。

（3）水泥安定性检测

用雷氏法通过测定水泥净浆在雷式夹中沸煮后的膨胀值来测定水泥硬化后体积变化的均匀性。

2. 实验操作步骤与数据处理

（1）水泥标准稠度用水量

①试验前检查，仪器金属棒应能自由滑动，搅拌机运转正常等。

②调零点，将标准稠度试杆装在金属棒下，调整至试杆接触玻璃板时指针对准零点。

③水泥净浆制备，用湿抹布将搅拌锅和搅拌叶片擦一遍，将拌合用水倒入搅拌锅内，然后在 5 ~ 10 s 内小心将称量好的 500 g 水泥试样加入水中（按经验找水）；拌和时，先将锅放到搅拌机锅座上，升至搅拌位置，启动搅拌机，慢速搅拌 120 s，停拌 15 s，同时将叶片和锅壁上的水泥浆刮入锅中，接着快速搅拌 120 s 后停机。

④标准稠度用水量的测定，拌和完毕，立即将水泥净浆一次装入已置于玻璃板上的圆模内，用小刀插捣、振动数次，刮去多余净浆；抹平后迅速放到维卡仪上，并将其中心定在试杆下，降低试杆直至与水泥净浆表面接触，拧紧螺丝，然后突然放松，让试杆自由沉入净浆中。以试杆沉入净浆并距底板（6±1）mm 的水泥净浆为标准稠度净浆。其拌合用水量为该水泥的标准稠度用水量（P），按水泥质量的百分比计。升起试杆后立即擦净。整个操作应在搅拌后 1.5 min 内完成。

⑤实验结果计算与评定：

以试杆沉入净浆并距底板（6±1）mm 的水泥净浆为标准稠度净浆。其拌合用水量为该水泥的标准稠度用水量（P），以水泥质量的百分比计，按下式计算。

$$P=\frac{\text{拌合用水量}}{\text{水泥用量}}\times 100\%$$

（2）水泥凝结时间检测

①试验前准备：将圆模内侧稍涂上一层机油，放在玻璃板上，调整凝结时间测定仪的试针，接触玻璃板时，指针应对准标准尺零点。

②以标准稠度用水量的水，按测标准稠度用水量的方法制成标准稠度水泥净浆后，立即一次装入圆模振动数次刮平，然后放入湿气养护箱内，记录开始加水的时间作为凝结时间的起始时间。

③试件在湿气养护箱内养护至加水后 30 min 时进行第一次测定。测定时，从养护箱中取出圆模放到试针下，使试针与净浆面接触，拧紧螺钉 1～2 s 后突然放松，试针垂直自由沉入净浆，观察试针停止下沉时指针的读数。临近初凝时，每隔 5 min 测定一次，当试针沉至距底板（4±1）mm 即为水泥达到初凝状态。从水泥全部加入水中至初凝状态的时间即为水泥的初凝时间，用分钟（min）表示。

④初凝测出后，立即将试模连同浆体以平移的方式从玻璃板上取下，翻转 180°，直径大端向上，小端向下，放在玻璃板上，再放入湿气养护箱中养护。

⑤取下测初凝时间的试针，换上测终凝时间的试针。

⑥临近终凝时间每隔 15 min 测一次，当试针沉入净浆 0.5 mm 时，即环形附件开始不能在净浆表面留下痕迹时，即为水泥的终凝时间。

⑦由开始加水至初凝、终凝状态的时间分别为该水泥的初凝时间和终凝时间，用小时（h）和分钟（min）表示。

⑧在测定时应注意，最初测定的操作时应轻轻扶持金属棒，使其徐徐下降，防止撞弯试针，但结果以自由下沉为准；在整个测试过程中试针沉入净浆的位置距圆模至少大于 10 mm；每次测定完毕需将试针擦净并将圆模放入养护箱内，测定过程中要防止圆模受振；每次测量时不能让试针落入原孔，测得结果应以两次都合格为准。

⑨实验结果计算与评定

自加水起至试针沉入净浆中距底板（4±1）mm 时，所需的时间为初凝时间；至试针沉入净浆中不超过 0.5 mm（环形附件开始不能在净浆表面留下痕迹）时所需的时间为终凝时间；用小时（h）和分钟（min）表示。

达到初凝或终凝状态时应立即重复测一次，当两次结论相同时才能定为达到初凝或终凝状态。

评定方法：将测定的初凝时间、终凝时间结果，与国家规范中的凝结时间相比较，可判断其合格与否。

（3）水泥安定性检测

①测定前的准备工作，采用雷氏法，每个雷氏夹需配备质量为 75 ~ 85 g 的玻璃板两块。凡与水泥净浆接触的玻璃板和雷氏夹表面都要稍稍涂上一薄层机油。

②水泥标准稠度净浆的制备：以标准稠度用水量加水，按前述方法制成标准稠度水泥净浆。

③雷氏夹试件的制备：将预先准备好的雷氏夹放在已稍擦油的玻璃板上，并立即将已制好的标准稠度净浆装满试模，装模时一只手轻轻扶持试模，另一只手用宽约 10 mm 的小刀插捣 15 次左右，然后抹平，盖上稍涂油的玻璃板，接着立即将试模移至湿气养护箱内养护（24 ±2）h。

④调整沸煮箱内的水位，使试件能在整个沸煮过程中浸没在水里，并在煮沸的中途不需添补试验用水，同时又保证能在（30 ±5）min 内升至沸腾。

⑤脱去玻璃板取下试件，先测量雷氏夹指针尖端间的距离（A），精确到 0.5 mm，接着将试件放入沸煮箱水中的试件架上，指针朝上，试件之间互不交叉，然后在（30 ±5）min 内加热至沸腾，并恒沸 3 h ±5 min。

⑥沸煮结束，放掉箱中的热水，打开箱盖，待箱体冷却至室温，取出试件进行判别。

⑦实验结果计算与评定。测量试件指针尖端间的距离（C），记录至小数点后 1 位，当两个试件煮后增加距离（$C-A$）的平均值不大于 5.0 mm 时，即认为该水泥安定性合格，否则为不合格。当两个试件沸煮后的（$C-A$）超过 4.0 mm 时，应用同一样品立即重做一次试验。再如此，则认为该水泥安定性不合格。

3. 操作注意事项

（1）水泥标准稠度用水量的控制

①实验室的温度注意要控制在（20 ±2）℃范围内；水泥试样、拌合水、仪器和用具温度要与室内温度一致。

②搅拌开始之前，要将搅拌锅和叶片用湿抹布擦拭一下，否则干燥的搅拌锅和叶片会吸收水泥净浆的水分，使检测结果偏高。

③水泥净浆装入试模后，要轻轻振动数次，让水泥浆均匀密实地充满试模。

（2）水泥凝结时间检测

①每次测定前，首先应将仪器垂直放稳，不宜在有明显振动的环境中操作。

②每次测定完毕均应将仪器工作表面擦拭干净并涂油防锈。

③滑动杆表面不应碰伤或存在锈斑。

（3）水泥安定性检测

①同一个样品的检测，所选的雷氏夹的弹性值要比较接近。

②养护必须在养护箱中养护。

六、考核标准

考核评分标准表

序号	考核内容（100分）	考核标准	评分标准		考核形式
1	仪器、设备是否检查（10分）	仪器、设备使用前检查、校核	检查，校核准确	10	实训报告质量＋实训过程表现
			检查，校核不准确	7	
			未检查	0	
2	实验操作（40分）	水泥、标准砂取样	取样方法科学、正确	8	
			取样方法不太规范	5	
		操作方法	操作方法规范	16	
3			操作方法不太规范	13	
			操作方法错误一处扣2分（依此类推）	11	
		操作时间	按规定时间完成操作	8	
4			每超时1 min扣1分（依此类推）	7	
		试样装模	装模方法正确	8	
			装模方法不太规范	5	
5	结果处理（40分）	数据记录、计算	数据记录、计算正确	20	
			数据记录正确，计算错误	15	
			数据记录不完整	10	
6		表格绘制	表格绘制完整、正确	5	
			表格绘制不太完整	3	
			无表格	0	
7		填写实验结论	实验结论填写正确无误	15	
			实验结论不完整	10	
			无实验结论或结论错误	0	
	结束工作（5分）	收拾仪具清洁现场	收拾仪具并清洁现场	5	
			收拾仪具，清洁现场不彻底	3	
			未收拾	0	
	安全文明操作（5分）	仪器损伤	无仪器损伤	5	
			仪器有明显损伤	0	

七、实训报告

统一采用附件标准印刷版，其中实训记录（数据、图表、结论等）及数据处理按附件格式填写，其他项目按报告的要求填写。

八、附件

实 训 报 告

20　　/20　　学年第　　学期

<table>
<tr><td>课程名称</td><td colspan="5"></td></tr>
<tr><td>姓　名</td><td></td><td>班　级</td><td></td><td>学　号</td><td></td></tr>
<tr><td>实训名称</td><td colspan="3">水泥物理性质检测 2</td><td>实训时间</td><td>年　月　日</td></tr>
<tr><td>实训内容</td><td colspan="5">水泥标准稠度用水量、凝结时间、安定性检测</td></tr>
<tr><td>实训目的</td><td colspan="5"></td></tr>
<tr><td>职业素养</td><td colspan="5"></td></tr>
<tr><td>实训
预备知识</td><td colspan="5"></td></tr>
<tr><td>主要
仪器设备</td><td colspan="5"></td></tr>
<tr><td>实训步骤
（要点）</td><td colspan="5"></td></tr>
<tr><td>数据记录
及处理</td><td colspan="5">任务 1　标准稠度用水量测定记录表（见下表）</td></tr>
</table>

任务 1　标准稠度用水量测定记录表

水泥用量/g	拌合用水量/g	试杆距底板高度/mm	标准调度用水量/%
500			
500			
500			
注：			

续表

数据记录及处理

任务2　水泥凝结时间记录表

标准稠度用水量 P/%	加水时刻 t_1 /（时∶分）	初凝时刻 t_2 /（时∶分）	初凝时间 t_2-t_1 /min	终凝时刻 t_3 /（时∶分）	终凝时间 t_3-t_1 /min
结论：					

任务3　水泥安定性记录表

试样编号	两指针尖端间距离 /mm	挂 300 g 砝码后两指针尖端间距离 /mm	平均值 /mm	结论
1				
2				
注：				

煮沸前试件情况：直径约为____________；厚度约为____________；

沸煮后目测试件情况：____。

教师评语及实训成绩

《土木工程材料与实训》指导书四：砂石常规检测 2　实训四

适用专业		课程名称		实训课时	
编制执笔人			编制时间	年　月　日	

一、实训目的和任务

1. 熟悉砂、石的技术要求。
2. 掌握砂、石常规检测所用仪器的性能和操作方法。
3. 掌握砂、石的基本试验技术。
4. 完成砂、石的筛分析检测。

要求每位同学根据实训指导书在老师的指导下独立、全面、规范地完成实验，并填好实训报告，做好记录；按要求处理数据，得出正确结论。

二、实训预备知识

复习教材中砂、石筛分析等有关知识，认真阅读材料实训指导书，明确实训目的、基本原理及操作要点，并应对砂、石常规检测所用的仪器、设备、材料有基本了解。

三、主要仪器设备

实训仪器设备清单表

序号	仪器名称	用途	备注
1	电子秤、新标准砂筛组、顶击式标准筛振筛机、烘箱、毛刷、浅盘等	完成砂筛分析检测	每组一套
2	电子秤、新标准石筛组、顶击式标准筛振筛机、烘箱、毛刷、浅盘等	完成石筛分析检测	每组一套

四、实验组织管理

课前、课后点名考勤；以小组为单位进行，每个小组人员为______人；仪器、设备使用完后要清洗干净，物归原位，借用、归还要登记；着装整齐，方便实验操作，女生不得穿裙子；不迟到不早退，积极参与实训教学活动。

实训时间安排表

教学时间		实训单项名称（或任务名称）	具体内容（知识点）	学时数	备注
星期	节次				
		砂筛分析检测	称好砂，装入标准套筛，放入摇筛机筛 10 min，测定砂的颗粒级配和粗细程度	2	分组
		石筛分析检测	称好石，装入标准套筛，放入摇筛机筛 10 min，测定石的颗粒级配		

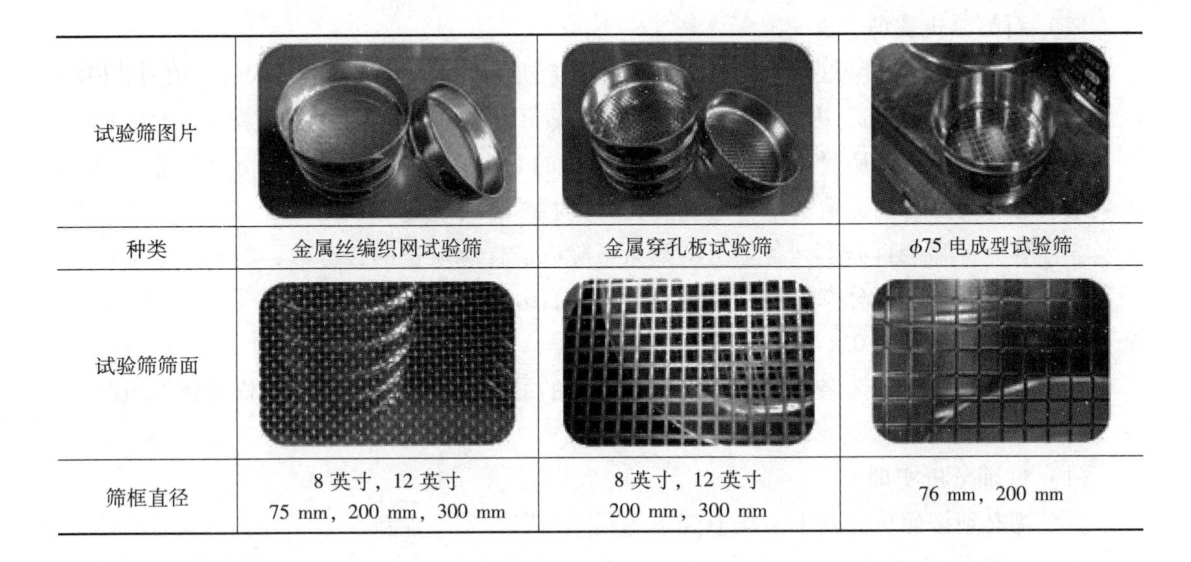

试验筛图片			
种类	金属丝编织网试验筛	金属穿孔板试验筛	ϕ75 电成型试验筛
试验筛筛面			
筛框直径	8 英寸，12 英寸 75 mm，200 mm，300 mm	8 英寸，12 英寸 200 mm，300 mm	76 mm，200 mm

五、实训项目简介、操作步骤指导与注意事项

1. 实训项目简介

（1）砂筛分析实训

测定砂的颗粒级配及精细程度，为混凝土配合比设计提供依据。

（2）石筛分析实训

通过检测测定碎石或卵石的颗粒级配，以便于选择优质粗集料，达到节约水泥和改善混凝土性能的目的。

2. 实训操作步骤

（1）砂筛分析实训

①准确称取烘干试样 500 g，置于按筛孔大小（大孔在上，小孔在下）顺序排列的套筛的最上一只筛（即 4.75 mm 筛孔筛）上，将套筛装入摇筛机内固紧，筛分时间为 10 min 左右，然后取出套筛，再按筛孔大小顺序，在清洁浅盘上逐个进行手筛，直到每分钟的筛出量不超过试样总量的 0.1% 时为止，通过的颗粒并入下一个筛，并和下一个筛中试样一起过筛，按这样的顺序进行，直到每个筛全部筛完为止。无摇筛机时，可用手筛。

②称取各筛筛余试样的量（精确至 1 g），所有各筛的分计筛余量和底盘中剩余量的总和与筛分前的试样总量相比，其相差不得超过 1%。

③计算分计筛余百分率、累计筛余百分率、砂的细度模数 M_x，精确至 0.01。

$$M_x = \frac{(A_2 + A_3 + A_4 + A_5 + A_6) - 5A_1}{100 - A_1}$$

式中　M_x——细度模数；

A_1，A_2，…，A_6——分别为 4.75 mm，2.36 mm，1.18 mm，0.60 mm，0.30 mm，0.15 mm 筛的累计筛余百分率。

④根据各筛的累计筛余百分率评定该试样的颗粒级配情况。

（2）石筛分析实训

①将试样按筛孔大小顺序过筛，当每号筛上筛余层的厚度大于试样的最大粒径值时，应将该号筛上的筛余分成两份，再次进行筛分，直至各筛每分钟的通过量不超过试样总量的0.1%。

②称取各筛筛余的质量，精确至试样总质量的0.1%。在筛上的所有分计筛余量和筛底剩余的总和与筛分前测定的试样总量相比，其相差不得超过1%。

③计算分计筛余百分率，各筛上的筛余量除以试样总质量的百分数，精确至0.1%。

④计算累计筛余百分率，该筛上的分计筛余百分率与大于该号筛的各号筛上的分计筛余百分率之和，精确至0.1%。

⑤根据各筛的累计筛余百分率，确定该试样的最大粒径，并评定该试样的颗粒级配。

3. 操作注意事项：

（1）砂筛分析实训

方孔筛必须按照从大到小、从上到下的顺序放置，不能弄乱。

（2）石筛分析实训

方孔筛必须按照从大到小、从上到下的顺序放置，不能弄乱。

六、考核标准

考核评分标准表

序号	考核内容（100分）	考核标准	评分标准		考核形式
1	仪器、设备是否检查（10分）	仪器、设备使用前检查、校核	检查，校核准确	10	实训报告质量+实训过程表现
			检查，校核不准确	7	
			未检查	0	
2	实验操作（40分）	砂取样	取样方法科学、正确	10	
			取样方法不太规范	7	
		操作方法	操作方法规范	20	
			操作方法不太规范	15	
			操作方法错误一处扣2分（依此类推）	13	
		操作时间	按规定时间完成操作	10	
			每超时1 min扣1分（依此类推）	9	
3	结果处理（40分）	数据记录、计算	数据记录、计算正确	20	
			数据记录正确，计算错误	15	
			数据记录不完整	10	
4		表格绘制	表格绘制完整、正确	5	
			表格绘制不太完整	3	
			无表格	0	
5		填写实验结论	实验结论填写正确无误	15	
			实验结论不完整	10	
			无实验结论或结论错误	0	

续表

序号	考核内容（100 分）	考核标准	评分标准		考核形式
6	结束工作（5 分）	收拾仪具 清洁现场	收拾仪具并清洁现场	5	实训报告质量＋实训过程表现
			收拾仪具，清洁现场不彻底	3	
			未收拾	0	
7	安全文明操作（5 分）	仪器损伤	无仪器损伤	5	
			仪器有明显损伤	0	

七、实训报告

统一采用附件标准印刷版，其中实验记录（数据、图表、结论等）及数据处理按附件格式填写，其他项目按报告的要求填写。

八、附件

实 训 报 告

20　　/20　　学年　第　　学期

<table>
<tr><td>课程名称</td><td colspan="5"></td></tr>
<tr><td>姓　名</td><td></td><td>班　级</td><td></td><td>学　号</td><td></td></tr>
<tr><td>实训名称</td><td colspan="3">砂石常规检测 2</td><td>实训时间</td><td>年　月　日</td></tr>
<tr><td>实训内容</td><td colspan="5">砂筛分、石筛分检测</td></tr>
<tr><td>实训目的</td><td colspan="5"></td></tr>
<tr><td>职业素养</td><td colspan="5"></td></tr>
<tr><td>实训
预备知识</td><td colspan="5"></td></tr>
<tr><td>主要
仪器设备</td><td colspan="5"></td></tr>
<tr><td>实训步骤
（要点）</td><td colspan="5"></td></tr>
</table>

续表

数据记录及处理

筛孔尺寸/mm	分计筛余		累计筛余百分率/%
	筛余量/%	分计筛余百分率/%	
4.75			
2.36			
1.18			
0.6			
0.3			
0.15			
<0.15			

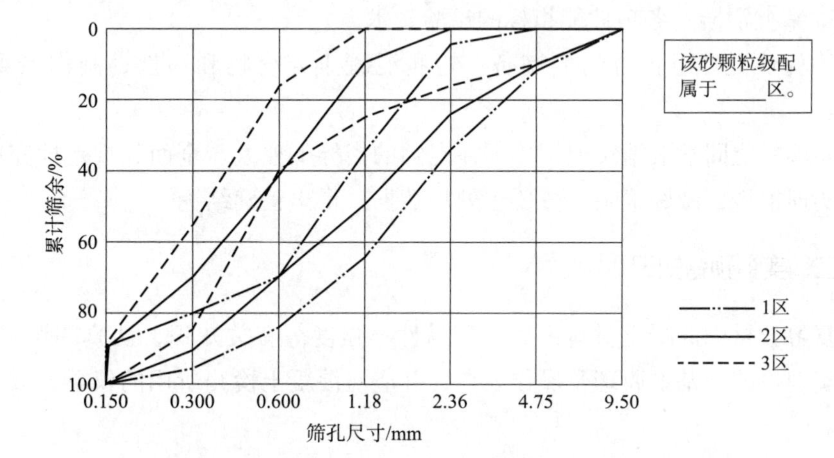

1. 计算该砂样的细度模数 M_x，按细度模数大小评定该砂的粗细程度和级配。

$$M_x = \frac{(A_2 + A_3 + A_4 + A_5 + A_6) - 5A_1}{100 - A_1}$$

2. 何为砂的细度模数？两种砂的细度模数相同，其级配是否相同？

3. 石的筛分方法与步骤相同，略。

教师评语及实训成绩

《土木工程材料与实训》指导书五：混凝土基本性能检测 实训五

适用专业		课程名称		实训课时	
编制执笔人			编制时间	年 月 日	

一、实训目的和任务

1. 熟悉混凝土材料的技术要求。

2. 掌握混凝土材料试验仪器的性能和操作方法。

3. 掌握混凝土各项性能指标的试验技术。

4. 完成混凝土拌合物的制备、检测混凝土拌合物和易性、制作混凝土拌合物强度试件。

要求每位同学根据实训指导书在老师的指导下独立、全面、规范地完成实训任务，并填好实训报告，做好记录；按要求处理数据，得出正确结论。

二、实训预备知识

复习教材中混凝土材料组成、和易性、强度等有关知识，认真阅读材料实训指导书，明确实训目的、基本原理及操作要点，并应对混凝土检测所用的仪器、设备、材料有基本了解。

三、主要仪器设备

实训仪器设备清单表

序号	仪器名称	用途	备注
1	混凝土搅拌机、磅秤、电子天平、搅拌盘等	完成混凝土拌合物的制备	每组一套
2	坍落筒、捣棒、金属直尺等	混凝土拌合物坍落度检测	每组一套
3	混凝土搅拌机、振动台、刮尺等	混凝土拌合物强度试件的成型	每组一套

四、实训组织管理

课前、课后点名考勤；以小组为单位进行，每个小组人员为______人；仪器、设备使用完后要清洗干净，物归原位，借用、归还要登记；着装整齐，方便实验操作，女生不得穿裙子；不迟到不早退，积极参与实训教学活动。

实训时间安排表

教学时间		实训单项名称（或任务名称）	具体内容（知识点）	学时数	备注
星期	节次				
		混凝土拌合物制备	采用模拟施工条件下所有混凝土原材料，所用材料用量以质量计，采用机械搅拌		
		混凝土拌合物和易性检测	采用坍落度测定法，将混凝土试样分三次装入坍落筒中，每层插捣 25 次，检测坍落度和保水性、黏聚性	2	分组
		混凝土拌合物强度试件的成型	将机械搅拌的混凝土试件装入试模，经振动台振动密实，用刮尺刮去试模表面多余混凝土		

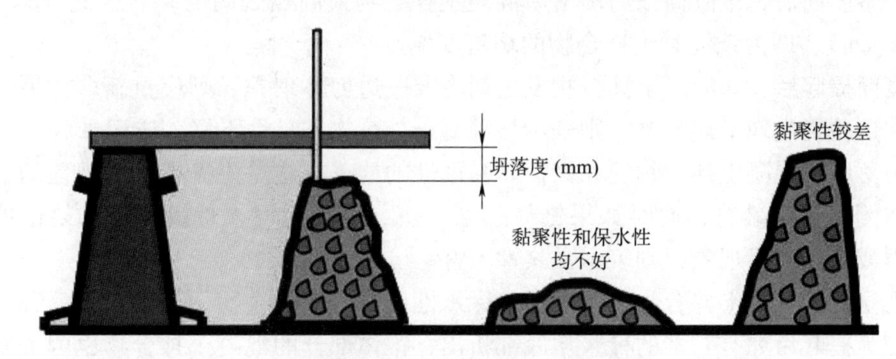

混凝土坍落度测试状态示意图

五、实训项目简介、操作步骤指导与注意事项

1. 实训项目简介

（1）混凝土拌合物的制备

采用模拟施工条件下所有混凝土原材料进行机械搅拌，为检测混凝土和易性和强度检测提供试件。

（2）混凝土拌合物和易性检测

检测采用坍落度法，确定混凝土拌合物和易性是否满足施工要求，此法适用于骨粒最大粒径不大于 10 mm，坍落度值不小于 40 mm 的混凝土拌合物。

（3）混凝土拌合物强度试件的成型

将和易性满足要求的混凝土试件装入混凝土试模，按标准养护，为进行混凝土强度检测作准备。

2. 实训操作步骤

（1）混凝土拌合物的制备

①预拌，拌前先用少量水泥砂浆进行涮膛，然后倒出多余砂浆。

②拌和，向搅拌机内依次加入石子、砂子、水泥，启动搅拌机，在拌和过程中徐徐加水，搅动 2 ~ 3 min。

③将拌合物从搅拌机中卸出，倒在拌合钢板上，人工翻拌 1 ~ 2 min。

（2）混凝土拌合物和易性检测

①润湿坍落度筒及其用具，将筒放在铁板上，然后用脚踩紧两边的脚踏板。

②把拌和好的混凝土拌合物用小铲分三层均匀地装入筒内，使捣实后每层高度为筒高的三分之一左右。每层用捣棒插捣 25 次，插捣应沿螺旋方向由外向中心进行，各次插捣应在截面上均匀分布。插捣筒边混凝土时，捣棒可稍倾斜。插捣底层时，捣棒应贯穿整个深度，插捣二层时，捣棒应插透本层至下一层的表面。

③浇灌顶层时，混凝土拌合物应高出筒口。插捣过程中，如拌合物沉落到低于筒口，则应随时添加，当顶层插捣完毕后，刮出多余的拌合物，并用抹刀抹平。

④清除筒边底板上的拌合料后，垂直平稳地提起坍落度筒。从装料到提起坍落度筒整个过程应在 150 s 内完成。

⑤提起坍落度筒后，量测筒顶与坍落后混凝土拌合物最高点之间的垂直距离（以 mm 计，精确至 1 mm），即为该混凝土拌合物的坍落度值。

⑥坍落度筒提起后，如混凝土拌合物发生崩坍或一边剪坏现象，则应重新取样另行测定。如第二次试验仍出现上述现象，则表示该混凝土拌合物和易性不好，应记录。

⑦观察坍落后的混凝土拌合物的黏聚性。黏聚性的检查方法是用捣棒在已坍落的混凝土拌合物锥体侧面轻轻敲打，此时如果锥体逐渐下沉，则表示黏聚性良好；如果锥体倒塌、部分崩裂或出现离析现象，则表示黏聚性不好。

⑧观察坍落后的混凝土拌合物的保水性，保水性以混凝土拌合物中稀浆析出的程度来评定。坍落度筒提起后如有较多的稀浆从底部析出，锥体部分的混凝土拌合物也因失浆而骨料外露，则表明此混凝土拌合物的保水性能不好，如坍落度筒提起后无稀浆或仅有少量稀浆自底部析出，则表示此混凝土拌合物保水性良好。实验结果记入表中。

（3）混凝土拌合物强度试件的成型

①制作试件前应检查试模，拧紧螺栓并清刷干净，在其内壁涂上一薄层矿物油脂。一般以 3 个试件为一组。

②坍落度大于 70 mm 的混凝土拌合物采用人工捣实成型。将搅拌好的混凝土拌合物分两层装入试模，每层装料的厚度大致相同。插捣时用钢制捣棒按螺旋方向从边缘向中心均匀进行。插捣底层时，捣棒应达到试模底面；插捣上层时，捣棒应贯穿下层深度 20～30 mm。并用镘刀沿试模内侧插捣数次。每层的插捣次数应根据试件的截面而定，一般为每 100 cm^2 截面积不应少于 12 次。捣实后，刮去多余的混凝土，并用镘刀抹平。

③坍落度小于 70 mm 的混凝土拌合物采用振动台成型。将搅拌好的混凝土拌合物一次装入试模，装料时用镘刀沿试模内壁略加插捣并使混凝土拌合物稍有富余，然后将试模放到振动台上，振动时应防止试模在振动台上自由跳动，直至混凝土表面出浆为止，刮去多余的混凝土，并用镘刀抹平。

3. 操作注意事项

（1）混凝土拌合物的制备

①涮膛所用砂浆的水灰比及砂灰比，应与正式的混凝土配合比相同。

（2）混凝土拌合物和易性检测

①每往坍落度筒中加入混凝土时均需按要求进行振捣密实。

②提升坍落度筒的过程中始终保持垂直平稳。

③混凝土拌合物的坍落度值，测量精确至 1 mm，结果表达修约至 5 mm。

（3）混凝土拌合物强度试件的成型

①采用振动台振实，不得过振。

②试模刷油时不能过多也不能过少，太多会影响强度，太少会影响拆模。

六、考核标准

考核评分标准表

序号	考核内容（100分）	考核标准	评分标准		考核形式
1	仪器、设备是否检查（10分）	仪器、设备使用前检查、校核	检查，校核准确	10	
			检查，校核不准确	7	
			未检查	0	
2	实验操作（40分）	混凝土各组成材料取样	取样方法科学、正确	10	
			取样方法不太规范	7	
		操作方法	操作方法规范	17	
			操作方法不太规范	13	
			操作方法错误一处扣2分（依此类推）	11	
		操作时间	按规定时间完成操作	10	
			每超时1 min扣1分（依此类推）	9	
		试样装模	装模方法正确	8	
			方法不太规范	6	
3		数据记录、计算	数据记录、计算正确	20	实训报告质量+实训过程表现
			数据记录正确，计算错误	15	
			数据记录不完整	10	
4	结果处理（40分）	表格绘制	表格绘制完整、正确	5	
			表格绘制不太完整	3	
			无表格	0	
5		填写实验结论	实验结论填写正确无误	15	
			实验结论不完整	10	
			无实验结论或结论错误	0	
6	结束工作（5分）	收拾仪具清洁现场	收拾仪具并清洁现场	5	
			收拾仪具，清洁现场不彻底	3	
			未收拾	0	
7	安全文明操作（5分）	仪器损伤	无仪器损伤	5	
			仪器损伤有明显损伤	0	

七、实训报告

统一采用附件标准印刷版，其中实训记录（数据、图表、结论等）及数据处理按附件格式填写，其他项目按报告的要求填写。

八、附件

实 训 报 告

20　　/20　　学年　第　　学期

<table>
<tr><td>课程名称</td><td colspan="5"></td></tr>
<tr><td>姓　名</td><td></td><td>班　级</td><td></td><td>学　号</td><td></td></tr>
<tr><td>实训名称</td><td colspan="3">混凝土基本性能检测</td><td>实训时间</td><td>年　月　日</td></tr>
<tr><td>实训内容</td><td colspan="5">拌合物制备、和易性检测、强度试件的成型</td></tr>
<tr><td>实训目的</td><td colspan="5"></td></tr>
<tr><td>职业素养</td><td colspan="5"></td></tr>
<tr><td>实训
预备知识</td><td colspan="5"></td></tr>
<tr><td>主要
仪器设备</td><td colspan="5"></td></tr>
<tr><td>实训步骤
（要点）</td><td colspan="5"></td></tr>
<tr><td>数据记录
及处理</td><td colspan="5">

任务1　混凝土试拌材料用量表

<table>
<tr><td colspan="2">材料</td><td>水泥</td><td>水</td><td>砂子</td><td>石子</td><td>外加剂</td><td>总量</td><td>配合比
（水泥∶水∶砂子∶石子）</td></tr>
<tr><td rowspan="2">调整前</td><td>每立方混凝土材料用量/kg</td><td></td><td></td><td></td><td></td><td></td><td></td><td></td></tr>
<tr><td>试拌 15 L 混凝土材料用量/kg</td><td></td><td></td><td></td><td></td><td></td><td></td><td></td></tr>
<tr><td colspan="9">注：</td></tr>
</table>

</td></tr>
</table>

续表

<table>
<tr><td>数据记录及处理</td><td>

任务2　混凝土拌合物和易性实验记录表

<table>
<tr><td colspan="2">材料</td><td>水泥</td><td>水</td><td>砂子</td><td>石子</td><td>外加剂</td><td>总量</td><td colspan="2">塌落度值/mm</td></tr>
<tr><td rowspan="3">调整后</td><td>第一次调整增加量/kg</td><td></td><td></td><td></td><td></td><td></td><td></td><td colspan="2"></td></tr>
<tr><td>第二次调整增加量/kg</td><td></td><td></td><td></td><td></td><td></td><td></td><td colspan="2"></td></tr>
<tr><td>合计/kg</td><td></td><td></td><td></td><td></td><td></td><td></td><td>平均值</td><td></td></tr>
<tr><td colspan="2">配合比</td><td colspan="8">水泥∶水∶砂子∶石子 =</td></tr>
<tr><td colspan="2">水灰比</td><td colspan="8"></td></tr>
<tr><td colspan="10">注：</td></tr>
</table>

任务3　混凝土强度试件的制作成型

<table>
<tr><td>试件尺寸/mm</td><td>完成情况</td></tr>
<tr><td>100×100×100</td><td></td></tr>
<tr><td>150×150×150</td><td></td></tr>
<tr><td>200×200×200</td><td></td></tr>
<tr><td>其他试件</td><td></td></tr>
<tr><td colspan="2">注：以正方体试件为例</td></tr>
</table>

</td></tr>
<tr><td>教师评语及实训成绩</td><td></td></tr>
</table>

《土木工程材料与实训》指导书六：水泥力学性能检测 | 实训六

适用专业		课程名称		实训课时	
编制执笔人			编制时间	年　月　日	

一、实训目的和任务

1. 熟悉水泥的技术要求。
2. 掌握水泥实验仪器的性能和操作方法。
3. 掌握水泥各项性能指标的基本试验技术。
4. 完成水泥胶砂强度检测。

要求每位同学根据实训指导书在老师的指导下独立、全面、规范地完成实训任务，并填好实训报告，做好记录；按要求处理数据，得出正确结论。

二、实训预备知识

复习教材中水泥主要技术指标检测相关知识，认真阅读材料实训指导书，明确实训目的和任务及操作要点，并应对水泥物理力学性能检测实训所用的仪器、设备、材料有基本了解。

1. 42.5 和 42.5R 有何区别？
2. 国标规定，强度等级为 42.5 的硅酸盐水泥，其 28 d 抗压、抗折强度是多少？
3. 水泥抗折强度计算：某铁路工程采用 32.5 等级的普通硅酸盐水泥，对制作的一组胶砂试块进行抗折强度试验，测得 28 d 破坏荷载分别为 2.80 kN、2.88 kN、2.90 kN，求该水泥的抗折强度？

三、主要仪器设备

实训仪器设备清单表

序号	仪器名称	用途	备注
1	水泥抗折试验机、水泥抗压试验机	完成水泥抗折、抗压强度检测	每组一套

四、实验组织管理

课前、课后点名考勤；以小组为单位进行，每个小组人员为______人；仪器、设备使用完后要清洗干净，物归原位，借用、归还要登记；着装整齐，方便实验操作，女生不得穿裙子；不迟到不早退，积极参与实训教学活动。

实训时间安排表

教学时间		实训单项名称（或任务名称）	具体内容（知识点）	学时数	备注
星期	节次				
		水泥抗折、抗压强度检测	采用压力试验机分别测定 3 d 和 28 d 水泥试块的抗折、抗压强度	2	分组

160 mm×40 mm×40 mm 水泥胶砂试模（钢制）

五、实训项目简介、操作步骤指导与注意事项

1. 实训项目简介

水泥抗折、抗压强度检测：按水泥胶砂的配合比制备标准试块，放入水泥标准养护箱养护 3 d 和 28 d，分别用压力试验机测定水泥抗折、抗压强度。

2. 实训操作步骤与数据处理

水泥抗折、抗压强度检测：

（1）脱模前的处理及养护

将试模一直养护到规定的脱模时间时取出脱模。脱模前用防水墨汁或颜料对试体进行编号或做其他标记，两个龄期以上的试体，在编号时应将同一试模中的三条试体分在两个以上龄期内。

（2）脱模

脱模应非常小心，可用塑料锤或橡皮榔头或专门的脱模器。对于 24 h 龄期的，应在破型试验前 20 min 内脱模；对于 24 h 以上龄期的，应在 20～24 h 之间脱模。

（3）水中养护

将做好标记的试体水平或垂直放在（20±1）℃水中养护，水平放置时刮平面应朝上，养护期间试体之间间隔或试体上表面的水深不得小于 5 mm。

（4）强度试验

①强度试验试体的龄期

试体龄期是从水泥加水开始搅拌时算起的。各龄期的试块必须在下表规定的时间内进行强度试验。试体从水中取出后，在强度试验前应用湿布覆盖。

各龄期强度试验时间规定

龄期	时间	备注
24 h	24 h±15 min	
48 h	48 h±30 min	

续表

龄期	时间	备注
72 h	72 h ±45 min	
7 d	7 d ±2 h	
>28 d	28 d ±8 h	

②抗折强度试验

a. 每龄期取出3条试体先做抗折强度试验。试验前须擦去试体表面的附着水分和砂粒，清除夹具上圆柱表面粘着的杂物，试体放入抗折夹具内，应使侧面与圆柱接触。

b. 采用杠杆式抗折试验机试验时，试体放入前，应使杠杆成平衡状态。试体放入后调整夹具，使杠杆在试体折断时尽可能地接近平衡位置。

c. 抗折试验的加荷速度为（50 ±10）N/s。

③抗压强度试验

a. 抗折强度试验后的断块应立即进行抗压试验。抗压试验须用抗压夹具进行，试体受压面为40 mm ×40 mm。试验前应清除试体受压面与压板间的砂粒或杂物。试验时以试体的侧面作为受压面，试体的底面靠紧夹具定位销，并使夹具对准压力机压板中心。

b. 压力机加荷速度为（2 400 ±200）N/s。

检测结果计算与评定：

（1）抗折强度按下式计算，精确到0. 1 MPa。

$$R_1 = 1.5F_1L/b^3$$

式中 R_1——水泥抗折强度，MPa；

F_1——折断时施加于棱柱体中部的荷载，N；

L——支撑圆柱之间的距离，100 mm；

b——棱柱体正方形截面的边长，40 mm。

以一组3个棱柱体抗折结果的平均值作为试验结果。当3个强度值中有超出平均值 ±10% 时，应剔除后再取平均值作为抗折强度试验结果。

（2）抗压强度按下式计算，精确至0. 1 MPa。

$$R_c = \frac{F_c}{A}$$

式中 R_c——水泥抗压强度，MPa；

F_c——破坏时的最大荷载，N；

A——受压部分面积，mm^2（40 mm ×40 mm =1 600 mm^2）。

以一组3个棱柱体上得到的6个抗压强度测定值的算术平均值为试验结果。如6个测定值中有一个超出6个平均值的 ±10%，就应剔除这个结果，而以剩下5个的平均数为结果；如果5个测定值中再有超过它们平均数 ±10%的，则该组结果作废。

3. 操作注意事项

水泥抗折、抗压强度测定时，加荷载的速度不能太快也不能太慢。

六、考核标准

考核评分标准表

<table>
<tr><th>序号</th><th>考核内容（100 分）</th><th>考核标准</th><th colspan="2">评分标准</th><th>考核形式</th></tr>
<tr><td rowspan="3">1</td><td rowspan="3">仪器、设备是否检查（10 分）</td><td rowspan="3">仪器、设备使用前检查、校核</td><td>检查，校核准确</td><td>10</td><td rowspan="34">实训报告质量+实训过程表现</td></tr>
<tr><td>检查，校核不准确</td><td>7</td></tr>
<tr><td>未检查</td><td>0</td></tr>
<tr><td rowspan="9">2</td><td rowspan="9">实验操作（40 分）</td><td rowspan="2">水泥、标准砂取样</td><td>取样方法科学、正确</td><td>8</td></tr>
<tr><td>取样方法不太规范</td><td>5</td></tr>
<tr><td rowspan="3">操作方法</td><td>操作方法规范</td><td>16</td></tr>
<tr><td>操作方法不太规范</td><td>13</td></tr>
<tr><td>操作方法错误一处扣 2 分（依此类推）</td><td>11</td></tr>
<tr><td rowspan="2">操作时间</td><td>按规定时间完成操作</td><td>8</td></tr>
<tr><td>每超时 1 min 扣 1 分（依此类推）</td><td>7</td></tr>
<tr><td rowspan="2">试样装模</td><td>装模方法正确</td><td>8</td></tr>
<tr><td>装模方法不太规范</td><td>5</td></tr>
<tr><td rowspan="3">3</td><td rowspan="9">结果处理（40 分）</td><td rowspan="3">数据记录、计算</td><td>数据记录、计算正确</td><td>20</td></tr>
<tr><td>数据记录正确，计算错误</td><td>15</td></tr>
<tr><td>数据记录不完整</td><td>10</td></tr>
<tr><td rowspan="3">4</td><td rowspan="3">表格绘制</td><td>表格绘制完整、正确</td><td>5</td></tr>
<tr><td>表格绘制不太完整</td><td>3</td></tr>
<tr><td>无表格</td><td>0</td></tr>
<tr><td rowspan="3">5</td><td rowspan="3">填写实验结论</td><td>实验结论填写正确无误</td><td>15</td></tr>
<tr><td>实验结论不完整</td><td>10</td></tr>
<tr><td>无实验结论或结论错误</td><td>0</td></tr>
<tr><td rowspan="3">6</td><td rowspan="3">结束工作（5 分）</td><td rowspan="3">收拾仪具
清洁现场</td><td>收拾仪具并清洁现场</td><td>5</td></tr>
<tr><td>收拾仪具，清洁现场不彻底</td><td>3</td></tr>
<tr><td>未收拾</td><td>0</td></tr>
<tr><td rowspan="2">7</td><td rowspan="2">安全文明操作（5 分）</td><td rowspan="2">仪器损伤</td><td>无仪器损伤</td><td>5</td></tr>
<tr><td>仪器有明显损伤</td><td>0</td></tr>
</table>

七、实训报告

统一采用附件标准印刷版，其中实训记录（数据、图表、结论等）及数据处理按附件格式填写，其他项目按报告的要求填写。

八、附件

实 训 报 告

20　/20　学年　第　学期

<table>
<tr><td>课程名称</td><td colspan="5"></td></tr>
<tr><td>姓　名</td><td></td><td>班　级</td><td></td><td>学　号</td><td></td></tr>
<tr><td>实训名称</td><td colspan="3">水泥力学性能检测</td><td>实训时间</td><td>年　月　日</td></tr>
<tr><td>实训内容</td><td colspan="5">水泥胶砂的抗折强度、抗压强度检测</td></tr>
<tr><td>实训目的</td><td colspan="5"></td></tr>
<tr><td>职业素养</td><td colspan="5"></td></tr>
<tr><td>实训
预备知识</td><td colspan="5"></td></tr>
<tr><td>主要
仪器设备</td><td colspan="5"></td></tr>
<tr><td>实训步骤
（要点）</td><td colspan="5"></td></tr>
</table>

续表

<table>
<tr><td>数据记录及处理</td><td>

水泥胶砂强度测试记录表

<table>
<tr><td rowspan="2">受力种类</td><td rowspan="2">编号</td><td colspan="3">3 d</td><td colspan="3">28 d</td></tr>
<tr><td>荷载/N</td><td>强度/MPa</td><td>平均强度/MPa</td><td>荷载/N</td><td>强度/MPa</td><td>平均强度/MPa</td></tr>
<tr><td rowspan="3">抗折强度</td><td>1</td><td></td><td></td><td rowspan="3"></td><td></td><td></td><td rowspan="3"></td></tr>
<tr><td>2</td><td></td><td></td><td></td><td></td></tr>
<tr><td>3</td><td></td><td></td><td></td><td></td></tr>
<tr><td rowspan="6">抗压强度</td><td>1</td><td></td><td></td><td rowspan="6"></td><td></td><td></td><td rowspan="6"></td></tr>
<tr><td>2</td><td></td><td></td><td></td><td></td></tr>
<tr><td>3</td><td></td><td></td><td></td><td></td></tr>
<tr><td>4</td><td></td><td></td><td></td><td></td></tr>
<tr><td>5</td><td></td><td></td><td></td><td></td></tr>
<tr><td>6</td><td></td><td></td><td></td><td></td></tr>
<tr><td colspan="8">注：棱柱体试件</td></tr>
</table>

</td></tr>
<tr><td>教师评语及实训成绩</td><td></td></tr>
</table>

《土木工程材料与实训》指导书七：砂浆性能及强度检测　实训七

适用专业		课程名称		实训课时	
编制执笔人			编制时间	年　月　日	

一、实训目的与任务

1. 熟悉砂浆材料的技术要求。
2. 掌握砂浆材料实验仪器的性能和操作方法。
3. 掌握砂浆各项性能指标的基本试验技术。
4. 完成砂浆拌合物制备、稠度、保水性检测，砂浆试件的成型制作。

要求每位同学根据实训指导书在老师的指导下独立、全面、规范地完成，并填好实训报告，做好记录；按要求处理数据，得出正确结论。

二、实训预备知识

复习教材中砂浆材料组成、和易性、强度等有关知识，认真阅读材料实训指导书，明确实训目的、基本原理及操作要点，并应对砂浆检测所用的仪器、设备、材料有基本了解。

1. 简述砂浆的组成材料及技术性质?
2. 简述砂浆稠度对施工的影响?
3. 砂浆材料用量计算：某铁路路基采用 M10 浆砌片石骨架护坡，砂浆稠度为 50 ~ 70 mm，施工配合比为 1∶4.85∶0.9，每立方米砂浆水泥用量为 289 kg，拌和 0.008 m^3 砂浆需要的水泥、砂、水各是多少 kg?

三、主要仪器设备

实训仪器设备清单表

序号	仪器名称	用途	备注
1	砂浆搅拌机、电子秤等	完成砂浆拌合物制备	每组一套
2	砂浆分层度筒、砂浆稠度测定仪等	完成砂浆保水性、稠度检测	每组一套
3	砂浆试模等	完成砂浆强度试件的成型制作	每组一套

四、实训组织管理

课前、课后点名考勤；以小组为单位进行，每个小组人员为______人；仪器、设备使用完后要清洗干净，物归原位，借用、归还要登记；着装整齐，方便实验操作，女生不得穿裙子；不迟到不早退，积极参与实训教学活动。

实训时间安排表

教学时间		实训单项名称（或任务名称）	具体内容（知识点）	学时数	备注
星期	节次				
		砂浆拌合物的制备	将按配合比称量好的水泥、砂、混合料拌和均匀，逐次加水拌和均匀	2	分组
		砂浆稠度检测	将拌合物装入砂浆稠度测定仪，进行稠度测定，取两次平均值		
		砂浆保水性检测	将拌合物装入砂浆分层度筒，待一定时间后进行分层，检测分层度		
		砂浆强度试件的成型制作	将拌合物装入砂浆试模，采用人工振捣成型，确保镘刀插捣次数		

三联砂浆试块模（塑料）

三联砂浆试块模（铸铁）

五、实训项目简介、步骤指导与注意事项

1. 实训项目简介

（1）砂浆拌合物制备

采用模拟施工条件下所有砂浆原材料进行人工搅拌，为砂浆保水性、稠度、强度检测提供试件。

（2）砂浆稠度检测实训

通过稠度检测，可以测得达到设计稠度时的加水量，或在施工期间控制稠度以保证施工质量。

（3）砂浆保水性检测实训

测定砂浆的保水性，并依此判断砂浆在运输、停放及使用时的保水能力，从而控制砂浆的工作性及砌体的质量。

（4）砂浆强度试件的成型

将保水性、稠度满足要求的砂浆试件装入砂浆试模，按标准养护后，进行砂浆强度检测。

2. 实训步骤指导

（1）砂浆拌合物的制备

将称量好的砂子倒在拌板上，然后加入水泥，用拌铲拌和至混合物颜色均匀为止；将拌匀的混合物集中成圆锥形，在堆上作一凹坑，将称好的石灰膏或黏土膏倒入坑凹中，再加入适量的水将石灰膏或黏土膏稀释，然后与水泥、砂共同拌和，并用量筒逐次加水，仔细拌和，直至拌合物色泽一致。水泥砂浆每翻拌一次，需用铁铲将全部砂浆压切一次，拌和时间一般需要 5 min；观察拌合物颜色，要求拌合物色泽一致，和易性符合要求即可。

（2）砂浆稠度检测

①将拌和均匀的砂浆装入圆锥筒内，一次性装至筒口下约 10 mm，用捣棒插捣 25 次，然后轻轻敲击 5 ~ 6 下，使之表面平整。

②将其移置于砂浆稠度仪台座上，放松固定螺丝，使圆锥体的尖端和砂浆表面接触，并对准中心，拧紧固定螺钉。将齿条测杆的下端与滑杆的上端接触，并将刻度盘指针对准零点。

③拧开固定螺钉，使圆锥体自由沉入砂浆中，同时计时，待 10 s 时立即拧紧固定螺钉，并将齿条测杆的下端接触滑杆的上端，从刻度盘上读出下沉的深度，即为砂浆的稠度值，精确至 1 mm。

④以两次测定结果的算术平均值作为砂浆稠度的最终试验结果，并精确至 1 mm。如两次测定值之差大于 10 mm，则应另取砂浆拌和后重新测定。

（3）砂浆保水性检测

①将拌和均匀的砂浆拌合物按砂浆稠度试验方法测出砂浆稠度值 K_1，精确至 1 mm。

②将砂浆拌合物重新拌和均匀，一次装满分层度测定仪，并用木槌在容器周围距离大致相等的四个不同地方轻轻敲击 1 ~ 2 下，用镘刀抹平。

③静置 30 min 后，去掉上层 200 mm 砂浆，然后取出底层 100 mm 砂浆重新拌和均匀，再测定砂浆稠度值 K_2（mm），精确至 1 mm。

④两次砂浆稠度值的差值（$K_1 - K_2$），即为砂浆的分层度。

（4）砂浆强度试件的成型

①试件用带底试模制作，每组试件为 3 块，试模内壁应涂刷薄层机油。

②砂浆拌和均匀后一次装满试模内，用直径 10 mm、长 350 mm 的钢筋捣棒（其一端呈半球形）均匀插捣 25 次，然后在四侧用镘刀沿试模壁插捣数次，砂浆应高出试模顶面6 ~ 8 mm。

③当砂浆表面开始出现麻斑状态时（15 ~ 30 min）将高出部分的砂浆沿试模顶面刮去抹平。

3. 注意事项

（1）砂浆拌合物的制备

注意加料的顺序：砂→水泥→水。

（2）砂浆稠度检测

①砂浆不能装满容器。

②仪器使用前刻度盘要归零。

③圆锥筒内的砂浆，只允许测定一次稠度，重复测定时，应重新取样测定。

（3）砂浆保水性检测

以两次测定结果的算术平均值作为砂浆分层度测定结果，如两次测定值之差大于 10 mm，应重新配砂浆测定。

（4）砂浆强度试件的成型

试验室拌制砂浆时，材料用量应以质量计量。称量的精确度：水泥为 ±0.5%；砂为 ±1%。

六、考核标准

考核评分标准表

序号	考核内容（100 分）	考核标准	评分标准		考核形式
1	仪器、设备是否检查（10 分）	仪器、设备使用前检查、校核	检查，校核准确	10	实训报告 + 实训过程表现
			检查，校核不准确	7	
			未检查	0	
2	实验操作（40 分）	砂浆取样	取样方法科学、正确	10	
			取样方法不太规范	7	
		操作方法	操作方法规范	15	
			操作方法不太规范	12	
			操作方法错误一处扣 2 分（依此类推）	11	
		操作时间	按规定时间完成操作	10	
			每超时 1 min 扣 1 分（依此类推）	9	
		试样装模	装模方法正确	5	
			装模方法不太规范	3	
3	结果处理（40 分）	数据记录、计算	数据记录、计算正确	20	
			数据记录正确，计算错误	15	
			数据记录不完整	10	
4		表格绘制	表格绘制完整、正确	5	
			表格绘制不太完整	3	
			无表格	0	
5		填写实验结论	实验结论填写正确无误	15	
			实验结论不完整	10	
			无实验结论或结论错误	0	
6	结束工作（5 分）	收拾仪具清洁现场	收拾仪具并清洁现场	5	
			收拾仪具，清洁现场不彻底	3	
			未收拾	0	
7	安全文明操作（5 分）	仪器损伤	无仪器损伤	5	
			仪器有明显损伤	0	

七、实训报告

统一采用附件标准印刷版，其中实训记录（数据、图表、结论等）及数据处理按附件格式填写，其他项目按报告的要求填写。

八、附件

实 训 报 告

20 /20 学年 第 学期

课程名称					
姓 名		班 级		学 号	
实训名称	砂浆性能及强度检测			实训时间	年 月 日
实训内容	砂浆拌合物制备、稠度检测、保水性检测、试块制作				
实验目的					
职业素养					
实训 准备知识					
主要 仪器设备					
实训步骤 （要点）					

续表

<table>
<tr><td rowspan="1">数据记录及处理</td><td>

任务 1　砂浆稠度测定记录表

<table>
<tr><td>项目</td><td colspan="2">计算用量</td><td colspan="2">调整增加量</td><td rowspan="2">调整后总用量</td></tr>
<tr><td>水泥</td><td>每立方砂浆用量/kg</td><td>试拌（升）用量/kg</td><td>第一次/kg</td><td>第二次/kg</td></tr>
<tr><td>石灰膏</td><td></td><td></td><td></td><td></td><td></td></tr>
<tr><td>砂</td><td></td><td></td><td></td><td></td><td></td></tr>
<tr><td>水</td><td></td><td></td><td></td><td></td><td></td></tr>
<tr><td>掺合料</td><td></td><td></td><td></td><td></td><td></td></tr>
<tr><td>外加剂</td><td></td><td></td><td></td><td></td><td></td></tr>
<tr><td rowspan="3">沉入度</td><td>调整前</td><td></td><td></td><td></td><td></td></tr>
<tr><td>调整后</td><td></td><td></td><td></td><td></td></tr>
<tr><td>平均值</td><td></td><td></td><td></td><td></td></tr>
</table>

任务 2　砂浆分层度测定记录表

<table>
<tr><td>实验次数</td><td colspan="2">沉入度读数/mm</td><td rowspan="2">分层度/mm
(K_1-K_2)</td><td rowspan="2">分层度平均值/mm</td></tr>
<tr><td>1</td><td>沉入度 K_1</td><td>沉入度 K_2</td></tr>
<tr><td>2</td><td></td><td></td><td rowspan="2"></td><td rowspan="2"></td></tr>
<tr><td>3</td><td></td><td></td></tr>
</table>

任务 3　砂浆抗压强度测定记录表

<table>
<tr><td>试件成型日期</td><td></td><td rowspan="2">试件养护龄期/d</td><td></td></tr>
<tr><td>试件试压日期</td><td></td><td></td></tr>
<tr><td>试件编号</td><td>1</td><td>2</td><td>3</td></tr>
<tr><td>试件受压面积/mm^2</td><td></td><td></td><td></td></tr>
<tr><td>破坏荷载/N</td><td></td><td></td><td></td></tr>
<tr><td>抗压强度/MPa</td><td colspan="3"></td></tr>
<tr><td>抗压强度代表值/MPa</td><td colspan="3"></td></tr>
<tr><td>换算 28 d 抗压强度/MPa</td><td colspan="3"></td></tr>
<tr><td>砂浆的强度等级</td><td colspan="3"></td></tr>
</table>

</td></tr>
<tr><td>教师评语及实训成绩</td><td></td></tr>
</table>

《土木工程材料与实训》指导书八：钢筋力学性能检测 实训八

适用专业		课程名称		实训课时	
编制执笔人			编制时间	年 月 日	

一、实验目的和任务

1. 熟悉热轧钢筋的技术要求。
2. 掌握热轧钢筋实验仪器的性能和操作方法。
3. 掌握热轧钢筋各项性能指标的基本试验技术。
4. 完成热轧钢筋屈服强度、抗拉强度、伸长率、弯曲性能的检测。

要求每位同学根据实训指导书在老师的指导下独立、全面、规范地完成实训任务，并填好实训报告，做好记录；按要求处理数据，得出正确结论。

二、实训预备知识

复习教材中热轧钢筋力学性能等有关知识，认真阅读材料实训指导书，明确实训目的和任务及操作要点，并应对热轧钢筋拉伸实验和弯曲实验所用的仪器、设备、材料有基本了解。

1. 建筑钢材最重要的性能是什么？
2. 由拉伸试验可以检测钢材的哪几项重要技术指标？
3. 简述 Q235 的含义。
4. 简述 HRB400 的含义。
5. 低碳钢受拉过程可划分为哪几个阶段？

三、主要仪器设备

实训仪器设备清单表

序号	仪器名称	用途	备注
1	万能试验机、试件	完成热轧钢筋屈服强度、抗拉强度检测	每组一台
2	万能试验机、钢筋打点机、钢尺、试件	完成热轧钢筋伸长率检测	每组一台
3	万能试验机、试件	完成热轧钢筋弯曲性能检测	每组一台

四、实验组织管理

课前、课后点名考勤；以小组为单位进行，每个小组人员为______人；仪器、设备使

用完后要清洗干净，物归原位，借用、归还要登记；着装整齐，方便实验操作，女生不得穿裙子；不迟到不早退，积极参与实训教学活动。

实训时间安排表

教学时间		实训单项名称（或任务名称）	具体内容（知识点）	学时数	备注
星期	节次				
		完成热轧钢筋屈服强度、抗拉强度实验	通过万能试验机做拉伸试验，测定建筑钢材屈服强度、抗拉强度	2	分组
		完成热轧钢筋伸长率实验	利用钢筋打点机打点后，通过万能试验机做拉伸试验，以测定建筑钢材伸长率		
		完成热轧钢筋弯曲性能实验	通过万能试验机做冷弯试验，测定建筑钢材弯曲性能		

五、实训项目简介、操作步骤指导与注意事项

1. 实训项目简介

（1）热轧钢筋屈服强度、抗拉强度检测实训

通过万能试验机做拉伸试验，注意观察与变形之间的关系，测定建筑钢材屈服强度、抗拉强度，为检验和评定钢材的力学性能提供依据。

（2）热轧钢筋伸长率检测实训

通过万能试验机做拉伸试验，注意观察与变形之间的关系，测定建筑钢材伸长率，为检验和评定钢材的力学性能提供依据。

（3）热轧钢筋弯曲性能检测实训

通过万能试验机做拉伸试验，测定钢材弯曲性能，为检验钢材塑性和焊接质量提供依据。

2. 实验操作步骤与数据处理

（1）热轧钢筋屈服强度、抗拉强度的检测。

①调整试验机测力度盘的指针，使其对准零点，并拨动副指针，使其与主指针重叠。

②将试件固定在试验机夹头内，启动试验机进行拉伸。拉伸速度为：屈服前，应力增加速度每秒为 10 MPa；屈服后，试验机活动夹头在荷载下的移动速度为不大于 $0.5\ L_c$ min（不经车削试件 $L_c = l_0 + 2\ h_1$）。

③拉伸中，测力度盘的指针停止转动时的恒定荷载，或不计初始瞬时效应时的最小荷载，即为所求的屈服点荷载 P_s。

④向试件连续施荷直至拉断，由测力度盘读出最大荷载，即为所求的抗拉极限荷载 P_b。

检测结果计算与评定：

①屈服强度按下式计算：

$$\sigma_s = \frac{P_s}{A_0}$$

式中　σ_s——屈服强度，MPa；

P_s——屈服时的荷载，N；

A_0——试件原横截面面积，mm^2。

②抗拉强度按下式计算：

$$\sigma_b = \frac{P_b}{A_0}$$

式中　σ_b————屈服强度，MPa；

P_b————最大荷载，N；

A_0————试件原横截面面积，mm^2。

③当试验结果有一项不合格时，应另取双倍数量的试样重做试验，如仍有不合格项目，则该批钢材判为拉伸性能不合格。

（2）热轧钢筋伸长率的检测

①试件制备：抗拉试验用钢筋试件一般不经过车削加工，可以用两个或一系列等分小冲点或细划线标出原始标距（标记不应影响试样断裂）。

②试件原始尺寸的测定

A. 测量标距长度 L_0，精确到 0.1 mm。

B. 圆形试件横断面直径应在标距的两端及中间处两个相互垂直的方向上各测一次，取其算术平均值，选用三处测得的横截面积中的最小值，横截面积按下式计算：

$$A_0 = \frac{1}{4}\pi \cdot d_0^2$$

式中　A_0——试件的横截面积，mm^2；

d_0——圆形试件原始横断面直径，mm。

③将试件固定在试验机夹头内，启动试验机进行拉伸，直到拉断。

④将已拉断试件的两端在断裂处对齐，尽量使其轴线位于一条直线上。如拉断处由于各种原因形成缝隙，则此缝隙应计入试件拉断后的标距部分长度内。

⑤如拉断处到临近标距端点的距离大于 $1/3L_0$ 时，可用卡尺直接量出已被拉长的标距长度 L_1（mm），如图 1 所示。

⑥如拉断处到临近标距端点的距离小于或等于 $1/3L_0$ 时，可按下述移位法计算标距 L_1（mm）。

⑦如试件在标距端点上或标距处断裂，则试验结果无效，应重新试验。

实验结果计算与评定：

①伸长率按下式计算（精确至 1%）

$$\delta_5（或\ \delta_{10}） = \frac{L_1 - L_0}{L_0} \times 100\%$$

式中　δ_5（δ_{10}）——分别表示 $L_0 = 10a$ 和 $L_0 = 5a$ 时的伸长率；

L_0——原始标距长度 $10a$（或 $5a$），mm；

L_1——试件拉断后直接量出或按移位法确定的标距部分长度，mm（测量精确至0.1 mm）。

②当试验结果有一项不合格时，应另取双倍数量的试样重做试验，如仍有不合格项目，则该批钢材判为拉伸性能不合格。

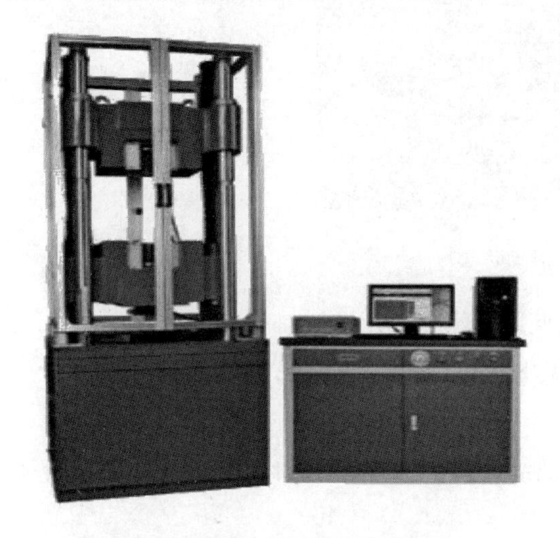

钢筋拉伸试验机（计算机控制）

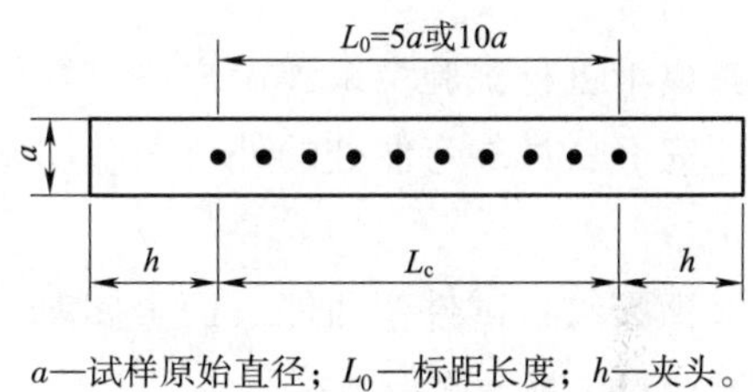

a—试样原始直径；L_0—标距长度；h—夹头。

图1　钢筋拉伸试样

（3）热轧钢筋弯曲性能的检测

①试样放置于两个支点上，将一定直径的弯心在试样两个支点中间施加压力，使试样弯曲到规定的角度［见图2（b）］或出现裂纹、裂缝、裂断为止。

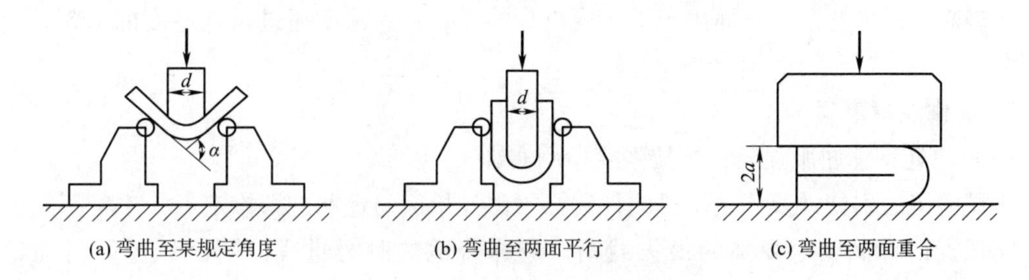

图2　钢材冷弯试验的几种弯曲程度

②试样在两个支点上按一定弯心直径弯曲至两臂平行时，可一次完成试验，亦可先弯曲45°，然后放置在试验机平板之间继续施加压力，压至试样两臂平行。此时可以加与弯心直径相同尺寸的衬垫进行试验。

③当试样需要弯曲至两臂接触时，首先将试样弯曲到两臂平行，然后放置在两平板间继续施加压力，直至两臂接触为止。

④试验时应在平稳压力作用下，缓慢施加试验力。

⑤弯心直径必须符合有关标准的规定，弯心宽度必须大于试样的宽度或直径。两支辊间距离为（$d+2.5a$）$\pm 0.5a$，并且在试验过程中不允许有变化。

⑥试验应在10～35 ℃下进行。在控制条件下，试验在（23±5）℃下进行。

检测结果计算与评定：

钢筋弯曲性能检测状态

按以下五种试验结果评定方法进行，若无裂纹、裂缝或裂断，则评定试件合格。

①完好：试件弯曲处的外表面金属基本上无肉眼可见因弯曲变形产生的缺陷时，称为完好。

②微裂纹：试件弯曲外表面金属基本上出现细小裂纹，其长度不大于 2 mm，宽度不大于 0. 2 mm 时，称为微裂纹。

③裂纹：试件弯曲外表面金属基本上出现裂纹，其长度大于 2 mm，而小于或等于 5 mm，宽度大于 0. 2 mm，而小于或等于 0. 5 mm 时，称为裂纹。

④裂缝：试件弯曲外表面金属基本上出现明显开裂，其长度大于 5 mm，宽度大于 0. 5 mm 时，称为裂缝。

⑤裂断：试件弯曲外表面出现沿宽度贯穿的开裂，其深度超过试件厚度的 1/3 时，称为裂断。

3. 操作注意事项：

（1）热轧钢筋屈服强度、抗拉强度检测实训

①试验机、引伸计及测量工具或仪器必须由计量部门定期进行检定。

②根据估计试验中要加的最大载荷，选择合适的测力量程，同时调整好自动记录装置。

③将试样安装在试验机上，启动试验机进行缓慢匀速加载。加载速度应根据材料性质和试验目的确定。

（2）热轧钢筋伸长率检测实训

①试验机、引伸计及测量工具或仪器必须由计量部门定期进行检定。

②根据估计试验中要加的最大载荷，选择合适的测力量程，同时调整好自动记录装置。

③将试样安装在试验机上，启动试验机进行缓慢匀速加载。加载速度应根据材料性质和试验目的确定。

（3）热轧钢筋弯曲性能检测实训

①做实验时，应清楚试样的标识（材料牌号、炉号）。

②试样的形状及尺寸。

六、考核标准

考核评分标准表

<table>
<tr><th>序号</th><th>考核内容（100分）</th><th>考核标准</th><th colspan="2">评分标准</th><th>考核形式</th></tr>
<tr><td rowspan="3">1</td><td rowspan="3">仪器、设备是否检查（10分）</td><td rowspan="3">仪器、设备使用前检查、校核</td><td>检查，校核准确</td><td>10</td><td rowspan="24">实训报告质量+实训过程表现</td></tr>
<tr><td>检查，校核不准确</td><td>7</td></tr>
<tr><td>未检查</td><td>0</td></tr>
<tr><td rowspan="7">2</td><td rowspan="7">实训操作（40分）</td><td rowspan="2">钢材取样</td><td>制备的试样科学、规范</td><td>10</td></tr>
<tr><td>制备的试样不规范</td><td>7</td></tr>
<tr><td rowspan="3">操作方法</td><td>操作方法规范</td><td>20</td></tr>
<tr><td>操作方法不太规范</td><td>18</td></tr>
<tr><td>操作方法错误一处扣2分（依此类推）</td><td>15</td></tr>
<tr><td rowspan="2">操作时间</td><td>按规定时间完成操作</td><td>10</td></tr>
<tr><td>每超时1 min扣1分（依此类推）</td><td>9</td></tr>
<tr><td rowspan="3">3</td><td rowspan="9">结果处理（40分）</td><td rowspan="3">数据记录、计算</td><td>数据记录、计算正确</td><td>20</td></tr>
<tr><td>数据记录正确，计算错误</td><td>15</td></tr>
<tr><td>数据记录不完整</td><td>10</td></tr>
<tr><td rowspan="3">4</td><td rowspan="3">表格绘制</td><td>表格绘制完整、正确</td><td>5</td></tr>
<tr><td>表格绘制不太完整</td><td>3</td></tr>
<tr><td>无表格</td><td>0</td></tr>
<tr><td rowspan="3">5</td><td rowspan="3">填写实验结论</td><td>实验结论填写正确无误</td><td>15</td></tr>
<tr><td>实验结论不完整</td><td>10</td></tr>
<tr><td>无实验结论或结论错误</td><td>0</td></tr>
<tr><td rowspan="3">6</td><td rowspan="3">结束工作（5分）</td><td rowspan="3">收拾仪具
清洁现场</td><td>收拾仪具并清洁现场</td><td>5</td></tr>
<tr><td>收拾仪具，清洁现场不彻底</td><td>3</td></tr>
<tr><td>未收拾</td><td>0</td></tr>
<tr><td rowspan="2">7</td><td rowspan="2">安全文明操作（5分）</td><td rowspan="2">仪器损伤</td><td>无仪器损伤</td><td>5</td></tr>
<tr><td>仪器有明显损伤</td><td>0</td></tr>
</table>

七、实训报告

统一采用附件标准印刷版，其中实训记录（数据、图表、结论等）及数据处理按附件格式填写，其他项目按报告的要求填写。

八、附件

实　训　报　告

20　　/20　　学年　第　　学期

课程名称					
姓　名		班　级		学　号	
实训名称	钢筋力学性能检测			实训时间	年　月　日
实训内容	热轧钢筋屈服强度、抗拉强度、伸长率、弯曲性能的检测				
实训目的					
职业素养					
实训预备知识					
主要仪器设备					
实训步骤（要点）					

续表

数据记录及处理

任务1 钢筋拉伸实验测定记录表

项目		试件编号 1	试件编号 2
试件尺寸/mm	标距长度 L_0/mm		
	公称直径 d/mm		
	受拉面积 S_0/mm^2		
屈服点荷载/N			
极限荷载/N			
断后标距长 L_1/mm			
屈服强度 σ_s/MPa			
抗拉强度 σ_b/MPa			
伸长率 δ/%			
注：			

任务2 钢筋冷弯实验测定记录表

试件编号	试件直径/mm	弯心直径 d/mm	跨度 L/mm	弯曲角度 α/(°)	实验结果
1					
2					
注：					

教师评语及实训成绩

《土木工程材料与实训》指导书九：混凝土力学性能检测 实训九

适用专业		课程名称		实训课时	
编制执笔人			编制时间	年 月 日	

一、实训目的和任务

1. 熟悉混凝土材料的技术要求。
2. 掌握混凝土材料实验仪器的性能和操作方法。
3. 掌握混凝土各项性能指标的试验技术。
4. 完成混凝土抗压强度检测。

要求每位同学根据实训指导书在老师的指导下独立、全面、规范地完成实训任务，并填好实训报告，做好记录；按要求处理数据，得出正确结论。

二、实训预备知识

复习教材中混凝土材料组成、和易性、强度等有关知识，认真阅读材料实训指导书，明确实训目的、基本原理及操作要点，并应对混凝土检测所用的仪器、设备、材料有基本了解。

1. 影响混凝土强度的主要因素有哪些？
2. C40、F15、P6 分别代表什么？
3. 混凝土抗压强度实例计算：某试验室对工地送检的一组混凝土试块，进行抗压试验检测，测得抗压强度分别为23.5 MPa、22.8 MPa、24.5 MPa。试计算该组试件的有效强度；该混凝土结构设计强度为C20，请对结构进行质量评定。

三、主要仪器设备

实验仪器设备清单表

序号	仪器名称	用途	备注
1	混凝土抗压试验机等	混凝土抗压强度检测	共用

四、实验组织管理

课前、课后点名考勤；以小组为单位进行，每个小组人员为______人；仪器、设备使用完后要清洗干净，物归原位，借用、归还要登记；着装整齐，方便实验操作，女生不得穿裙子；不迟到不早退，积极参与实训教学活动。

实训时间安排表

教学时间		实训单项名称（或任务名称）	具体内容（知识点）	学时数	备注
星期	节次				
		混凝土抗压强度检测	对混凝土试模进行养护，达到龄期后拆模，将试件进行强度检测	2	分组

五、实训项目简介、操作步骤指导与注意事项

1. 实训项目简介

混凝土抗压强度检测。混凝土标准养护 28 d 后，为控制混凝土工程或构件质量均应做混凝土立方体抗压强度试验。由于教学进程安排限制，可能按照 7 d 或 14 d 强度进行检测，然后按规范要求折算实际强度。

2. 实验操作步骤

①试件从养护地点取出后，应尽快进行试验，以免试件内部的温湿度发生显著变化。

②先将试件擦拭干净，测量尺寸，并检查外观，试件尺寸测量精确到 1 mm，并据此计算试件的承压面积。

③将试件安放在试验机的下压板上，试件的承压面应与成型时的顶面垂直。试件的中心应与试验机下压板中心对准。启动试验机，当上板与试件接近时，调整球座，使接触均衡。

④混凝土强度等级低于 C30 时，其加荷速度为 0. 3 ~ 0. 5 MPa/s；若混凝土强度等级高于 C30 小于 C60 时，则为 0. 5 ~ 0. 8 MPa/s；强度等级高于 C60 时，则为 0. 8 ~ 1. 0 MPa/s。当试件接近破坏而开始迅速变形时，停止调整试验机油门，直到试件破坏，并记录破坏荷载。

⑤混凝土立方体试件抗压强度按下式计算，精确至 0. 1 MPa。

$$f_{cu} = \frac{P}{A}$$

式中 f_{cu}——混凝土立方体试件的抗压强度值，MPa；

P——试件破坏荷载，N；

A——试件承压面积，m^2。

⑥以三个试件测值的算术平均值作为该组试件的抗压强度值。如三个测值中最大值或最小值中有一个与中间值的差值超过中间值的 15% 时，则把最大或最小值舍去，取中间值作为该组试件的抗压强度值。如最大值和最小值与中间值的差均超过中间值的 15%，则该组试件的试验结果作废。

3. 操作注意事项

施加荷载时要均匀加载。

六、考核标准

考核评分标准表

序号	考核内容（100 分）	考核标准	评分标准		考核形式
1	仪器、设备是否检查（10 分）	仪器、设备使用前检查、校核	检查，校核准确	10	实训报告质量＋实训过程表现
			检查，校核不准确	7	
			未检查	0	
2	实训操作（40 分）	混凝土各组成材料取样	取样方法科学、正确	10	
			取样方法不太规范	7	
		操作方法	操作方法规范	17	
			操作方法不太规范	13	
			操作方法错误一处扣 2 分（依此类推）	11	
		操作时间	按规定时间完成操作	10	
			每超时 1 min 扣 1 分（依此类推）	9	
		试样装模	装模方法正确	8	
			装模方法不太规范	6	
3	结果处理（40 分）	数据记录、计算	数据记录、计算正确	20	
			数据记录正确，计算错误	15	
			数据记录不完整	10	
4		表格绘制	表格绘制完整、正确	5	
			表格绘制不太完整	3	
			无表格	0	
5		填写实验结论	实验结论填写正确无误	15	
			实验结论不完整	10	
			无实验结论或结论错误	0	
6	结束工作（5 分）	收拾仪具清洁现场	收拾仪具并清洁现场	5	
			收拾仪具，清洁现场不彻底	3	
			未收拾	0	
7	安全文明操作（5 分）	仪器损伤	无仪器损伤	5	
			仪器损伤有明显损伤	0	

七、实训报告

统一采用附件标准印刷版，其中实训记录（数据、图表、结论等）及数据处理按附件格式填写，其他项目按报告的要求填写。

八、附件

实 训 报 告

20　　/20　　学年　第　　学期

<table>
<tr><td>课程名称</td><td colspan="5"></td></tr>
<tr><td>姓　名</td><td></td><td>班 级</td><td></td><td>学　号</td><td></td></tr>
<tr><td>实训名称</td><td colspan="3">混凝土力学性能检测</td><td>实训时间</td><td>年　月　日</td></tr>
<tr><td>实训内容</td><td colspan="5">对三组经养护的混凝土试块进行压力试验，并统计判定是否合格</td></tr>
<tr><td>实训目的</td><td colspan="5"></td></tr>
<tr><td>职业素养</td><td colspan="5"></td></tr>
<tr><td>实训
预备知识</td><td colspan="5"></td></tr>
<tr><td>主要
仪器设备</td><td colspan="5"></td></tr>
<tr><td>实训步骤
（要点）</td><td colspan="5"></td></tr>
</table>

续表

数据记录及处理

任务 1　混凝土抗压强度试件成型与养护记录表

成型日期		水灰比	拌和方法	养护方法	捣实方法	养护条件	养护龄期/d
欲拌混凝土强度等级							
注：							

任务 2　混凝土抗压强度实验记录表

试块编号	试件截面尺寸		受压面积 A /mm^2	破坏荷载 F /N	抗压强度 f /MPa	平均抗压强度 f_{cu}/MPa
	试块长 a /mm	试块宽 b /mm				
1						
2						
3						
注：						

结果评定：

根据国家规范及统计计算，该混凝土强度等级为　□合格　□不合格

教师评语及实训成绩

《土木工程材料与实训》指导书十：沥青常规性能检测　实训十

适用专业		课程名称		实训课时	
编制执笔人			编制时间	年　月　日	

一、实训目的和任务

1. 熟悉沥青材料的技术要求。
2. 掌握沥青材料实验仪器的性能和操作方法。
3. 掌握沥青材料各项性能指标的基本试验技术。
4. 完成沥青针入度、延度、软化点的测定。

要求每位同学根据实训指导书在老师的指导下独立、全面、规范地完成实验，并填好实训报告，做好记录；按要求处理数据，得出正确结论。

二、实训预备知识

复习教材中沥青针入度、延度、软化点等有关知识，认真阅读材料实训指导书，明确实训目的、基本原理及操作要点，并应对沥青检测所用的仪器、设备、材料有基本了解。

1. 简述沥青与水泥的区别。
2. 简述沥青的主要技术性质，并列举出三种检测方法。
3. 简述沥青混凝土与水泥混凝土路面的优缺点。

三、主要仪器设备

实训仪器设备清单表

序号	仪器名称	用途	备注
1	针入度仪、标准针、试样皿、平底玻璃皿、计时器、温度计等	完成沥青针入度性能检测	每组一套
2	延度仪、延度模具、水浴、温度计等	完成沥青延度性能检测	每组一套
3	铜环、钢球定位器、支架、浴槽、温度计等	完成沥青软化点性能检测	每组一套

四、实训组织管理

课前、课后点名考勤；以小组为单位进行，每个小组人员为______人；仪器、设备使用完后要清洗干净，物归原位，借用、归还要登记；着装整齐，女生不得穿裙子；不迟到不早退，积极参与实训教学活动。

实训时间安排表

教学时间		实训单项名称（或任务名称）	具体内容（知识点）	学时数	备注
星期	节次				
		沥青针入度性能检测	测定标准针在一定荷载、时间及温度条件下垂直贯入沥青试样的深度	2	分组
		沥青延度性能检测	沥青试样在一定温度下以一定速度拉伸至断裂时的长度		
		沥青软化点性能检测	采用环球法测定软化点在 30 ~ 157 ℃的沥青试样，软化点为当试样软化到使两个放在沥青上的钢球下落 25 mm 距离时的温度平均值		

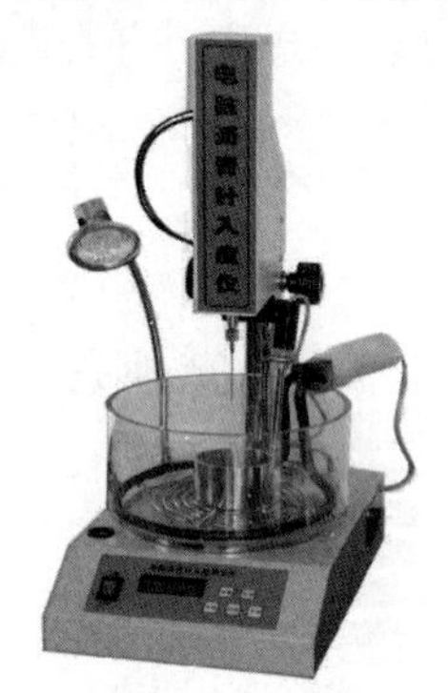

数控沥青针入度仪

沥青软化点测定仪

五、实训项目简介、操作步骤指导与注意事项

1. 实训项目简介

（1）沥青针入度性能检测

针入度是表示沥青黏性的指标，根据它来确定石油沥青的牌号。

（2）沥青延度性能检测

延度是表示石油沥青塑性的指标，它也是评定石油沥青牌号的指标之一。

（3）沥青软化点性能检测

软化点是表示石油沥青温度敏感性的指标，也是评定石油沥青牌号的指标之一。

2. 实训操作步骤与方法

（1）沥青针入度检测实训

①调平针入度仪三脚底座。

②将盛样皿从恒温水浴取出，移入严格控制温度为（25 ±0.1）℃的保温皿中，试样表面水层厚应不小于 10 mm。

③将保温皿置于底座的圆形平台上。调节标准针，使针尖正好与试样表面接触。拉下活杆，使其下端与连杆顶端接触。并将指针指到刻度盘上的“0”位上或记录初始值。

④压下按钮，同时启动秒表。标准针自由落下穿入试样达 5 s 时，立刻放松按钮，使标准针停止下落。

⑤拉下活杆与连杆顶端接触。记录刻度盘上所指数值（或与初始读值之差），准确至

0.1 mm，即为试样的针入度值。

⑥同一试样进行平行测定不少于三次。每次重复测定之前，应将标准针用浸有煤油、苯或汽油的布擦净，再用干布擦干。

⑦以同一试样的三次测定值的算术平均值为该试样的针入度值。

（2）沥青延度检测实训

①将试样连同试模及玻璃板（或金属板）浸入恒温水浴或延度仪水槽中，水温保持（25 ±0.5）℃，沥青试件上表面水层高度不低于25 mm。

②待试件在水槽中恒温1 h后，便将试模自玻璃上取下，将端模顶端小孔分别套在延度仪的支板与滑板的销钉上，取下两侧模。

③启动电动机，观察沥青受拉伸情况。若沥青与水的密度相差较大时（观察拉伸后沥青丝在水中沉浮情况即可确定密度相差的大小），可加入酒精或食盐调整水的密度，使沥青丝保持水平。

④试件被拉断时，指针在标尺上所指示的数值（以cm表示），即为试样的延度。

⑤取三个试件平行检测的算术平均值作为检测结果。

（3）沥青软化点检测实训

①将铜环水平放置在架子的小孔上，中间孔穿入温度计。将架子置于烧杯中。

②烧杯中装（5 ±0.5）℃的水。如果预计软化点较高，在80 ℃以上时，可装入（32 ±1）℃的甘油。装入水或甘油的高度应与架子上的标记相平。经30 min后，在铜环中沥青试样的中心各放置一枚3.5 g重的钢球。

③将烧杯移至放有石棉网的电炉上加热，开始加热3 min后升温速度应保持（5 ±0.5）℃/min，随着温度的不断升高，环内的沥青因软化而下坠，当沥青裹着钢球下坠到底板时，此时的温度即为沥青的软化点。

④每个试样至少检测两个试件，取两个试件软化点的算术平均值作为检测结果。

3. 操作注意事项：

（1）沥青针入度实训

①测定期间要随时检查保温皿内水温，使其恒定。

②各次测点距离及测点与试样边缘之间的距离应不小于10 mm。

③测定针入度大于200的沥青试样时，至少用3支标准针，每次试验后将针留在试样中，直至3次平行试验完成后，才能将标准针取出。

④三次读值中的最大与最小值之差，当针入度低于50（0.1 mm）时，不大于2（0.1 mm）；针入度为50～149（0.1 mm）时，不应大于4（0.1 mm）；针入度为150～249（0.1 mm）时，不应大于12（0.1 mm）；针入度为250～500（0.1 mm）时，不应大于20（0.1 mm）。

（2）沥青延度检测实训

①沥青试模的底板和两个侧模的内侧要涂油，端模不涂油。

②检查延度仪滑板移动速度（5 cm/min），并使指针指向零点。

③水温保持（25 ±0.5）℃。

（3）沥青软化点检测实训

①如升温速度超出规定时，检测结果即作废。

②两个试件测定结果的差值不得大于1 ℃（软化点≥80 ℃的，不得大于2 ℃）。

六、考核标准

考核评分标准表

<table>
<tr><th>序号</th><th>考核内容（100分）</th><th>考核标准</th><th colspan="2">评分标准</th><th>考核形式</th></tr>
<tr><td rowspan="3">1</td><td rowspan="3">仪器、设备是否检查（10分）</td><td rowspan="3">仪器、设备使用前检查、校核</td><td>检查，校核准确</td><td>10</td><td rowspan="26">实训报告质量+实训过程表现</td></tr>
<tr><td>检查，校核不准确</td><td>7</td></tr>
<tr><td>未检查</td><td>0</td></tr>
<tr><td rowspan="9">2</td><td rowspan="9">实训操作（40分）</td><td rowspan="2">沥青取样</td><td>取样方法科学、正确</td><td>10</td></tr>
<tr><td>取样方法不太规范</td><td>7</td></tr>
<tr><td rowspan="2">试样装模</td><td>装模方法正确</td><td>5</td></tr>
<tr><td>装模方法不太规范</td><td>3</td></tr>
<tr><td rowspan="3">操作方法</td><td>操作方法规范</td><td>15</td></tr>
<tr><td>操作方法不太规范</td><td>12</td></tr>
<tr><td>操作方法错误一处扣2分（依此类推）</td><td>11</td></tr>
<tr><td rowspan="2">操作时间</td><td>按规定时间完成操作</td><td>10</td></tr>
<tr><td>每超时1 min扣1分（依此类推）</td><td>9</td></tr>
<tr><td rowspan="3">3</td><td rowspan="9">结果处理（40分）</td><td rowspan="3">数据记录、计算</td><td>数据记录、计算正确</td><td>20</td></tr>
<tr><td>数据记录正确，计算错误</td><td>15</td></tr>
<tr><td>数据记录不完整</td><td>10</td></tr>
<tr><td rowspan="3">4</td><td rowspan="3">表格绘制</td><td>表格绘制完整、正确</td><td>5</td></tr>
<tr><td>表格绘制不太完整</td><td>3</td></tr>
<tr><td>无表格</td><td>0</td></tr>
<tr><td rowspan="3">5</td><td rowspan="3">填写实验结论</td><td>实验结论填写正确无误</td><td>15</td></tr>
<tr><td>实验结论不完整</td><td>10</td></tr>
<tr><td>无实验结论或结论错误</td><td>0</td></tr>
<tr><td rowspan="3">6</td><td rowspan="3">结束工作（5分）</td><td rowspan="3">收拾仪具
清洁现场</td><td>收拾仪具并清洁现场</td><td>5</td></tr>
<tr><td>收拾仪具，清洁现场不彻底</td><td>3</td></tr>
<tr><td>未收拾</td><td>0</td></tr>
<tr><td rowspan="2">7</td><td rowspan="2">安全文明操作（5分）</td><td rowspan="2">仪器损伤</td><td>无仪器损伤</td><td>5</td></tr>
<tr><td>仪器损伤有明显损伤</td><td>0</td></tr>
</table>

七、实训报告

统一采用附件标准印刷版，其中实训记录（数据、图表、结论等）及数据处理按附件格式填写，其他项目按报告的要求填写。

八、附件

实 训 报 告

20　　/20　　学年　第　　学期

课程名称					
姓　名		班　级		学　号	
实训名称	沥青常规性能检测			实训时间	年　月　日
实训内容	沥青针入度、延度及软化点的测定				
实训目的					
职业素养					
实训 预备知识					
主要 仪器设备					
实训步骤 （要点）					

数据记录及处理

任务1　沥青针入度测定记录表

实验次数	试针插入试样前的读数/0.1 mm	试针插入试样后的读数/0.1 mm	针入度/0.1 mm	针入度平均值/0.1 mm	标准规定/0.1 mm	结果评定
1						
2						
3						
注：						

任务2　沥青延度测定记录表

实验次数	延度/cm	延度平均值/cm	标准规定/cm	结果评定
1				
2				
3				
注：				

任务3　沥青软化点测定记录表

烧杯中液体种类	液体初始温度/℃	加热时每分钟上升温度/℃	软化点/℃	平均软化点/℃	标准规定/℃	结果评定
注：						

教师评语及实训成绩

ISBN 978-7-113-30900-8

定价：**49.80** 元（含指导书）